GERMAN TANKS OF WORLD WAR II

【図解】第二次大戦
ドイツ戦車

上田 信

新紀元社

CONTENTS

英仏の後塵を排した初期の戦車開発

第二次大戦前のドイツ戦車

“戦車”といえば、“ドイツ”のイメージが強いが、初めて戦車を実戦投入したのはイギリスであり、また、全周旋回式砲塔を備える近代戦車のデザインを確立したのはフランスだった。第一次大戦で英仏は、異なる種類の戦車を大量に生産・実戦投入したのに対し、ドイツの戦車戦力は、わずかな数の国産A7V戦車と鹵獲戦車だった。

第一次大戦のドイツ戦車

世界で初めて戦車を開発し、実戦に投入したのはイギリスである。第一次大戦開戦から2年が経過し、西部戦線は互いが塹壕でにらみ合う膠着状態に陥っていた。この戦況を打開すべく、イギリスは1916年9月15日から始まったソンム会戦に秘密兵器、Mk.I菱形戦車を投入する。それは世界で最初に装軌式戦車が戦闘に参加した瞬間だった。

しかし、その実情たるや投入予定60両の内、戦場に到着したのは40両、さらに作戦に投入できた車両は18両だった。しかも進撃中にその大半が脱落し、ドイツ軍陣地に攻め入ることができたのは、たったの5両という有様だった。Mk.Iは、初陣で大きな戦果を上げることができなかったが、ドイツ軍に与えたインパクトは計り知れないものがあった。

ドイツ軍は、イギリス軍に対抗すべく戦車の開発を直ちに開始する。ドイツ司令部が戦時省運輸担当第7課に要求した基本仕様には、重量40t、前部/後部に火砲1門、側面に機関銃を装備。80～100hpのエンジンを搭載し、全地形対応で速度10～12km/という走行性能が求められていた。開発設計責任者のヨーゼフ・フォルマー技師は、アメリカのホルト社のドイツ国内代理人ヘール・シュタイナーの協力の下、ホルト・トラクターを参考に開発を進め、1917年1月に試作1号車を完成させた。試作車は開発を進めた戦時省運輸担当第7課の頭文字からA7Vと命名された。

■ドイツ初の戦車A7V

A7Vの生産は、ダイムラー社が担当し、1917年9月に最初のA7V生産車が完成、1917年10月から部隊配備が開始された。

A7Vは、ホルト・トラクターを参考に開発したサスペンションを持つ足回りの上に厚さ15～30mm厚の装甲板で構成された箱状のボディを載せ、その上に小さな長方形の司令塔を設置したシンプルなデザインだった。車体前面中央上部にロシア軍から鹵獲したベルギー製マキシム・ノルデンフェルト57mm砲またはロシア製ソコル57mm砲を1門搭載し、MG08 7.92mm機関銃を左右両側面に2挺ずつ、後面左右に1挺ずつ、計6挺装備している。

乗員は、車長、操縦手、砲手、装填手、機関銃手(射手/給弾手各6名)、機関手の計18名が搭乗した。車内中央にはダイムラー社製ガソリンエンジンが2基(計200hp)置かれていた。

A7V

全長：8.00m　全幅：3.1m　全高：3.3m　重量：30t　乗員：18名　武装：57mm砲×1門、MG08 7.92mm機関銃×6挺　最大装甲厚：30mm　エンジン：ダイムラー社製165 204×2基(計200hp)　最大速度：9～15km/h

車体両側各2カ所と後面2カ所の計6カ所にMG08 7.92mm機関銃を装備。

車体前部に57mm砲を搭載。

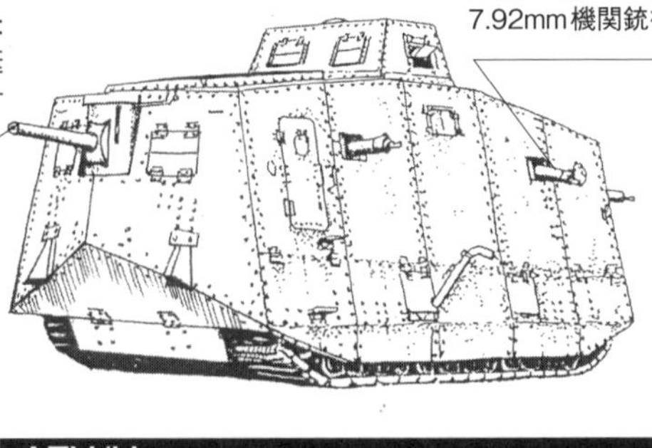

車体両側のスポンソンに57mm砲を搭載。

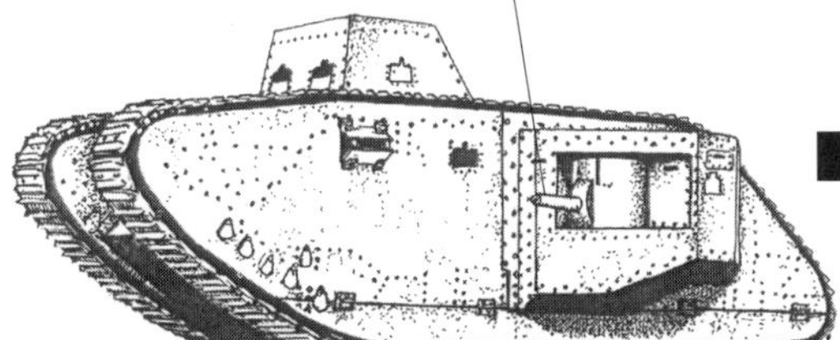

A7V/U

全長：8.38m　全幅：4.72m　全高：3.20m　重量：39t　乗員：7名　武装：57mm砲×2門、MG08 7.92mm機関銃×4挺　最大装甲厚：30mm　ダイムラー社製165 204×2基（計200hp）　最大速度：12km/h

A7Vの初の実戦投入は、1918年3月21日となり、翌4月24日にはイギリス軍のMk.IVと世界初の戦車戦を行っている。結局、A7Vは、100両発注されたが、完成したのはわずか21両に過ぎず、第一次大戦でのドイツ戦車の活躍は、ドイツ空軍航空機の華々しい活躍に比べ、さしたる影響も与えずに終わった。

■A7V/U突撃戦車

A7Vは、初の戦車としては及第といえたが、サスペンションの構造から超壕性能の低さが問題視された。そこでイギリスの菱形戦車を範に取り、車体全周を覆う履帯に改め、車体側面に設けたスポンソンに57mm砲とMG08機関銃を装備したA7V/Uを試作した。

開発担当のダイムラー社は1918年9月に軍より20両の発注を受けたものの生産車は完成せず、試作車のみで終わった。

■Kヴァーゲン重戦車

重量148t、車体に7.7cm砲×4門、MG08機関銃×7挺を装備し、650hpの航空機エンジン×2基を搭載する超大型戦車。1919年の配備を目指し製作が進められていたが、2両を製作している最中に終戦となった。

■LK.I軽戦車

LK.Iは、1918年に試作車のみ完成している。構造が簡単で、生産性の高い車両を目指し、ダイムラーの自動車用シャシーや既存のパーツを転用し開発された。

乗員は3名で、車体前部に機関室、その後方に操縦室を配し、最後部の車体上面にはMG08機関銃を装備した小砲塔を搭載していた。

LK.I

全長:5.486m　全幅:2.006m　全高:2.493m　重量:6.89t　乗員:3名　武装:MG08 7.92mm機関銃×1挺　最大装甲厚:8mm　最大速度:12km/h

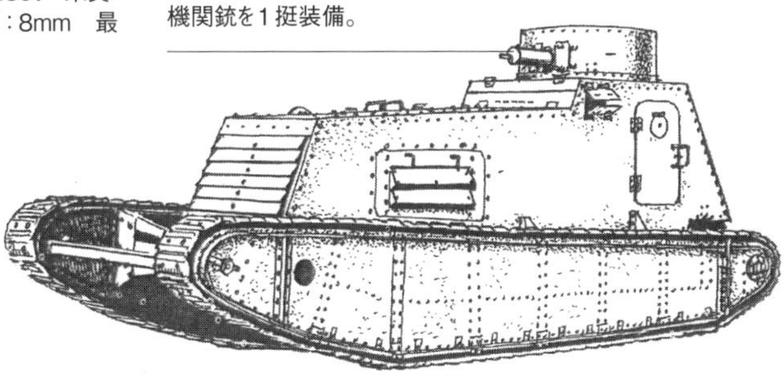

小砲塔にMG08 7.92mm機関銃を1挺装備。

Kヴァーゲン

全長:12.978m　全幅:6.096m　全高:2.871m　重量:148t　乗員:22名　武装:7.7cm砲×4門、MG08 7.92mm機関銃×7挺　最大装甲厚:30mm

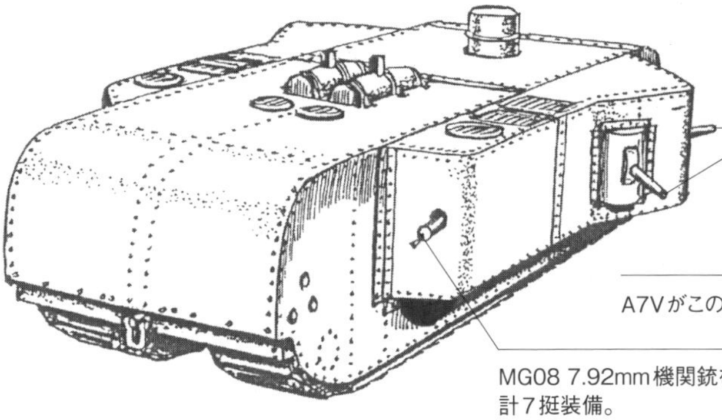

車体左右側面のスポンソンに7.7cm砲を2門ずつ装備。
MG08 7.92mm機関銃を計7挺装備。

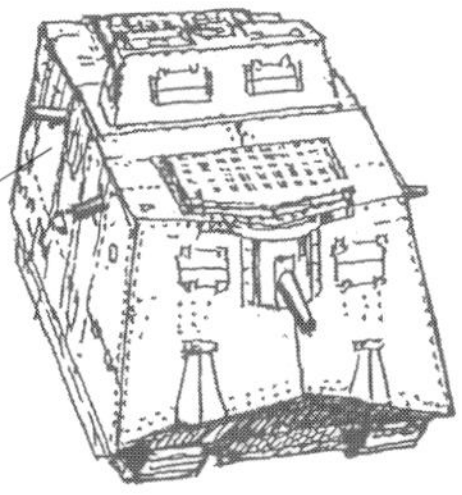

A7Vがこの大きさ。

グロストラクトール ラインメタル社試作車

全長:6.65m　全幅:2.81m　全高:2.3m　重量:19.32t　乗員:6名　武装:24口径7.5cmカノン砲×1門、MG08 7.92mm機関銃×3挺　最大装甲厚:13mm　エンジン:BMW社製Va(250hp)　最大速度:40km/h

全周旋回式砲塔に24口径7.5cmカノン砲を搭載。

第二次大戦前の戦車開発

第一次大戦に敗れたドイツは、1919年6月28日に連合国との間で締結したベルサイユ条約によって、厳しい軍備制限下に置かれた。しかし、1920年代にはドイツ軍部は密かに兵器開発に着手し、当時、経済立て直しと軍隊の再編を進めていたソ連と協力することを画策する。

1922年4月14日にソ連とラパッロ条約を締結。これにより両国は軍事面での連携が深まり、ドイツ軍は、ソ連領内で新兵器のテストなどを行えるようになった。

■グロストラクトール

1925年にドイツ国防軍兵器本部は、グロストラクトール（大型トラクター）という隠匿名称の下、第一次大戦後初の戦車開発をダイムラーベンツ社、ラインメタル社、クルップ社に要請した。1928～1930年にかけて各車の試作車が完成し、ソ連のカザン試験場に送られ、テストが行われた。グロストラクトールは、足回りはイギリス菱形戦車の雰囲気を残しているが、全周旋回式砲塔を備えた近代的なデザインの中戦車だった。

生産計画が立てられたものの、1929年の世界恐慌の影響下にあったドイツでは戦車を生産する余裕はなく、計画は中止となった。

■ライヒタートラクトール

1929年にはライヒタートラクトール（軽トラクター）の隠匿名称を持つ軽戦車の開発も決定し、ラインメタル社とクルップ社が開発を担当することになった。

1930～1932年にかけて両社の試作車が完成し、テストが実施された。テストの結果、武装、機動性ともに不十分であるとの結論が下され、計画中止が決まった。

■Nb.Fz.（ノイバウファールツォイク）

ドイツ軍は、当時各国で盛んに開発されていた多砲塔戦車に注目し、1934年、ラインメタル社に多砲塔戦車Nb.Fz.（ノイバウファールツォイク＝新型車両）の開発を要請する。

同年末に試作車2両が完成。テストの結果、走行性能などは問題なかったが、上下縦配置の主砲/副砲は操作性に問題があったため、試作2号車に主砲/副砲を並列配置としたクルップ社製の砲塔を搭載してテストが行われた。テストの結果、クルップ社に対し、3両の追加発注が行われ、1935年に車体を防弾鋼板製に改めた生産車（増加試作3～5号車）が完成した。

クルップ社製のNb.Fz.は、1940年4月、ノルウェー侵攻のためにオスロに駐留していた第40特別編成戦車大隊に配備され、戦闘に参加するが、1両が行動不能となり爆破処分となる。残った2両はソ連侵攻に参加するが、1941年6月にソ連KV-1重戦車によって撃破されている。

Nb.Fz. クルップ社製生産車

車体前後の小砲塔にMG13 7.92mm機関銃を1挺ずつ装備。

右側に主砲の24口径7.5cm戦車砲KwK、左側に副砲の45口径3.7cm戦車砲KwKを搭載。

全長：6.6m　全幅：2.19m　全高：2.98m　重量：23.41t　乗員：6名　武装：24口径7.5cm戦車砲KwK×1門、45口径3.7cm戦車砲KwK×1門、MG13 7.92mm機関銃×2挺　最大装甲厚：20mm　エンジン：BMW社製Va（300hp）　最大速度：30km/h

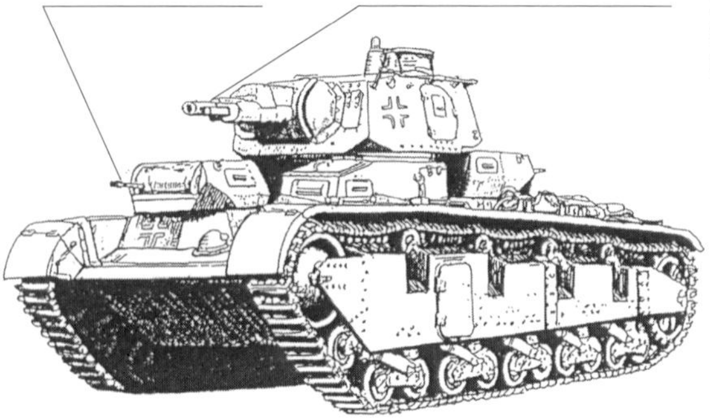

ライヒタートラクトール クルップ社製試作車

3.7cm砲を搭載。

フレームアンテナを設置。

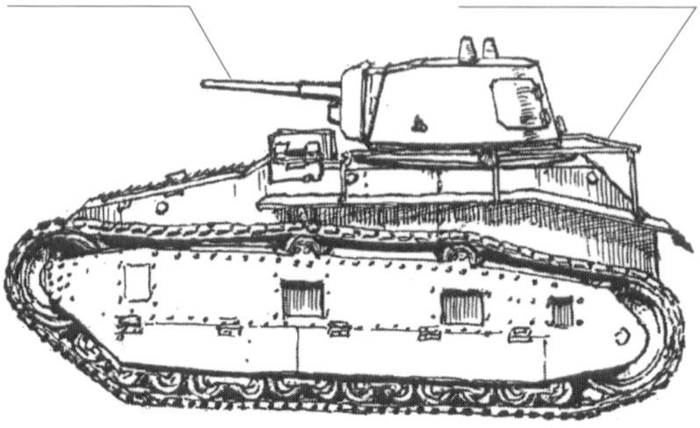

第一次大戦後初の量産型戦車

I号戦車と派生型

1920年代からドイツは、秘密裏に戦車開発を進め、1934年7月に新生ドイツ陸軍(ドイツ第3帝国陸軍) 初の制式戦車、I号戦車を完成させ、量産及び部隊配備を開始した。I号戦車は主力戦車ではなく、戦車開発技術の習得と戦車乗員の訓練を目的として開発された車両だったが、第二次大戦緒戦時は、戦車部隊の主力となるはずのIII号戦車、IV号戦車の数が十分ではなく、その不足分を補う戦力の一つとして、I号戦車も実戦に投入された。

I号戦車A型/B型

■軽戦車の開発

1920年代半ばから戦車開発を再開したドイツ軍は、20tクラスのグロストラクトール（大型トラクター)、9tクラスのライヒタートラクトール（軽トラクター)を製作し、各種の試験を行った。

その結果を基に1930年2月、陸軍兵器局第6課は、重量3t、2cm機関砲搭載の小型戦車、クライネトラクター（小型トラクター）の開発をクルップ社に要請する。兵器局の要求仕様に沿えるように設計を試行錯誤した後、1932年7月29日に後のI号戦車の雛型ともいえるクライネトラクターの試作1号車が完成した。

しかし、完成した試作車は、車体上部構造や砲塔を設置していない下部車体のみの走行試験車両だった。車体前部に変速機、その左後方に操縦席、車体後部に52hpのクルップ社製M301エンジンを搭載。前部に起動輪、後部に誘導輪を配し、カーデンロイド式のサスペンションが採用されていた。走行試験を行う一方で、開発計画の見直しが図られ、1934年には、量産車では2cm機関砲ではなく、7.92mm機関銃×2挺を装備することとなった。

■La.S.シリーズ

各部に改良を加えた試作車と先行生産車が少数造られた後、生産型のクライネトラクターが完成する。この完成車には、海外に対し戦車開発を隠すためにLa.S.(農業トラクター)の隠匿名称が与えられた。最初の生産車La.S.シリーズ1は、1934年1月25日から戦車部隊への配備が始まったが、完成時は車体上部構造と砲塔は未装備で、訓練に用いられた後に上部構造と砲塔を設置するという方法が

クライネトラクター先行生産車

車体上部構造は未設置のオープントップ。

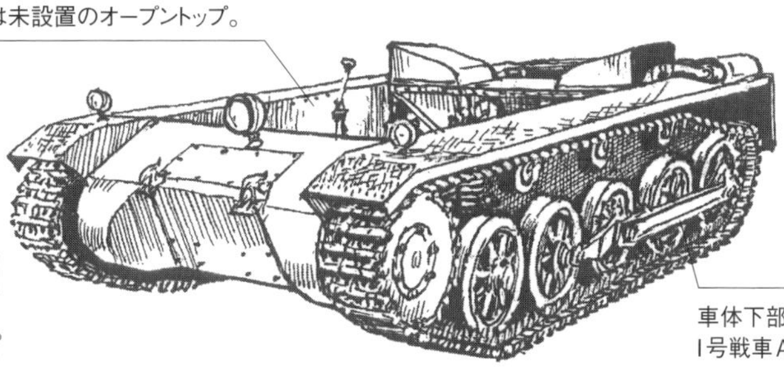

車体下部、足回りは後のI号戦車A型とほぼ同じ。

I号戦車A型

武装はMG13 7.92mm機関銃2挺のみ。

後のB型に比べ車体後部が短く、足回りの後部も異なる。

全 長：4.02m　全 幅：2.06m
全 高：1.72m　重 量：5.47t
乗 員：2名　武 装：MG13 7.92mm機関銃×2挺　装甲厚：車体前面13mm、砲塔前面14mm、防盾15mm　エンジン：クルップ社製M305（60hp）
最大速度：37km/h

採用されていた。

La.S.開発では、クルップ社のみならず、戦車開発技術習得のためにMAN社、ヘンシェル社、ダイムラーベンツ社、ラインメタル社も参加した。1934年7月から生産が始まったLa.S.シリーズ2以降からは車体上部構造と砲塔も装備した状態で完成。1936年6月までにシリーズ2～4まで段階的に改良を加えながら計1,190両造られた。生産最中の1936年4月にLa.S.シリーズ2～4は、I号戦車A型としてドイツ軍に制式採用となった。

■I号戦車A型

第一次大戦後、ドイツ軍の初の量産型戦車となったI号戦車A型は、全長4.02m、全幅2.06m、全高1.72m、重量5.47tの軽戦車で、車体左側前部に操縦手、砲塔内に車長の2名が搭乗した。初期の軽戦車なので、装甲は薄く、車体の装甲厚は前面13mm/25°(垂直面に対する傾斜角)、前部上面8mm/70～72°、上部前面13mm/21°、上部側面13mm/21°、下部側面13mm/0°、後面13mm/15～50°底面5mm/90°。砲塔の装甲厚は前面14mm/8°、防盾15mm/曲面、側面～後面13mm/22°、上面8mm/81～90°である。

車体前部に変速機、その後方左側に操縦席を配置。車体後部には60hpのクルップ社製のM305空冷4気筒エンジンを搭載し、最高速度37km/h、航続距離は整地で140km、不整地では93kmだった。搭載武装は機関銃のみで、砲塔防盾にMG13 7.92mm機関銃を2挺装備している。

■I号戦車B型

1,000両以上が生産され、新生ドイツ陸軍の戦車部隊の編成・育成に十分な役割を担ったI号戦車A型だったが、当初より走行性能不足が指摘されていたため、より高出力のエンジンを搭載し、さらに足回りを改良した量産型が造られることになった。A型生産中の1936年1月にはB型の開発が決定し、1936年7～8月から1937年5月までに約330両(生産数については諸説あり)が生産された。

B型は、基本的にはA型の形状を踏襲していたが、最高出力100hpのマイバッハ社製NL38TRエンジンに換装したため、機関室の形状を変更、併せて車体後部が40cm延長された。足回りも新しくなり、車体延長に伴い転輪と上部支持転輪を1個追加、最後部の誘導輪を独立式とした。車体前部、砲塔はA型とほぼ同じで、各部の装甲厚、武装も変わらない。A型、B型ともに生産中及び生産終了後にいくつかの変更や改良が行われている。

I号戦車は、戦車開発技術の習得及び乗員訓練用に開発された車両だったが、第二次大戦開戦時には主力となるはずのⅢ号戦車、Ⅳ号戦車の数が揃わず、初戦のポーランド戦では実質、ドイツ戦車部隊の主力車両の一つとして実戦投入された。その後も西方電撃戦、バルカン半島戦、北アフリカ戦などで使用されている。

I号戦車B型

車体前部及び砲塔はA型とほぼ同じ。

A型に比べ、機関室の形状が変化し、長くなっている。

全長：4.42m　全幅：2.06m　全高：1.72m　重量：5.8t　乗員：2名　武装：MG13 7.92mm機関銃×2挺　装甲厚：車体前面13mm、砲塔前面14mm、防盾15mm　エンジン：マイバッハ社製NL38TR(100hp)　最大速度：40km/h

転輪、上部支持転輪が1個増え、誘導輪を上に設置。

◉I号戦車A型の機関室

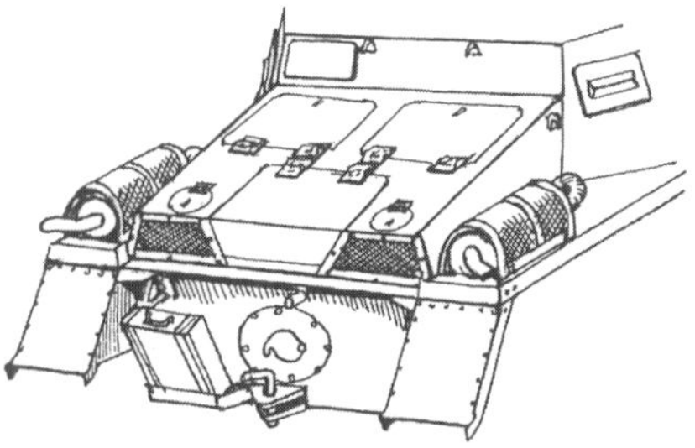

◉I号戦車B型の機関室

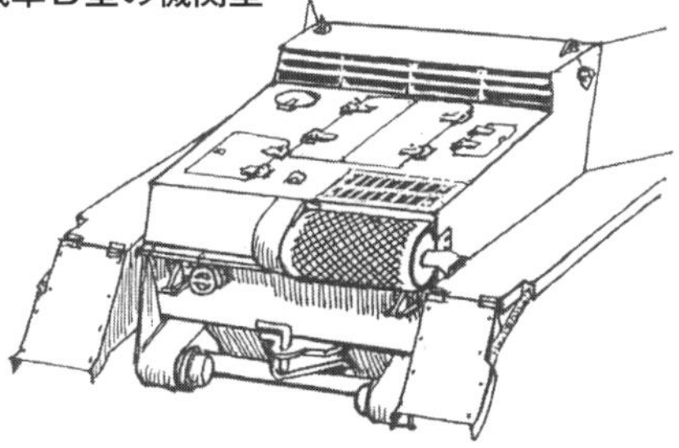

◉I号戦車B型の細部

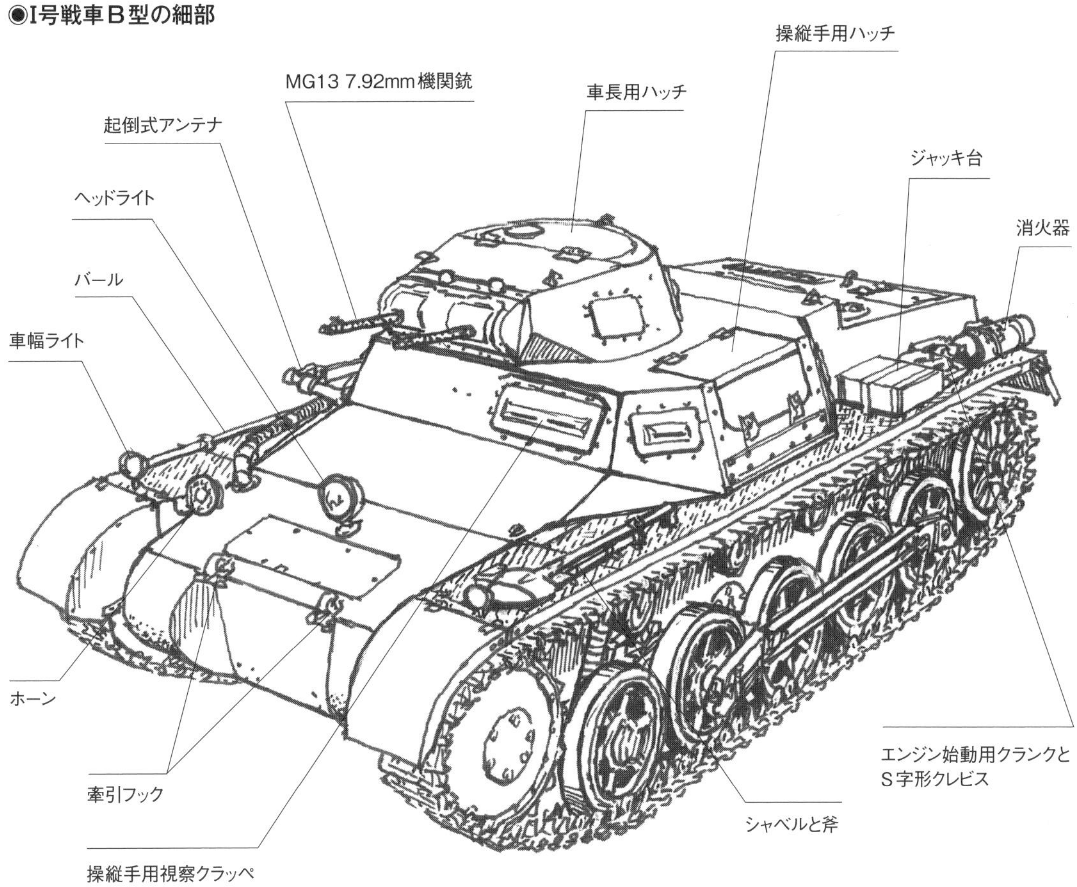
操縦手用ハッチ
MG13 7.92mm機関銃
車長用ハッチ
起倒式アンテナ
ジャッキ台
ヘッドライト
消火器
バール
車幅ライト
ホーン
エンジン始動用クランクと
S字形クレビス
牽引フック
シャベルと斧
操縦手用視察クラッペ

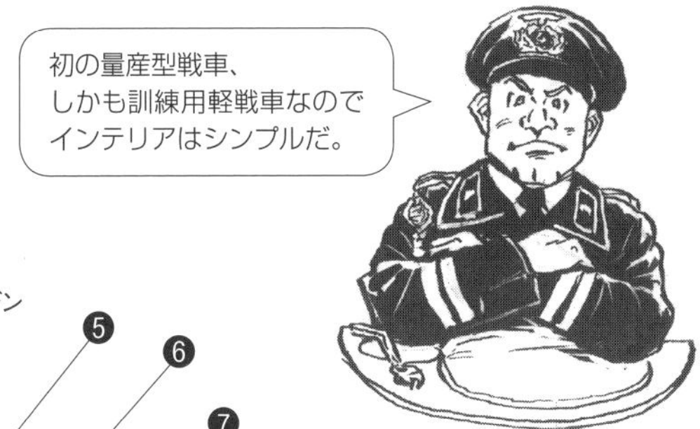
初の量産型戦車、
しかも訓練用軽戦車なので
インテリアはシンプルだ。

◉I号戦車B型の内部構造

❶ 操向レバー
❷ シフトレバー
❸ 無線機
❹ MG13俯仰ハンドル
❺ MG13 7.92mm機関銃
❻ ピストル型旋回ハンドル
❼ 車長席ヘッドレスト
❽ 車長席
❾ 冷却ファン
❿ マイバッハ社製NL38TRエンジン
⓫ 操縦手席
⓬ ZF社製FG31変速機
⓭ 操向装置

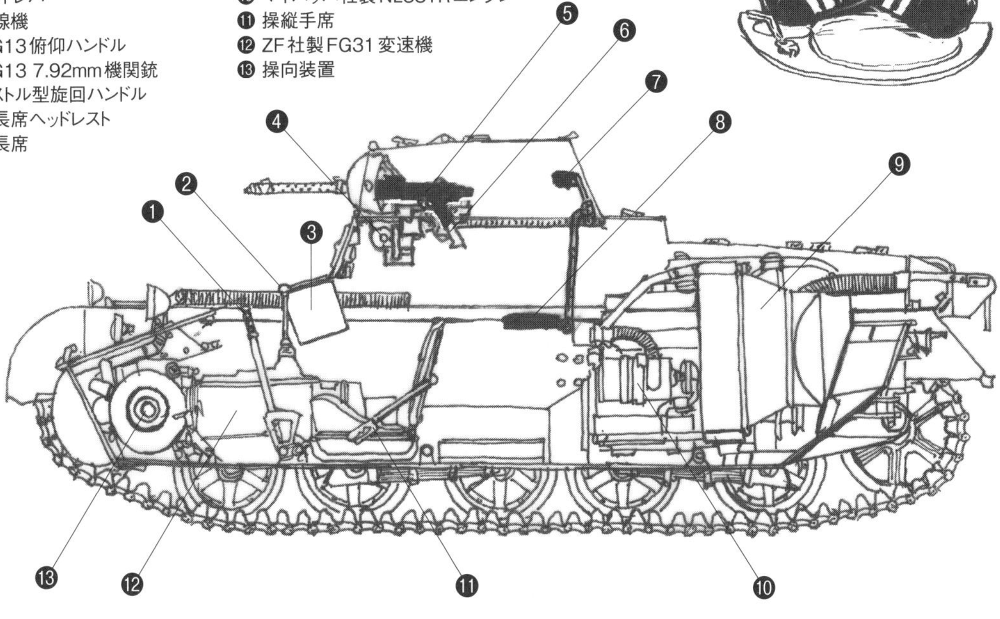
5
6
7
4
8
2
9
1
3
13
12
11
10

I号戦車の派生型

I号戦車は、元々訓練用として開発されたため実戦での使用期間は短いが、生産数が多かったため、I号戦車の車体を転用した様々な派生型が造られている。

■I号弾薬運搬車

部隊装備の戦車への砲弾補給のために造られた弾薬運搬車。I号戦車A型をベースとし、砲塔を撤去。戦闘室内を弾薬収納庫とし、ターレットリング開口部には2枚開き式の円形鋼板製大型ハッチを設置している。

また、1942年春以降には、前線から戻ってきたI号戦車を改造し、別のタイプの弾薬運搬車も造られている。砲塔を撤去し、そこに鋼板の箱型の荷台を設置した簡易な造りだった。I号戦車A型ベースのIa型弾薬運搬車、B型ベースのIb型弾薬運搬車がある。

■I号爆薬設置車

最前線の障害物排除、突撃部隊の進路啓開用に開発された爆薬設置車両で、装甲師団工兵大隊の工兵中隊に配備された。I号戦車B型の機関室上面にパイプフレームを設置し、その後部に爆薬コンテナを装備。車両は目的ポイントまで進み、その場でコンテナ内の爆薬を投下し、車両本体は退避、遠隔操作で起爆させるというものだった。

■I号火焔放射戦車

北アフリカ戦線トブルク攻略戦時に第5軽装甲師団の工兵部隊が使用したI号戦車A型ベースの現地部隊改造車両。大きな改造はなく、右側のMG13機関銃を歩兵携行用火焔放射器に換装したのみ。射程距離は25m、10～12秒の放射が可能だった。

■I号架橋戦車

I号戦車A型の砲塔を撤去し、車体上部に可動式の架橋を設置している。車体サイズや強度の関係上、限定的な運用しかできなかったため製造は少数に留まった。

■その他

I号戦車A型をベースとしたディーゼルエンジン搭載のLKB1やB型をベースに液化ガスを燃料とした整備作業車なども造られている。

I号架橋戦車

砲塔を撤去し、架橋を増設している。

ベース車体はI号戦車A型。

I号弾薬運搬戦車

砲塔を撤去し、戦闘室内を弾薬収納庫に改修。車体上部に箱型の荷台を設置。

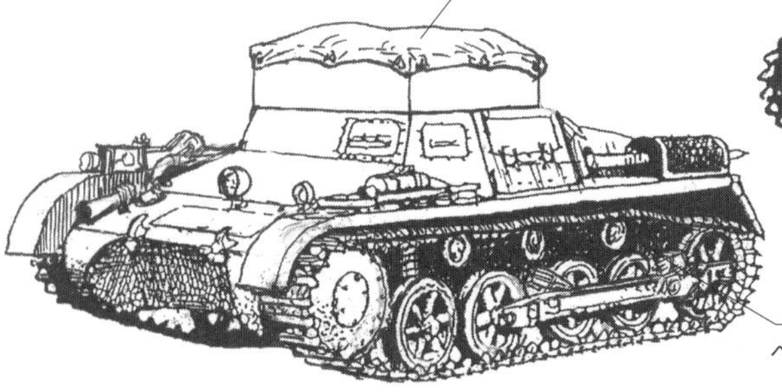

ベース車体はI号戦車A型。

I号火焔放射戦車

右側のMG13を取り外し、歩兵携行用火焔放射器を装備。

ベース車体はI号戦車A型。

I号指揮戦車

戦車の開発とともに新しい戦車戦術も確立していたドイツ軍は、La.S.戦車の開発時から送受信機を備えた無線車両の開発も進めていた。

■小型無線戦車

1935年半ばには、最初の指揮戦車としてI号戦車A型をベースとした小型無線戦車が開発された。この車両は、砲塔は設置せずにI号戦車A型の車体上部に八角形の戦闘室を増設。さらに戦闘室右後部に起倒式アンテナ、右側フェンダー前部にはパイプ状のフレームアンテナも増設されている。戦闘室内には、送受信用無線機を装備(戦車型は受信機のみ)していた。小型無線戦車は、試験的な車両として15両のみ造られている。

■小型装甲指揮車両

I号戦車A型ベースの小型無線戦車の運用テストを踏まえ、新たにI号戦車B型の車体を用いた小型装甲指揮車両が開発される。同車両も砲塔を装備せず、車体上部をそのまま上方に拡大したような形の戦闘室を設置している。戦闘室内には、Fu6送受信用無線機とFu2受信用無線機を装備し、車長、操縦手に加え、新たに無線手用の席も増設。戦闘室の装甲は、戦車型と同様の13mm厚で、戦闘室上面には左右開き式のハッチが設置されている。また、自衛用武装の必要性から戦闘室前面右側上部にはMG34 7.92mm機関銃を装備(搭載弾薬数900発)していた。

小型装甲指揮車両は、1936年7月〜1937年末までに184両(この内4両はスペインに譲渡。また、最初の25両はA/B折衷車体)が造られた。生産中及び生産後にいくつかの改良が実施されているが、もっとも大きく変化したのは、1938年から実施された車長用キューポラの設置である。戦闘室上面、右側にオフセットされる形で、八角形のキューポラが設置された。キューポラは耐弾性を高めるために装甲厚を14.5mmに強化している。

また、現地部隊において戦闘室内の送受信用無線機をFu8に変更、戦闘室周囲にパイプ状のフレームアンテナを増設し、送受信能力を向上させた車両もあった。

小型無線戦車

砲塔を撤去し、戦闘室を増設。
右側フェンダー前部にフレームアンテナを設置。
I号戦車A型をベースとしている。

小型装甲指揮車両(I号指揮戦車)

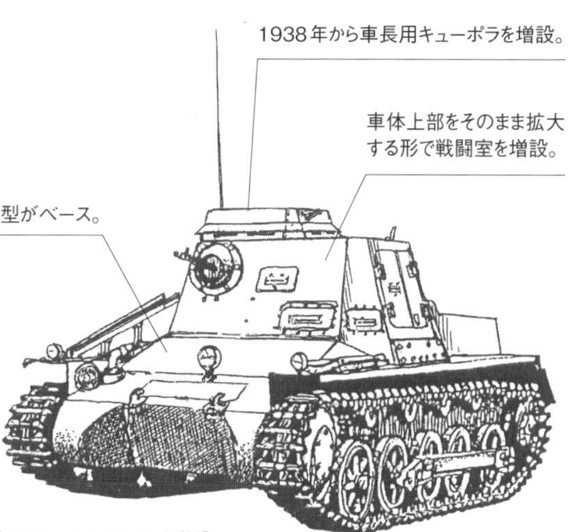
1938年から車長用キューポラを増設。
車体上部をそのまま拡大する形で戦闘室を増設。
I号戦車B型がベース。

全長:4.42m　全幅:2.06m　全高:1.99m　重量:5.9t　乗員:3名　武装:MG34 7.92mm機関銃×1挺　装甲厚:車体前面13mm、キューポラ14.5mm　エンジン:マイバッハ社製NL38TR(100hp)　最大速度:40km/h

小型装甲指揮車両　現地改造車

戦闘室周囲にフレームアンテナを増設。

I号戦車車台の自走砲

■15cm sIG33搭載I号戦車B型(I号15cm自走重歩兵砲)

まず、最初に造られたのがラインメタル社製の15cm重歩兵砲sIG33を搭載した自走砲である。ポーランド戦の後、歩兵部隊に随伴しながら、直協支援が可能な車両が必要であることが分かったため、牽引式の15cm重歩兵砲sIG33を自走化するプランが持ち上がった。

自走砲の車体にはI号戦車B型が選ばれ、アルケット社において1940年3月から開発が始まった。I号戦車B型の戦闘室上部を撤去し、厚さ10mmの装甲板で戦闘室を増設し、戦闘室内には専用架台を設けずに15cm重歩兵砲sIG33を車輪付きの砲架ごと積載した。車体サイズに対し、車高が極めて高くなり、被発見率が増したものの、その一方で開発期間を大幅に短縮することができた。

戦闘室内には、車長、操縦手に加え、主砲の操作のために砲手と装填手（無線手も兼任）が搭乗する。15cm重歩兵砲sIG33は最大射程約4,700m、俯仰角－4°～＋73°、左右各々15°の水平角を持ち、榴弾のみならず、発煙弾、爆風弾、さらに成形炸薬弾の発射が可能だった。

15cm sIG33搭載I号戦車B型は、38両が造られ、第701、第702、第703、第704、第705、第706自走重歩兵砲中隊に各6両ずつ配備（2両は予備）され、1940年5月から始まったフランス戦に投入された。

■4.7cm PaK(t)搭載I号戦車B型(I号4.7cm対戦車自走砲)

ドイツ軍は、第二次大戦前の1938年後半から対戦車自走砲の開発を開始。当初は、I号戦車B型の車体にドイツ軍の主力対戦車砲だった3.7cm対戦車砲PaK36を搭載する計画だったが、1939年3月のチェコスロバキア併合によってPaK36よりも強力なスコダ社製4.7cm対戦車砲KPUV.v.z.36を大量に入手できたため、ドイツ軍

戦闘室上部を撤去し、戦闘室を増設。

15cm sIG33搭載I号戦車B型

全長：4.67m　全幅：2.06m　全高：2.8m　重量：8.5t
乗員：4名　武装：15cm重歩兵砲sIG33×1門　装甲厚：車体前面13mm、戦闘室10mm　エンジン：マイバッハ社製NL38TR(100hp)　最大速度：40km/h

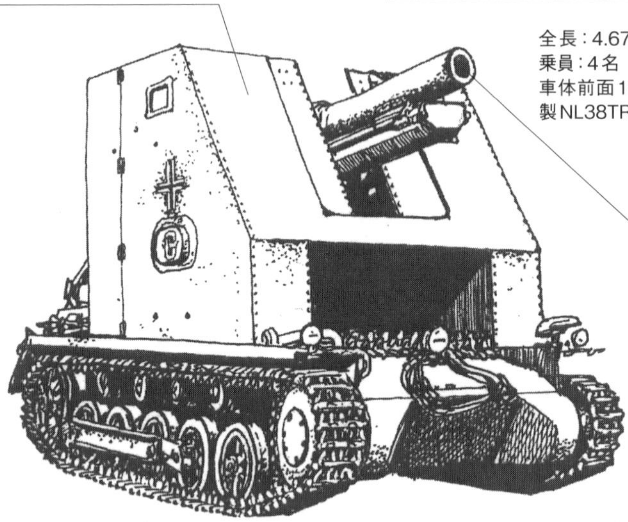

15cm重歩兵砲sIG33を砲架ごと搭載。

15cm重歩兵砲sIG33

15cm sIG33搭載I号戦車B型の搭載砲。最大射程は約4,700m、俯仰角－4°～＋73°、左右各15°の射角を持ち、榴弾、発煙弾、爆風弾、成形炸薬弾の発射が可能。

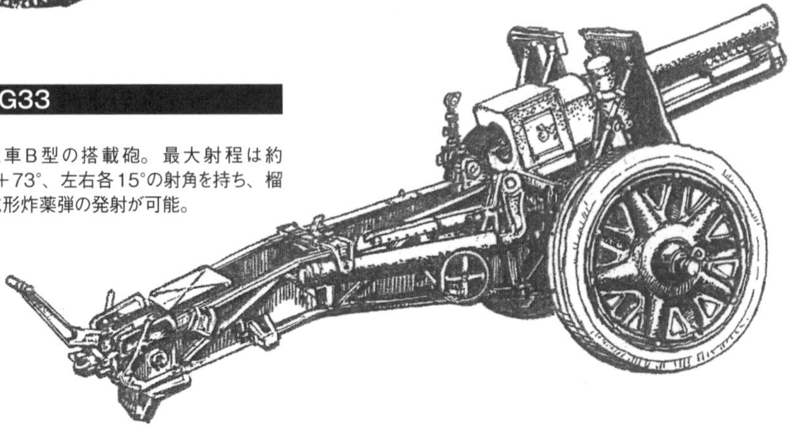

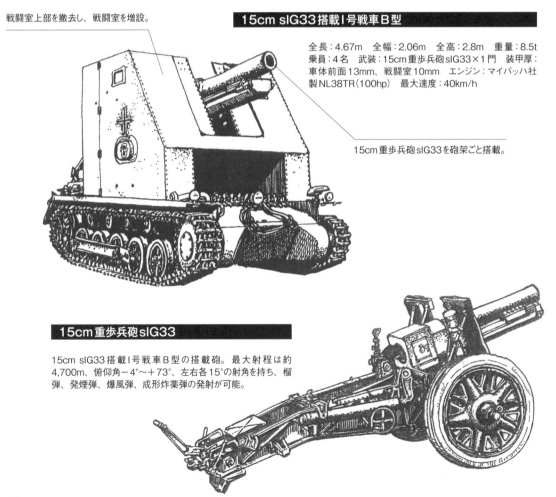

はこのチェコ製対戦車砲を4.7cm PaK（t）として採用し、I号対戦車自走砲の搭載砲とすることにした。

同年9月からアルケット社において開発が始まり、1940年3月に“4.7cm PaK（t）搭載I号戦車B型”と名付けられた自走砲が完成する。同自走砲は、I号戦車B型の車体上部にオープントップ式の戦闘室を新設し、4.7cm PaK（t）を搭載。戦闘室の装甲厚は14.5mmで、砲手を兼ねた車長と装填手、操縦手の3名が搭乗する。4.7cm PaK(t)の射角は、俯仰角−8°〜＋10°、左右各17.5°で、有効射程1,500m、射程500mで45mm厚の装甲を貫通することが可能だった。

4.7cm PaK(t)搭載I号戦車B型は、簡易な造りだが、ドイツ軍初の対戦車自走砲としては、完成度の高い車両となった。1940年3〜5月にかけて132両が製造され、第521、第616、第643、第670戦車駆逐大隊に配備され、フランス戦に投入された。

フランス戦での活躍が高く評価されたことにより1942年2月までにさらに70両が追加生産されている。追加生産の後期生産車では、戦闘室の側面装甲板が後方に拡大された。4.7cm PaK（t）搭載I号戦車B型は独ソ戦や北アフリカ戦にも投入され、強力な対戦車砲を搭載した車両がまだ十分な数揃っていなかった緒戦時には、ドイツ軍にとってはかなり貴重な対戦車戦力となった。

■I号対空戦車

ポーランド戦〜フランス戦での戦訓から戦車部隊に随伴可能な対空車両の必要性を認識したドイツ軍は、I号戦車A型の車体に2cm対空機関砲FlaK38を搭載したI号対空戦車の開発を決定。兵器局はダイムラーベンツ社に車体を、アルケット社に対空機関砲の台座などの設計を要請した。実際の改造作業はシュトーベル社によって行われ、1941年半ばに24両が完成。それらは全車、第614（自走）対空大隊に配備された。

■その他の自走砲

1945年4〜5月のベルリン攻防戦では、4.7cm PaK（t）搭載I号戦車B型の戦闘室を改造し、III号突撃砲の48口径7.5cm砲StuK40を砲架ごと搭載した現地部隊改造車が使用されている。おそらく1両のみのワンオフ車両だったと思われる。

4.7cm PaK(t)搭載I号戦車B型 初期型

全長：4.42m　全幅：2.06m　全高：2.25m　重量：6.4t　乗員：3名　武装：4.7cm対戦車砲PaK（t）×1門　装甲厚：車体前面13mm、戦闘室14.5mm　エンジン：マイバッハ社製NL38TR（100hp）　最大速度：40km/h

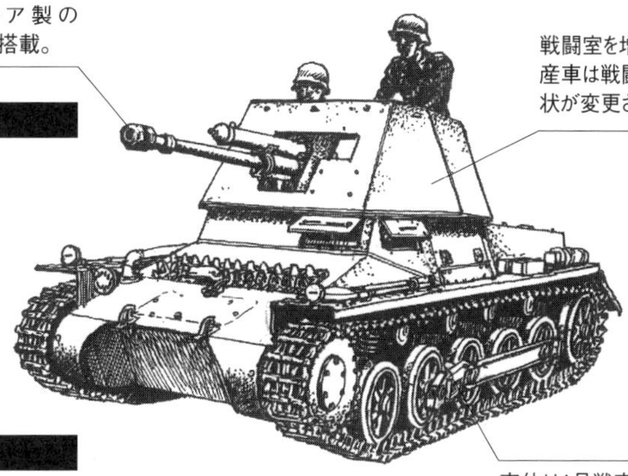
チェコスロバキア製の
4.7cm PaK(t)を搭載。
戦闘室を増設。後期生産車は戦闘室の側面形状が変更されている。
車体はI号戦車B型を使用。

4.7cm対戦車砲KPUV.v.z.36

チェコスロバキアのスコダ社製。ドイツ軍は4.7cm PaK（t）として採用し、I号戦車ベースの自走砲に搭載。同砲の射角は、俯仰角−8°〜＋10°、左右各17.5°で、有効射程1,500m、射程500mで45mm厚の装甲を貫通することが可能だった。

I号対空戦車

2cm対空機関砲FlaK38を搭載。
戦闘室側面に起倒式の装甲板を設置。
車体はI号戦車A型。車体上部前面に防弾板を追加。

I号戦車の発展型

■I号戦車C型

ドイツ陸軍兵器局は1938年に空挺部隊向け6t級の偵察用快速軽戦車の開発案を各メーカーに要請。VK601としてクラウスマッファイ社が車体下部を、ダイムラーベンツ社が車体上部構造と砲塔を製作することになった。1940年に完成した試作車は、砲塔にマウザー社製7.92mm対戦車機銃E.W.141と、その同軸にMG34 7.92mm機関銃を装備。全長4.195m、全幅1.920m、全高1.945m、重量8tだった。出力150hpのマイバッハ社製HL45Pエンジンと、挟み込み式転輪配置＆トーションバー式サスペンションのおかげで最高速度79km/hという高い機動力を発揮した。

また、防御力にも重点が置かれていたため軽戦車としては装甲が強固で、車体の装甲厚は、前面30mm/20°、前部上面20mm/70°、上部前面30mm/9°、上面10mm/90°、上部側面20mm/0°、下部側面14.5＋5.5mm/0°、砲塔の装甲厚は、前面30mm/10°，防盾30mm/曲面、側面14.5mm/24°、上面10mm/79～90°である。

1942年7月から足回りを改良した量産型の生産が始まり、同年12月までに40両が造られた。量産型にはI号戦車C型の制式名が与えられ、1943年に実戦テストのため2両が東部戦線の第1装甲師団に配備され、実戦に参加したが、残りの車両は、第18予備装甲軍団麾下の予備部隊に送られた。

■I号戦車F型

強固な要塞マジノ線を突破できる重装甲車両の開発計画が持ち上がり、その結果、1939年11年に兵器局第6課は、クラウスマッファイ社に18t級戦車のVK1801の開発を要請する。しかし、当初の予定よりも開発作業は大幅に遅れ、1942年4月にI号戦車F型として最初の生産車が完成。同年12月までに計30両が造られた。

I号戦車F型の最大の特徴は、その重装甲である。車体の装甲厚は、前面80mm/19°、前部上面50mm/75°、上部前面80mm/9°、側面80mm/0°、上面20mm/90°、底面20mm/90°、砲塔の装甲厚は、防盾80mm/曲面，側面80mm/0°だった。全長4.375m、全幅2.640m、全高2.050mという軽戦車ながら、重装甲により重量は19tにも及んだ。

武装は、砲塔前面にMG34 7.92mm機関銃2挺のみ。また、I号戦車C型に似た挟み込み式転輪配置の足回りを採用、最高速度は25km/hだった。

第66特殊戦車大隊第1中隊に配備されたI号戦車F型は、レニングラード戦に参加。また、第2警察戦車中隊、第1装甲師団第1戦車連隊第2大隊などにも配備された。

I号戦車C型

全長：4.195m　全幅：1.920m　全高：1.945m
重量：8t　乗員：2名　武装：マウザー社製7.92mm対戦車機銃E.W.141×1挺、MG34 7.92mm機関銃×1挺　最大装甲厚:30mm　エンジン:マイバッハ社製HL45P（150hp）　最大速度：79km/h

砲塔前面左側に7.92mm対戦車機銃E.W.141、右側にMG34機関銃を装備。

I号戦車F型

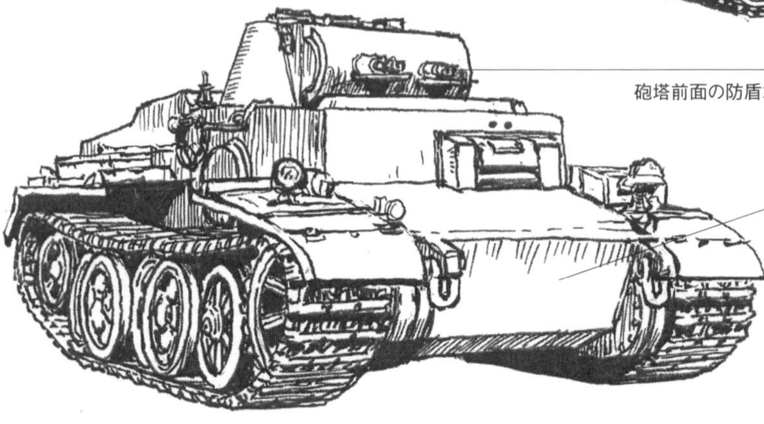

砲塔前面の防盾左右にMG34機関銃を装備。

車体前面の装甲厚は、80mmにも及んだ。

全長：4.375m　全幅：2.640m　全高:2.050m　重量:19t　乗員:2名　武装：MG34 7.92mm機関銃×2挺　最大装甲厚：80mm　エンジン：マイバッハ社製HL45P（150hp）　最大速度：25km/h

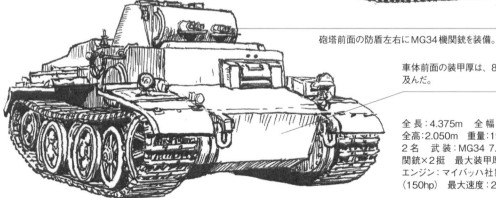

2cm砲を搭載した本格的軽戦車

II号戦車と派生型

第一次大戦後初の量産型戦車としてI号戦車の開発を進めていたドイツ軍は、武装、機動性能ともに不十分なことを十分に認識していた。1934年7月から2cm砲搭載軽戦車の開発が始まり、1936年5月にII号戦車が完成する。II号戦車もI号戦車と同様に戦車部隊の訓練用車両として使用されるはずだったが、III号戦車の開発・生産の遅延から、第二次大戦の緒戦では、戦車戦力を補うために主力戦闘車両の一つとして実戦に投入された。

II号戦車a～c型/A～C型

■2cm機関砲搭載軽戦車の開発

ドイツ軍は、第一次大戦後初の量産型戦車としてI号戦車の生産準備を進める一方で、1934年7月に2cm機関砲を搭載した軽戦車、La.S.100（農業トラクター100）の開発を決定する。兵器局第6課は、車体上部構造と砲塔の開発をダイムラーベンツ社に、車台の開発をクルップ社、MAN社、ヘンシェル社に要請した。1935年半ば頃に3社設計による試作車が完成し、試験の結果、同年秋頃までにMAN社の設計が採用となり、ダイムラーベンツ社は車体上部構造と砲塔の製造を担当し、MAN社は車台の製造と最終組み立てを行うことが決定した。

■II号戦車a型

II号戦車最初の生産型となったa型（La.S.100シリーズ1。当時はまだII号戦車の制式名称は与えられていない）は、全長4.380m、全幅2.140m、全高1.945m、重量7.6tでI号戦車より一回り大きい。砲塔には2cm対空機関砲FlaK30を車載化したKwK30×1門（搭載弾薬数180発）とMG34 7.92mm機関銃×1挺（2,250発）を装備していた。車体内部は最前部に操向装置と変速機を備え、中央に戦闘室を配し、その上部にやや左にオフセットする形で砲塔を搭載。車体後部は機関室となっている。乗員は3名で、車体前部左側に操縦手、砲塔内に車長、戦闘室内左側（後ろ向き）に無線手が搭乗した。

II号戦車も軽戦車ゆえ、防御性能は重視されておらず、車体の装甲厚は、前面13mm/曲面、前部上面13mm/65°（垂直面に対する傾斜角）、上部前面13mm/9°、側面13mm/0°、上面8mm/90°、底面5mm/90°。砲

塔の装甲厚は、前面15mm/曲面、前面下部13mm/16°、上面8mm/76～90°、側面13mm/22°である。

足回りは、前部に起動輪、後部に誘導輪を配し、小径転輪6個と上部支持転輪3個で構成。転輪はボギー式リーフスプリングにより2個1組とし、3組のボギーを板状アームで連結していた。機関室右側には130hpのマイバッハ社製HL57TR 6気筒液冷式ガソリンエンジンを搭載。最大速度は40km/h、航続距離は整地で190km、不整地で126kmだった。

Ⅱ号戦車a型は、1936年5月から1937年2月までに75両が製造されたが、生産は25両ごと3回の生産ロットに分けて実施され、各生産ロットで若干の仕様変更や改良が実施されている。最初の25両はa1型、次の25両はa2型、最後の25両はa3型と呼ばれており、a2型ではエンジン冷却器の改良と整備点検のために底面に点検パネルを追加、エンジン隔壁のパネルの変更などを実施。また、a3型ではサスペンションのリーフスプリングの改良、ラジエターを大型化した新型に変更された。

■Ⅱ号戦車b型

1937年2月から3月にかけて25両（生産数は諸説あり）のⅡ号戦車b型が生産される。b型は、防御性向上のため装甲の強化が図られており、車体の前面、前部上面、上部前面、さらに砲塔の前面下部と側面の装甲厚を14.5mmに、また車体上面は12mm、砲塔上面は10mmに増厚されていた。

操向装置の改良の他、ラジエターの改良、排気グリルの増設（機関室上面）、マフラーの改良などが実施されたため、機関室後部の形状が変更され、全長は4.755m、重量も7.9tとなった。さらに足回りも改善され、サスペンションの強化、30cm幅履帯の採用（a型は28cm幅）に伴う転輪の幅の

Ⅱ号戦車a型

全長：4.380m　全幅：2.140m　全高：1.945m　重量：7.6t　乗員：3名　武装：2cm機関砲KwK30×1門、MG34 7.92mm機関銃×1挺　装甲厚：車体前面13mm、砲塔前面15mm　エンジン：マイバッハ社製HL57TR（130hp）　最大速度：40km/h

Ⅱ号戦車b型

全長：4.755m　全幅：2.140m　全高：1.945m　重量：7.9t　乗員：3名　武装：2cm機関砲KwK30×1門、MG34 7.92mm機関銃×1挺　装甲厚：車体前面14.5mm、砲塔前面15mm　エンジン：マイバッハ社製HL57TR（130hp）　最大速度：40km/h

機関室後部とマフラーの形状が変更された。
30cm幅の履帯に変更。
起動輪を新型に変更。
サスペンションを強化、転輪の幅も変更。

Ⅱ号戦車A型

全長：4.810m　全幅：2.223m　全高：2.020m　重量：8.9t　乗員：3名　武装：2cm機関砲KwK30×1門、MG34 7.92mm機関銃×1挺　装甲厚：車体前面14.5mm、砲塔前面15mm　エンジン：マイバッハ社製HL62TR（140hp）　最大速度：40km/h

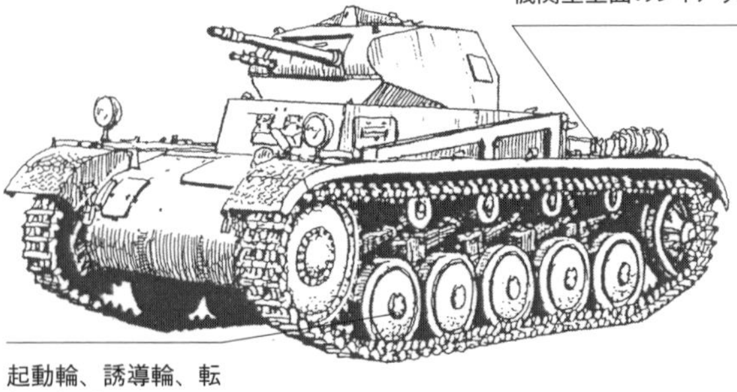
c型以降、エンジンの変更に伴い、機関室上面のレイアウトも変わった。
起動輪、誘導輪、転輪は新型となり、サスペンションも変更。

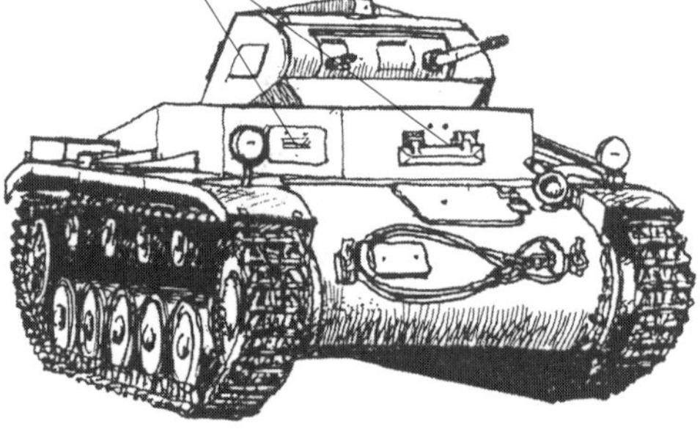
c～C型の外見はほとんど同じ。相違箇所は、前面の視察バイザーの形状の違いと側面の視察クラッペ上下のリベット有無など。

変更、新型起動輪の採用などが行われている。

II号戦車a型/b型は、試作車あるいは先行生産型的な車両だったが、緒戦のポーランド戦、フランス戦に投入された。

■II号戦車c型

II号戦車b型は、a型のマイナーチェンジ版ともいえる車両で外見はさほど変わっていなかったが、続く量産型のc型では、大きく変わった。もっとも大きな相違点は、足回りの改良と新型エンジンへの換装である。

起動輪、誘導輪、転輪はすべて新しいものに変更。転輪は大型となり、片側5個配置に、また、上部支持転輪は4個配置となった。サスペンションは独立懸架のリーフスプリング式が採用されている。

エンジンは、HL57TRから同じマイバッハ社製のHL62TR（140hp）に変更された。それに伴い、機関室上面のレイアウトも若干変わっている。

その他も変更が加えられていたが、車体及び砲塔の基本構造に変更はない。II号戦車c型は、1937年3月に25両のみの生産（b型ともども生産数は諸説あり）に留まった。

■II号戦車A型

II号戦車は、c型においてようやくII号戦車量産型の基本形が確立したといえる。1937年4月からは、本格的な量産型、II号戦車A型の生産が始まる。A型からMAN社のみならず、ヘンシェル社も生産に加わり、計210両が造られた。

A型はc型とほとんど同じで、視察バイザーや視察クラッペの形状変更、無線手用ハッチの構造変更の他、操向装置や変速機などが新型や改良型

◉1939年10月～1940年10月以前のc型改修砲塔

※視察バイザー以外は、A～B型も同じ。

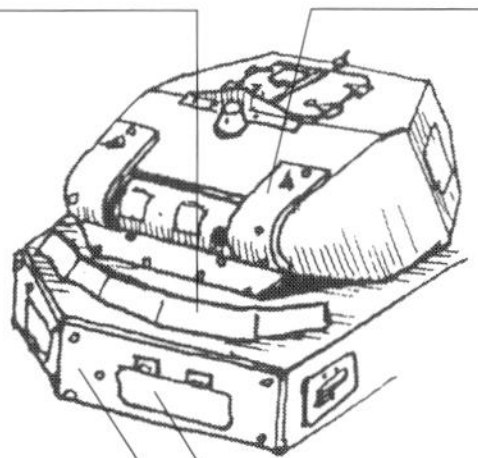
跳弾ブロックを増設。
1939年10月から砲塔前面両側と下部に20mm厚の増加装甲板を装着。
車体上部前面にも20mm厚の増加装甲板を装着。
c型の操縦手用視察バイザーは平坦な横長の板状タイプ。

II号戦車A～C型 改修型

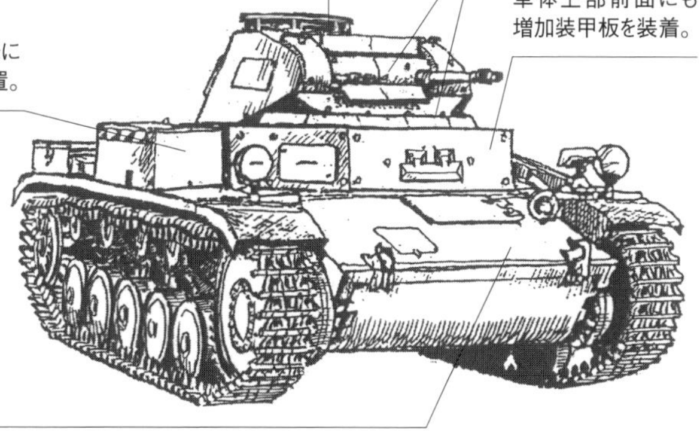
1940年10月から車長用キューポラを増設。
砲塔前面に20mm厚の増加装甲板を装着。
車体上部前面にも増加装甲板を装着。
1941年5月以降に大型雑具箱を設置。
前部上面には15mm厚の増加装甲を装着（イラストは前面の増加装甲板は未装着で描いている）。

◉1940年10月以降のc～C型改修砲塔

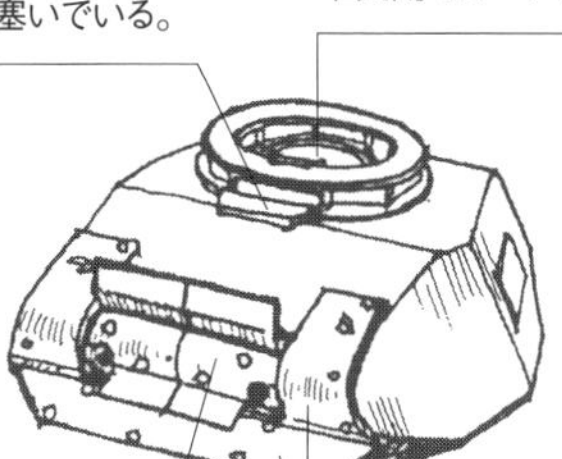
信号塔を撤去し、跳弾板で塞いでいる。
車長用キューポラ。
防盾の増加装甲板は装着していない車両も多い。
増加装甲板。

II号戦車c型 改修型

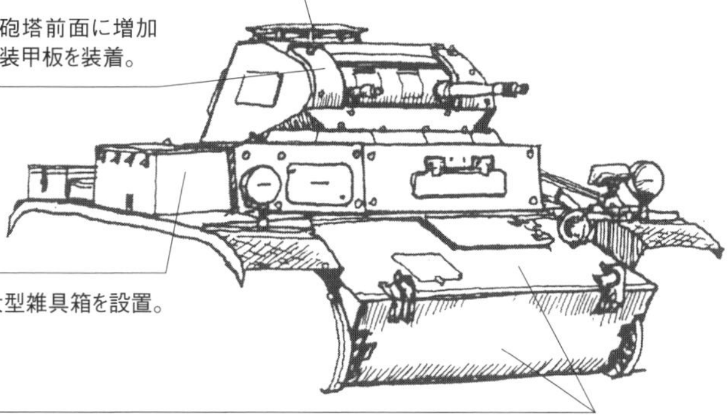
車長用キューポラ。
砲塔前面に増加装甲板を装着。
大型雑具箱を設置。
車体前面は20mm厚、前部上面は15mm厚の増加装甲板を装着。

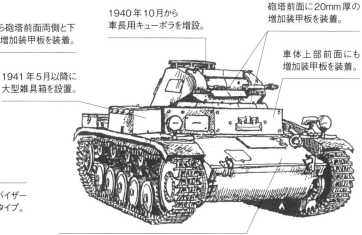

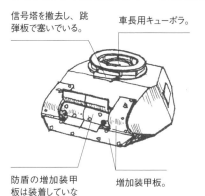

に変更された。

■II号戦車B型

II号戦車B型は、A型のマイナーチェンジ版で、視察クラッペが内部防弾ガラスを強化した新型に変更された（視察クラッペの上下に２個ずつあるボルトがA型との識別ポイント）。B型からさらにアルケット社でも生産されるようになり、1938年末までに計384両造られた。

■II号戦車C型

II号戦車C型は、生産が遅延していたIII号戦車を補うために急遽生産されたもので、砲塔内部の照準器が改良されたくらいで、B型後期生産車とほとんど同じといってよい。C型はMAN社、ヘンシェル社、アルケット社合わせて364両以上造られている。

■II号戦車c～C型の改修型

a型、b型を経て、本格的な量産型となったc型、A型、B型、C型は生産途中で改良や仕様変更、旧型へのパーツのレトロフィットが随時実施されており、さらに生産後にも装備の追

II号戦車の内部は
こんなかんじだ。

◉II号戦車c～C型の内部構造

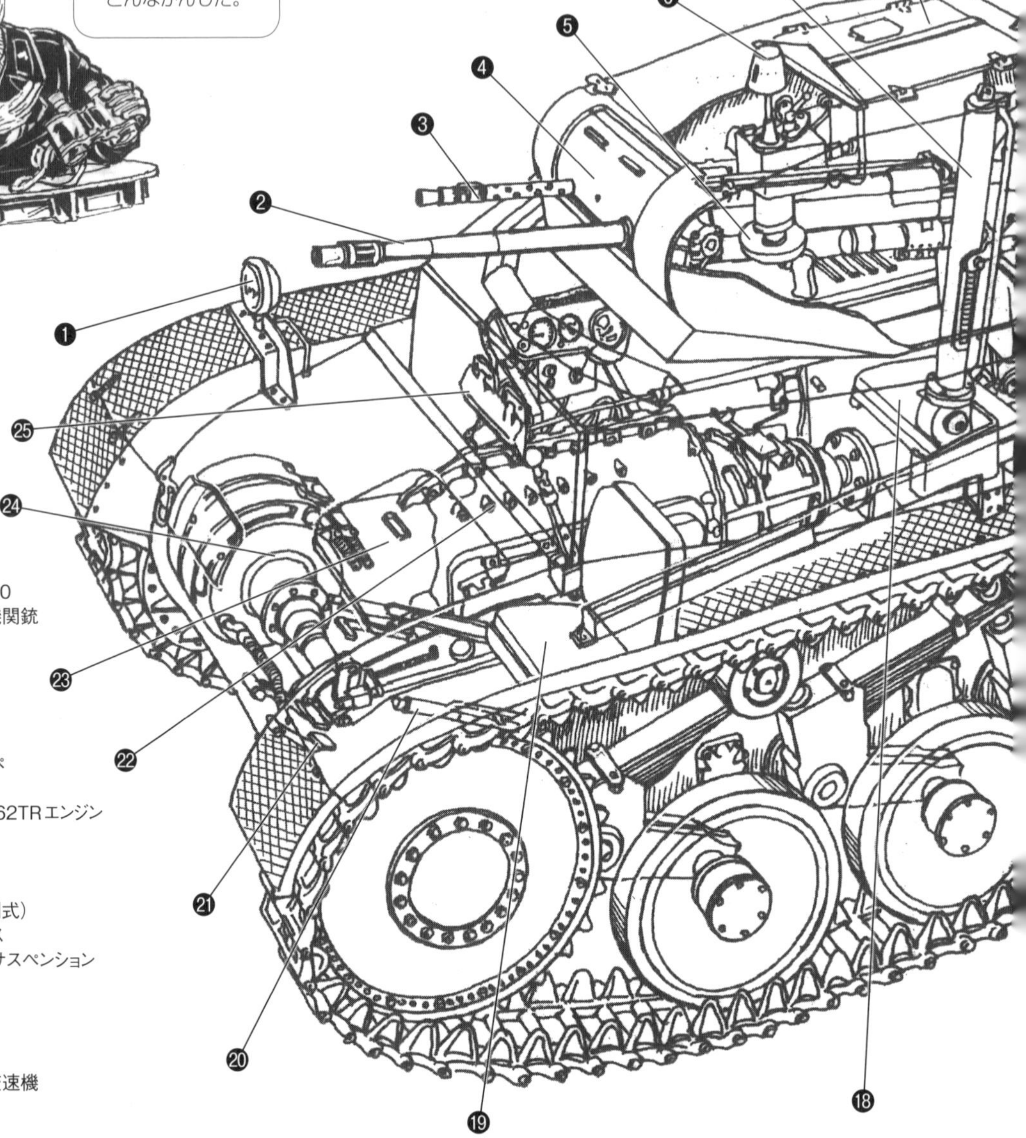

❶ ヘッドライト
❷ 2cm機関砲KwK30
❸ MG34 7.92mm機関銃
❹ 内装防盾
❺ 砲塔旋回ハンドル
❻ 信号塔
❼ 機関砲俯仰装置
❽ 車長用ハッチ
❾ 車長用視察クラッペ
❿ 無線手用ハッチ
⓫ マイバッハ社製HL62TRエンジン
⓬ マフラー
⓭ ラジエター
⓮ 誘導輪
⓯ アンテナ基部（起倒式）
⓰ アンテナ収納ケース
⓱ リーフスプリング式サスペンション
⓲ 車長席
⓳ 操縦手席
⓴ 操向レバー
㉑ フットペダル
㉒ ZF社製SSG46変速機
㉓ 操縦手用ハッチ
㉔ 操向装置
㉕ 操縦手用視察バイザー

加や変更が頻繁に行われている。

1938年2月以降、車体上部左側に折りたたみ式対空機銃架の設置。1939年9月頃までに車体後面に補強用支柱の追加を実施。さらに1939年10月から砲塔前面の左右と下部、車体上部前面に20mm厚の増加装甲板を追加、さらに車体前面には20mm厚、前部上面には15mm厚の増加装甲板を装着するようになる。

1940年10月には車長用キューポラの導入が決定し、既存車に対し、砲塔上面にキューポラを設置する改修作業が始まる。また、1941年には北アフリカ戦線部隊の車両に対して冷却ファンの強化、無線手用ハッチ通気グリルの拡大などの改修も実施された。

その他、視察クラッペの強化、照準器の改良、MG34車載機銃の給弾方式をサドルマガジンからベルト給弾に変更(搭載弾薬数は2,100発に増加)、左フェンダーにノテックライト（防空型前照灯)を追加、車体後面左側に車間表示灯を追加、右フェンダー上に大型雑具箱の追加、予備履帯ラックの装備、暖房用ヒーターの増設などが行われた。

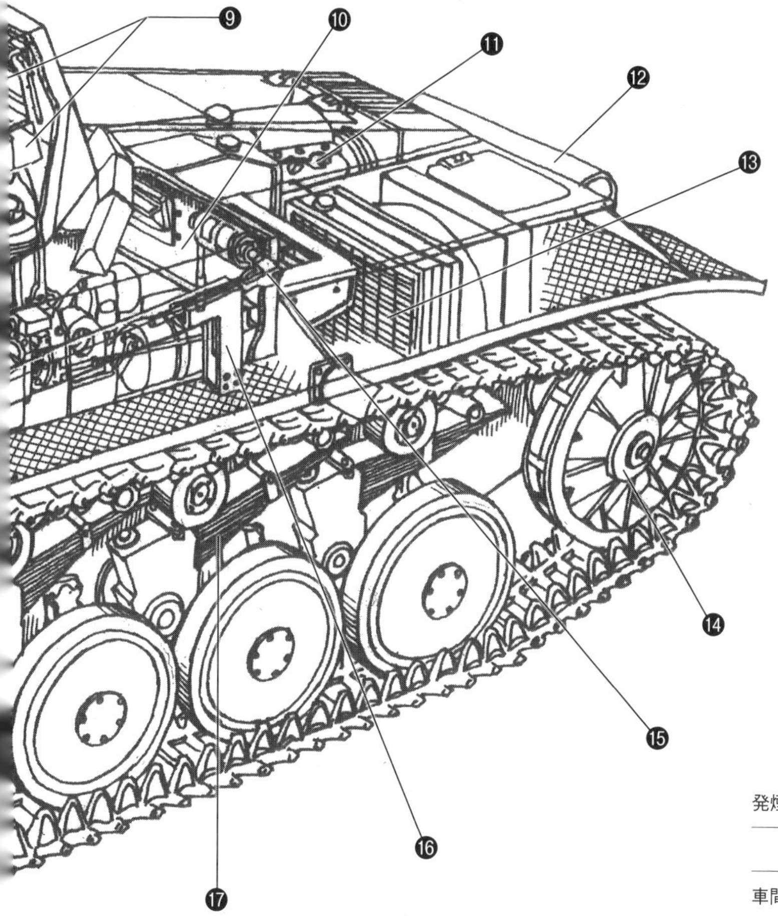
9
10
11
12
13
14
15
16
17

◉前面の視察バイザー

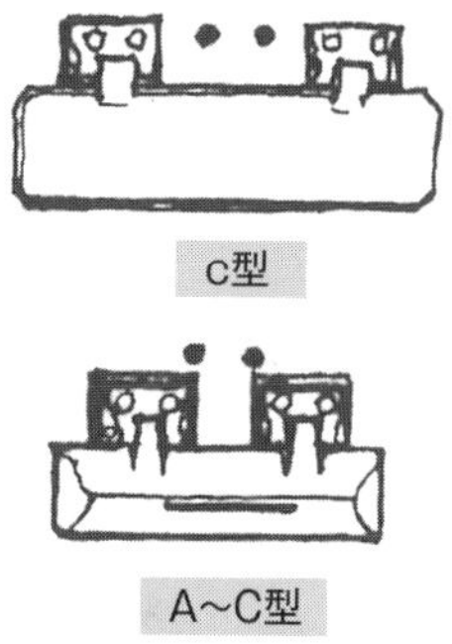
c型
A~C型

◉車体後面

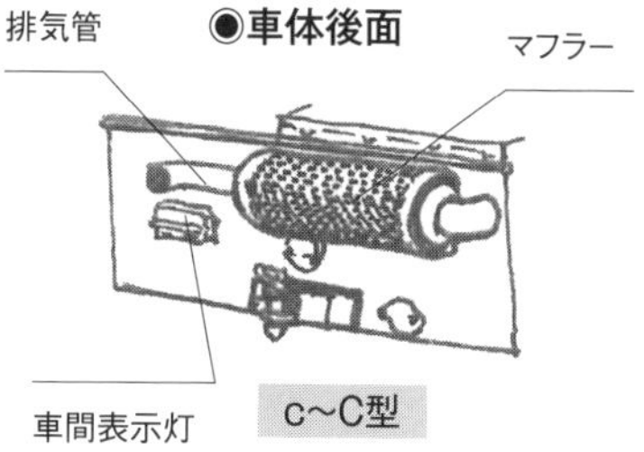
排気管
マフラー
車間表示灯
c~C型

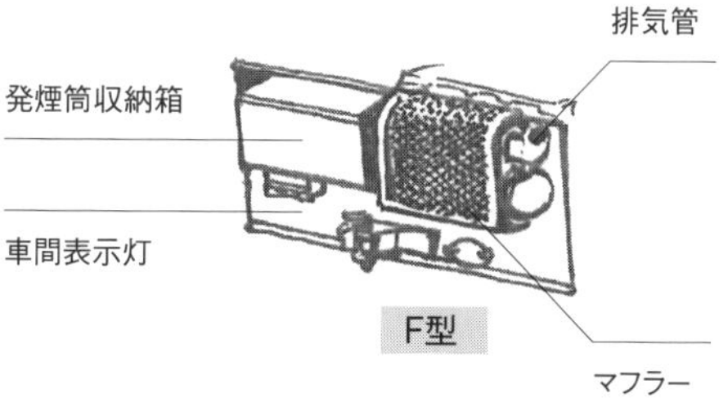
排気管
発煙筒収納箱
車間表示灯
F型
マフラー

◉側面／後面の視察クラッペ

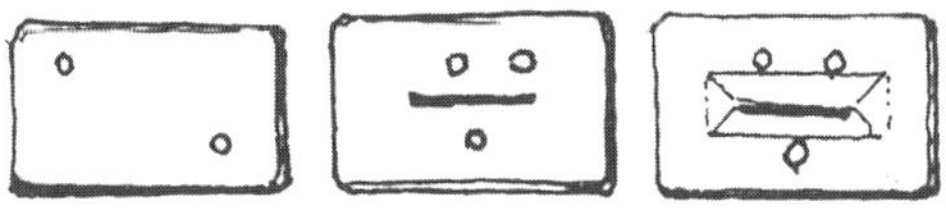

Ⅱ号戦車D～L型と派生型

■Ⅱ号戦車D型

Ⅱ号戦車の量産が進められていた最中、サスペンションをトーションバー方式に変更した快速型Ⅱ号戦車の開発計画が発案される。開発はMAN社のみが担当し、試作車によるテストの後、Ⅱ号戦車D型として制式採用された。Ⅱ号戦車という名称を持っているが、C型までとは車体形状や足回りが大きく異なり、車体は完全な新設計だった。全長4.90m、全幅2.290m、全高2.060m、重量11.2tとそれまでのⅡ号戦車よりも若干大きい。装甲も強化されており、車体前面と砲塔前面は30mm厚（その他の装甲厚はb型以降と同じ）だった。

車体前部に変速機、その後方左側に操縦手席、左側に無線手を配し、後部の機関室にはHL62TRの改良型HL62TRMエンジンが置かれた。足回りも一新されており、起動輪、転輪、誘導輪、履帯は新型を採用。転輪は片側4個配置で、上部支持転輪はない。トーションバー式サスペンションと改良型のエンジン、変速機を搭載したことにより、最高速度は55km/hに向上した。

D型とほぼ同仕様で履帯を変更したE型も採用となり、1938年5月～1939年までに43両のD型/E型が造られたとされているが、生産時期及び生産数は諸説あり、正確なことは不明である。

■Ⅱ号戦車F型

当初の予定では、Ⅱ号戦車はC型及びD型/E型で生産終了する予定だったが、Ⅲ号戦車の生産の遅れや戦闘による損耗などにより装甲師団の戦車配備数を維持するのが難しくなっていたため、Ⅱ号戦車をその補充車両として充てることとなり、Ⅱ号戦車F型の生産が決定する。生産はFAMO社とウルサス社が担当し、1941年3月～1942年12月までに524両（509両の説もある）が造られた。

F型では、車長用キューポラや右フェンダーの大型雑具箱などc～C型で実施された各種改修が生産当初より盛り込まれていた。さらに車体前部の装甲板は平面構成とし、車体上部前面も装甲板1枚構成に変更されている。

車体形状の見直しとともに防御性の向上も図られ、車体前面装甲板は35mm厚，車体上部前面と砲塔前面の装甲板は30mm厚に強化された。こうした変更により重量は9.5tとなっている。

■Ⅱ号戦車G型（新型Ⅱ号戦車）

それまでのⅡ号戦車とは異なる新しい軽戦車として1938年6月18日、速度を重視した軽戦車VK901の開発が承認され、車台はMAN社、車体上部構造と砲塔はダイムラーベンツ社が開発を行うこととなった。

兵器局第6課の要求仕様は、乗員は3名で、砲塔には2cm機関砲KwK30よりも高発射速度の2cm機関砲KwK38（2cm対空機関砲FlaK38を車載化したもの）と同軸にMG34

Ⅱ号戦車D型

全長：4.90m　全幅：2.290m　全高：2.060m　重量：11.2t　乗員：3名　武装：2cm機関砲KwK30×1門、MG34 7.92mm機関銃×1挺　最大装甲厚：30mm　エンジン：マイバッハ社製HL62TRM（140hp）　最大速度：55km/h

足回りは完全な新設計。片側4個配置の大型転輪とトーションバー式サスペンションを採用。

砲塔はc～C型までとほぼ同形状だが、前面装甲は30mm厚に強化されている。

E型は形状が異なる履帯を使用。

車体はそれまでのⅡ号戦車と全く異なる形状となっている。

Ⅱ号戦車F型

全長：4.810m　全幅：2.280m　全高：2.150m　重量：9.5t　乗員：3名　武装：2cm機関砲KwK30×1門、MG34 7.92mm機関銃×1挺　装甲厚：車体前面35mm、砲塔前面30mm　エンジン：マイバッハ社製HL62TR（130hp）　最大速度：40km/h

砲塔後面にゲペックカステンを装着した車両も少数あった。

砲塔前面と車体上部前面の装甲は30mm厚。

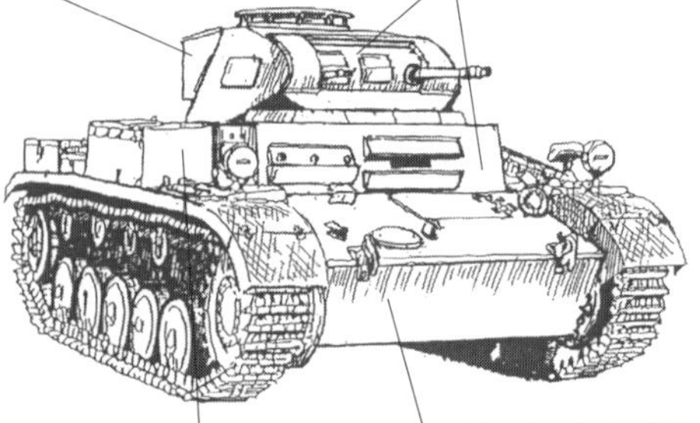

右フェンダーの大型雑具箱は標準装備。

車体前部を平面構成に変更。前面装甲は35mm厚。

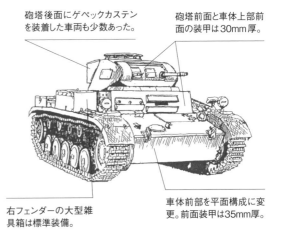

7.92mm機関銃を搭載し、最高速度65km/hという機動性を有するというものだった。

1939年末に試作車が完成。75両が発注されたが、完成したのは12両といわれている。車体はII号戦車D型/E型に似た箱形で、全長4.24m、全幅2.38m、全高2.05m、重量10.5tだった。車体上部前面の左右にIII号戦車G型と同じ視察装甲バイザーを設置（中央にはダミーのバイザーも設置）している。車体の装甲厚は、前面30mm/23°、前部上面20mm/74°、上部前面30mm/9°、側面20mm/0°、上面12mm/90°、底面5mm/90°、砲塔の装甲厚は前面30mm/10°、防盾30mm/曲面、側面15mm/66°、上面10mm/78～90°だった。車体内部の構成はD型/E型と同様で前部に変速機、その後方左側に操縦手席、右側に無線手席を配置。後部は機関室となっていた。

足回りは、転輪を挟み込み式の配置としたトーションバー式サスペンションを採用している。エンジンは、マイバッハ社製HL66P（180hp）を搭載していたが、最高速度は計画値を下回り、50km/hに留まった。

■II号戦車J型（新型強化型II号戦車）

II号戦車G型（VK901）が速度性能を重視した新型II号戦車だったのに対し、装甲防御を重視した新型II号戦車がII号戦車J型（VK1601）である。J型もG型と同様に車台はMAN社、車体上部構造と砲塔はダイムラーベンツ社が開発を担当することになり、1939年12月から開発に着手。1940

II号戦車J型

全長：4.20m　全幅：2.90m　全高：2.20m　重量：18t　乗員：3名　武装：2cm機関砲KwK38×1門、MG34 7.92mm機関銃×1挺　最大装甲厚：80mm　エンジン：マイバッハ社製HL45（150hp）　最大速度：31km/h

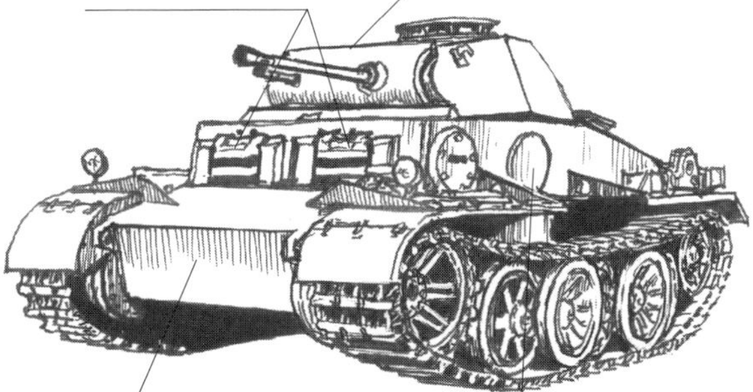
左右の視察バイザーは
ティーガーIと同型。
砲塔前面の装甲厚は80mm。
車体前面の装甲厚も80mm。
左右両側に円形のエ
スケープハッチを設置。

II号戦車G型

全長：4.24m　全幅：2.38m　全高：2.05m　重量：10.5t　乗員：3名　武装：2cm機関砲KwK38×1門、MG34 7.92mm機関銃×1挺　最大装甲厚：30mm　エンジン：マイバッハ社製HL66P（180hp）　最大速度：50km/h

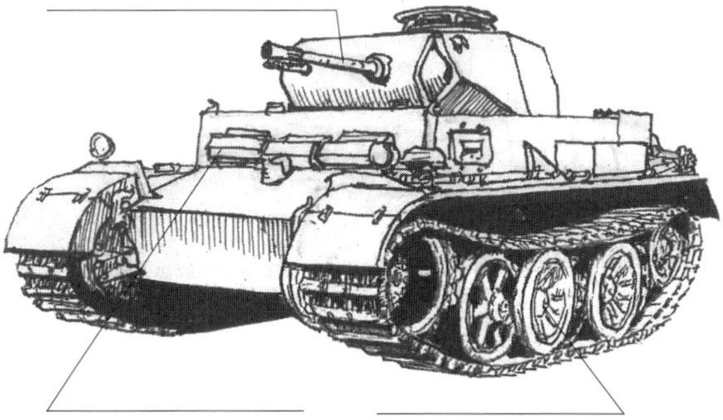
2cm機関砲KwK38を搭載。
III号戦車G型と同じ視察
バイザーを左右に設置（中
央のバイザーはダミー）。
トーションバー式サスペン
ションで、転輪は挟み込
み式で片側5個配置。

II号戦車H型

重量：10.5t　乗員：3名　武装：2cm機関砲KwK38×1門、MG34 7.92mm機関銃×1挺　最大装甲厚：30mm　エンジン：マイバッハ社製HL66P（200hp）　最大速度：65km/h

車体及び砲塔は、G型と似た形状。

II号戦車5cm PaK38搭載型

オープントップ式の戦闘室。
II号戦車G型の
車体を使用。
主砲は5cm PaK38を搭載。

年6月に試作車が完成する。テストの結果、良好な性能を示したためⅡ号戦車J型として1942年4月から生産が始まった。

外見と車内レイアウトはG型に似ており、全長4.20m、全幅2.90m、全高2.20m。車体の装甲厚は、前面80mm/19°、前部上面50mm/75°、上部前面80mm/9°、側面50mm/0°、上面20mm/90°、底面20mm/90°, 砲塔の装甲厚は、前面80mm/曲面、側面50mm/24°、上面20mm/78～90°で、車体及び砲塔ともに重装甲である。装甲防御を優先させたため、重量は18tにもなり、最大速度は31km/hだった。

足回りはG型同様の挟み込み式のトーションバー式サスペンションを採用。さらに車体上部前面にはティーガーIと同型の視察装甲バイザーが設置されていたこともあり、まさに“ミニ・ティーガー”といった風貌だった。

Ⅱ号戦車J型は、1942年12月までに22両造られ、東部戦線の第12装甲師団などに配備された。

■Ⅱ号戦車H型

1940年6月、兵器局第6課は、Ⅱ号戦車G型をさらに発展させ、速度性能と装甲防御力の向上を図ったVK903の開発をMAN社とダイムラーベンツ社に対し要請する。

車体側面及び砲塔側面の装甲板を20mm厚に強化。それに伴う重量増加に対処するためエンジンを200hpのマイバッハ社製HL66Pを装備し、最高速度65km/hを想定していた。砲塔には2cm機関砲KwK38×1門とMG34 7.92mm機関銃×1挺を装備。さらに乗員は3名とすることも決定した。新型Ⅱ号戦車M型は試作車の製作のみで、1942年9～10月頃に開発中止となったといわれている。

■Ⅱ号戦車5cm PaK38搭載型

Ⅱ号戦車G型車台にオープントップ式戦闘室を設け、そこに60口径5cm対戦車砲PaK38を搭載している。詳細は不明で諸説あり、この車両をⅡ号戦車H型だったとする説もある。試作のみで終わった。

■Ⅱ号戦車L型ルクス

1940年7月に兵器局第6課は、13t級の偵察戦車の開発をMAN社、スコダ社、BMM社に要請した。1942年6月に3社の試作車を比較審査した結果、MAN社が開発したVK1303が選定され、Ⅱ号戦車L型ルクスとして制式採用となった。

車体及び砲塔の形状は、新型Ⅱ号戦車として開発されたG型、M型（VK901、VK903）に酷似しており、全長4.63m、全幅2.48m、全高2.21m、重量12tである。車体の装甲厚は、前面が30/22°、前部上面20mm/74°、上部前面30mm/9°、側面20mm/0°、上面10mm/90°、底面5mm/90°、砲塔は、前面30mm/10°、防盾30mm/曲面、側面20mm/25°、上面10mm/79～90°だった。

随所にG型、H型の開発経験が生

Ⅱ号戦車L型ルクス 増加装甲仕様

※第4装甲師団第4装甲偵察大隊第2中隊車両
全長：4.63m　全幅：2.48m　全高：2.21m　重量：12t　乗員：3名　武装：2cm機関砲KwK38×1門、MG34 7.92mm機関銃×1挺　最大装甲厚：30mm　エンジン：マイバッハ社製HL66P（200hp）　最大速度：60km/h

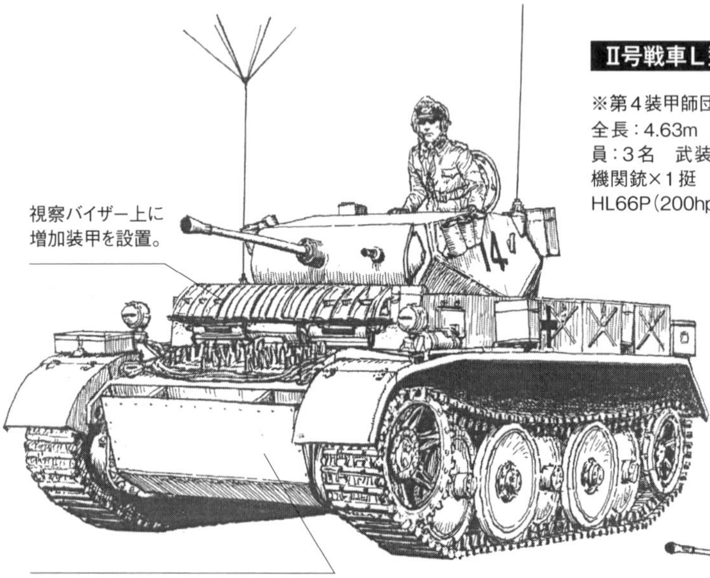

視察バイザー上に増加装甲を設置。
14
車体前面に空間を設け、装甲板を装着。

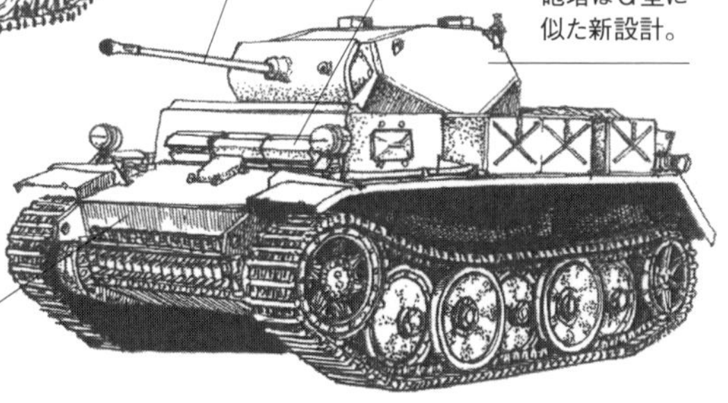

防盾の中央に2cm KwK38を搭載、左側にMG34同軸機銃を装備。
右側に無線手用、左側に操縦手用の視察バイザーを設置。中央はダミー。
砲塔はG型に似た新設計。
車体の形状はG型をほぼ踏襲しているが、後面は大きく異なる。

Ⅱ号戦車L型ルクス

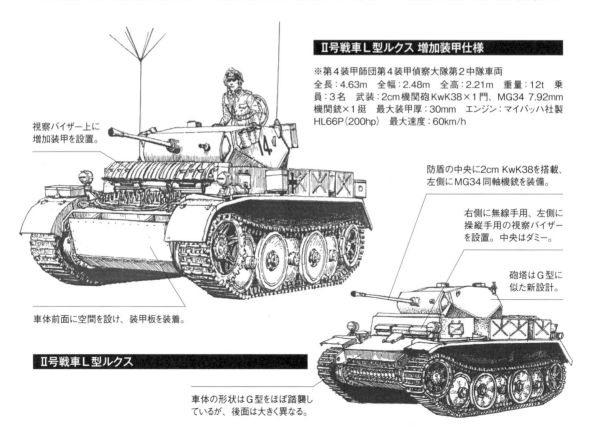

かされており、砲塔には2cm機関砲KwK38×1挺とMG34 7.92mm機関銃を装備。車体後部の機関室には200hpのマイバッハ社製HL66Pエンジンを搭載し、挟み込み式転輪とトーションバー式サスペンションを採用していた。最大速度は60km/h、航続距離は整地で260km、不整地で155kmという良好な機動性能を有していた。

ルクスは、1942年9月～1944年1月までに100両生産され、東部戦線と西部戦線の部隊に配備され、活躍している。

■II号火焔放射戦車

II号戦車D型/E型をベースとし、左右のフェンダー前部に火焔放射ノズルを装備した小砲塔を装備。砲塔はそれぞれ外側に90°旋回（左右合わせて射角は180°）し、ノズルの俯仰角は－10～＋20°だった。また、左右のフェンダー上には160ℓ容量の円筒形燃料タンクを収めた角形装甲ボックスを設置している。

砲塔は六角形のものに変更されており、前面に設置された機銃マウントには、MG34 7.92mm機関銃を装備。装甲厚は、前面30mm/0°、側面20mm/21°、後面20mm/30°、上面10mm/84～90°だった。

ドイツ軍初の火焔放射戦車となったII号火焔放射戦車は、1940年1月から生産が始まり、D型/E型から改装された追加分を含め155両造られた。

■II号浮航戦車

1940年9月に決行される予定だったイギリス本土上陸作戦“ゼーレーヴェ（アシカ）作戦”に備えて開発が進められていた上陸用戦車の一つがII号戦車に洋上航行用のフロートを装着した車両だった。

大型の船形フロートの中央にII号戦車が収まるタイプと車体両側にフロートを装着するタイプの2種類が試作された。どちらも戦車の起動輪の回転を伝達し、フロート後部に設置されたスクリューを駆動する方式だった。

イギリス上陸作戦が中止となったため、II号浮航戦車の開発は中止となり、浮航装置を外したII号戦車は東部戦線の部隊に配備され、通常の戦車として使用された。

■II号架橋戦車

II号戦車の砲塔を撤去し、ターレットリング開口部に鋼板製のハッチを増設。車体上部に架橋と展張装置を設置している。製造数は不明だが、a～C型の各車両をベースとした架橋戦車が造られており、架橋の構造もベース車体によって異なっている。

■II号戦車回収車

II号戦車J型の砲塔を撤去し、車体上部にトラス構造のクレーンを増設している。第116装甲師団で使用された車両といわれているが、詳細は不明。制式車両ではなく、現地部隊改造車両である。

II号浮航戦車

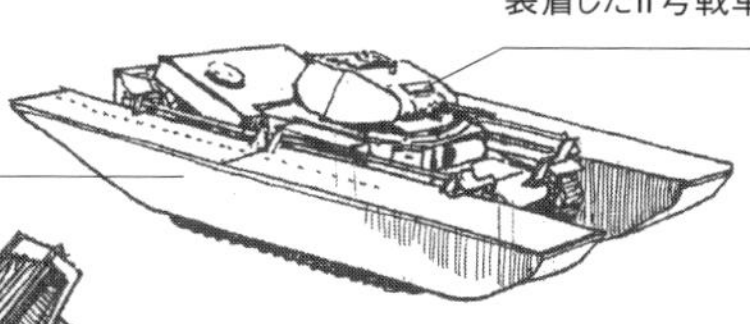
防水カバーなどを装着したII号戦車。
左右に大型のフロートを装着。

II号戦車回収車

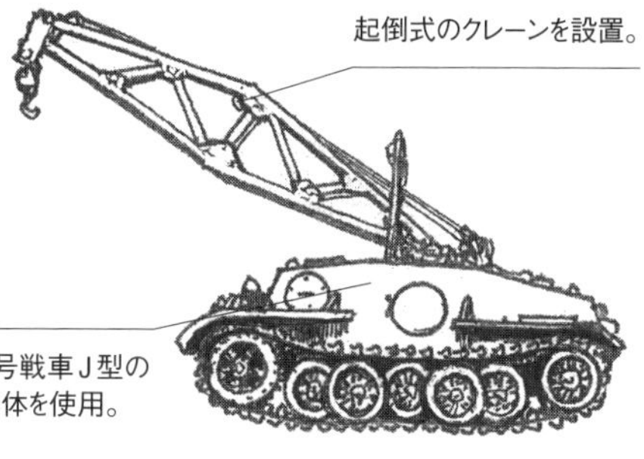
起倒式のクレーンを設置。
II号戦車J型の車体を使用。

II号架橋戦車

架橋を設置。
車体上部を改修し、支持架や展張装置などを装備。
車体はII号戦車a型またはb型。

II号火焔放射戦車

全長：4.90m　全幅：2.40m　全高：1.85m　重量：12t
乗員：3名　武装：火焔放射器×2門、MG34 7.92mm機関銃×1挺　最大装甲厚：30mm　エンジン：マイバッハ社製HL62TRM（140hp）　最大速度：55km/h

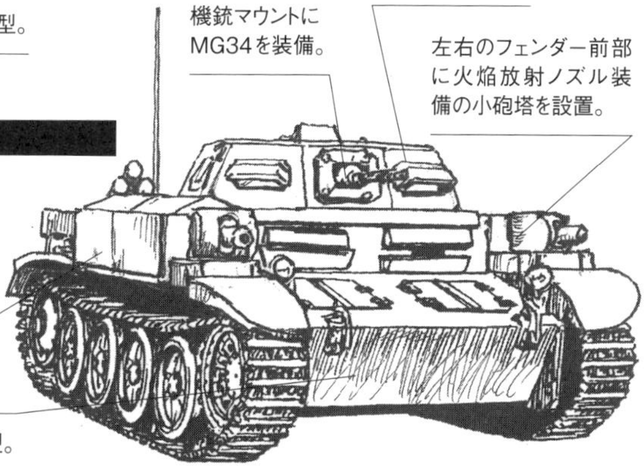
砲塔は専用設計。
機銃マウントにMG34を装備。
左右のフェンダー前部に火焔放射ノズル装備の小砲塔を設置。
左右のフェンダー上に燃料タンク収納装甲ボックスを設置。
ベース車体はII号戦車D型/E型。

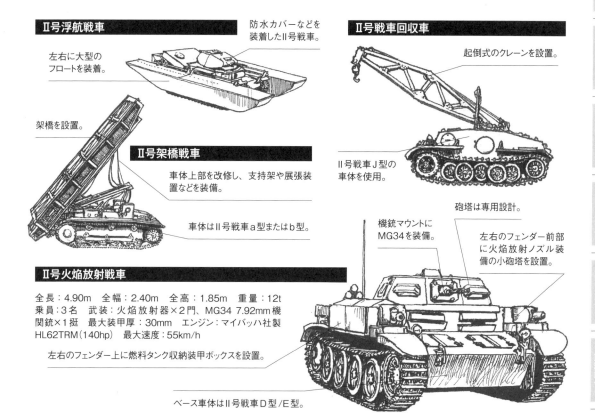

マーダーII対戦車自走砲

■II号戦車5cm PaK38搭載型

1940年7月に兵器局第6課は、II号戦車の車台に5cm対戦車砲PaK38を搭載した対戦車自走砲の開発をMAN社とラインメタル社に要請する。前者は車台、後者は戦闘室と搭載砲の開発を担当した。完成した車両は1942年1月に東部戦線の部隊に引き渡されたといわれているが、詳細は不明。何両造られたのかさえも分かっていない。PaK38は、タングステン弾芯の徹甲弾Pzgr.40を使用すれば、射程500mで72mm厚（入射角30°）の装甲板を貫通することができた。T-34を撃破することが可能な対戦車自走砲としてそれなりに有効だったことは間違いない。

II号戦車A～C型車台に簡易な戦闘室を設け、5cm対戦車砲PaK38を搭載した車両の写真が、発表されているが、その車両が制式に生産された5cm PaK38搭載のII号対戦車自走砲なのか、あるいは7.5cm PaK40搭載マーダーIIを参考に現地部隊が製作した車両なのかは不明である。

■7.62cm PaK36(r)搭載マーダーII

1941年6月22日に始まった独ソ戦においてドイツ軍は、自軍戦車より強力なソ連のT-34、KV-1に遭遇する。そしてIII号戦車やIV号戦車、さらに4.7cm PaK（t）や5cm PaK38を搭載した車両を用いてもそれらのソ連戦車を撃破するのは容易ではないことを痛感したドイツ軍は、当時開発中だった7.5cm対戦車砲PaK40の量産化と同砲を搭載した対戦車自走砲の完成を早急に進めることとなった。

しかし、肝心のPaK40の量産体制が整うまでまだしばらく時間を要することが判明したため、ドイツ軍は急遽、そのストップギャップとして独ソ戦初戦において大量に捕獲したソ連製7.62cm師団砲F-22に白羽の矢を立てた。ドイツ軍はF-22に対し、照準器の変更、操作ハンドルの位置変更、マズルブレーキの追加、砲尾の交換（薬室の拡大）、砲弾の改良など自軍の運用に合った仕様に改造を施し、7.62cm対戦車砲PaK36（r）として制式採用した。PaK36（r）用の砲弾は、オリジナルのF-22用砲弾よりも薬莢が大きく、装薬量が多くなったため元のF-22よりも威力が格段に向上しており、タングステン弾芯のPzgr.40を使用した場合、射程1,000mで130mm厚（垂直）の装甲板を貫通することができ、T-34やKV-1でさえも容易に撃破可能だった。

1941年12月20日、兵器局第6課は、このPaK36（r）をII号戦車D型に搭載した対戦車自走砲の開発をアルケット社に命じた。砲塔を外したII号戦車D型の車体上部上面を大きく切り取り、その中央にPaK36（r）車載化のために造られた専用砲架、Pz.Sfl.1（装甲自走砲架1型）を設置。車載用の防盾（14.5mm厚）を装着したPaK36（r）をその上に搭載している。同砲の射角は水平角が50°、俯仰角は－5°～＋16°だった。

車体上部を大きく囲むように装甲板で戦闘室（前面30mm厚、側面14.5mm厚）が設けられており、内側前部にトラベリングクランプ、PaK36（r）の後方左側に砲手席、右側に装

5cm対戦車砲PaK38

口径：5cm　砲身長：3,173mm　重量：986kg　射角：俯仰角－8°～＋27°、水平角65°　初速:835m/s　装甲貫通力:Pzgr.40の場合、射程500mで72mm厚（入射角30°）

II号戦車5cm PaK38搭載型

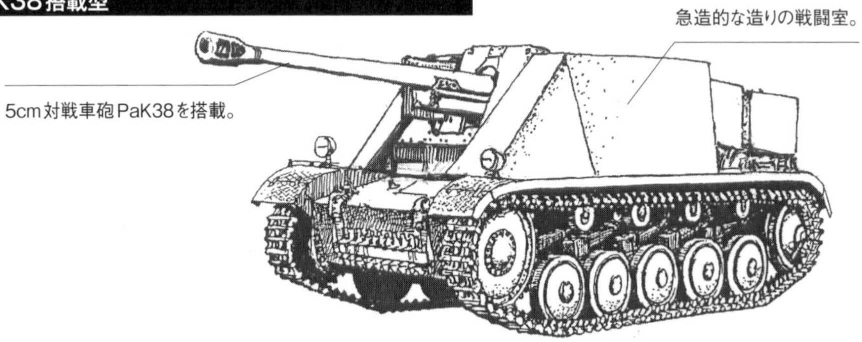
急造的な造りの戦闘室。
5cm対戦車砲PaK38を搭載。

填手席が設置されていた。戦闘室後部は、装甲板で覆ったタイプと金網タイプの2種類存在する。

7.62cm PaK36（r）搭載マーダーII（制式名称は、II号戦車D1/D2型車体7.62cm PaK36（r）用装甲自走車両）は、開発メーカーのアルケット社のみならず、ヴェクマン社でも生産が行われ、1942年4月～1943年11月までに新規生産とII号火焔放射戦車として製作が進められていたD型/E型車体からの改造車両、合わせて187両（201～202両の説もあり）造られた。

■7.5cm PaK40/2搭載マーダーII

1942年2月からようやく7.5cm対戦車砲PaK40の量産が始まり、同年5月に念願だったPaK40を搭載する対戦車自走砲の開発命令が下された。開発は7.62cm PaK36（r）搭載型と同じくアルケット社が行うこととなった。

ベース車台はII号戦車F型を用い、車体上部前部を残し、戦闘室スペースを大きくカット。周囲を装甲板で覆ったオープントップ式の戦闘室（前面30mm厚、側面10mm厚）を設置し、戦闘室内前部の専用砲架に防盾が付いた状態のPaK40/2（PaK40のマーダーII車載型）を搭載している。同砲の射角は、左32°/右25°、俯仰角－8°～＋10°だった。タングステン弾芯のPzgr.40を使用した場合、射程500mmで154mm厚（垂直）、射程1,000mで133mm厚の装甲板を貫通する性能を有していた。

また、車体前面には、主砲を固定するためのトラベリングクランプが追加されており、車体後面の機関室上には砲弾収納庫が設置されている。先に開発された7.62cm PaK36（r）搭載型が急造的なデザインだったのに対し、7.5cm PaK40/2搭載型はかなり洗練されたデザインだった。

1942年半ばにはラインメタル社においてPaK40の量産態勢が整ったため1942年7月から7.5cm PaK40/2搭載マーダーII（制式名称は、7.5cm PaK40/2搭載II号戦車車台）の生産が始まった。生産は、FAMO社、MAN社、ダイムラーベンツ社が行い、1943年6月までに531両（576両という説もある）造られている。1943年7月からはベースとなるII号戦車F型車台は、すべて10.5cm自走榴弾砲ヴェスペに転用することが決定したた

7.62cm対戦車砲PaK36(r)

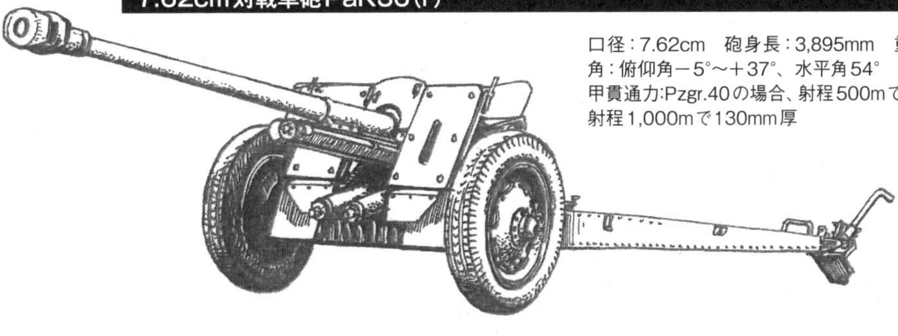

口径：7.62cm　砲身長：3,895mm　重量：1,710kg　射角：俯仰角－5°～＋37°、水平角54°　初速：720m/s　装甲貫通力:Pzgr.40の場合、射程500mで158mm厚（垂直）、射程1,000mで130mm厚

7.62cm PaK36(r) 搭載マーダーII

全長：5.65m　全幅：2.3m　全高：2.6m　重量：11.5t　乗員：4名　武装：51.5口径7.62cm対戦車砲PaK36（r）×1門、MG34 7.92mm機関銃×1挺　最大装甲厚：30mm　エンジン：マイバッハ社製HL62TRM（140hp）　最大速度：55km/h

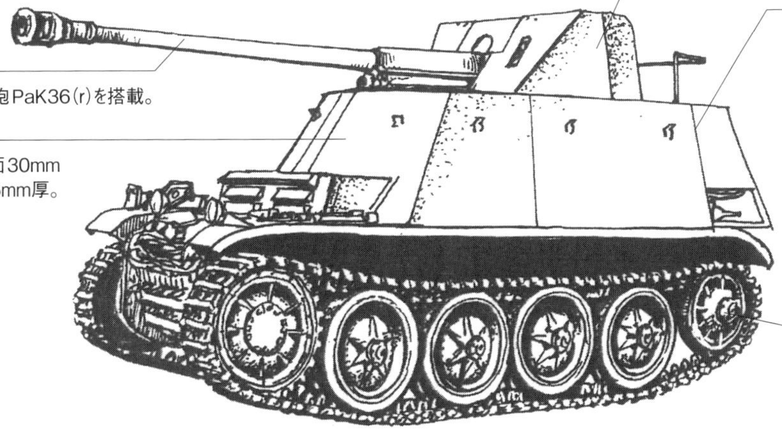
防盾は専用設計。
戦闘室後部は、装甲板と金網構造の2種類ある。
5cm対戦車砲PaK36(r)を搭載。
戦闘室は前面30mm厚、側面14.5mm厚。
II号戦車D型/E型の車台を使用。

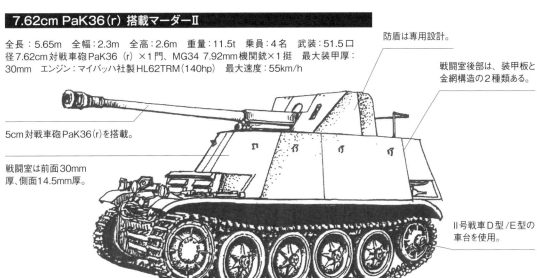

め、新規車両の生産は終了したが、修理や整備のために前線から戻ってきたⅡ号戦車を改造する作業は、その後も細々と続けられ、1944年3月までにさらに75両がマーダーⅡに改造された。

生産車は全車同じではなく、生産途中で、車体前面の予備履帯ラックの形状変更や前部ライトの変更、戦闘室側面の車載工具の配置変更、車体後面のレイアウト変更などの仕様変更や改良が実施されたため初期生産車と後期生産車では細部に若干の違いが見られる。

また、大戦末期には、赤外線暗視装置を装備した夜戦仕様も造られている。第二次大戦中、ドイツは夜間戦闘用の暗視システムの開発を進め、大戦末期に実用化していた。そのテスト車両の一つとしてマーダーⅡが使用されている。

同テスト車両は、主砲防盾上に赤外線投射ライトを、砲手用照準望遠鏡の上にFG1250暗視スコープを設置し、さらに夜間走行時に操縦手の視野を得るため、右フェンダー前方に赤外線ライト、左フェンダー前方にもFG1250を設置していた。

何両が赤外線暗視装置を搭載した夜戦仕様に改造されたかは不明だが、新機材のテスト車両ゆえ複数造られたことは間違いなく、また赤外線暗視装置搭載の夜戦仕様の7.5cm PaK40/2搭載マーダーⅡは戦場テストのため東部戦線に送られ、使用されたともいわれている。

7.5cm PaK40/2搭載マーダーⅡは当初、東部戦線で使用されていたが、後にイタリア戦線、西部戦線にも投入された。1945年においてもなお十分な火力を有していた7.5cm PaK40/2搭載マーダーⅡは、ドイツ本土での戦いにおいても活躍している。

コンパクトな車体にほとんどの連合軍戦車を一撃で撃破できる強力な火砲を搭載した7.62cm PaK36（r）及び7.5cm PaK40/2搭載のマーダーⅡは優れた対戦車自走砲だった。

7.5cm対戦車砲PaK40

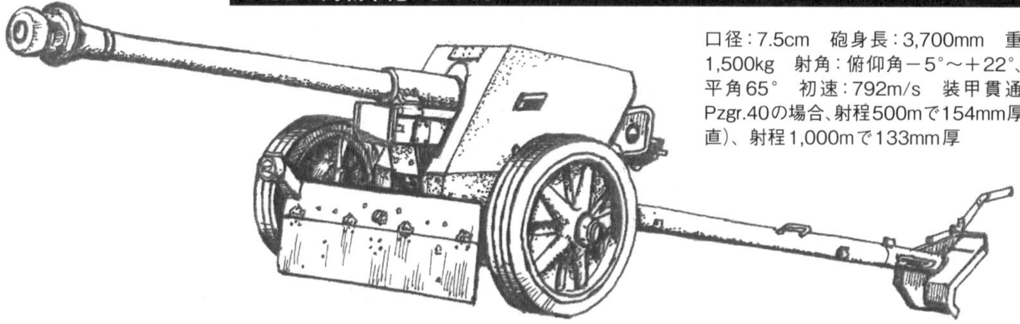

口径：7.5cm　砲身長：3,700mm　重量：1,500kg　射角：俯仰角－5°～＋22°、水平角65°　初速：792m/s　装甲貫通力：Pzgr.40の場合、射程500mで154mm厚（垂直）、射程1,000mで133mm厚

7.5cm PaK40/2 搭載マーダーⅡ

全長：6.36m　全幅：2.28m　全高：2.2m　重量：10.8t　乗員：4名　武装：46口径7.5cm対戦車砲PaK40/2×1門、MG34 7.92mm機関銃×1挺　最大装甲厚：35mm　エンジン：マイバッハ社製HL62TRM（140hp）　最大速度：40km/h

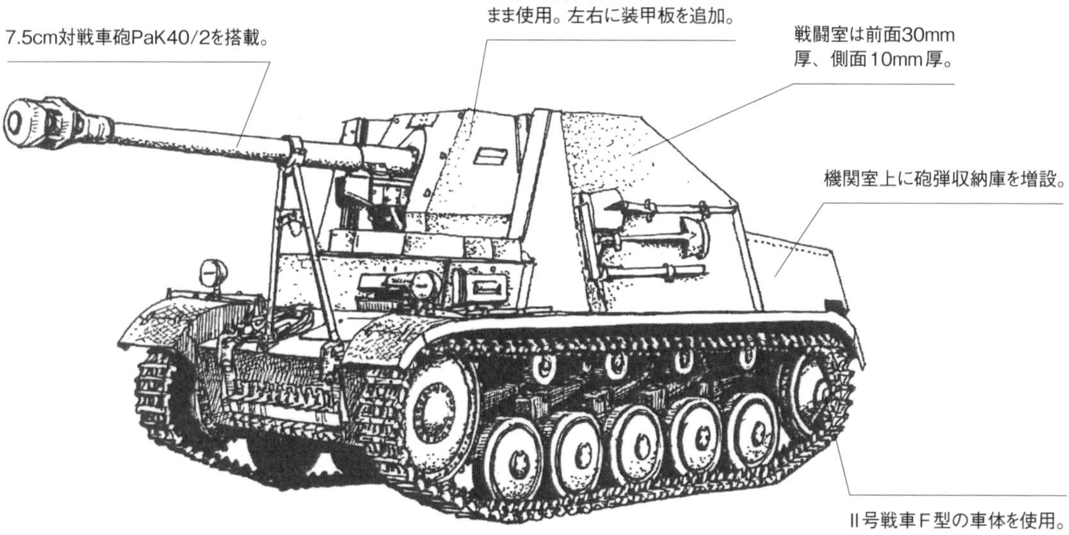

防盾は対戦車砲型のものをそのまま使用。左右に装甲板を追加。
7.5cm対戦車砲PaK40/2を搭載。
戦闘室は前面30mm厚、側面10mm厚。
機関室上に砲弾収納庫を増設。
Ⅱ号戦車F型の車体を使用。

II号戦車車台の自走榴弾砲

■10.5cm II号自走榴弾砲ヴェスペ

ドイツ軍は、第二次大戦前から10.5cm榴弾砲を搭載した自走砲の開発を何度も実施していたが、いずれも試作で終わり、量産化された車両はなかった。開戦後もしばらくは対戦車自走砲の開発が優先され、自走榴弾砲の開発はあまり進展を見なかった。それでも自走式の火力支援車両の必要性から10.5cm軽榴弾砲leFH18を搭載する自走榴弾砲の開発が1942年初頭にアルケット社（車体上部及び戦闘室の開発を担当）とMAN社（車台の開発を担当）によって進められ、その結果、10.5cm II号自走榴弾砲ヴェスペ（制式名称はleFH18/2搭載II号自走砲ヴェスペ。戦時中、呼び名は何度も変わっている）が完成する。

ヴェスペは、II号戦車F型をベースとしていたが、車体内部のレイアウトは大きく変更されており、前部に変速機と操縦室、その後方に機関室を配置し、車体後部は戦闘室となっていた。戦闘室後部配置は、主砲を含めた全長を抑えることができ、さらに砲弾の積み込み作業も容易になるなど、自走砲としては理想的なレイアウトだった。

全長4.81m、全幅2.28m、全高2.3m、重量11t。操縦手は前部左側の操縦室に、車長、砲手、装填手、無線手は戦闘室内に搭乗した。車体の装甲厚は、前面30mm/15°、前部上面10mm/75°、下部側面15mm/0°、後面8〜15mm/0〜70°、底面5mm/90°、操縦室前面20mm/30°、同側面20mm/15〜22°、戦闘室の装甲厚は前面12mm/21°、防盾10mm/24°、側面10mm/17〜2°、後面8mm/16°だった。足回り以外は新設計のヴェスペだったが、足回りにも改良が加えられており、重量増加に対処するため第1、第2、第5転輪のアームにダンパーが追加されている。

主砲の10.5cm軽榴弾砲leFH18は戦闘室前部の機関室上面パネル中央に設置。射角は左右に各30°、俯仰角は−5°〜＋42°である。FH.Gr（榴弾）、10.5cm Pzgr（徹甲弾）、10.5cm Gr39 rot HI（成形炸薬弾）、照明弾、発煙弾の発射が可能で、FH.Gr使用の場合、最大射程は10,650mだった。

ヴェスペは、軽自走榴弾砲としては申し分のない火力性能を持っており、

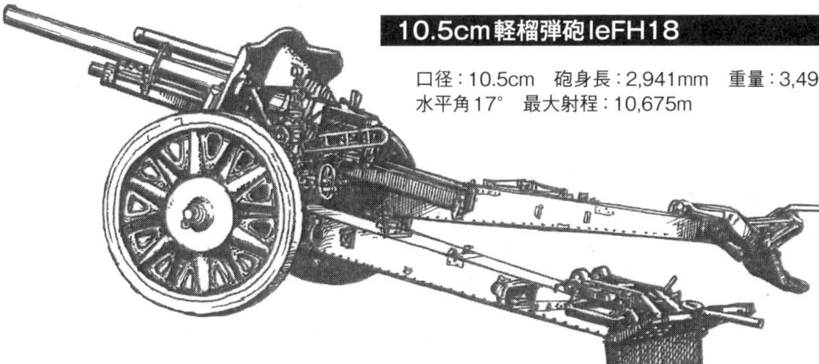

10.5cm軽榴弾砲leFH18

口径：10.5cm　砲身長：2,941mm　重量：3,490kg　射角：俯仰角−5°〜＋42°、水平角17°　最大射程：10,675m

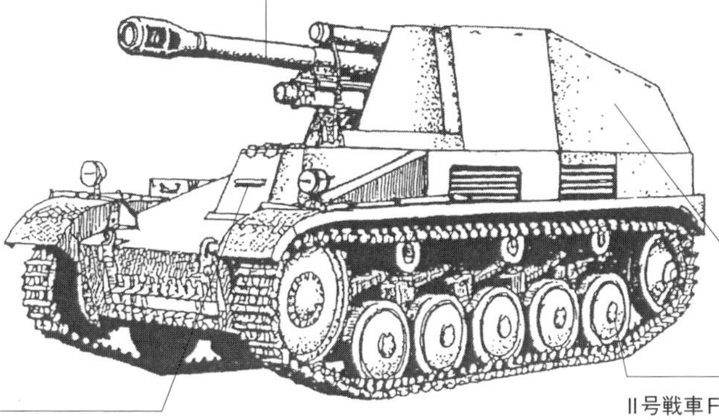
10.5cm軽榴弾砲leFH18/2を搭載。
戦闘室は前面12mm厚、側面10mm厚。
II号戦車F型の車台を使用。
前部左側に操縦室を設置。

10.5cm II号自走榴弾砲ヴェスペ

全長：4.81m　全幅：2.28m　全高：2.3m　重量：11t　乗員：5名　武装：28口径10.5cm軽榴弾砲leFH18/2×1門、MG34 7.92mm機関銃×1挺　最大装甲厚：30mm　エンジン：マイバッハ社製HL62TR（140hp）　最大速度：40km/h

また、機関室にはⅡ号戦車F型と同じマイバッハ社製のHL62TRエンジン（140hp）を搭載。最高速度40km/hと機動性も良好だった。

ヴェスペの生産は、FAMO社が担当し、1943年2月から生産が始まり、1944年6月までに676両を製造、さらに前線から戻ってきたⅡ号戦車を改装し、1945年1月までに57両（60両との説もある）追加生産された。

1943年5月から装甲師団、装甲擲弾兵師団麾下の砲兵連隊1個大隊に対して配備が始まり、軽自走榴弾砲の主力車両として終戦まで活躍した。

■ヴェスペ弾薬運搬車

ヴェスペは戦闘室内に30発の砲弾を搭載することができたが、ヴェスペに随伴する専用の弾薬運搬車も開発されていた。同車両は、特別に設計されたものではなく、ヴェスペの車体をそのまま使用し、主砲を撤去。開口部を装甲板で塞ぎ、戦闘室内に90発の砲弾を搭載できるように改装したものだった。乗員は3名である。

■15cm sIG33搭載Ⅱ号自走重歩兵砲

ドイツ軍初の自走重歩兵砲として開発された15cm sIG33搭載Ⅰ号戦車B型は、急造車両としては満足すべき車両だったが、Ⅰ号戦車ベースという車体サイズは、sIG33を搭載するにはやはり小さ過ぎることが開発当初より問題視されていた。

15cm sIG33搭載Ⅰ号戦車B型の開発に続き、Ⅱ号戦車をベースとした自走重歩兵砲の開発がアルケット社によって進められた。Ⅱ号戦車の車体に車輪を取り外したsIG33を載せたテスト車両が造られ、1940年6月に砲撃試験を実施。その試験結果を踏まえ、新たな試作車が1940年10月に完成する。テストの結果、戦闘室内の狭さが問題視されたため、生産型では車体を延長することとなった。

完成した15cm sIG33搭載Ⅱ号自走重歩兵砲は、Ⅱ号戦車F型をベースとしていたが、車体を延長し、後部に転輪を1個追加。さらに車幅も拡大されている。車体上部構造は撤去され、新たに操縦室と戦闘室が設けられており、Ⅱ号戦車ベースとはいえ、新規設計車両といってもよいほど変化している。全長5.48m、全幅2.6m、全高1.98mで、同じ火砲を搭載しながらも15cm sIG33搭載Ⅰ号戦車B型に比べ、かなり車高を抑えたデザインだったことは特筆に値する。

戦闘室は前面30mm厚、側面15mm厚の装甲板で構成されており、戦闘室前部中央にsIG33を搭載。戦闘室内に車長、砲手、装填手の3名が、戦闘室左前方の操縦室に操縦手が搭乗した。車体拡大により重量が11.2tにもなったため、エンジンは150hpのビュッシンクNAG社製L8Vに換装されている。

1941年12月に7両、1942年1月に5両が完成。完成した12両で第707、第708重歩兵砲中隊が編成され、北アフリカ戦線で使用された。

ヴェスペ弾薬運搬車

車体はヴェスペをそのまま使用。
主砲を撤去し、開口部を装甲板で塞いでいる。

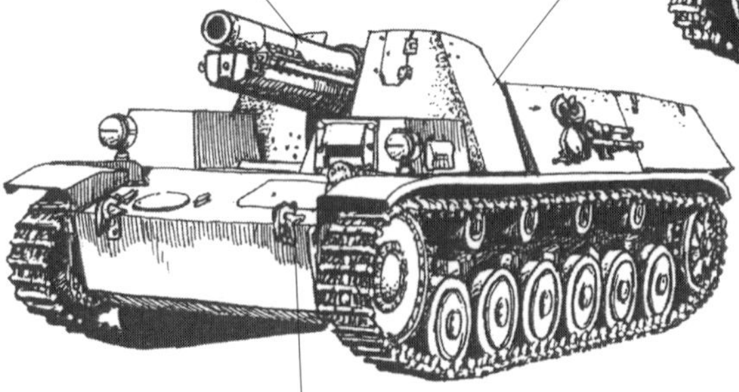

15cm重歩兵砲
sIG33を搭載。
車高をかなり抑えたデザイン。戦闘室は前面30mm厚、側面15mm厚。
Ⅱ号戦車よりも車幅を拡大。

15cm sIG33搭載Ⅱ号自走重歩兵砲

全長：5.48m　全幅：2.6m　全高：1.98m　重量：11.2t　乗員：4名　武装：15cm重歩兵砲sIG33×1門　最大装甲厚：30mm　エンジン：ビュッシンクNAG L8V（155hp）　最大速度：45km/h

北アフリカ戦線で使用。車体後部にはジェリカンなどを積んだ車両も見られる。
車体を延長。転輪1個を増設。

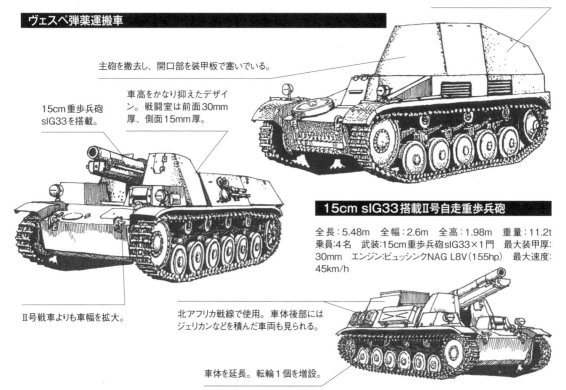

チェコスロバキア生まれの傑作軽戦車

38(t)戦車と派生型

第二次大戦前、チェコスロバキア併合により、ドイツ軍は優秀なチェコスロバキア製軽戦車、LTvz.35とLTvz.38を入手する。それらは、I号戦車、II号戦車よりも優れており、ドイツ軍は直ちに35(t)戦車、38(t)戦車として制式採用し、自軍の戦車部隊に配備した。特に38(t)戦車は、第二次大戦緒戦の重要な戦力となったばかりか、戦車として第一線を退いた後もマーダー対戦車自走砲などのベース車両として多用され、大戦末期には軽駆逐戦車ヘッツァーへと進化した。

35（t）戦車

第二次大戦前、1939年3月にチェコスロバキアを併合したドイツは、領土拡張とともにチェコスロバキア製の優秀な兵器を接収することができた。特に2種類の戦車、LTvz.35とLTvz.38は、III号戦車、IV号戦車などの主力車両の生産が思うように進展しておらず、戦車不足に悩んでいたドイツ軍にとって願ってもない贈りものとなった。

■LTvz.35戦車の開発

第二次大戦前のチェコスロバキア陸軍の主力戦車だったLTvz.35の開発が始まったのは、1934年末だった。当時、チェコスロバキア陸軍はLTvz.34を制式採用し、配備を進めていたが、より強力な戦車の開発をスコダ社、CKD社に要請する。それに従い、スコダ社は試作車S-II-aを、一方のCKD社はLTvz.34を改良したP-II-a試作車を完成させた。

1935年6月に両社の試作車の比較テストが実施され、スコダ社のS-II-aが選定された。1935年10月に同車はLTvz.35として制式採用となり、陸軍は160両を発注する。生産はスコダ社だけでなく、競合相手となったCKD社でも行われ、各々が80両ずつ造ることとなった。後に138両の追加発注が行われ、1937年末までに計298両が製造された。

LTvz.35は、箱形の車体で各装甲板は、当時としては標準的なリベット接合工法が採られていた。車体前部中央に変速機、その右側に操縦手席、左側に無線手席を配し、無線手席前面の機銃マウントにはZBvz.37 7.92mm機関銃を装備。車体後部の機関室には120hpのスコダT-11/0を搭載していた。車体の装甲厚は、前面25mm、側面上部15mm、側面下部16mm、後面16mm、上面8mm、底面8mmだった。

砲塔は、前面中央に37.2mm砲A-3を搭載し、その右側の機銃マウントにZBvz.37 7.92mm機関銃を装備。装甲厚は前面25mm、側面15mm、後面15mm、上面8mmだった。砲塔内には車長のみが乗り込み、車長が指揮から装填、射撃まですべてを担っていた。

足回りは、ボギー式の小径転輪とリーフスプリングによるサスペンションといった旧式な構造だった。

■ドイツ軍制式35(t)戦車

チェコスロバキアの併合により、219両のLTvz.35を入手したドイツ軍は、35(t)戦車の制式名称（主武装は3.7cm戦車砲KwK34（t)、副武装もMG37（t）7.92mm機関銃のドイツ軍制式名に変更）を与えるとともに自軍

35(t)戦車

全長：4.9m　全幅：2.1m　全高：2.35m　重量：10.5t
乗員：4名　武装：40口径3.7cm戦車砲KwK34(t)×1門、MG37(t) 7.92mm機関銃×2挺　最大装甲厚：25mm　エンジン：スコダ社製T-11/0(120hp)　最大速度：35km/h

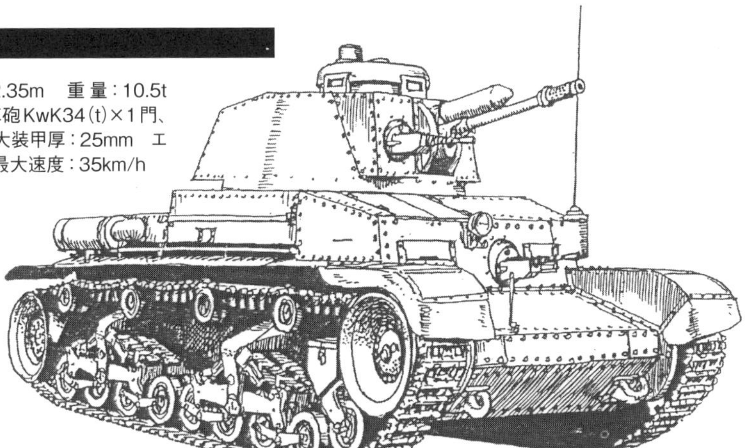

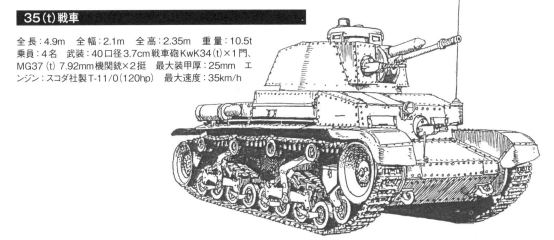

での運用に合うように改修を施した。

砲塔内の右側にシートを増設し、装填手を追加（乗員4名に）。それに伴い搭載弾薬数が減少したが、車長の作業負担が減り、指揮に専念できるようになり、戦闘力は向上した。また、無線機はチェコスロバキア製からドイツ軍標準のFu2に変更されている。

35(t)戦車は、初戦のポーランド戦に投入され、その後のフランス戦、独ソ戦に投入された。しかし、1941年末～1942年初頭頃には旧式化したため、第一線を退いている。

35(t)戦車の派生型は少なく、車体後部にフレームアンテナを増設した35(t)指揮戦車と砲塔を撤去した35(t)火砲牽引車などがある。

◉35(t)戦車の車外装備

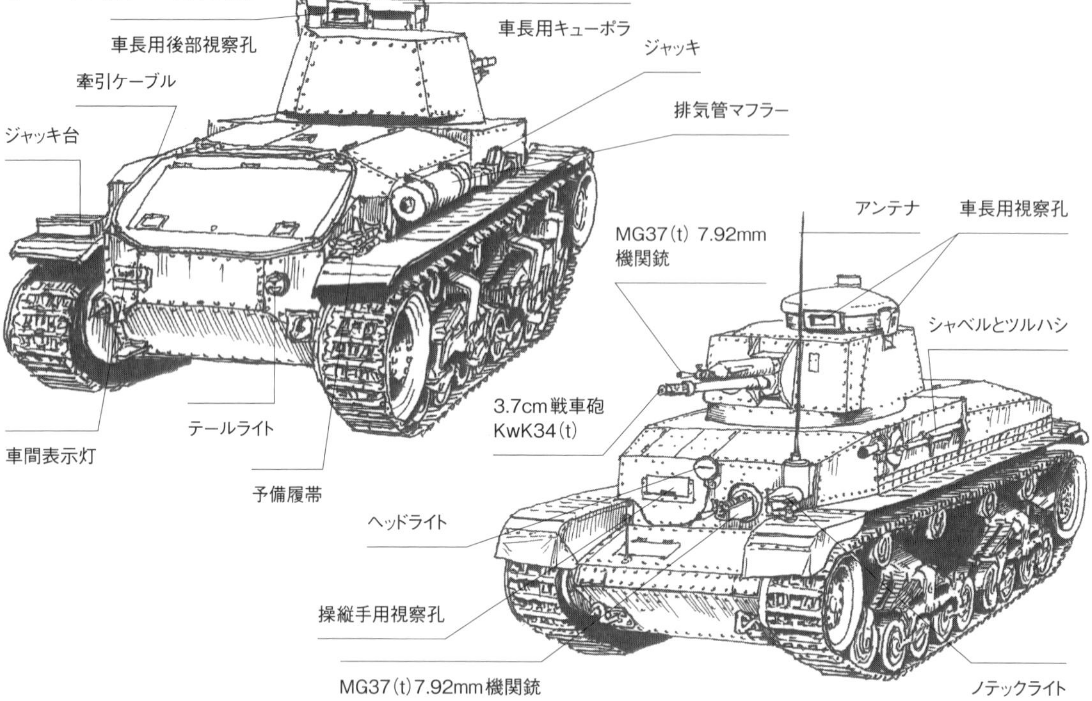
車長用後部視察孔
牽引ケーブル
ジャッキ台
車長用キューポラ
ジャッキ
排気管マフラー
テールライト
車間表示灯
予備履帯
アンテナ
車長用視察孔
MG37(t) 7.92mm
機関銃
シャベルとツルハシ
3.7cm戦車砲
KwK34(t)
ヘッドライト
操縦手用視察孔
MG37(t)7.92mm機関銃
ノテックライト

38(t)戦車

■LTvz.38戦車の開発

チェコスロバキア陸軍は、1935年10月にLTvz.35を主力戦車として採用したが、変速機やブレーキなど駆動系の信頼性に問題があり、その性能に不満を感じていた。1937年10月に新型戦車の採用が検討されることになり、CKD社は既に輸出用戦車として成功を収めていたTNHの改良型を軍に提案する。チェコスロバキア陸軍はこのCKD社の案を採用し、試作車の製作を同社に要請した。1937年末に試作車TNH-Sが完成し、1938年1月半ばから始まった評価試験の結果、1938年7月にLTvz.38として採用が決定。軍はCKD社に対して150両を発注した。

しかし、1939年3月のドイツによるチェコスロバキア併合により、完成した150両はすべてドイツ軍によって接収された。ドイツ軍は、LTvz.38に対し、38(t)戦車の制式名称を与え自軍用に採用し、さらに同戦車の生産も継続する決定を下した。また、CKDの社名もドイツ語名のBMM社に改称された。

■38(t)戦車A型

チェコスロバキア陸軍用として最初に発注された150両は、38(t)戦車A型と呼ばれている。

38(t)戦車は、全長4.61m、全幅2.135m、全高2.252m、重量9.725tだった。車体の装甲厚は、前面25mm/14°、前部上面12mm/76°、上部前面25mm/19°、側面15mm/0°、上面8mm/90°、底面8mm/90°、砲塔の装甲厚は前面25mm/10°、側面15mm/9°、上面8mm/90°である。

車体内の前部中央に変速機を配し、その右側には操縦手席、左側には無線手席を設置。砲塔前面中央に3.7cm戦車砲KwK38(t)を搭載し、砲塔前面右側と無線手席の前面の機銃マウントにはMG37(t)7.92mm機関銃を装備している。砲塔内は、当初、車長席しかなかったが、ドイツ軍は自軍の運用に合わせ、装填手席を増設。後方右側に車長席（車長は砲手も兼任）、後方左側には装填手席が設置された。

車体後部は機関室となっており、125hpのプラガEPAエンジンを搭載。サスペンションはリーフスプリング式の独立懸架方式を採用。片側4個配置の大直径転輪は、38(t)戦車のもっとも特徴的な部分といえる。

ドイツ軍制式化に際して一部の車載工具（シャベルとツルハシ）が移設されており、また、生産中に発煙筒ラックやノテックライト、車間表示灯などの追加も行われている。

■38(t)戦車B型

B型は、最初の150両(A型)の後にドイツ軍が新たにBMM社に発注したもので、1940年1～5月までに110両造られた。

B型では、ノテックライトや車間表示灯の設置、無線機をFu2に変更し、車体左側のパイプ状アンテナを廃止するなど、当初よりドイツ軍仕様に変更した状態で生産された。

さらに車載工具が移設されており、右フェンダー中央付近にある工具箱上にジャッキ、工具箱の前方にジャッキ台が追加されている。

■38(t)戦車C型

1940年5月から生産が始まったC型は、車体前面を40mm厚に強化。車体上面ターレットリング周囲には跳弾ブロックが追加されている。C型は、同年8月までに110両生産された。

■38(t)戦車D型

1940年9月からはD型の生産が始まる。車体上部前面左端のアンテナ基部及びアンテナをドイツ軍仕様に変更。同年11月までに105両のD型が造られている。

■38(t)戦車E型

E型から装甲が強化され、車体前面と車体上部前面、砲塔前面は増加装甲を装着し、25＋25mm厚となった。さらに車体上部側面も同様に15＋15mm厚とし、砲塔側面は30mm厚、また砲塔後面は20mm厚の1枚装甲板に変更された。

また、車体上部前面は操縦手側と無線手側が面一となり、操縦手用と無線手用の視察バイザーは同型のものを設置。さらにマフラーや車間表示灯の位置変更や発煙筒装甲カバーの装着なども実施されている。

E型は、1940年11月～1941年5月までに275両造られた。

■38(t)戦車F型

F型は、E型のマイナーチェンジ版で、ほとんど同じである。1941年5～10月までに250両生産された。

■38(t)戦車G型

G型では、車体前面と車体上部前面、さらに砲塔前面を50mm厚1枚の装甲板に変更し、装甲の強化が図られた。さらに車体前面及び前部上面の左右両側に予備履帯が設置され、エアフィルターが強化されている。

G型は、最多生産型として1941年10月～1942年3月と1942年5～6月に計316両造られた。

■38(t)戦車S型

S型は、スウェーデン陸軍向けに造られた車両で、ほぼE/F型に準じた仕様だった。車体と砲塔の前面に25mm厚の増加装甲板を装着していたが、砲塔側面と車体側面は15mm厚のままになっている。

1941年5～9月までに90両のS型が造られたが、スウェーデンに送られずに全車、ドイツ軍に配備された。

38(t)戦車A型

全長：4.61m　全幅：2.135m
全高：2.252m　重量：9.725t
乗員：4名　武装：47.8口径3.7cm戦車砲KwK38(t)×1門、MG37（t）7.92mm機関銃×2挺　最大装甲厚：25mm　エンジン：プラガ社製EPA（125hp）
最大速度：42km/h

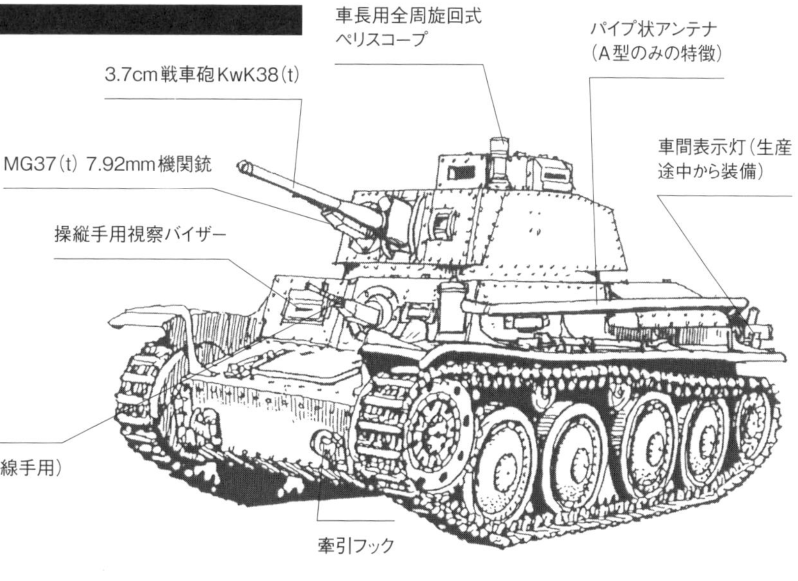
車長用全周旋回式
ペリスコープ
パイプ状アンテナ
(A型のみの特徴)
3.7cm戦車砲KwK38(t)
車間表示灯（生産
途中から装備）
MG37(t) 7.92mm機関銃
操縦手用視察バイザー
MG37(t) 7.92mm機関銃(無線手用)
牽引フック

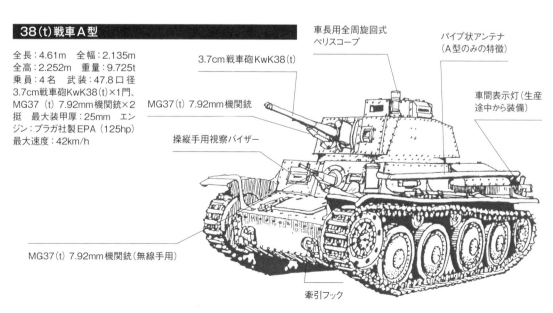

38(t)戦車B型

全長:4.61m　全幅:2.135m　全高:2.252m　重量:9.725t　乗員:4名　武装:47.8口径3.7cm戦車砲KwK38（t）×1門、MG37（t）7.92mm機関銃×2挺　最大装甲厚:25mm　エンジン:プラガ社製EPA(125hp)　最大速度:42km/h

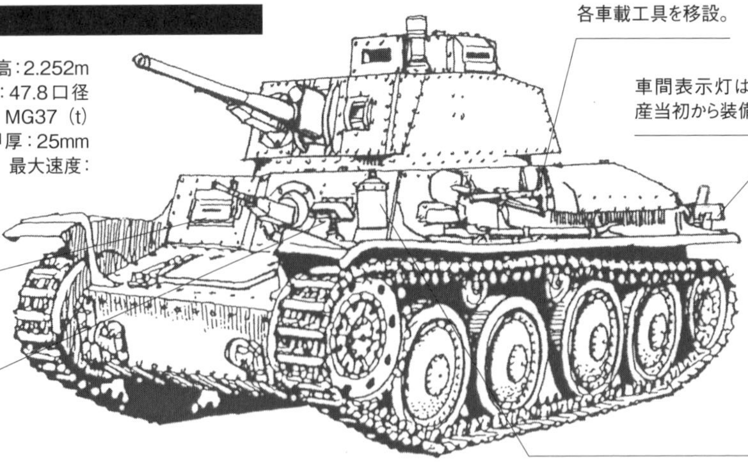

各車載工具を移設。
車間表示灯は、生産当初から装備。
A～D型までは操縦手前面が無線手前面よりも後ろにある。
ノテックライト
車体左側のパイプ状アンテナは廃止、アンテナ基部はそのまま。

38(t)戦車E型

全長:4.61m　全幅:2.135m　全高:2.252m　重量:9.85t　乗員:4名　武装:47.8口径3.7cm戦車砲KwK38（t）×1門、MG37（t）7.92mm機関銃×2挺　最大装甲厚:50mm　エンジン:プラガ社製EPA(125hp)　最大速度:42km/h

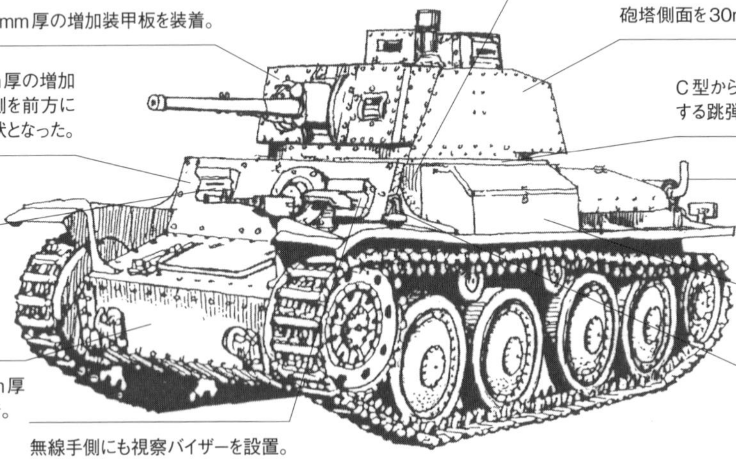

車体側面に15mm厚の増加装甲板を装着。
砲塔前面に25mm厚の増加装甲板を装着。
砲塔側面を30mm厚に強化。
上部前面にも25mm厚の増加装甲板を装着。右側を前方に張り出し、面一な形状となった。
C型から砲塔下部周囲を保護する跳弾ブロックを設置。
マフラーの位置を上げた。
視察バイザーの形状を変更。
大型雑具箱を設置。
車体前面にも25mm厚の増加装甲板を装着。
アンテナ及びアンテナ基部はドイツ軍仕様に変更。
無線手側にも視察バイザーを設置。

38(t)戦車S型

全長:4.61m　全幅:2.135m　全高:2.252m　重量:9.85t　乗員:4名　武装:47.8口径3.7cm戦車砲KwK38（t）×1門、MG37（t）7.92mm機関銃×2挺　最大装甲厚:50mm　エンジン:プラガ社製EPA(125hp)　最大速度:42km/h

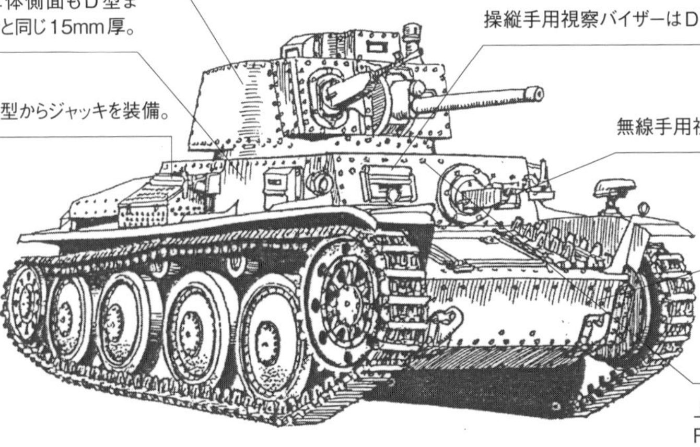

砲塔側面はD型までと同じ15mm厚。
車体側面もD型までと同じ15mm厚。
操縦手用視察バイザーはD型までと同タイプ。
B型からジャッキを装備。
無線手用視察孔もD型までと同じ構造。
車体前面は25＋25mm厚。
上部前面は25＋25mm厚だが、E/F型とはリベットの配置と数が異なる。

38(t)戦車G型

全長：4.61m　全幅：2.135m　全高：2.252m　重量：9.85t　乗員：4名　武装：47.8口径3.7cm戦車砲KwK38（t）×1門、MG37（t）7.92mm機関銃×2挺　最大装甲厚：50mm　エンジン：プラガ社製EPA（125hp）　最大速度：42km/h

砲塔前面を50mm厚の1枚装甲板に変更し、装甲を強化。
上部前面も50mm厚の1枚装甲板に変更。
車体前面と前部上面の左右に予備ラックを設け、予備履帯を装備。
車体前面も50mm厚の1枚装甲板に。

◉38(t)戦車E型/F型の細部

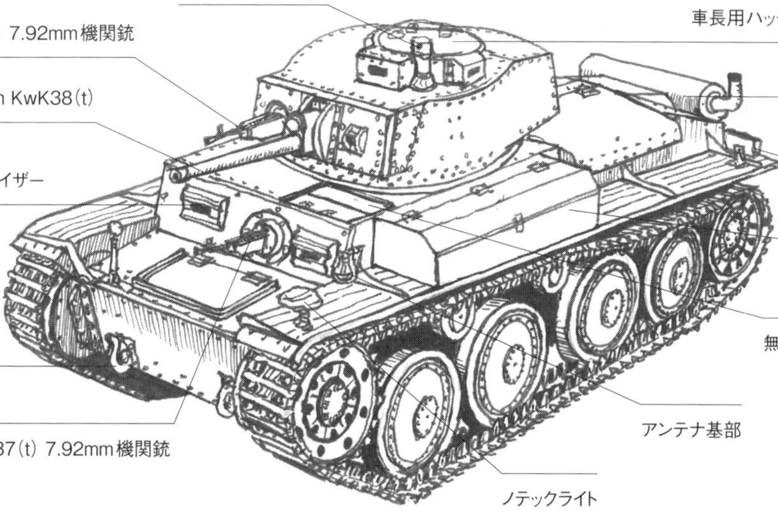
車長用ペリスコープ
車長用ハッチ
MG37(t) 7.92mm機関銃
排気管マフラー
47.8口径3.7cm KwK38(t)
車間表示灯
操縦手用視察バイザー
雑具箱
牽引フック
無線手用ハッチ
アンテナ基部
MG37(t) 7.92mm機関銃
ノテックライト

◉38(t)戦車の車体後部の変遷

車体後部も
変化しているぞ！

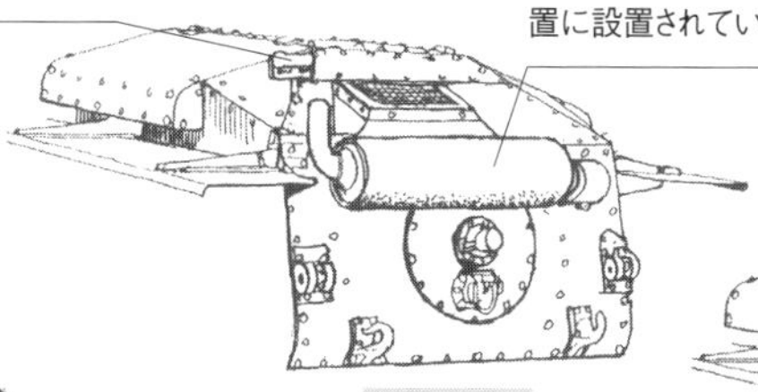
車間表示灯
マフラーは、当初この位置に設置されている。

A~D型

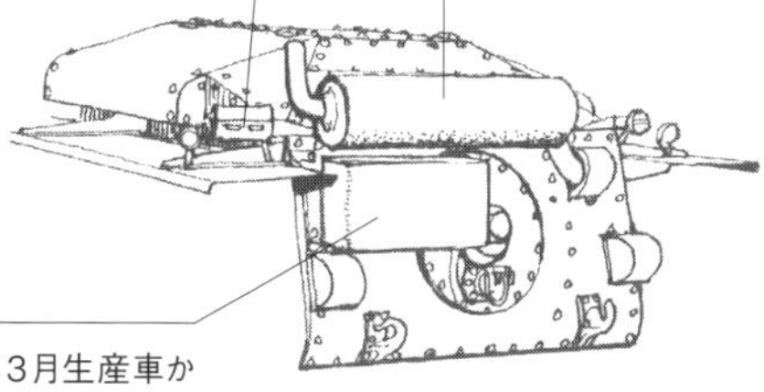
車間表示灯の位置変更。
マフラーを上に配置。
E型後期の1941年3月生産車から発煙筒に装甲カバーを装着する。

E~G型

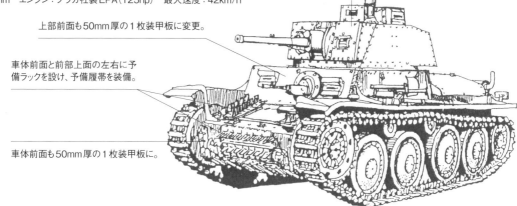

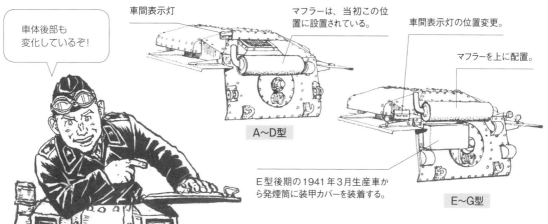

マーダーIII対戦車自走砲

■7.62cm PaK36(r)搭載
マーダーIII

1941年夏以降、ドイツ軍ではソ連戦車に対抗できる火力を持った戦闘車両を戦列化することが急務となっていた。兵器局第6課は、II号戦車D型をベースとしたマーダーIIの開発とほぼ並行し、同じく旧式化した38（t）戦車の車体に7.62cm対戦車砲PaK36（r）を搭載した対戦車自走砲の開発をBMM社に命じた。

1942年1月に試作車が完成、翌2月から38（t）戦車G型をベースとした量産型の生産が直ちに始まった。PaK36（r）搭載マーダーIII（7.62cm 36式（r）対戦車砲搭載38（t）対戦車自走砲）は、完成が急がれたため車体上部の大掛かりな改装は行わず、G型車体の操縦室～戦闘室上面板を撤去し、車体上部周囲を厚さ16mmの装甲板で覆い戦闘室を構成した。また、機関室上面は乗員が主砲の操作をしやすくするために中央を残し、左右両側を平坦にし、右側に車長席、左側に装填手席を設置している。

戦闘室内の中央にマーダーIII用に設計されたPz.Sfl.2（装甲自走砲架2型）を設置し、PaK36（r）を搭載している。同砲には車載化にあたり、専用に設計された厚さ11mmの防盾（マーダーIIと形状はよく似ているが別設計）が装着されていた。また、砲弾ラックも設置され、30発の砲弾を収納した。

全長は5.85m、全幅は2.16m、全高は2.5m、重量は10.67tだった。車体構造そのものは、38（t）戦車G型と変わらず、装甲厚も車体前面は50mm、前部上面は12mm、上部前面は50mmである。車体前部に変速機、その後方右側に操縦手席、左側に無線手席を配し、無線手側前面の機銃ボールマウントのMG37（t）7.92mm機関銃もそのまま残されている。車体後部機関室内には、プラガ社製のEPAエンジン（125hp）を搭載（1942年7月以降の生産車は150hpのACエンジンに換装）。重量は増加しているが、最高速度42km/hと、機動力の低下は見られない。

PaK36（r）搭載マーダーIIIは、1942年10月までにBMM社によって344両が生産され、さらにその後も前線から戻ってきた38（t）戦車を改装し、84両が造られた。同じ砲を搭載したII号戦車D型ベースのマーダーIIと同様、いかにも急造的な印象が強い車両だったが、対戦車自走砲としての能力は非常に高く、北アフリカ戦線、東部戦線においてドイツ軍の期待通りの働きをし、多くの連合軍戦車を撃破している。

■7.5cm PaK40/3搭載
マーダーIII H型

1942年3月、兵器局第6課はBMM社に対して38（t）戦車をベースとし、搭載火砲を7.62cm PaK36（r）からIII号突撃砲F型に搭載されていた7.5cm砲StuK40に変更した対戦車自走砲の開発を要請する。

早くも同月末に試作車が完成する

7.62cm PaK36(r)搭載マーダーIII

全長：5.85m　全幅：2.16m　全高：2.5m　重量：10.67t　乗員：4名　武装：51.5口径7.62cm戦車砲PaK36(r)×1門、MG37(t)7.92mm機関銃×1挺　最大装甲厚：50mm　エンジン：プラガ社製EPA(125hp)　最大速度：42km/h

7.62cm対戦車砲PaK36(r)を搭載。
主砲を固定するトラベリングクランプを設置。
防盾は車載用に設計されたもので、厚さは11mm。
車体は38(t)戦車G型を使用。
戦闘室の装甲は厚さ16mm。

が、同車は本格的な性能テスト用車両ではなく、あくまでも主砲の操作性や戦闘室内レイアウトなどを検討する目的のモックアップに過ぎなかった。そのため戦闘室は装甲鋼板ではなく木製で造られており、主砲のStuK40は砲尾及び砲架もIII号突撃砲のものをそのまま使用していた。

大きく見える外観とは裏腹に戦闘室の内部スペースは狭く、砲の操作性は良くなかった。BMM社はStuK40搭載の試作車を製作する一方で、独自に7.5cm対戦車砲PaK40を搭載する設計案を兵器局第6課に提出する。

1942年5月、兵器局第6課は、BMM社のPaK40搭載案を承認し、PaK40搭載対戦車自走砲の開発を要請した。7.5cm StuK40を搭載したモックアップ車両をリファインする形で作業は進行し、7月には38(t)戦車にPaK40/3(PaK40のマーダーIII車載型)を搭載した試作車が完成する。試作車の完成度に満足した兵器局第6課は、BMM社に対して直ちに量産に入るように命じた。

7.5cm PaK40/3搭載マーダーIII H型(当初の制式名は、38(t)対戦車自走砲H型。マーダーIIIの制式名となるのは1944年3月)もPaK36(r)搭載型と同様に38(t)戦車G型の車体をベースとし、車体上部の操縦室後部から機関室前のエンジン隔壁までの上面装甲板を取り除いて、そこに戦闘室を設置しているが、より洗練されたデザインになっている。

戦闘室は厚さ15mmの装甲板で構成されており、戦闘室前部にPaK40/3を搭載。同砲の射角は、俯仰角−5°〜+22°、水平角60°で、タングステン弾芯のPzgr.40を用いれば、射程500mmで154mm厚(垂直)、射程1,000mで133mm厚の装甲板を貫通することができ、標準的な徹甲弾Pzgr39でも射程1,000mで116mm厚の貫通力を有していた。

乗員は4名で、車体前部右側に操縦手、左側に無線手、戦闘室内の左側に車長(砲手を兼任)、右側に装填手が搭乗する。車体そのものの構造や装甲厚、足回りは38(t)戦車G型と変わらないが、エンジンは1942年7月から導入されたプラガAC(150hp)を搭載している。

1942年10月末から生産が始まり、1943年5月までに275両が完成するが、さらに前線から修理や整備のために戻された38(t)戦車を改造し、336両が造られている。

7.5cm PaK40/3搭載マーダーIII H型は、1942年12月から東部戦線に投入、1943年にはチュニジア戦線にも送られ、さらにその後のイタリア戦線、1944年以降の西部戦線、東部戦線においても有効な対戦車自走砲として使用された。

■7.5cm PaK40/3搭載マーダーIII M型

1943年になると、BMM社はアルケット社の協力の下、38(t)戦車車台を自走砲専用車台に改設計する作業に着手する。その結果、15cm重歩兵砲sIG33を搭載する重歩兵砲用車台K型と2cm対空機関砲を搭載する対空戦車用車台L型、そして7.5cm対戦車砲PaK40を搭載する対戦車自走砲用車台M型が造られた。優先度がもっとも高かったM型車台が先に造られ、同年4月頃にはPaK40を搭載した対戦車砲型の試作車が完成した。

マーダーIII M型(当初の制式名は、7.5cm PaK40/3搭載38(t)対戦車自走砲M型)の呼称が与えられた新型対戦車自走砲は、38(t)戦車の車台ではなく、自走砲専用車台を使っていたため、マーダーIII H型に比べ、さらに完成度が増していた。

7.5cm PaK40/3搭載マーダーIII H型

全長:5.85m　全幅:2.16m　全高:2.5m　重量:10.67t　乗員:4名　武装:46口径7.5cm対戦車砲PaK40/3×1門、MG37(t) 7.92mm機関銃×1挺　最大装甲厚:50mm　エンジン:プラガ社製AC(150hp)　最大速度:35km/h

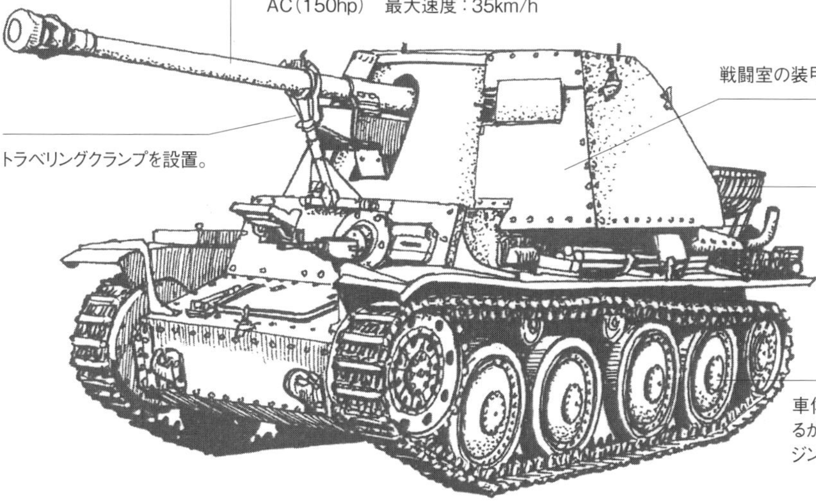
主砲はPaK40のマーダーIII車載用PaK40/3を搭載。
戦闘室の装甲は15mm厚。
トラベリングクランプを設置。
乗員が作業しやすいように機関室の左右には軽め穴が開いた鋼板、後部にはパイプフレームのラックを追加している。
車体は38(t)戦車G型を使用しているが、エンジンはプラガ社製ACエンジン(150hp)に換装されている。

車体前部上面を大きく傾斜させ、右側に操縦室の張り出しを設置。車体中央は機関室を配し、プラガACエンジン（150hp）が搭載されていた。自走砲ゆえ、戦車型に比べ、装甲は全体的に薄くなっており、車体の装甲厚は、前面15mm/15°、前部上面11mm/67°、操縦室15mm（鋳造製初期生産車）、側面15mm/0°、上面8mm/90°、下面10mm/90°，後面10mm/0～41°だった。

車体後部の戦闘室は、10mm厚の装甲板で構成されており、前部にPaK40/3を搭載している。主砲の射角は、俯仰角－5°～＋13°，水平角42°だった。戦闘室内の右側前方に車長（無線手も兼ねた）、右側後方に装填手、左側には砲手が位置する。また、左右の壁面には砲弾収納ラックが設置されており、27発の砲弾を収納していた。後方配置の戦闘室を採用したことで同じ主砲を搭載しているマーダーIII H型よりも全長（H型は5.77m、H型は4.96m）を抑えることに成功している。また、砲弾の積み込み作業もやりやすくなった。

コンパクトな車体に強力な7.5cm対戦車砲PaK40/3を搭載した前H型も優れた対戦車自走砲だったが、M型は車体レイアウトの変更によりさらに実用性が向上していた。PaK40搭載の対戦車自走砲としては申し分のない性能を持っていたマーダーIII M型は、1943年5月から直ちに量産に入ったが、翌1944年6月には早くも生産が終了し、生産数は当初の予定より少ない942両に留まった。その理由は、同じ38(t)戦車がベースで、同クラスの48口径7.5cm砲PaK39を搭載し、なおかつ完全密閉式の傾斜装甲に覆われ、防御力に優れた駆逐戦車ヘッツァーの生産が1944年4月から始まっていたためである。

マーダーIII M型の生産期間は、約1年で終了したが、他のドイツ軍戦闘車両と同様に生産と並行し、改良が行われている。

1943年末から生産された後期生産車では、車体前面の装甲板を15mm厚から20mm厚に強化し、また、量産性の改善のため鋳造製だった操縦室の装甲フードは溶接構造に変更、車体側面に張り出したエンジン吸気口カバーもリベット留めから溶接接合に改められた。さらに排気管は車体後部右側面の排気グリル後部から出し、後面のマフラーに結合する方式に変更されている。

マーダーIII M型は、通常型の他にFu8無線機を搭載した指揮車仕様もあり、また、初期生産車をベースとし、主砲を撤去して改装した弾薬運搬車が造られた他、液体ガス使用テスト車や迫撃砲搭載車などの試作車両も造られている。マーダーIII M型は装甲師団及び装甲擲弾兵師団、歩兵師団の対戦車大隊に配備され、終戦まで各戦線で活躍した。

7.5cm PaK40/3搭載マーダーIII M型 初期生産車

全長：4.96m　全幅：2.15m　全高：2.48m　重量：10.5t　乗員：4名　武装：46口径7.5cm戦車砲PaK40/3×1門、MG34 7.92mm機関銃×1挺　最大装甲厚：20mm　エンジン：プラガ社製AC（150hp）　最大速度：42km/h

主砲はPaK40/3。
戦闘室の装甲厚は10mm。
操縦室の装甲フードは、当初は鋳造製だったが、後期生産車からは溶接接合による平面の装甲板に変更。
車台は、対戦車自走砲用として開発された自走砲専用車台M型を使用。
後期生産車では，車体前面が15mm厚から20mm厚に強化された。

15cm sIG33/1搭載グリレH型

全長：5.6m　全幅：2.15m　全高：2.4m　重量：11.5t　乗員：5名　武装：12口径15cm重歩兵砲sIG33/1×1門　最大装甲厚:50mm　エンジン:プラガ社製AC（150hp）　最大速度：42km/h

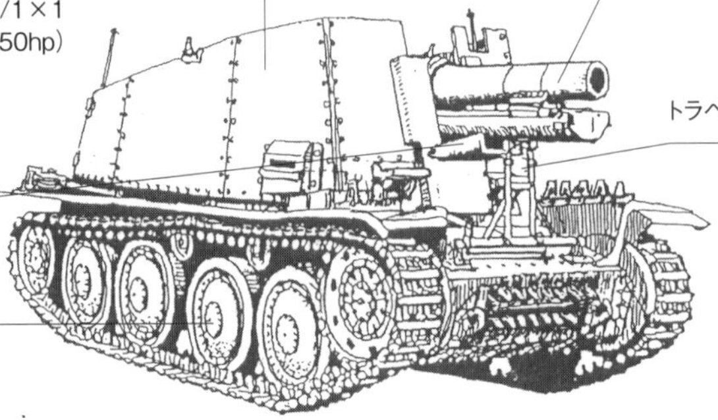
戦闘室の装甲厚は、前面25mm、側面/後面15mm。
15cm重歩兵砲sIG33の車載型sIG33/1を搭載。
トラベリングクランプ
主砲を上げた際に隙間を保護するための装甲カバー。
エンジンを150hpのプラガACに換装した38(t)戦車G型をベースとしている。

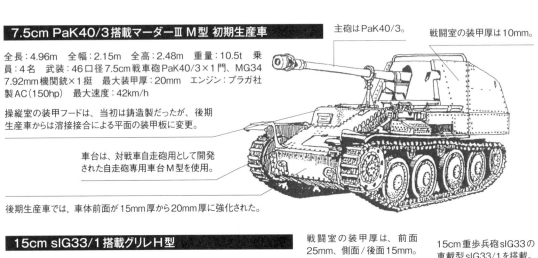

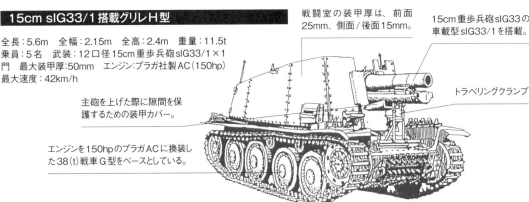

15cm sIG33搭載自走重歩兵砲

■15cm sIG33/1搭載 38(t)自走砲グリレH型

1942年3月の陸軍会議において38(t)戦車に7.5cm対戦車砲PaK40を搭載した対戦車自走砲と同じく38(t)戦車に15cm重歩兵砲sIG33を搭載した自走重歩兵砲の開発が決定する。

38(t)戦車の生産メーカー、BMM社は、対戦車自走砲（7.5cm PaK40/3搭載マーダーIII H型）の開発と並行し、自走重歩兵砲の開発に着手。15cm sIG33/1搭載38(t)自走砲グリレH型と名付けられた自走重歩兵砲は1943年2月から生産に入った。既に1942年7月には38(t)戦車は全車、自走砲に転用することが決定していた。

グリレH型は、38(t)戦車をベースとしているが、車体上部前面から機関室手前までの上面装甲板を撤去し、その部分を大きく囲うような形で戦闘室を増設。戦闘室は、前面25mm厚、側面15mm厚、後面15mm厚の装甲板をリベット接合していた。戦闘室設置のため車体上部前面左側の前部機銃は廃止されたが、変速機が置かれた車体前部とプラガACエンジン（150hp）を搭載する後部機関室は戦車型と変わらない。

戦闘室前部に搭載された15cm重歩兵砲sIG33は、俯仰角－3°～＋72°、水平角10°だった。主砲を大きく上げた際に戦闘室前面の砲身下部に隙間が生じないように起倒式の防弾板が装着されている。砲そのもの性能は、I号戦車、II号戦車ベースの自走重歩兵砲と変わらないが、それらに比べ、戦闘室内スペースが広いので、砲の操作性はかなり良くなった。

戦闘室内の前部右側に操縦手、その後方に車長（無線手も兼ねる）、さらに後方に装填手、左側に砲手、その後方にもう1人の装填手が搭乗した。右側の戦闘室壁面に4本の砲弾収納ケース、後部機関室上には砲弾収納庫が設置されており、計16発の砲弾を搭載している。

グリレH型は、1943年2月～1944年9月までに396両造られた。

■15cm sIG33/2搭載 38(t)自走砲グリレK型

15cm重歩兵砲sIG33を搭載したグリレH型の生産が行われていた最中の1943年11月、アルケット社の協力の下、開発された自走砲用専用車台K型に15cm重歩兵砲sIG33を搭載した試作車が完成する。15cm sIG33/2搭載38(t)自走砲グリレK型と命名され、翌12月からグリレH型と並行する形で生産が始まった。

車体の構造や装甲厚は、共通設計のマーダーIII M型と同じであるが、戦闘室はsIG33に合わせた専用設計となっていた。戦闘室は10mm厚の装甲板で構成されており、右側前部に車長（無線手も兼ねている）、その後方に装填手、左側前部に砲手、その後方にもう1人の装填手が搭乗する。戦闘室内には砲弾収納ケースや砲弾収納庫が設置されており、計18発の砲弾が搭載されていた。

15cm sIG33/2搭載38(t)自走砲グリレK型は、1944年9月までに164両が生産され、グリレH型とともに装甲師団と装甲擲弾兵師団の装甲擲弾兵連隊重歩兵砲中隊に配備された。

グリレK型の派生型としては、主砲を撤去し、砲弾40発を収める砲弾ラックを設置した弾薬運搬車、さらに現地部隊の改造車両と思われる3cm対空機関砲FlaK103/38を搭載した対空戦車などがある。

15cm sIG33/2搭載グリレK型

全長：4.835m　全幅：2.15m　全高：2.4m　重量：11.5t　乗員：5名　武装：12口径15cm重歩兵砲sIG33/2×1門　最大装甲厚：20mm　エンジン：プラガ社製AC（150hp）　最大速度：42km/h

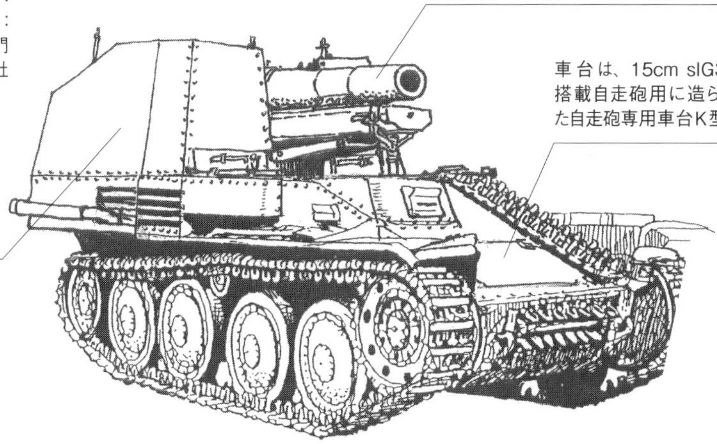

グリレK型用の車載型sIG33/2を搭載。
車台は、15cm sIG33搭載自走砲用に造られた自走砲専用車台K型。
戦闘室の装甲厚は10mm。

38(t)戦車の派生型

■38(t)指揮戦車

車内にFu5とFu8送受信用無線機を搭載した装甲無線中隊の指揮車両。一部の車両はFu8の代わりにFu7を使用していた。B型以降の車両をベースにしており、車体上部前面左側の前部機銃を取り外し、円形鋼板で塞ぎ、機関室上部には大型のフレームアンテナを増設している。

■38(t)対空戦車

1943年後期、Ⅳ号対空戦車の完成が遅滞し、早急にその代替車両が必要となり、38(t)戦車の車台を使用した対空戦車の開発が決定した。BMM社は、対空戦車用の自走砲専用車台L型に2cm対空機関砲FlaK38を搭載した車両を開発する。

戦闘室は、10mm厚の装甲板で構成されており、上部装甲板を展開できるようになっていた。全周旋回式の砲架に設置されたFlaK38は、俯仰角−20°〜+90°、発射速度180〜200発/分、最大射程は水平4,800m、垂直3,670mだった。戦闘室内には、車長、砲手、装填手の3名が搭乗した。

38(t)対空戦車(制式名は、2cm対空機関砲FlaK38搭載38(t)戦車L型)は、1943年11月から生産が始まり、1944年2月までに141両が完成。西部戦線とイタリア戦線の部隊で使用されている。

■38(t)戦車n.A

1940年7月に兵器局第6課は、MAN社、スコダ社、BMM社に偵察戦車の開発を要請。重量12〜13t、最大速度50km/hという要求仕様に

38(t)対空戦車

全長：4.16m　全幅：2.15m　全高：2.25m　重量：9.7t　乗員：4名　武装：112.5口径2cm対空機関砲FlaK38×1門　最大装甲厚：20mm　エンジン：プラガ社製AC（150hp）　最大速度：48km/h

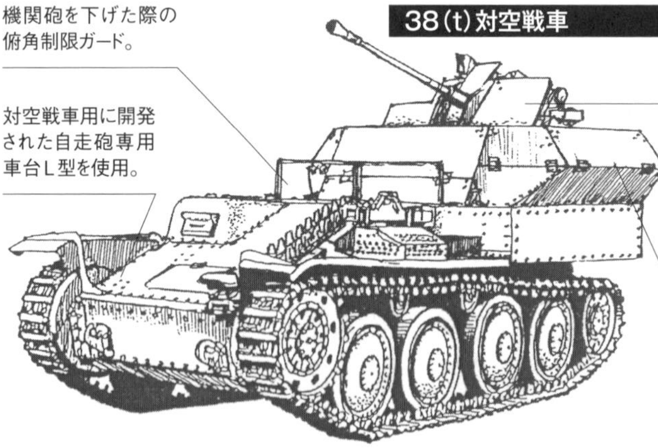
機関砲を下げた際の俯角制限ガード。
対空戦車用に開発された自走砲専用車台L型を使用。
2cm対空機関砲FlaK38を搭載。
戦闘室は10mm厚で、上部装甲板は外側に展開可能。

38(t)偵察戦車

全長：4.51m　全幅：2.14m　全高：2.17m　重量：9.75t　乗員：4名　武装：55口径2cm機関砲KwK38×1門　MG42 7.92mm機関銃×1挺　最大装甲厚：50mm　エンジン：プラガ社製AC(180hp)　最大速度：45km/h

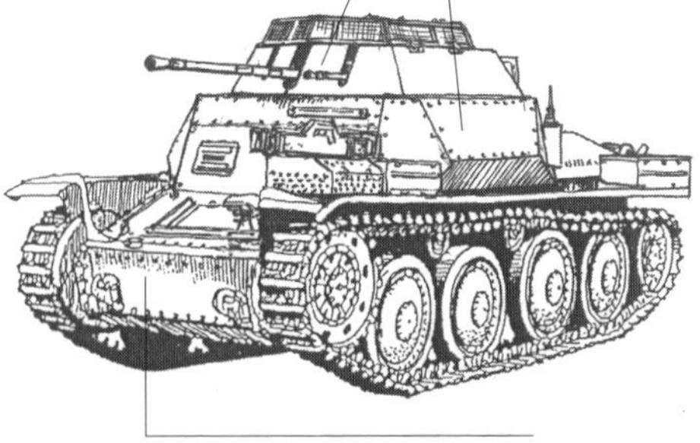
Sd.Kfz.234/1 8輪重装甲車と同型のオープントップ式六角形砲塔。
戦闘室の高さと幅が拡大されている。
プラガ社製ACエンジンを搭載した38(t)戦車G型の車体を使用。

38(t)戦車n.A

全長：5.0m　全幅：2.5m　全高：2.14m　重量：14.8t　乗員：4名　武装：47.8口径3.7cm戦車砲KwK38(t)×1門　MG34 7.92mm機関銃×1挺　最大装甲厚：30mm　エンジン：プラガ社製V-8(220hp)　最大速度：62km/h

3.7cm KwK38(t)搭載。
車体、砲塔ともに新設計。

沿って、MAN社はVK1303新型Ⅱ号戦車、スコダ社は35(t)戦車をベースとしたT-15、BMM社は38(t)戦車を発展させた38(t)戦車n.A(TNH.n.A)を製作する。1941年12月～1942年4月にかけてそれら試作車の比較審査が実施された結果、BMM社の38(t)戦車n.Aがもっとも優秀な性能を示したにもかかわらず、MAN社のVK1303がⅡ号戦車L型ルクスとして制式採用となった。

■38(t)偵察戦車

1942年7月以降、38(t)戦車の車体はすべて自走砲などに転用されることになった。そうした中で、38(t)戦車の車体を用いた偵察戦車が造られている。

車体上部構造に装甲板を追加し、高さと左右幅を拡大、無線機などの増設スペースを確保している。車体上面にはSd.Kfz.234/1と同型のオープントップ式六角形砲塔を搭載。砲塔には2cm機関砲KwK38×1門、MG42 7.92mm機関銃×1挺を装備。砲塔にMG42を装備しているので、車体上部前面左側の機銃マウントは円形鋼板で塞がれている。エンジンは150hpのプラガACを搭載し、最高速度は45km/hだった。

1943年9月から生産が始まり、1944年3月までに130両造られた。

■24口径7.5cm砲搭載偵察戦車

2cm KwK38搭載の38(t)偵察戦車に随伴し、火力支援を行う車両として24口径7.5cm戦車砲を搭載した車両が造られた。車体上にオープントップ式の戦闘室を設け、戦闘室前部に24口径7.5cm戦車砲を搭載している。

車体前部は、38(t)戦車と同形状の車両と傾斜装甲となった車両の2車種造られている。どちらも機関銃は未装備で、おそらく前者は試作車1両のみ、後者はモックアップの製作で終わったものと思われる。

38(t)指揮戦車B型

全長：4.61m　全幅：2.135m　全高：2.252m　重量：9.725t　乗員：4名　武装：47.8口径3.7cm戦車砲KwK38(t)×1門、MG37(t) 7.92mm機関銃×1挺　最大装甲厚：25mm　エンジン：プラガ社製EPA(125hp)　最大速度：42km/h

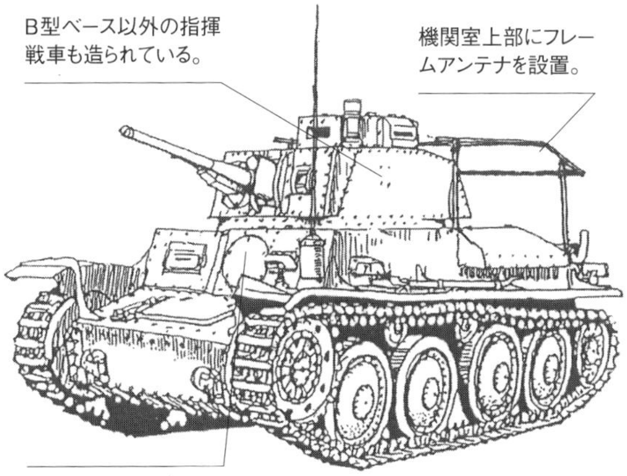
B型ベース以外の指揮戦車も造られている。
機関室上部にフレームアンテナを設置。
前部機銃を取り外し、装甲板で塞いでいる。

24口径7.5cm砲搭載偵察戦車

全長：4.61m　乗員：4名　24口径7.5cm戦車砲×1門　最大装甲厚：50mm　エンジン：プラガ社製AC(150hp)　最大速度：42km/h

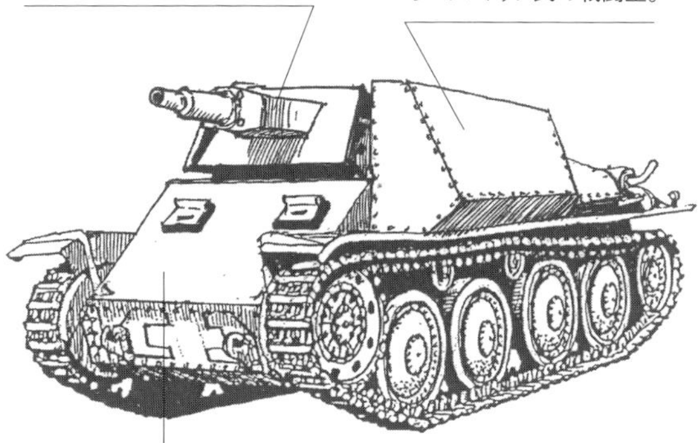
24口径7.5cm戦車砲を搭載。
オープントップ式の戦闘室。
車体前面は傾斜装甲を採り入れている。

24口径7.5cm砲搭載偵察戦車

全長：4.61m　乗員：4名　武装：24口径7.5cm戦車砲×1門　最大装甲厚：50mm　エンジン：プラガ社製AC(150hp)　最大速度：42km/h

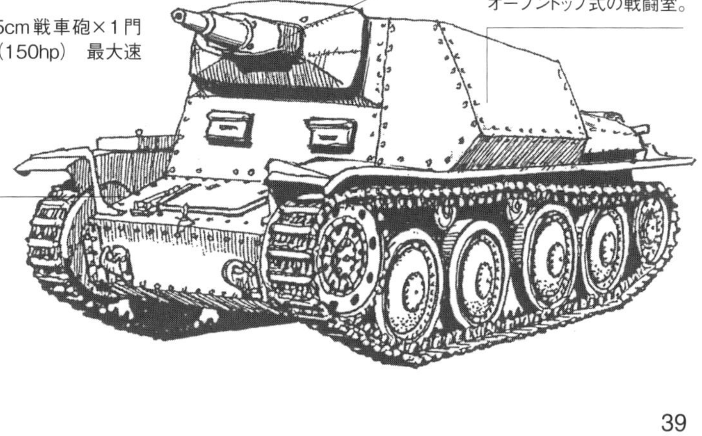
24口径7.5cm戦車砲を搭載。
オープントップ式の戦闘室。
プラガ社製ACエンジンを搭載した38(t)戦車G型の車体を使用。

駆逐戦車38(t)ヘッツァー

■駆逐戦車38(t)の開発

1943年10月以降、アルケット社の生産工場が連合軍の空爆を受けるようになり、次第に被害が拡大。当時、ドイツ軍の主要戦力の一つであったⅢ号突撃砲の生産にも深刻な影響を与え、生産数が激減してしまう。

Ⅲ号突撃砲の生産低下はドイツ軍にとって深刻な問題となり、12月6日、兵器局第6課は、当時マーダーⅢの生産を行っていたBMM社に対し、Ⅲ号突撃砲の代替生産を行うように指示する。しかし、BMM社の生産設備では重量13tまでの車両しか製造することができないため、同社は代案として自社で生産していた38(t)戦車の車台を用いた新しい突撃砲の設計案を提案した。

38(t)戦車18型または38(t)突撃砲と名付けられた車両は、車体が傾斜装甲で覆われ、Ⅲ号突撃砲と同威力の48口径7.5cm PaK39を搭載していた。1944年1月26日に木製モックアップを製作、3月末には試作車3両が完成した。駆逐戦車38(t)として直ちに制式採用となり、同年4月から量産が開始される。

なお、ヘッツァーの名称は、部隊配備直後から前線部隊で使用されていたが、公式に認められたのは1944年末だった。

■ヘッツァーの構造と性能

ヘッツァーは、全長6.38m、全幅2.63m、全高2.17m、車重15.75tで、車体は全周が傾斜装甲で覆われ、装甲厚は、戦闘室前面60mm/60°、戦闘室側面20mm/40°、上面8mm/90°、下部前面60mm/40°、下部側面20mm/15°、後面20mm/15°、底面10mm/90°と軽戦車クラスとしては良好な装甲防御を有している。

戦闘室内部は前部に操向装置と変速機を設置。操縦手席は、38(t)戦車と異なり、ドイツ式の左側配置になっていた。操縦手席の後方に砲手席、さらにその後方に装填手席、右側後方に車長席が配置されている。

主砲の48口径7.5cm砲PaK39は、戦闘室前面の右側にオフセットされており、そのため射角は右11°、左5°と右側が広く、俯仰角は－6°～＋10°だった。また、戦闘室上面左側には、副武装として車内操作式のMG34 7.92mm機関銃を装備している。

PaK39は、徹甲弾のPzgr39を用いた場合、射程1,000mで85mm厚の装甲を貫通でき、タングステン弾芯徹甲弾を使えば、射程1,000mで97mm厚の装甲を貫通することが可能だった。

ヘッツァーは、極めてコンパクトな車両だが、その攻撃力は、IS-2スターリン重戦車、M26重戦車、ファイアフライを除くほとんどの連合軍戦車を容易に撃破する性能を備えていた。

車体後部の機関室には200hpのプラガAC2800エンジンを搭載。足回りは、一見したところ38(t)戦車と同じに見えるが、起動輪は改良型で、転輪は直径が775mmから825mmに、また誘導輪も直径535mmから620mmに拡大されていた。さらに履帯も35cm幅の新型を装着。サスペンションのリーフスプリングは、マーダーⅢM型用の強化型を使用し、最大速度は、42km/hと機動力も良好だった。

ヘッツァーは、1944年4月からBMM社において量産が始まり、さらに同年7月からはスコダ社においても

生産され、計2,827両以上造られた。

■ヘッツァーの変遷

1944年4月から量産が始まったヘッツァーだが、5月から7月かけてマズルブレーキ装着用のネジ山を廃止、戦闘室上面3カ所に2tクレーンの取り付け基部の追加、砲隊鏡クラッペ後方に小ハッチを設置、機関室右後端に冷却水注入口クラッペ、同左後端に燃料注入口クラッペを設置、さらに排気管出口カバーを鋳造製から溶接製に変更するなどの改良、変更が加えられている。

ヘッツァーも生産時期、細部の仕様の相違により、初期型、中期型、後期型と区分けされており、1944年4～7月まで生産された、側面が削り取られたような形状の防盾を装着した車両は初期型に区分けされている。

また、1944年8～9月生産の中期型では、防盾、砲架装甲カバーの形状変更の他に、生産簡略化のために新型の転輪と誘導輪の導入、フロントヘビーに対処した前部サスペンションの板バネの強化（7mmから9mmに増厚）なども行われた。

後期型と呼ばれる1944年10月以降の生産車からは、操縦手用ペリスコープの装甲ブロックを廃止、開口部のみとし、その上にカバーを設置した。また、機関室後部のマフラーの形状変更、牽引用アイプレートの形状変更及び補強板の追加、さらに戦闘室内各部の改良などが実施されている。

■駆逐戦車38(t)シュタール

ヘッツァーは開発当初の計画では主砲を固定し、車体そのもので射撃時の反動を吸収する設計を採り入れる予定であった。しかし、肝心の固定砲の実用化が遅れ、やむを得ず通常砲を搭載した車体が生産されることになった。

ヘッツァーの量産と並行し、固定砲のテストが続けられ、1944年5月12日にヘッツァー後期生産車を改造した固定砲型“シュタール”の試作車が完成する。その後、2両の試作車が造られた後、同年12月に5両、翌1945年1月には5両のシュタール型の先行量産型が完成した。

シュタール量産型では、エンジンをガソリンからディーゼルに換装することも予定されており、1945年4月に完成した1両にはタトラ928ディーゼルエンジンが搭載された。このシュタール型こそ、ヘッツァー本来の姿であり、ディーゼルエンジン搭載車は、ヘッツァーの後継車両“駆逐戦車38D”の雛型でもあった。

駆逐戦車38(t)ヘッツァー

全長：6.38m　全幅：2.63m　全高：2.17m　重量：15.75t　乗員：4名　武装：48口径7.5cm砲PaK39×1門　MG34 7.92mm機関銃×1挺　最大装甲厚：60mm　エンジン：プラガ社製AC2800（200hp）　最大速度：42km/h

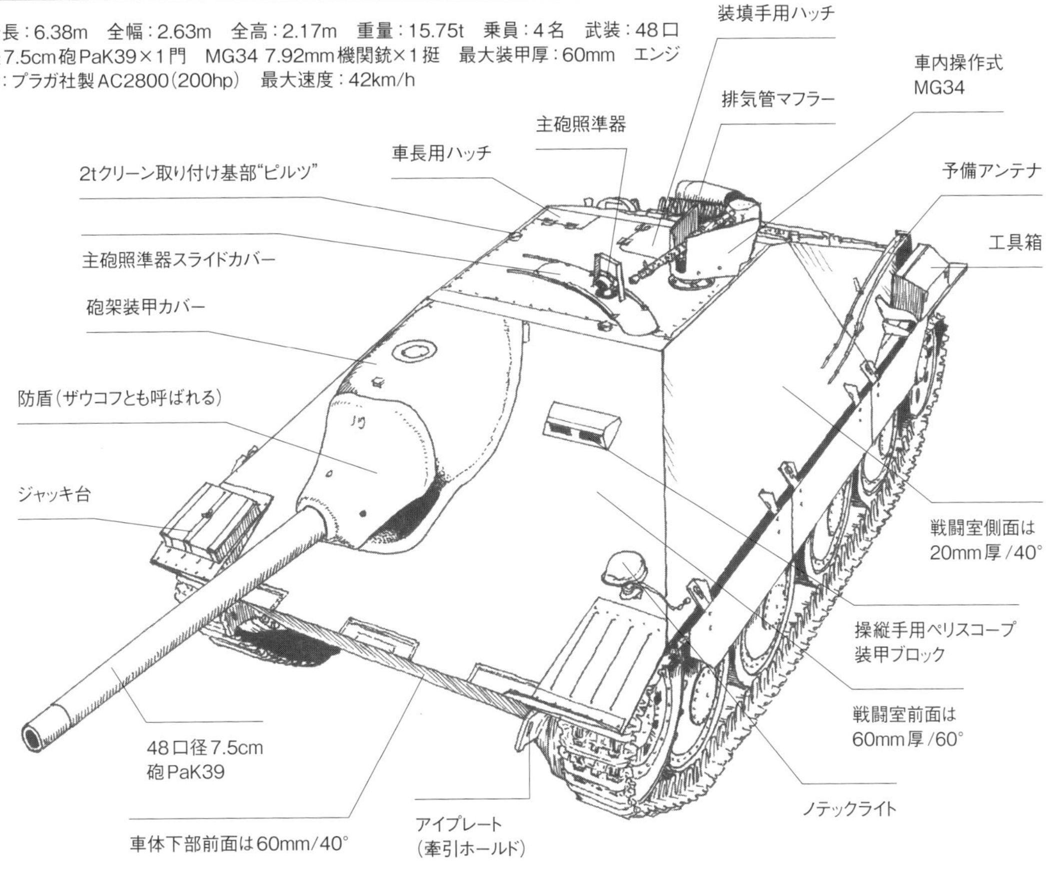

装填手用ハッチ
車内操作式
MG34
排気管マフラー
主砲照準器
車長用ハッチ
2tクリーン取り付け基部“ピルツ”
予備アンテナ
工具箱
主砲照準器スライドカバー
砲架装甲カバー
防盾（ザウコフとも呼ばれる）
ジャッキ台
戦闘室側面は
20mm厚/40°
操縦手用ペリスコープ
装甲ブロック
戦闘室前面は
60mm厚/60°
48口径7.5cm
砲PaK39
ノテックライト
アイプレート
（牽引ホールド）
車体下部前面は60mm/40°

◉駆逐戦車38(t)ヘッツァーの内部構造

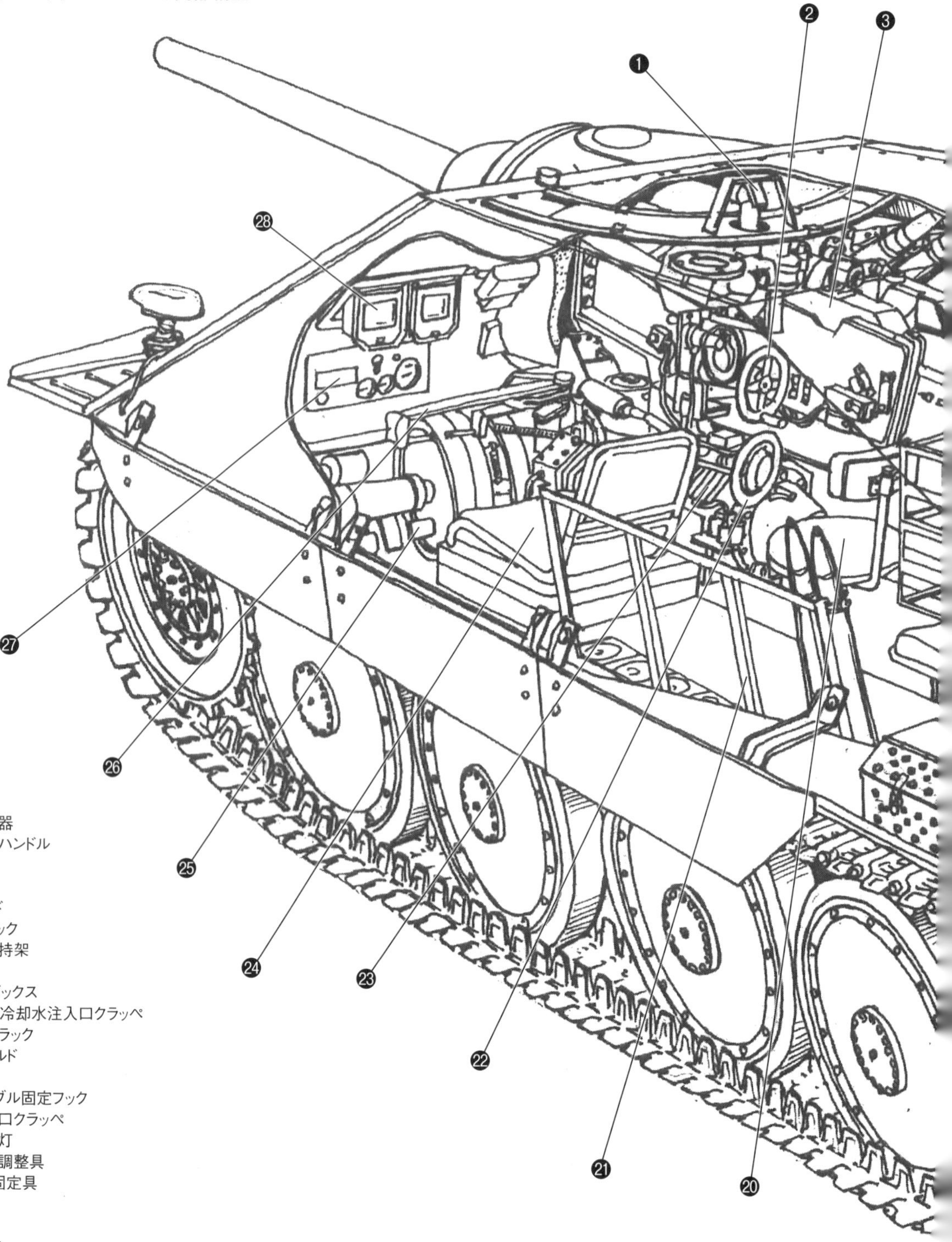

1 主砲照準器
2 主砲俯仰ハンドル
3 砲尾
4 搭載砲弾
5 後座ガード
6 無線機ラック
7 砲隊鏡支持架
8 車長席
9 ヒューズボックス
10 ラジエター冷却水注入口クラッペ
11 予備履帯ラック
12 牽引ホールド
13 ラジエター
14 牽引ケーブル固定フック
15 燃料給油口クラッペ
16 車間表示灯
17 履帯張度調整具
18 アンテナ固定具
19 工具箱
20 砲手席
21 砲弾ラック
22 砲旋回ハンドル
23 変速機
24 操縦手席
25 フットペダル
26 操向ハンドル
27 計器パネル
28 操縦手用ペリスコープ

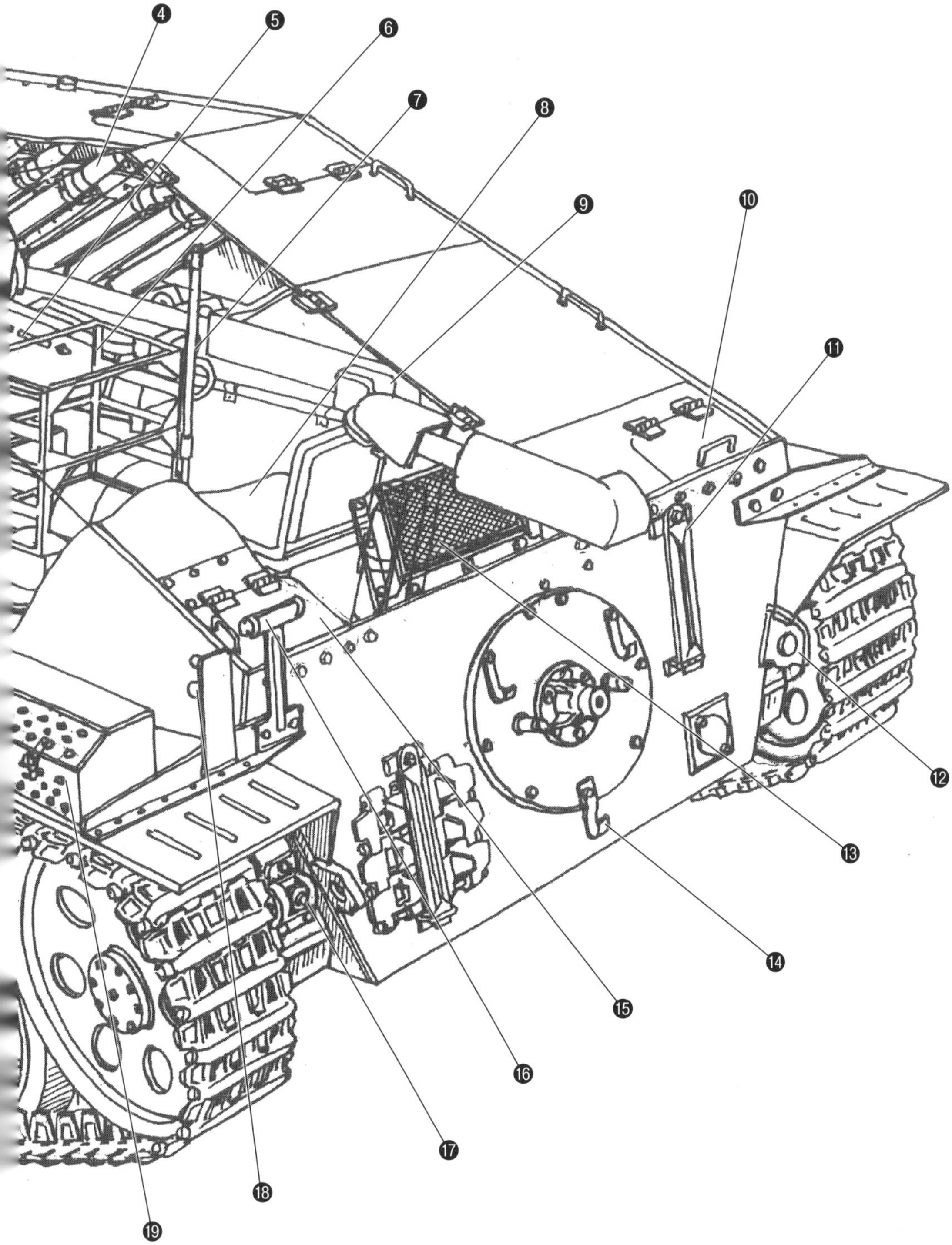
❹
❺
❻
❼
❽
❾
❿
⓫
⓬
⓭
⓮
⓯
⓰
⓱
⓲
⓳

◉防盾及び砲架装甲カバーの変遷

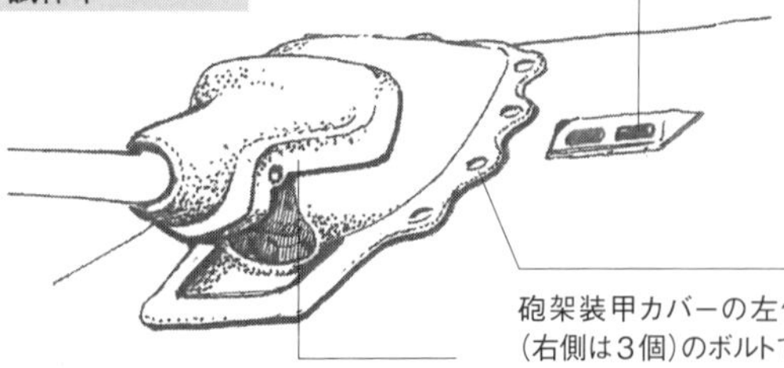
試作車
操縦手用
ペリスコープ装甲ブロック
砲架装甲カバーの左側は4個
(右側は3個)のボルトで固定。
初期の防盾。

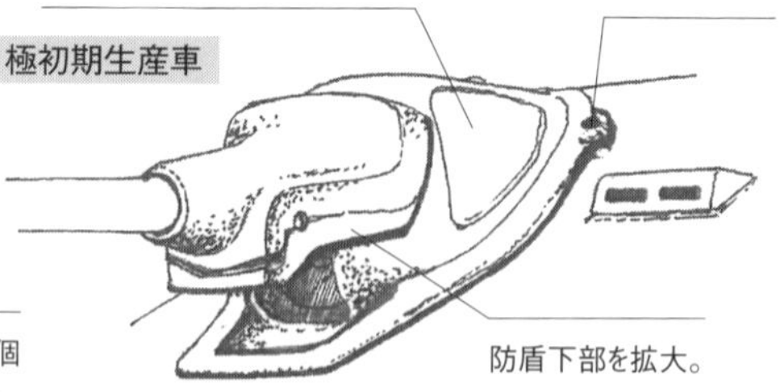
極初期生産車
側面に浅い凹みが設けられた。
最上部1個の
ボルトで固定。
防盾下部を拡大。

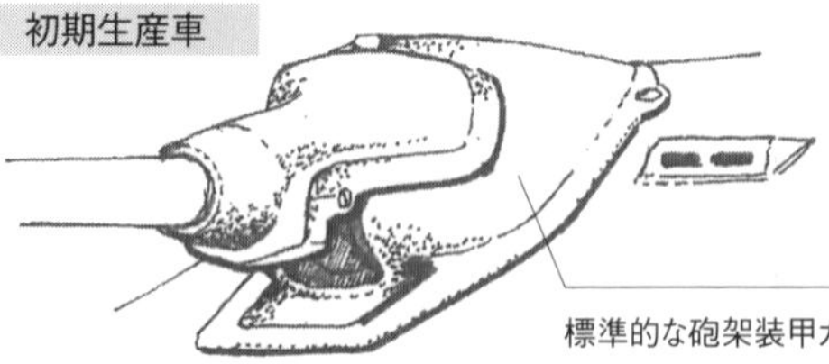
初期生産車
標準的な砲架装甲カバー。

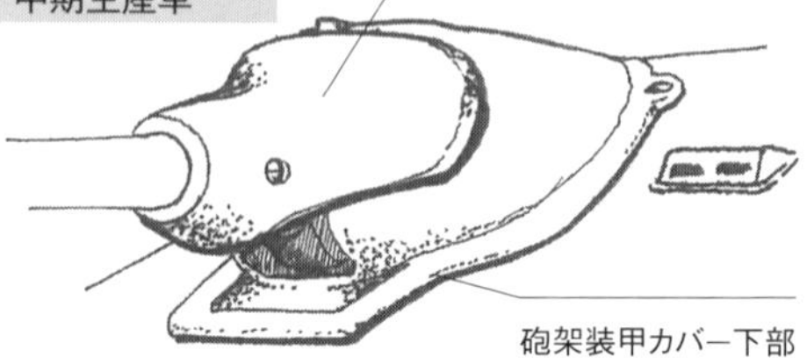
中期生産車
新型の軽量型防盾に変更。
砲架装甲カバー下部
の形状が変わった。

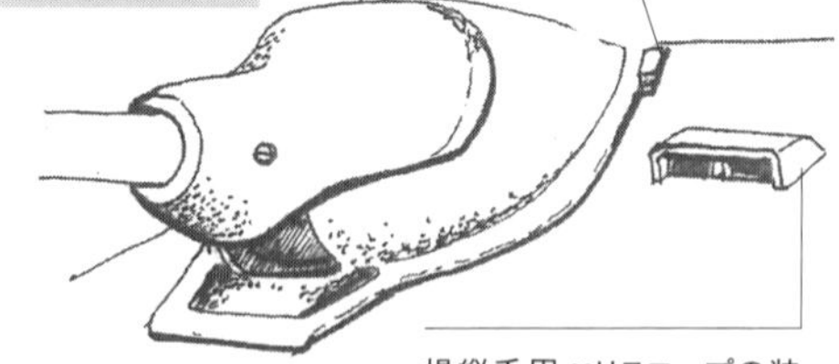
後期生産車
砲架装甲カバーのフランジ上
端に板状のパーツを溶接。
操縦手用ペリスコープの装
甲ブロックを廃止し、2個の
開口部上にカバーを設置。

◉ヘッツァーの履帯

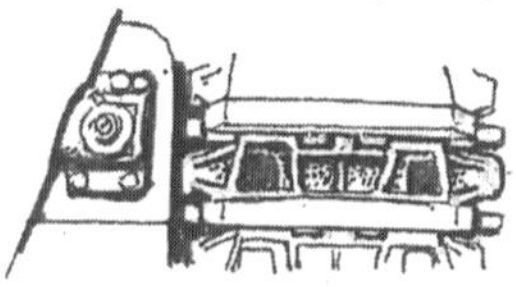
初期型

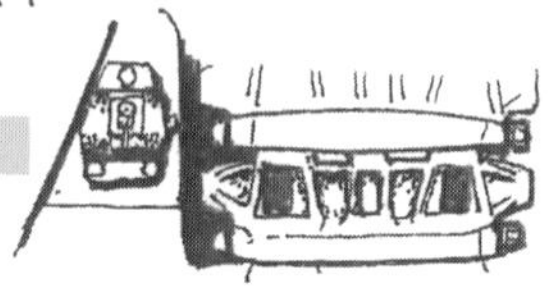
後期型

◉機関室上面の変遷

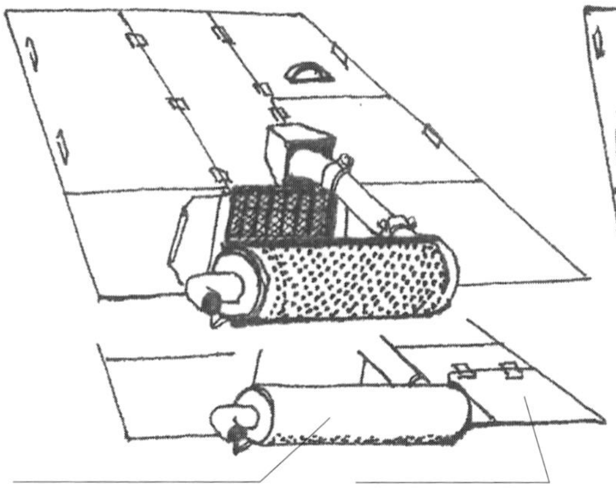
初期~中期生産車
1944年7月からマフラーの
耐熱板を廃止。
ラジエター冷却水注
入口クラッペを設置。

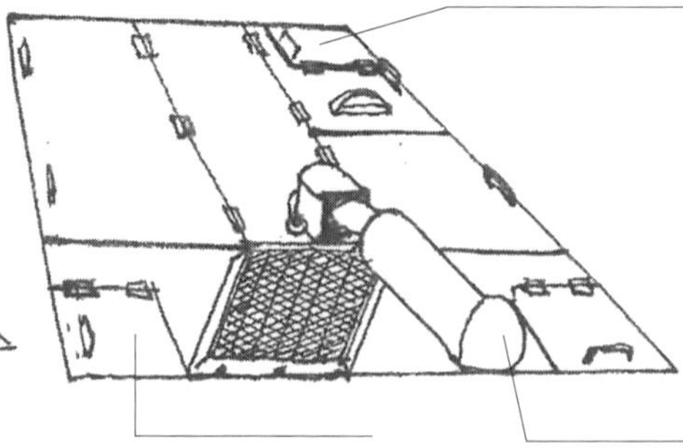
後期生産車
1944年7月頃から
車長用の小ハッチを設置。
燃料給油口クラッペ。
1944年10月からマ
フラーの形状を変更。

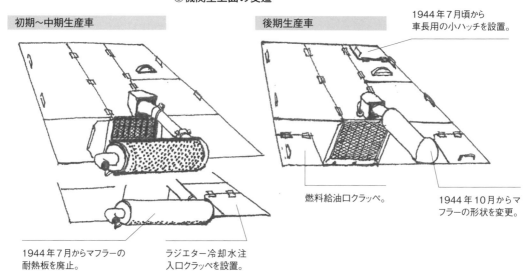

ヘッツァー派生型とヴァッフェントレーガー

■38(t)ヘッツァー火焔放射戦車

1944年12月16日の"ラインの守り"作戦（アルデンヌ戦）のためにヘッツァー改造の火焔放射戦車が20両造られた。PaK39を取り外し、ベーケ式火焔放射器（射程50～60m）を搭載。戦闘室内には700ℓ燃料タンクが増設されている。

■38(t)戦車回収車ヘッツァー

ヘッツァーの車体をベースとした戦車回収車で、車高は前面左側にある操縦手用ペリスコープの装甲ブロック真上の位置までに抑えられており、車体側面に組み立て式のクレーンを装備し、車体後部には牽引具と起倒式のスペード（駐鋤）を設置。オープントップ式の戦闘室内にウインチが増設されている。1944年5月から生産が始まり、181両造られた。

■38(t)偵察戦車ヘッツァー

ヘッツァーをベースとした偵察戦車の試作車。戦闘室はヘッツァーより低く、戦闘室はオープントップ式。24口径7.5cm戦車砲を前部中央に設置し、戦闘室上部を囲むような形で装甲板が設置されている。1944年9月頃に製作された。

■15cm sIG33/2搭載38(t)駆逐戦車

ヘッツァーを改造して製作された火力支援車で、1944年12月～1945年2月までに6両生産、さらに前線から戻ってきたヘッツァーを改造し、39両造られたとされている。

戦闘室は、戦車回収車と同様に操縦手用ペリスコープ装甲ブロックの位置で切除し、その上部に装甲板を継ぎ足す形でオープントップ式の戦闘室が構成されている。車体前部中央に15cm sIG33の車載型sIG33/2を搭載している。

■8.8cm PaK43搭載ヴァッフェントレーガー

1944年2月、兵器局第6課は8.8cm対戦車砲PaK43や10.5cm軽榴弾砲leFH18/40、5.5cm対空機関砲ゲレート58など多種多様な火砲を搭載可能なヴァッフェントレーガー（兵器運

38(t)ヘッツァー火焔放射戦車

PaK39を取り外し、火焔放射器を装備。

砲架装甲カバー上面に設置された照準孔。

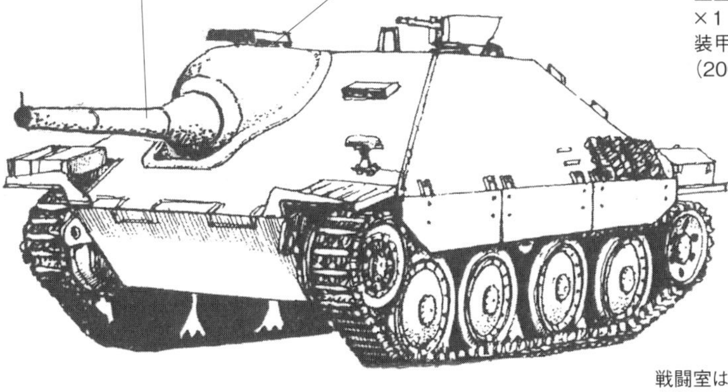

全長：4.87m　全幅：2.63m　全高：2.17m　重量：15.5t　乗員：4名　武装：火焔放射器41×1門　MG34 7.92mm機関銃×1挺　最大装甲厚：60mm　エンジン：プラガ社製AC2800（200hp）　最大速度：42km/h

車体側面に組み立て式のクレーンを装備。

戦闘室は、操縦手用ペリスコープ装甲ブロックまでの高さ。

38(t)戦車回収車ヘッツァー

全長：4.87m　全幅：2.63m　全高：1.71m　重量：14.5t　乗員：4名　武装：MG34 7.92mm機関銃×1挺　最大装甲厚：60mm　エンジン：プラガ社製AC2800（200hp）　最大速度：42km/h

戦闘室はオープントップ式で、内部にはウインチを増設している。

搬車)の開発を決定し、アルデルト社、シュタイヤー社に対し車体の製作を、クルップ社、ラインメタル社に主砲構成部分の製作を要請した。搭載火砲は全周旋回式で、積み降ろしが可能であること、さらに車体サイズ及び構造などに関しても細かな仕様が決められ、対戦車自走砲型の開発が最優先として進められることとなった。

1944年4月にアルデルト/ラインメタル両社による試作車が、5月半ばにアルデルト/クルップ両社の試作車が、6月末にはシュタイヤー/クルップ両社の試作車が相次いで完成する。比較テストの結果、アルデルト/クルップ型が他の設計案よりも優れているとの判断が下され、若干の改良要求とともに早々に生産計画も決定した。

アルデルト/クルップ型のヴァッフェントレーガーは、試作車2両と10両くらいの量産型が完成し、1945年5月のベルリン戦では何両かの量産型が実戦投入されている。

38(t)偵察戦車ヘッツァー

全長:4.87m　全幅:2.63m　乗員:4名　武装:24口径7.5cm戦車砲×1門　MG34 7.92mm機関銃×1挺　最大装甲厚:60mm　エンジン:プラガ社製AC2800(200hp)　最大速度:42km/h

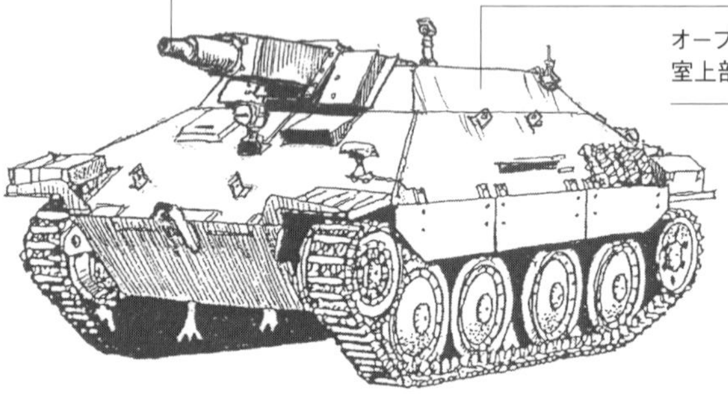

24口径7.5cm砲を搭載。
オープントップ式の戦闘室上部に装甲板を追加。

15cm sIG33/2搭載38(t)駆逐戦車

全長:4.87m　全幅:2.63m　全高:2.2m　重量:16.5t　乗員:4名　武装:12口径15cm重歩兵砲sIG33/2×1門　MG34 7.92mm機関銃×1挺　最大装甲厚:60mm　エンジン:プラガ社製AC2800(200hp)　最大速度:32km/h

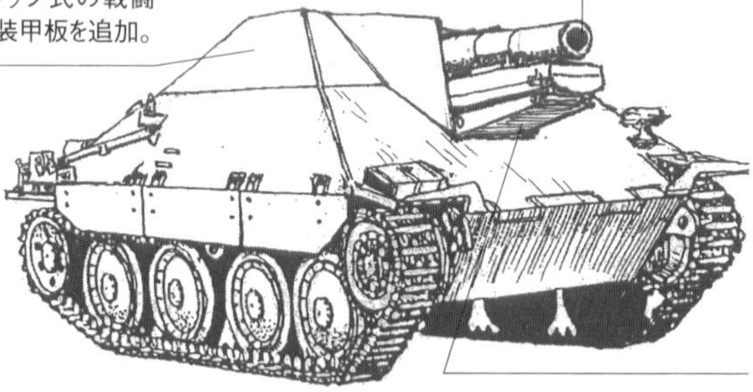

15cm重歩兵砲sIG33の車載型sIG33/2を搭載。
オープントップ式の戦闘室上部に装甲板を追加。
主砲を上げた際に防盾下の隙間を防護する装甲カバー。

8.8cm PaK43搭載 ヴァッフェントレーガー シュタイヤー/クルップ型

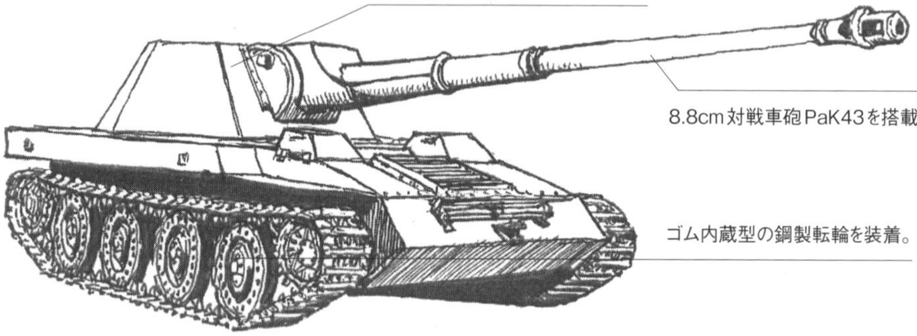

オープントップ式の旋回砲塔を採用。
8.8cm対戦車砲PaK43を搭載。
ゴム内蔵型の鋼製転輪を装着。

8.8cm PaK43搭載 ヴァッフェントレーガー アルデルト/クルップ型

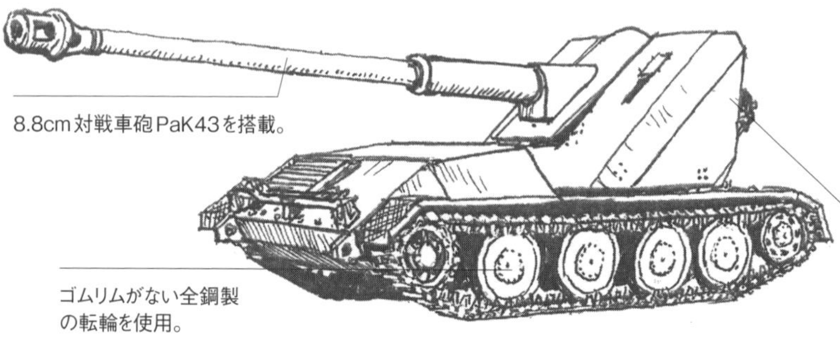

8.8cm対戦車砲PaK43を搭載。
防盾の側面に装甲板を追加。
ゴムリムがない全鋼製の転輪を使用。

全長:6.53m　全幅:3.16m　全高:2.25m　重量:13.5t　乗員:4名　武装:71口径8.8cm対戦車砲PaK43×1門　最大装甲厚:20mm　エンジン:プラガ社製AC2800(200hp)　最大速度:35km/h

第二次大戦前期のドイツ主力戦車
Ⅲ号戦車と派生型

第二次大戦前期のドイツ軍主力戦車となったⅢ号戦車は、Ａ～Ｎ型まで絶えず改良が実施され、電撃戦から東部戦線、バルカン半島、さらに北アフリカ戦線などあらゆる戦場で活躍した。また、Ⅲ号戦車をベースに開発されたⅢ号突撃砲は、大戦中盤以降、Ⅳ号戦車とともにドイツ軍の主力車両となり、自車の損失を遥かに上回る数の敵戦車を撃破し、傑出した戦闘能力を発揮している。

Ⅲ号戦車Ａ～Ｎ型

■Ⅲ号戦車の開発

　1934年1月27日、ZW（小隊長車両）という秘匿名称が与えられ、Ⅲ号戦車の開発が決定する。兵器局第6課は、ダイムラーベンツ社、ラインメタル社、MAN社、クルップ社に開発を要請し、最終的にダイムラーベンツ社が車体を、クルップ社が砲塔の開発を担当することになった。1935年8月に試作車が完成し、審査の結果、1937年10月にⅢ号戦車Ａ型として制式採用された。

■Ⅲ号戦車Ａ型

　Ａ型は当時の戦車砲としては標準的な3.7cm戦車砲を装備し、車体は全溶接構造で、全長5.80m、全幅2.82m、全高2.36m、重量15t。車体前部左側に操縦手、右側に無線手、砲塔内に車長と砲手、装填手を配置した機能的な乗員レイアウトを採用している。車体の装甲厚は前面14.5mm/20°、前面上部14.5mm/50°、上部前面14.5mm/9°、側面14.5mm/0°、上面10mm/90°、底面5mm/90°、砲塔の装甲厚は、前面14.5mm/5°、防盾16mm/曲面、側面14.5mm/25°、上面10mm/83～90°で、防御力はあまり高くなかった。

　エンジンは250hpのマイバッハHL108TRを搭載し、足回りは前部に起動輪、後部に誘導輪、5個の大型転輪と2個の上部転輪を配したコイルスプリング式サスペンションという構成だった。Ａ型の生産数は、わずか10両に過ぎない。

■Ⅲ号戦車Ｂ型

　Ａ型の改良型として造られたＢ型は、走行性能改善のために足回りを大幅に変更したのが最大の特徴である。転輪は2個1組でボギーを構成する小径タイプ8個配置となり、2つのボギーを1つのリーフスプリングで懸架するという方式だった。また、起動輪、誘導輪ともに形状が変更され、上部転輪は3個となった。

　さらに、車体前面の点検パネルと操縦手用視察バイザー、車長用キューポラの形状も変化し、機関室側面吸気口の開口部は上面配置に、機関室上面の吸気/排気グリルや点検ハッチの形状も改められている。

Ⅰ号戦車

Ⅱ号戦車

38(t)戦車

Ⅲ号戦車

Ⅳ号戦車

パンター

ティーガーⅠ

その他の車両

付録解説

車輌解説

B型は15両が発注されたが、1937年11～12月にかけて完成したのは10両で、他の5両はⅢ号突撃砲試作車の車体に転用された。

■Ⅲ号戦車C型

続くC型の基本的な形状は、B型とほとんど変わらない。C型では、車体前面の点検パネルや砲塔の車長用キューポラ、車体後面のマフラーや牽引具など、いくつかの変更点が見られるが、もっとも大きな改良個所は足回りである。前/後部ボギー部分の構造を改良し、さらに起動輪と誘導輪を変更している。

C型は、1937年末～1938年初頭にかけて15両が造られた。

■Ⅲ号戦車D型

C型と並行生産されたD型は、サスペンションに改良を加え、細部も若干変更を実施。また、機関室の吸気/排気口を側面に設置し、ラジエターをエンジン後部に移設するなど、車体後部の形状も大幅に変化している。

■Ⅲ号戦車D型/B型砲塔搭載型

D型は、1938年9月までにわずか25両で生産が終了したが、突撃砲の試作車に転用されたB型の砲塔が余っていたため、D型車体にB型砲塔を搭載したハイブリッド型が1940年10月に5両造られた。

A～D型は、増加試作型あるいは先行生産型というべき車両で、ポーランド戦で使用された後は本国での訓練用車両となった。そうした中で、D型車体/B型砲塔搭載型の一部は、ノルウェー、フィンランド方面で行動していた第40特別編成戦車大隊に配備されて1941～1942冬の戦闘でも使用されている。

■Ⅲ号戦車E型

1938年12月に登場したE型は車体デザインを一新し、全体に渡って大幅な改良・変更が行われている。

E型は、全長5.380m、全幅2.910m、全高2.435m、重量19.8tで、車体の装甲厚は、前面30mm/21°、前面上部30mm/52°、上部前面30mm/9°、側面30mm/0°、上面16mm/90°，底面15mm/90°、砲塔の装甲厚は、前面30mm/15°、防盾30mm/曲面、側面30mm/25°，上面10mm/83°となった。

足回りは先進的なトーションバー式サスペンションを採用し、エンジンはHL108Rの出力向上型HL120TRに変更。最大速度は67km/hに向上している。

初陣のポーランド戦に投入されたE型はわずか17両で、E型の本格的な実戦投入は1940年5月のフランス戦からとなった。E型は、フランス戦以降も使用が続けられ、バルカン戦線、東部戦線にも投入されている。

E型の生産にはダイムラーベンツ社のみならず、ヘンシェル社、MAN社

Ⅲ号戦車A型

全長：5.80m　全幅：2.82m　全高：2.36m　重量：15t　乗員：5名　武装：46.5口径3.7cm戦車砲KwK×1門、MG34 7.92mm機関銃×3挺　最大装甲厚：14.5mm　エンジン：マイバッハ社製HL108TR（250hp）　最大速度：35km/h

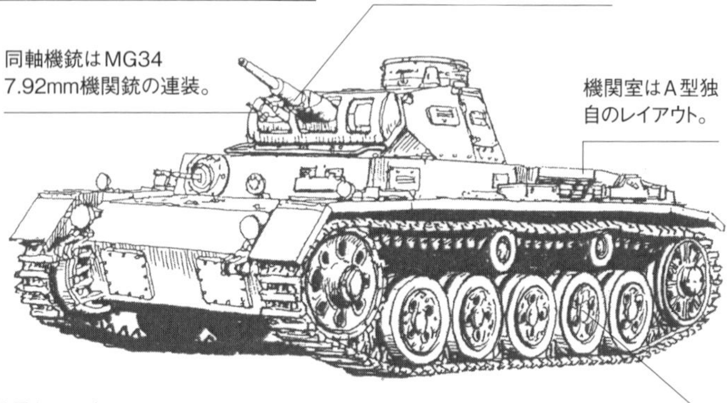

主砲は3.7cm戦車砲KwK。
同軸機銃はMG34 7.92mm機関銃の連装。
機関室はA型独自のレイアウト。
大型転輪5個配置。コイルスプリング式サスペンションを採用。

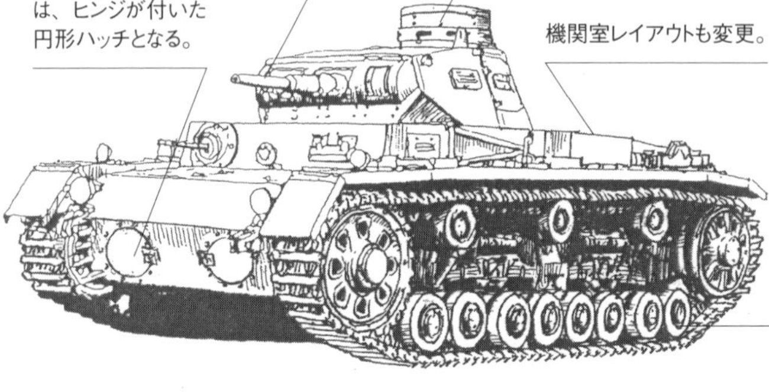

主砲、同軸機銃はA型と同じ。
車長用キューポラの形状が変わった。
前面の点検パネルは、ヒンジが付いた円形ハッチとなる。
機関室レイアウトも変更。
小転輪2個1組でボギーを構成する方式に変更。

Ⅲ号戦車B型

全長：5.665m　全幅：2.82m　全高：2.387m　重量：16t　乗員：5名　武装：46.5口径3.7cm戦車砲KwK×1門、MG34 7.92mm機関銃×3挺　最大装甲厚：14.5mm　エンジン：マイバッハ社製HL108TR（250hp）　最大速度：40km/h

も参加し、1939年10月までに96両が造られた。生産後にはF型/G型での改良・変更がフィードバックされており、各部に改修、変更が加えられている。ノテックライトを追加した車両もあれば、F型と同様に砲塔前方の車体上面に跳弾ブロックを追加、車体前面上部にブレーキ冷却用通気口カバーを設置した車両もあった。

■Ⅲ号戦車F型

E型に続き、エンジンを改良型のHL120TRMに換装したF型の最初の生産車が1939年8月に完成した。生産当初のF型は、エンジン以外はE型後期生産車と基本的に同じ仕様だったが、生産と並行し改良が行われ、車体前面上部のブレーキ冷却用通気口カバー、砲塔前方車体上面の跳弾ブロック追加などが実施されている。

F型から本格的にⅢ号戦車の量産体制が敷かれ、ダイムラーベンツ社、MAN社、ヘンシェル社に加え、アルケット社、FAMO社も生産に参加するようになった。

1940年6月からG型への5cm戦車砲搭載が始まると、並行生産していたF型に対しても5cm戦車砲の搭載が決定する。3.7cm戦車砲搭載型は同年7月で生産が終了し、7月末～8月初頭からは、42口径5cm戦車砲を装備したF型の生産に移行した。さらに、G型に採り入れられた改良、変更の一部は、F型にもフィードバックされ、最終的には5cm戦車砲搭載のG型と同仕様といってよいほどの進化を遂げている。

F型は、それまでの量産型とは異なり、大量生産が行われ、1941年5月までに435両が造られたが、それらの内、およそ100両が5cm戦車砲搭載型だった。

■Ⅲ号戦車G型

1940年2月にF型と並行してG型の生産が始まる。G型は、操縦手用視察バイザーをスライド式から回転式に変更、車体後面装甲板を30mm厚に強化、その他、細部のマイナーチェンジを施していた。主砲は，当初3.7cm戦車砲だったが、1940年6月から5cm戦車砲が搭載されるようになった。

さらに生産途中で新型転輪の導入、砲塔側面ハッチのクラッペの増厚、増加装甲板の装着、新型キューポラへの変更なども行われ、また機関室点検ハッチに通気口カバーを新設した熱帯地（北アフリカ戦線）仕様も造られた。1941年5月まで600両のG型が生産されている。

■Ⅲ号戦車H型

1940年10月から登場したH型は、当初より5cm砲を装備し、併せて砲塔も後部容積を拡大するために後部の形状を変更した新型に変更された。

F型/G型で実施された車体前面の30mm厚増加装甲板を標準装備とし、

Ⅲ号戦車C型

全長：5.85m　全幅：2.82m　全高：2.415m　重量：16t　乗員：5名　武装：46.5口径3.7cm戦車砲KwK×1門、MG34 7.92mm機関銃×3挺　最大装甲厚：14.5mm　エンジン：マイバッハ社製HL108TR（250hp）最大速度：40km/h

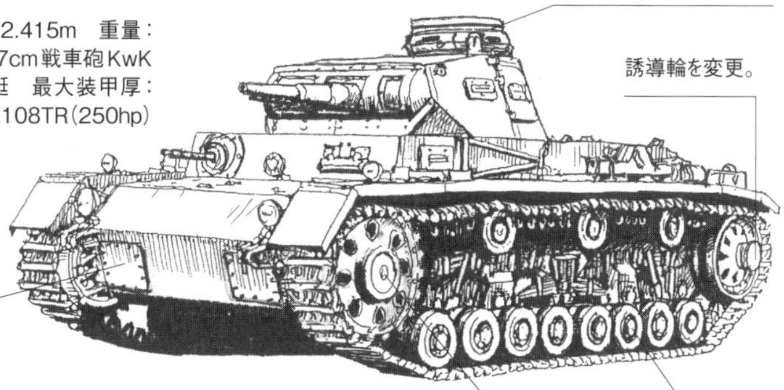
車長用キューポラを変更。
誘導輪を変更。
点検ハッチは、ボルト留めの四角形パネルに変更。
サスペンションを改良。
起動輪を変更。

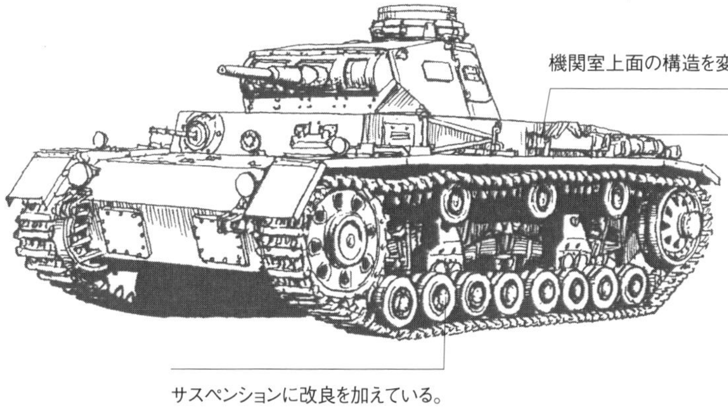
機関室上面の構造を変更。
機関室側面に吸気口を設置。
サスペンションに改良を加えている。

Ⅲ号戦車D型

全長：5.92m　全幅：2.82m　全高：2.415m　重量：16t　乗員：5名　武装：46.5口径3.7cm戦車砲KwK×1門、MG34 7.92mm機関銃×3挺　最大装甲厚：14.5mm　エンジン：マイバッハ社製HL108TR（250hp）最大速度：40km/h

車体前面と前部上面、車体上部前面が30＋30mm厚となった。そのために生じた車体前部の重量増加に対処し、第1上部転輪を前方に移設。さらに40cm幅履帯、新型の起動輪と誘導輪に変更している。また、G型熱帯地仕様に見られた機関室上面点検ハッチの通気口及び通気口装甲カバーも標準化された。

H型は、1941年4月までに286両が生産され、5cm戦車砲搭載のF型/G型とともに主力戦車として東部戦線、北アフリカ戦線で活躍した。

■Ⅲ号戦車J型

1941年3月から生産が始まったJ型は、基本的な構造、スタイルは前量産型のH型をほぼ踏襲していたが、防御力を向上させていたのが特徴である。J型では車体前面、前部上面、車体上部前面、さらに砲塔前面が50mm厚1枚の装甲板に変わった（初期生産車は砲塔前面装甲の変更が間に合わず、H型と同じ30mm厚のままである）。

また、それとともに機銃ボールマウントは50mm厚増加装甲板に対応した半球形の新型に、操縦手用視察バイザーも50mm厚対応の新型となり、さらに砲塔防盾の装甲厚も30mmから50mm厚に強化された。

その他、車体前面と後面にあった牽引ホールドは側面装甲板を延長した突起部に開口部を設けた簡易なアイプレート式に変更され、生産性を高めており、車体後部の形状も大きく変わった。

J型は、1942年2月頃までに1,500両以上が造られ、Ⅲ号戦車最多量産型となった。J型においても生産と並行し、改良・変更が随時実施されており、G型/H型と同様に機関室点検ハッチ上に通気口及び通気口装甲カバーを備えた熱帯地仕様が造られた他、4月生産車からは、砲塔後部のゲペックカステンと右フェンダー前部の履帯整備工具箱が標準装備となり、さらに前部機銃ボールマウントに防塵カバー装着用リングの設置（6月）、新型履帯の採用（7月）、車体後面排気口下部に排気整流板の装着、予備転輪ラックの設置、増加装甲板の導入（9～10月）、車体前面に予備履帯ラックの設置（11月）などが行われた。

■Ⅲ号戦車L型

1941年12月から火力強化ためにJ型の主砲を60口径5cm戦車砲KwK39に換装した長砲身型の生産が始まるが、当初は42口径5cm戦車砲搭載型と併行して生産が行われていた。1942年4月からはⅢ号戦車の生産は、完全に60口径5cm戦車砲

Ⅲ号戦車E型/F型

全長：5.38m　全幅：2.91m　全高：2.435m　重量：19.8t　乗員：5名　武装：46.5口径3.7cm戦車砲KwK×1門、MG34 7.92mm機関銃×3挺　最大装甲厚：30mm　エンジン：マイバッハ社製HL120TR（300hp）　最大速度：67km/h

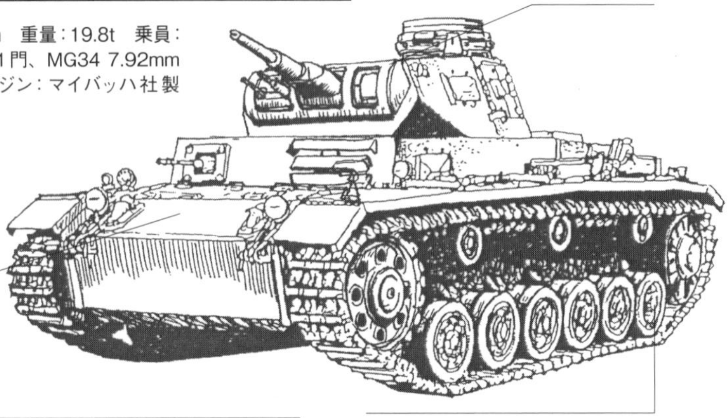
砲塔は新設計。
車体も形状が変わり、
装甲も強化された。
起動輪、転輪、誘導輪も一新。トーションバー式サスペンションを採用。

Ⅲ号戦車G型 5cm砲搭載型

全長：5.38m　全幅：2.91m　全高：2.435m　重量：20.5t　乗員：5名　武装：42口径5cm戦車砲KwK×1門、MG34 7.92mm機関銃×2挺　最大装甲厚：30mm　エンジン：マイバッハ社製HL120TR（300hp）　最大速度：67km/h

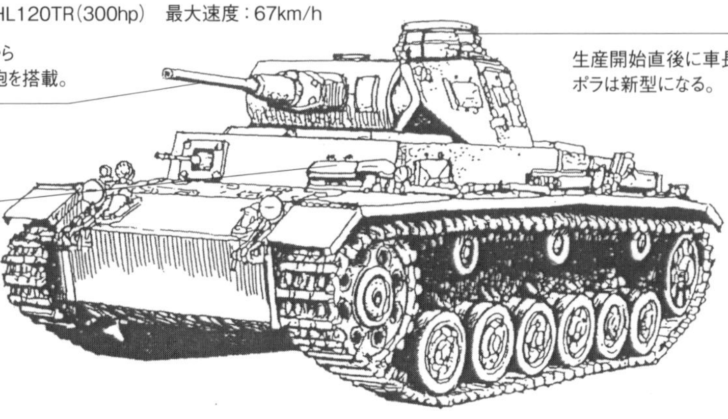
1940年6月から
42口径5cm砲を搭載。
生産開始直後に車長用キューポラは新型になる。
操縦手用視察バイザーは回転式に変更。

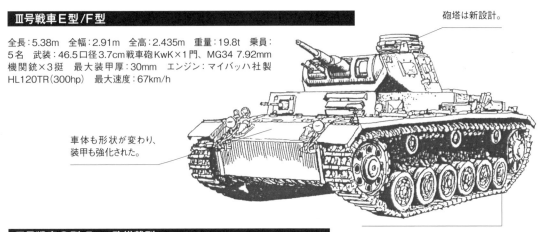

搭載型に移行し、長砲身型の名称はL型と呼ばれることになった。

60口径5cm戦車砲KwK39は、初速835m/s、被帽徹甲弾Pzgr39を使用すれば、射程距離100mで69mm厚（入射角30°）の装甲板を貫通することができ、さらに貫通力に優れたタングステン弾芯の徹甲弾Pzgr40を使用した場合は、同射程で130mm厚装甲板を貫通可能だった。

長砲身化とともに機関室点検ハッチを1枚開き式に改め、通気口及び通気口装甲カバーが標準的に設置されるようになった。また、1942年4月頃から車体上部前面に20mm厚の増加装甲板が装着されるようになり、8月頃からは防盾にも20mm厚の増加装甲板の装着が始まった。さらに生産と並行し、1～5月頃には防盾右側と砲塔両側前部の視察クラッペやフェンダー上の車幅標示灯、ホーンが、また6月生産車からは、砲塔前方の跳弾ブロック、車体下部側面のエスケープハッチが廃止されるようになり、9月以降は、ノテックライトを廃止し、ボッシュライトを設置、砲塔側面にはスモークディスチャージャーが追加されるようになる。

L型も大量生産が行われ、1942年10月までに約1,470両が造られた。

■III号戦車K型

ソ連戦車を相手にするにはIII号戦車の60口径5cm戦車砲KwK39を持ってしても不十分だったため、手っ取り早い火力強化策としてIII号戦車車体に43口径7.5cm戦車砲KwK40装備のIV号戦車G型砲塔をそのまま搭載するテストが行われた。

当初はIII号戦車K型としてIV号砲塔搭載型の生産が予定されていたが、テストの結果、重量過大などにより大掛かりな改修を必要とすることが判明したため、K型の開発は中止となった。

■III号戦車M型

L型に続き生産されたM型は、基本的にはL型の後期生産車とほぼ同じ仕様だったが、車体、砲塔各部に防水対策を施し、渡河能力を改善、L型まで80cmだった渡渉深度を160cmへと大幅に向上させている。

M型は1942年10月から1943年1月までにMAN社、MNH社、ヘンシェル社、MIAG社によって計517両が生産された。M型は、生産当初から車体上部前面と防盾に増加装甲板を標準装備していたが、さらに防御力向上のために生産終了後の1943年5月頃から、N型に導入された対戦車ライフル弾防御用の増加装甲板シュルツェンがレトロフィットされた。

■III号戦車N型

III号戦車の最終量産型となったN型の最大の特徴は、24口径7.5cm戦

III号戦車H型

全長：5.38m　全幅：2.95m　全高：2.50m　重量：21.5t　乗員：5名　武装：42口径5cm戦車砲KwK×1門、MG34 7.92mm機関銃×2挺　最大装甲厚：60mm（30＋30mm）　エンジン：マイバッハ社製HL120TR（300hp）　最大速度：40km/h

砲塔後部の形状を変更。
生産後にゲペックカステンを追加。
上部前面に30mm厚の増加装甲板を装着。
車体前面にも30mm厚増加装甲板を装着。
40cm幅の履帯を使用。
起動輪、誘導輪は新型。

III号戦車J型

全長：5.52m　全幅：2.95m　全高：2.50m　重量：21.6t　乗員：5名　武装：42口径5cm戦車砲KwK×1門、MG34 7.92mm機関銃×2挺　最大装甲厚：50mm　エンジン：マイバッハ社製HL120TR（300hp）　最大速度：40km/h

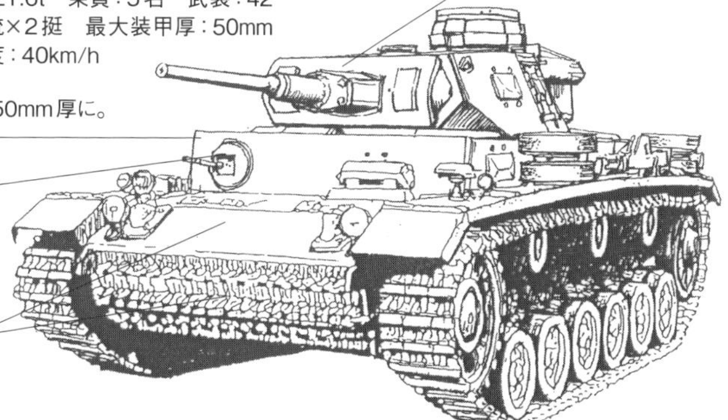
防盾と砲塔前面は50mm厚。
上部前面も50mm厚に。
50mm厚装甲に対応した半球形の機銃ボールマウント。
車体前部の装甲も50mm厚に強化。

車砲を搭載したことである。

既にⅢ号戦車は60口径5cm戦車砲KwK39を搭載したL型/M型によって当初より大幅に火力が強化されていたが、ソ連戦車T-34を相手にするにはまだ攻撃力不足の感は否めず、さらなる火力の強化が要望された。砲塔サイズから長砲身7.5cm戦車砲の搭載は無理があるため、代わりにⅣ号戦車が長砲身型へ移行するのに伴い、余剰となっていた24口径7.5cm戦車砲が主砲として選ばれた。24口径7.5cm戦車砲は短砲身ながら、成形炸薬弾を用いれば、60口径5cm戦車砲よりも貫通力が高く、併せて高性能榴弾も使用可能だった。

N型は、J型/L型/M型車体をベースとして造られたため、ベース車両によってライトの配置やキューポラハッチの形状、さらに機関室側面吸気口の防水カバーや車体後部の開閉カバーの有無、マフラー形状などの相違が見られる。

また、外見上の変化として1943年5月からはシュルツェンの装着が始まり、終戦まで使用された第211戦車大隊や装甲旅団ノルウェーなどのN型では現地部隊によってツィンメリットコーティングが施されていた。

N型は、1942年6月～1943年8月までに663両（J型ベース3両、L型ベース447両、M型ベース213両）が造られ、さらに1943年7月～1944年3月にかけて整備・修理のために戻って来たⅢ号戦車37両（中には初期生産型のF型もあった）がN型に改装されている。

東部戦線、チュニジア戦線で奮戦したN型は、その後、西部戦線、ノルウェー戦線でも活躍し、終戦まで使用された。

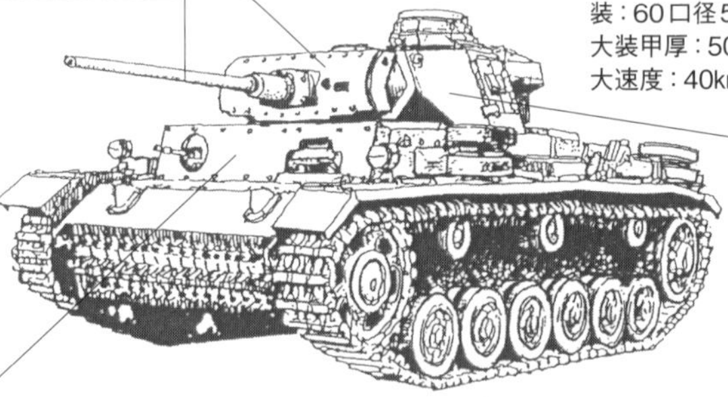
主砲は60口径5cm KwK39を搭載。
1942年8月頃から防盾に20mm厚の増加装甲板を装着。
生産間もなく視察クラッペを廃止する。
1942年4月頃から車体上部前面に20mm厚の増加装甲板を装着。

Ⅲ号戦車L型

全長：6.27m　全幅：2.95m　全高：2.50m　重量：23t　乗員：5名　武装：60口径5cm戦車砲KwK39×1門、MG34 7.92mm機関銃×2挺　最大装甲厚：50＋20mm　エンジン：マイバッハ社製HL120TR（300hp）　最大速度：40km/h

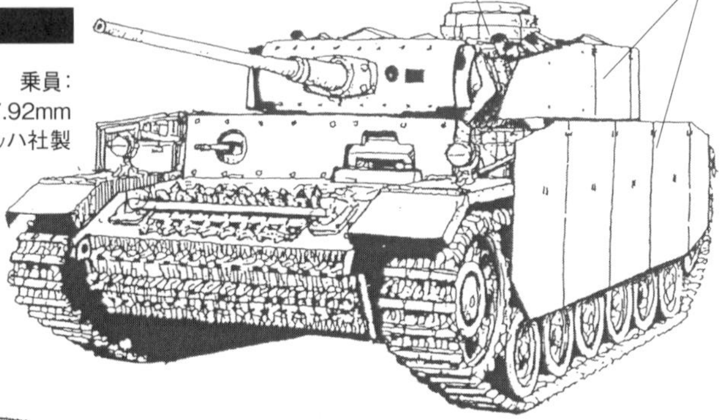
1942年9月から砲塔前部に3連装スモークディスチャージャーを装備。
1943年5月から砲塔周囲と車体側面にシュルツェンを装着。

Ⅲ号戦車M型

全長：6.412m　全幅：2.97m　全高：2.50m　重量：23t　乗員：5名　武装：60口径5cm戦車砲KwK39×1門、MG34 7.92mm機関銃×2挺　最大装甲厚：50＋20mm　エンジン：マイバッハ社製HL120TR（300hp）　最大速度：40km/h

Ⅲ号戦車J型/L型/M型をベースにしている。
主砲を24口径7.5cm KwK37に換装。

Ⅲ号戦車N型

全長：5.65m　全幅：2.97m　全高：2.50m　重量：23t　乗員：5名　武装：24口径7.5cm戦車砲KwK37×1門、MG34 7.92mm機関銃×2挺　最大装甲厚：50＋20mm　エンジン：マイバッハ社製HL120TR（300hp）　最大速度：40km/h

◉砲塔後部の変化

F型後期生産車～G型初期生産車の車長用キューポラ。

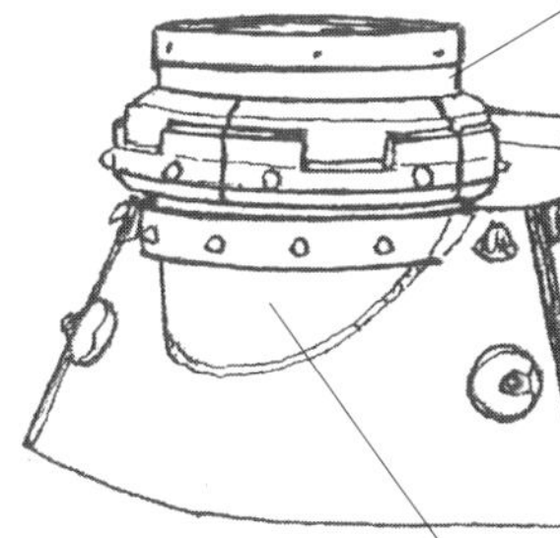

キューポラ下が張り出している。

【F型/G型の砲塔後面】

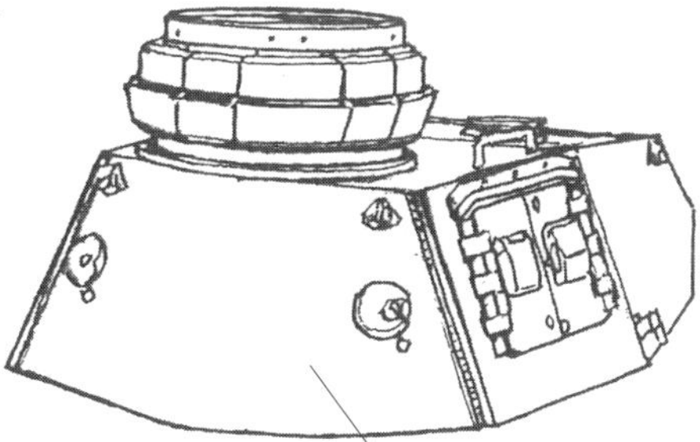

砲塔後面の左右を拡大したため、張り出しがなくなった。

【H型の砲塔後面】

◉E型～M型の機関室上面

E型/F型

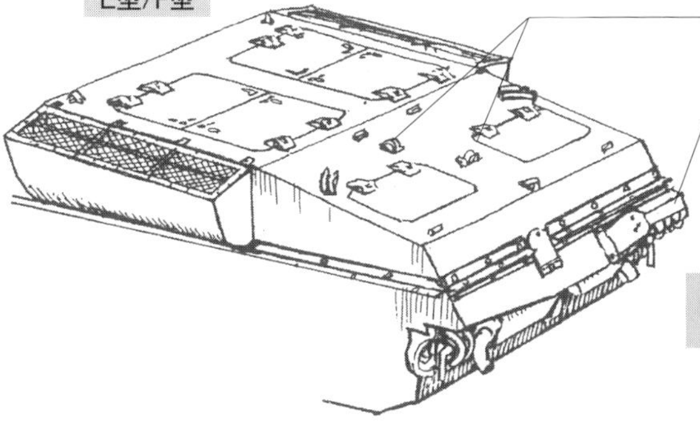

後のG型とは、牽引ケーブルの固定具の配置が異なる。

発煙筒ラックを設置。

G型～J型
初期生産車 熱帯地仕様

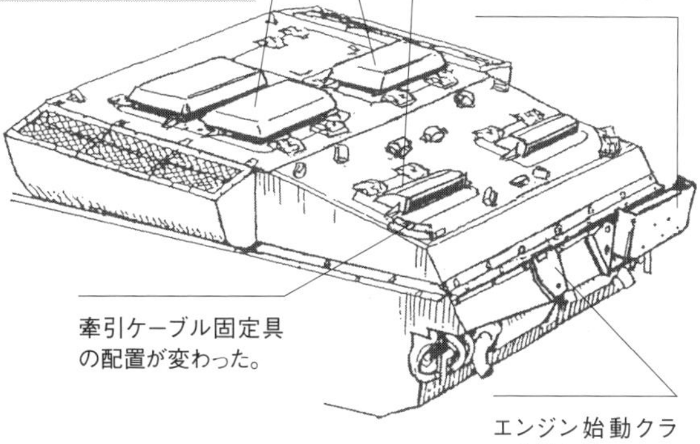

前部右側の点検ハッチに1カ所、前部左側の点検ハッチは2カ所に通気口を設け、その上に装甲カバーを設置している。

後部点検ハッチにも通気口を設け、装甲カバーを設置。

H型から発煙筒ラックに装甲カバーを装着。

牽引ケーブル固定具の配置が変わった。

エンジン始動クランク差し込み口カバーの形状を変更。

J型後期生産車～L型

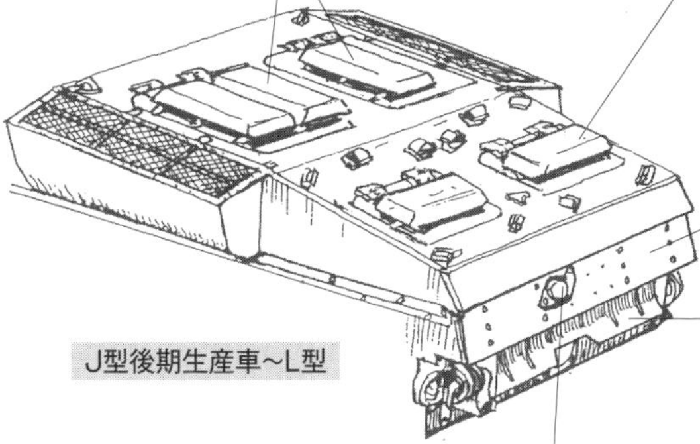

前部点検ハッチは前方開き式になり、通気口とその装甲カバーは標準化された。

後部点検ハッチは前後長を拡大したものになり、通気口と装甲カバーが標準化された。

車体後部の形状を変更。

排気口の下に整風板を設置した車両もある。

エンジン始動クランク差し込み口カバーの形状も変更。

M型

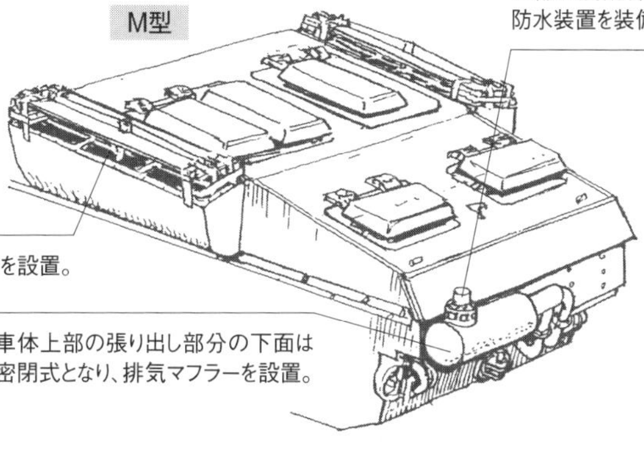

上部に反跳弁式防水装置を装備。

左右の吸気口の上に開閉式の防水カバーを設置。

車体上部の張り出し部分の下面は密閉式となり、排気マフラーを設置。

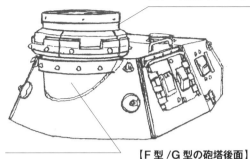

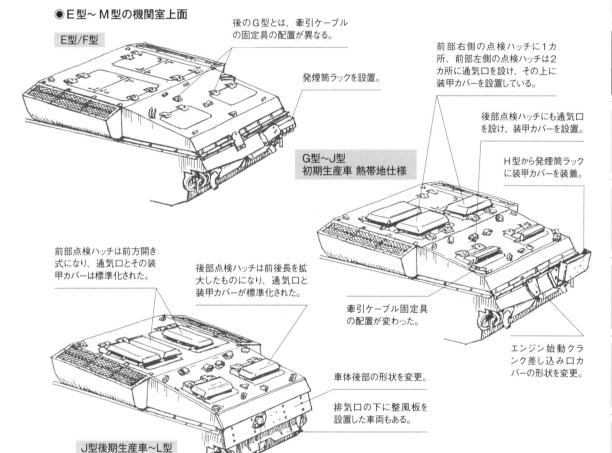

◉Ⅲ号戦車J型の細部

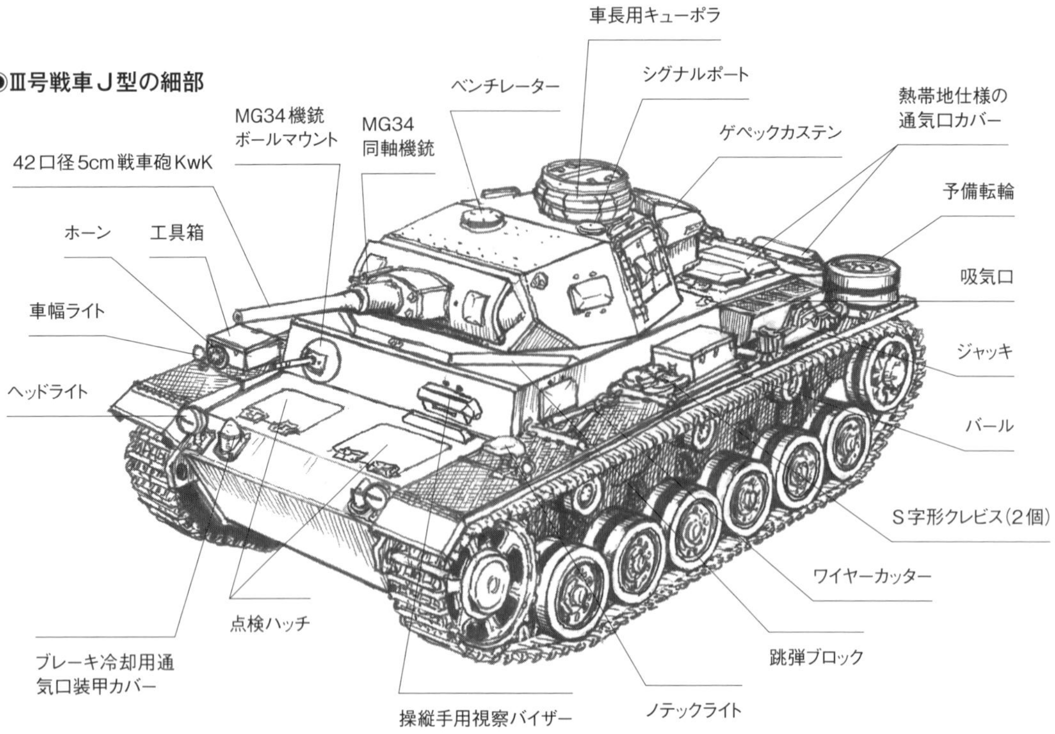
車長用キューポラ
ベンチレーター
シグナルポート
熱帯地仕様の
通気口カバー
ゲペックカステン
MG34機銃
ボールマウント
MG34
同軸機銃
42口径5cm戦車砲KwK
予備転輪
ホーン
工具箱
吸気口
車幅ライト
ジャッキ
ヘッドライト
バール
S字形クレビス(2個)
ワイヤーカッター
点検ハッチ
跳弾ブロック
ブレーキ冷却用通
気口装甲カバー
ノテックライト
操縦手用視察バイザー

◉Ⅲ号戦車L型の細部

❶ 60口径5cm戦車砲KwK39
❷ 防盾の増加装甲板(20mm厚)
❸ 増加装甲板取り付け板
❹ 照準器
❺ スモークディスチャージャー
❻ ベンチレーター
❼ 後座ガード
❽ 側面前部ハッチの視察装置
❾ 側面後部ハッチの射撃クラッペ
❿ キューポラ視察装置
⓫ 車長用キューポラ
⓬ ゲペックカステン
⓭ 通気口装甲カバー
⓮ マイバッハ社製HL120TRMエンジン
⓯ 通気口装甲カバー
⓰ 排気口
⓱ マフラー
⓲ 排気管
⓳ 発電機
⓴ 車長席
㉑ トーションバー
㉒ プロペラシャフト
㉓ 砲手席
㉔ 砲俯仰ハンドル
㉕ 手動用砲塔旋回ハンドル
㉖ 操縦手席
㉗ 変速レバー
㉘ 操向レバー
㉙ ブレーキペダル
㉚ アイプレート
㉛ 通気口
㉜ 前部ライト
㉝ 変速機
㉞ MG34機関銃
㉟ 操縦手用視察バイザー
㊱ 増加装甲板(20mm厚)
㊲ 機銃ボールマウント

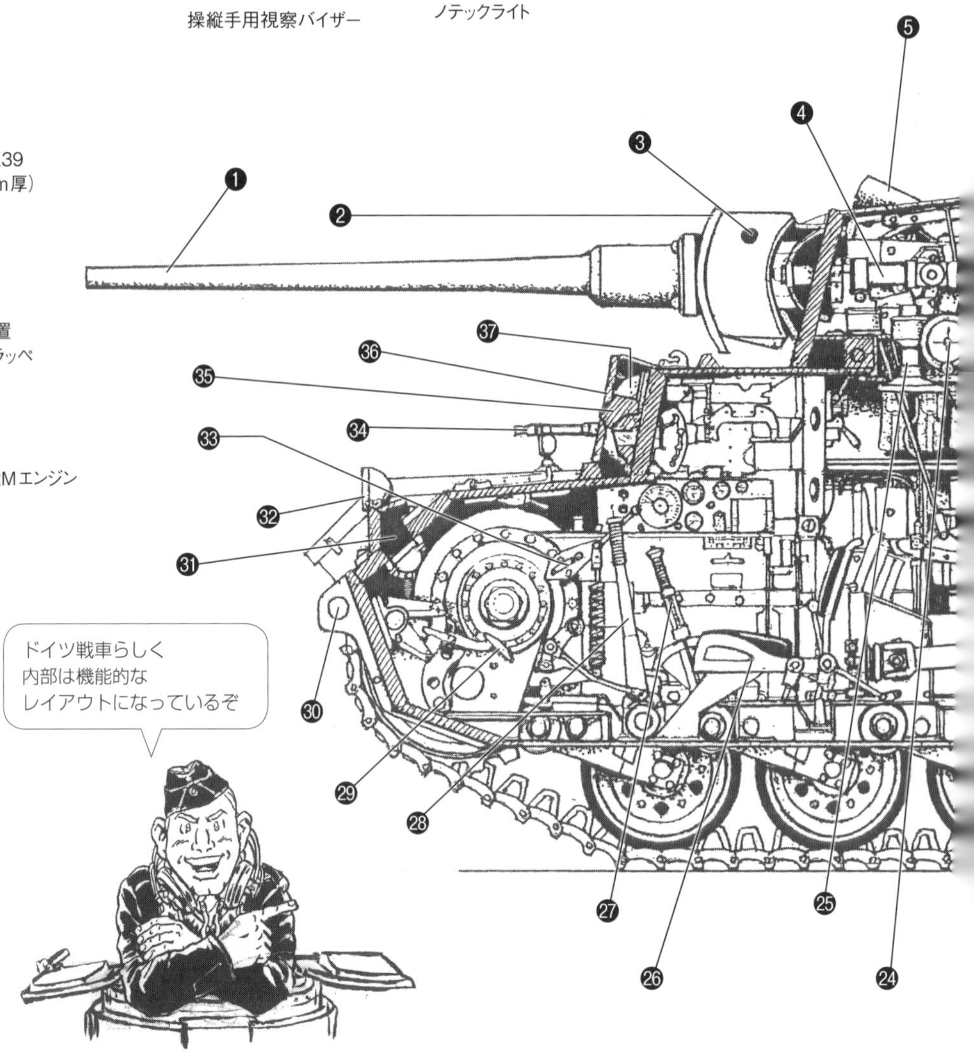
ドイツ戦車らしく
内部は機能的な
レイアウトになっているぞ

◉Ⅲ号戦車H型 砲塔内部の乗員配置

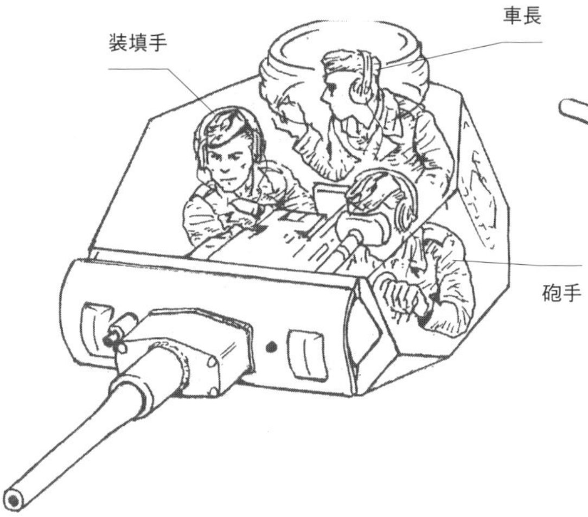

装填手
車長
砲手

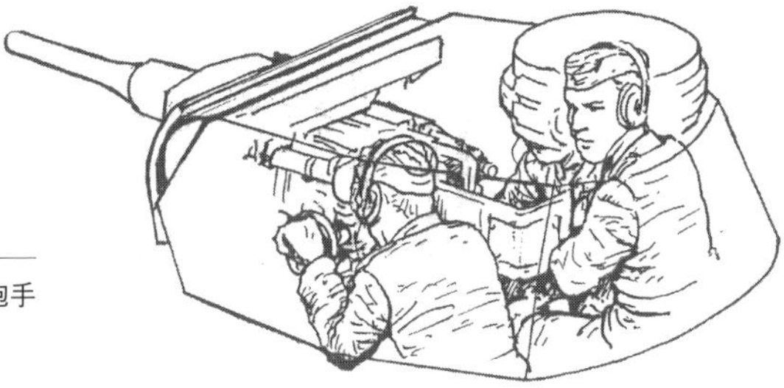

◉Ⅲ号戦車H型 砲尾付近

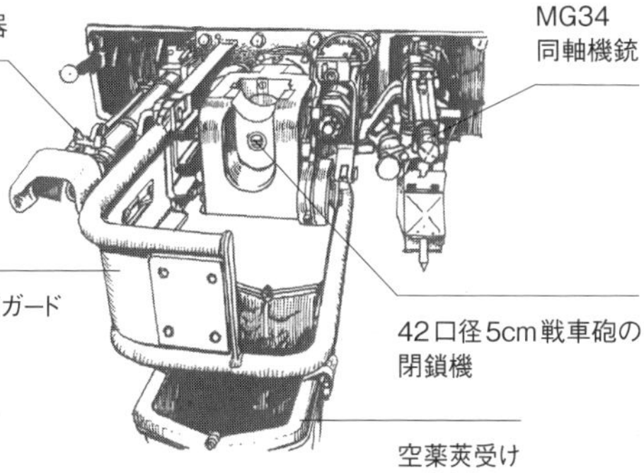

照準器
MG34
同軸機銃
後座ガード
42口径5cm戦車砲の
閉鎖機
空薬莢受け

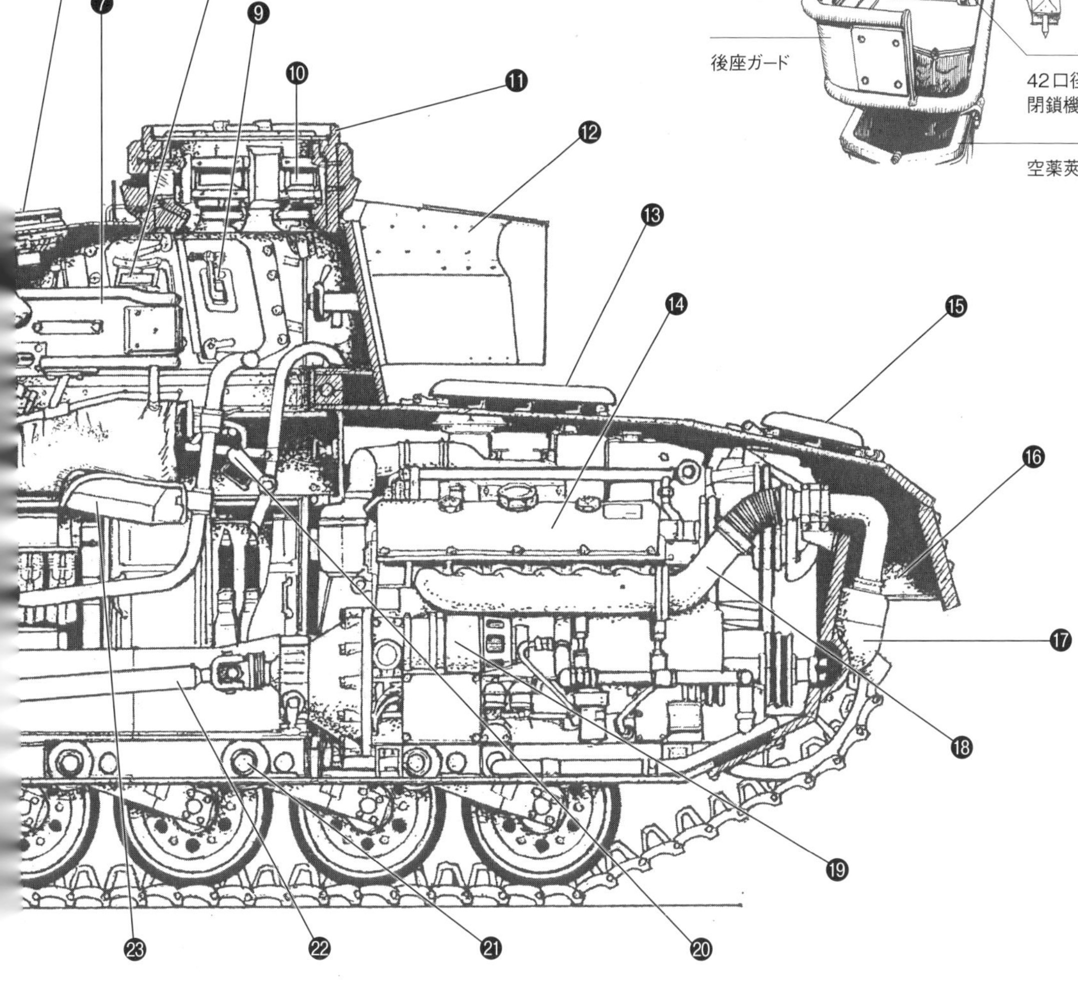

6
8
7
9
10
11
12
13
14
15
16
17
18
19
20
21
22
23

III号戦車の派生型

■指揮戦車D1型/E型/H型

III号戦車をベースとした指揮戦車がダイムラーベンツ社において製作された。まず、D型をベースとした指揮戦車D1型が1938年6月～1939年3月までに30両、E型ベースの指揮戦車E型が1939年7月～1940年2月までに45両、さらにH型をベースとした指揮戦車H型が1940年11月～1942年1月までに175両造られた。

いずれの車両もベース車体による細部仕様の相違はあるが、主砲を撤去し、ダミー砲身を装着。砲塔を固定式とし、砲塔内部に指揮用無線機器を搭載、機関室上面に大型フレームアンテナ、車体左側にロッドアンテナを増設している。

固定武装は、砲塔前面右側の機銃マウントに装備したMG34 7.92mm機関銃のみで、車体上部前面右側の機銃ボールマウントはピストルポートに変更、車体左右側面にもピストルポートが増設されている。

■42口径5cm砲搭載指揮戦車

戦場で活動するには指揮戦車にも戦車型と同じ火力が必要となったため、42口径5cm戦車砲を搭載した指揮戦車が新たに造られた。J型をベースとし、搭載弾薬数を減じて、指揮用無線機器を搭載し、車体左側にはアンテナ及びアンテナケースを、機関室後部にはシュテルンアンテナ用のアンテナ基部を増設している。

42口径5cm砲搭載指揮戦車は、1942年8～11月までに81両が生産され、さらに1943年3～5月までに戦車型のJ型を改装し、104両が造られた。また、後にL型/M型に同様の追加装備を施した60口径5cm砲搭載指揮戦車も少数造られている。

■指揮戦車K型

戦闘の激化により、指揮戦車にも火力強化の必要性が高まったため、III号戦車L型/M型と同じ60口径5cm戦車砲KwK39を装備した指揮戦車K型が造られた。指揮戦車K型の開発には、計画のみで終わったIII号戦車K型の開発経験が生かされており、砲塔内部に指揮通信機器と5cm砲を搭載するためにIII号戦車砲塔よりも一回り大きなIV号戦車F型の砲塔を改装し、III号戦車M型の車体に搭載していた。さらに車体左側面にもロッドアンテナとアンテナケースを追加、機関室後部にはシュテルンアンテナ用基部が新設されている。

指揮戦車K型は、1942年12月から生産が始まるが、M型の生産終了とともに生産は打ち切りとなり、1943年1月までにわずか50両が造られたのみに留まった。指揮戦車K型は、装備品やそれらの取り付け位置が異なる車両やシュルツェン、大型雑具箱などを追加装備した車両など、細部の仕様が異なるバリエーションがある。

■III号潜水戦車

ドイツは1940年夏に実施する英本土上陸“ゼーレーヴェ(アシカ)作戦”

指揮戦車E型

全長:5.38m　全幅:2.91m　全高:2.44m　重量:19.5t　乗員:5名　武装:MG34 7.92mm機関銃×1挺　最大装甲厚:30mm　エンジン:マイバッハ社製HL120TR(300hp)　最大速度:40km/h

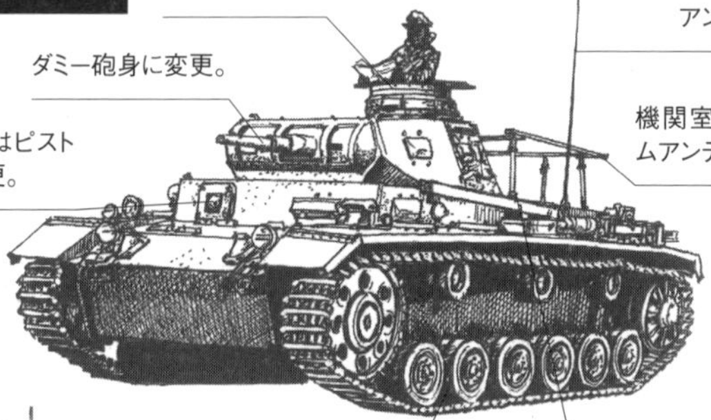

砲塔は固定式。
ダミー砲身に変更。
機銃マウントはピストルポートに変更。
車体左側にロッドアンテナを追加。
機関室上部にフレームアンテナを追加。
ピストルポートを増設。
アンテナ収納ケースを追加。

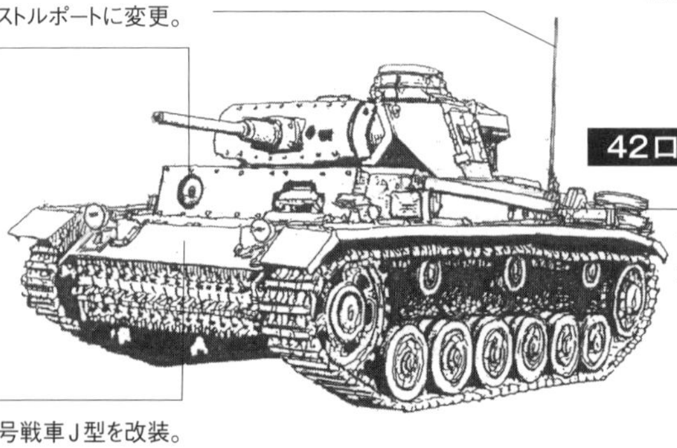

機銃ボールマウントをピストルポートに変更。
車体左側にアンテナを増設。
アンテナ収納ケースも増設している。
III号戦車J型を改装。

42口径5cm砲搭載指揮戦車

全長:6.28m　全幅:2.95m　全高:2.50m　重量:21.5t　乗員:5名　武装:42口径5cm戦車砲KwK×1門、MG34 7.92mm機関銃×1挺　最大装甲厚:70mm(50+20mm)　エンジン:マイバッハ社製HL120TRM(300hp)　最大速度:40km/h

のためにⅢ号戦車とⅣ号戦車をベースとした潜水戦車を開発した。潜水戦車は、砲塔ターレットリングや各ハッチをゴムでシーリングし、主砲防盾、前部機銃、機関室吸気口に防水カバーを装着するなど、各部に防水加工が施されている。

さらに海底走行可能な特殊装備を追加しており、海底走行時は、長さ18mのシュノーケルホースを用いて吸排気を行い、車内に装備したジャイロコンパスとシュノーケル先端の浮航ブイに取り付けられた無線アンテナにより進路確定を行うようになっていた。

Ⅲ号潜水戦車は、Ⅲ号戦車F型/G型/H型及び指揮戦車E型を改造し、168両が造られた。しかし、ゼーレーヴェ作戦の中止により、潜水戦車の大半は、第4装甲師団や第18装甲師団などへ配備されるが、ほとんど通常の戦車同様に扱われた。ただし、第18装甲師団の車両は、1941年春のソ連侵攻時、潜水能力を生かし、ブーク河で潜水渡河を行っている。

■Ⅲ号砲兵用観測戦車

1943年、ドイツ軍は砲兵部隊に随伴し、砲撃地点確定及び着弾観測を行うための砲兵部隊用観測車両の開発を決定する。1943年2月～1944年4月にクルップ社によってⅢ号戦車E型/F型/G型/H型を改装したⅢ号砲兵用観測戦車が262両造られた。

砲塔内に専用装備の中距離受信機Fu4と交信範囲20kmの送受信機Fu8を搭載したために主砲を撤去、代わり

指揮戦車K型

全長：6.41m　全幅：2.95m　全高：2.51m　重量：23t　乗員：5名　武装：60口径5cm戦車砲KwK39×1門、MG34 7.92mm機関銃×1挺　最大装甲厚：70mm（50＋20mm）　エンジン：マイバッハ社製HL120TRM(300hp)　最大速度：40km/h

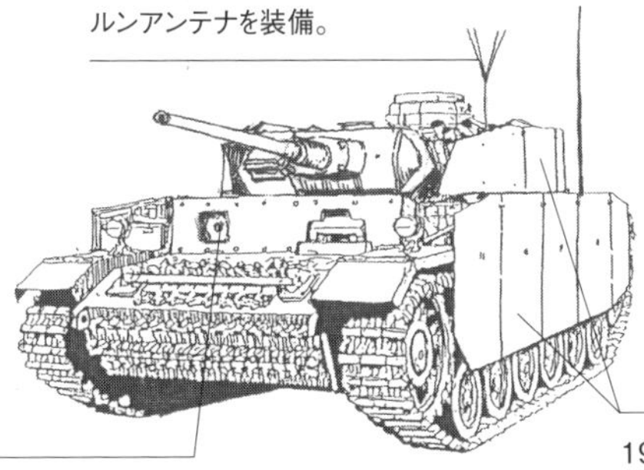
Fu8無線機用のシュテルンアンテナを装備。
機銃ボールマウントはピストルポートに変更。
1943年5月以降からシュルツェンを後付けした車両もある。

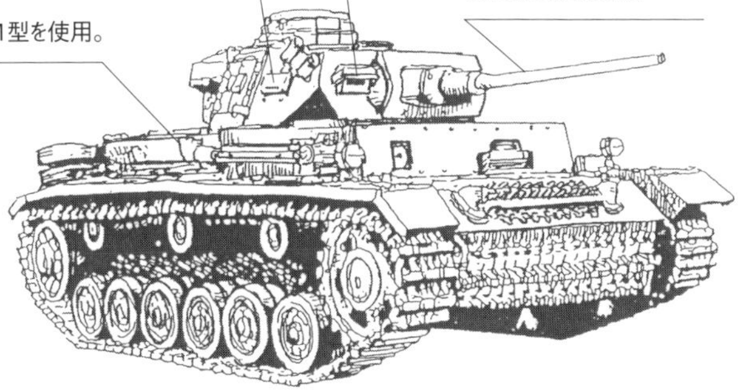
車体はⅢ号戦車M型を使用。
砲塔はⅣ号戦車F型のものを改造。
視察装甲バイザーを設置。
主砲は60口径5cm戦車砲KwK39を装備。

Ⅲ号潜水戦車

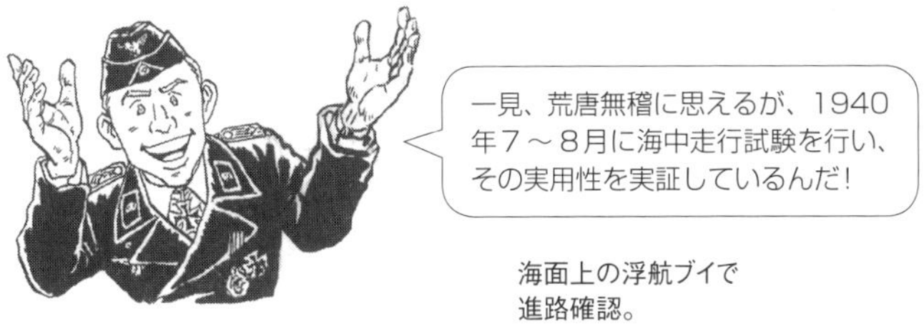
一見、荒唐無稽に思えるが、1940年7～8月に海中走行試験を行い、その実用性を実証しているんだ！

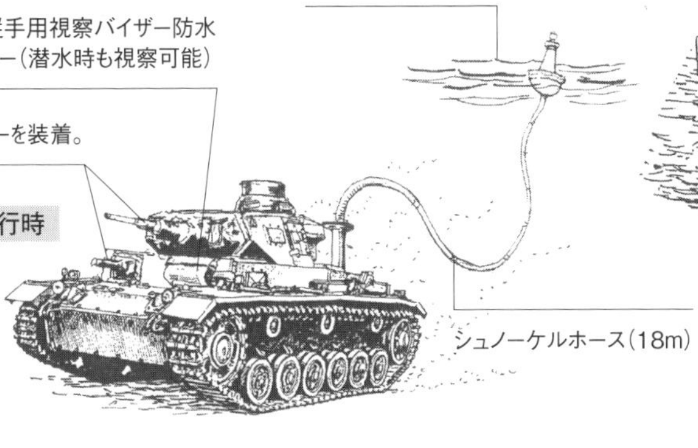
潜水走行時
海面上の浮航ブイで進路確認。
操縦手用視察バイザー防水カバー（潜水時も視察可能）
防水カバーを装着。
シュノーケルホース（18m）

上陸時
車長用キューポラに装着した固定式のシュノーケル。
上陸時は、砲口と銃口の防水栓は火薬で吹き飛ばすようになっていた。

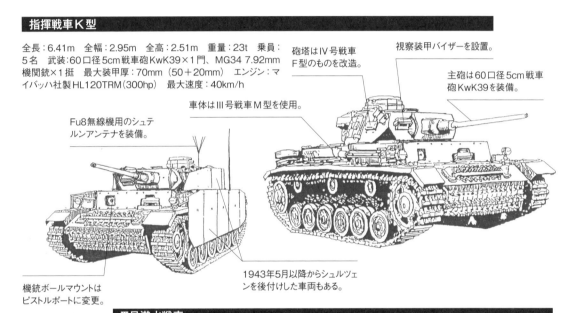

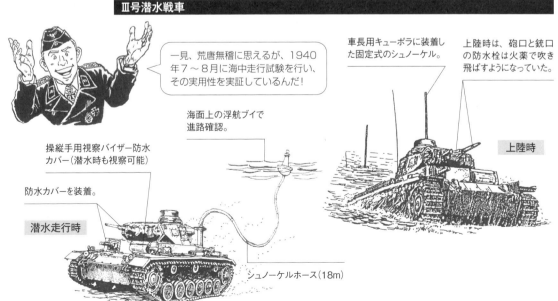

の固定武装としてMG34機銃ボールマウントを設置した。防盾右側にはダミー砲身が取り付けられ、砲塔上面にはTBF2観測用ペリスコープ用のハッチカバーを新設。キューポラ内にはSF14Z砲隊鏡とTSR1視察ペリスコープ用のマウントが設置されている。

Ⅲ号砲兵用観測戦車は、主に10.5cm自走榴弾砲ヴェスペや15cm自走榴弾砲フンメルを装備した砲兵中隊に配備された。

■Ⅲ号無線操縦用指揮戦車

B.I/B.II地雷処理車やB.IV弾薬運搬車などを無線操縦する指揮車両としてI号指揮戦車が使用されていたが、装甲が薄く、MG34 7.92mm機関銃しか装備していない同戦車では、砲弾が飛び交う戦場下で活動するには問題があった。そのため、新たにⅢ号戦車J型/L型/N型をベースとしたⅢ号無線操縦用指揮戦車が開発された。

Ⅲ号無線操縦用指揮戦車は、ベースとなった戦車型の武装はそのままに砲塔後部のゲペックカステンを取り外し、新たに無線操縦器材を収めたコンテナボックスを装着。また右フェンダー前部に大型雑具箱を追加し、それに伴い車外装備品の設置位置を変更していた。

Ⅲ号無線操縦用指揮戦車は、1942年春～1943年半ばにかけて、B.I/B.II地雷処理車やB.IV爆薬運搬車を運用する熱帯地（無線操縦）実験分遣隊、第300（無線操縦）戦車大隊、第301（無線操縦）戦車大隊、第313（遠隔操縦）戦車中隊に配備された。

■Ⅲ号戦車（火焔型）

スターリングラード戦を戦訓に1942年11月にⅢ号戦車M型をベースとした火焔放射戦車の開発が始まる。

60口径5cm戦車砲KwK39を火焔放射ノズルに換装。乗員は、火焔放射器の操作も兼務する車長と無線手、操縦手の3名になり、車内には放射用圧力ポンプ作動のためのZW1101エンジンと放射用燃料1,020ℓを入れた2個のタンクが設置されている。火焔放射器の有効射程距離は約60mで、1回につき2～3秒の放射が可能で、約80回放射を行うことができた。

1943年2～3月にかけてヴェクマン社において100両のM型が火焔型に改装され、グロスドイチュラント装甲師団を始め、第1、第6、第14、第16、第24、第26装甲師団などの火焔放射小隊に配備された。当初は、Ⅲ号火焔放射戦車と名付けられていたが、後にⅢ号戦車（火焔型）に改称されている。

■Ⅲ号戦車回収車

1944年3月～1945年3月までに、Ⅲ号戦車J型/L型/M型/N型を改装し、176両のⅢ号戦車回収車が造ら

Ⅲ号砲兵用観測戦車H型

全長：5.52m　全幅：2.92m　全高：2.50m　重量：23t　乗員：5名　武装：MG34 7.92mm機関銃×1挺　最大装甲厚：70mm（50＋20mm）　エンジン：マイバッハ社製HL120TRM（300hp）　最大速度：40km/h

砲塔上面にTBF2観測用ペリスコープ用のハッチカバーを新設。
機銃ボールマウントにM34を装備。
ダミー砲身を装着。
機銃ボールマウントをピストルポートに変更。

砲塔を撤去し、木製の作業台を設置。
側面に角材を積載。
Ⅲ号戦車J～N型をベースに造られた。

Ⅲ号戦車回収車

全長：5.52m　全幅：2.95m　全高：2.45m　重量：19t　乗員：3名　武装：MG34 7.92mm機関銃×1挺　最大装甲厚：50mm　エンジン：マイバッハ社製HL120TRM（300hp）　最大速度：40km/h

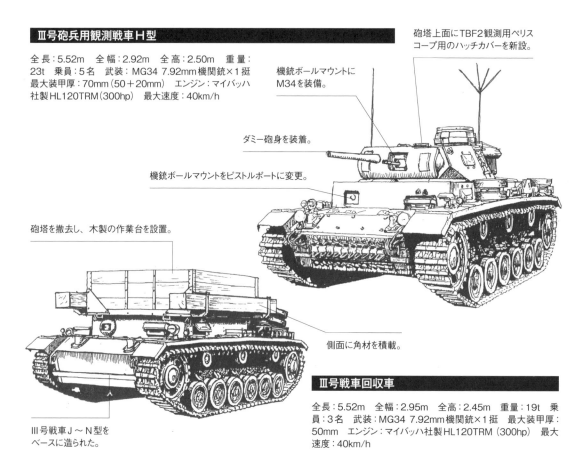

れ、装甲師団、装甲擲弾兵師団、歩兵師団、突撃砲旅団、戦車駆逐大隊、国民擲弾兵師団などに配備された。

Ⅲ号戦車回収車は砲塔を撤去し、車体上部上面に周囲を木製板で囲った簡易な荷台を設置している。荷台両側には角材または丸太を装備し、機関室の側面には2t簡易クレーンの取り付け基部、車体後面下部には大型牽引具が増設されている。

■Ⅲ号地雷除去戦車

1940年にクルップ社は、Ⅲ号戦車E型またはF型の車体をベースとした地雷除去戦車を製作している。Ⅲ号地雷除去戦車は、砲塔を取り外し、地雷の爆発から車体の被害を軽減するためサスペンションを上げ、車体前方に6個のローラーを搭載していた。

テストの結果、操縦性と地雷除去ローラーの操作性に問題があったために試作段階で開発中止となった。試作車両はおそらく1両のみと思われる。

■Ⅲ号対空戦車

大戦後半、完全に制空権を失ったドイツ軍はさまざまな対空戦車を開発し、戦車、駆逐戦車、装甲擲弾兵各部隊に配備した。しかし、突撃砲部隊にはほとんど配備されていなかった。突撃砲部隊から対空戦車配備に対する要望が非常に高かったため、1944年10月に突撃砲部隊用の対空戦車の開発が始まった。

部品の供給、整備の利便性を考え整備・修理で戻って来たⅢ号戦車の車体を改装し、3.7cm FlaK43を装備したⅣ号対空戦車オストヴィントの砲塔を搭載することが決定。砲塔の生産はオストバウ社が、車体の改装は突撃砲学校整備部門が行った。

1945年3月から生産が始まったⅢ号対空戦車は、西部戦線で戦っていた第341突撃砲旅団に8両、第244突撃砲旅団に2両、第667突撃砲旅団に4両が配備された。

■挟み込み配置プレス製転輪型

Ⅲ号戦車は、先進的なトーションバー式サスペンションを採用していたが、さらに機動性を高めるために1940年末にH型砲塔を搭載したG型車体を用い、転輪を軽量型のプレス製に変更し、なおかつ接地圧の均等化に適した挟み込み配置とした試作車が造られた。

試作車は、テストされたものの採用には至らず、試作車は訓練用として使用された。

Ⅲ号地雷除去戦車

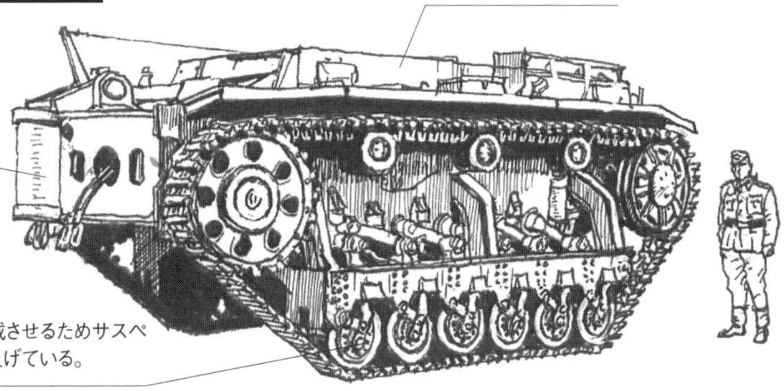
砲塔は撤去されている。
このイラストには描いていないが、車体前部に地雷を踏み付けて爆破する6個の大型ローラーを取り付ける。
地雷の爆発から被害を軽減させるためサスペンションを改造し、車高を上げている。

Ⅲ号戦車（火焔型）

全長：6.41m　全幅：2.95m　全高：2.50m　重量：23t　乗員：3名　武装：火焔放射器×1門、MG34 7.92mm機関銃×1挺　最大装甲厚：70mm（50＋20mm）　エンジン：マイバッハ社製HL120TRM（300hp）　最大速度：40km/h

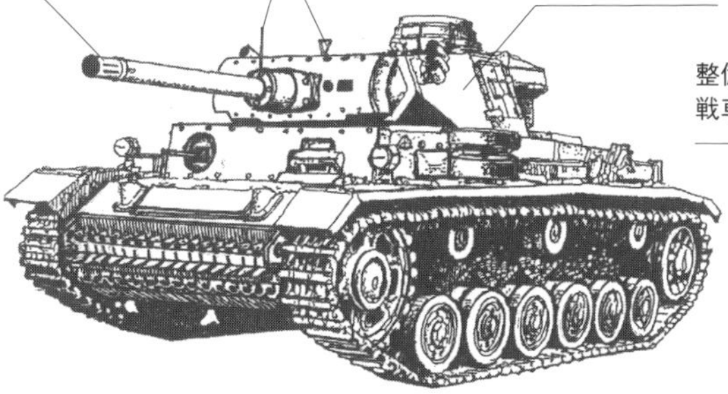
主砲を取り外し、火焔放射器を装備。
直接照準具を追加。
Ⅲ号戦車M型をベースとしている。

Ⅲ号対空戦車

全長：5.65m　全幅：2.95m　乗員：5名　武装：60口径3.7cm対空機関砲FlaK43×1門、MG34 7.92mm機関銃×1挺　最大装甲厚：70mm（50＋20mm）　エンジン：マイバッハ社製HL120TRM（300hp）　最大速度：40km/h

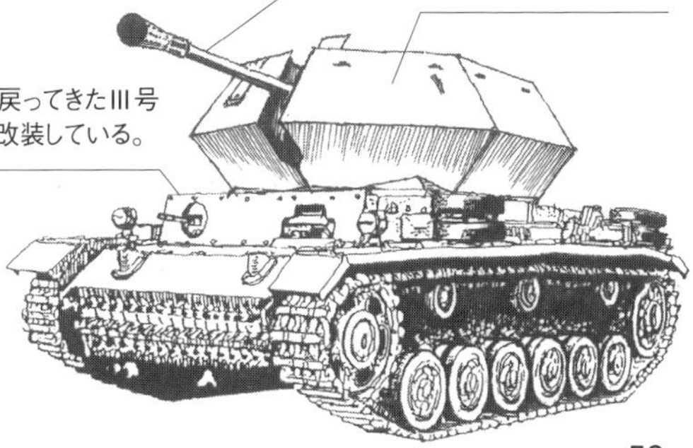
3.7cm対空機関砲FlaK43を装備。
Ⅳ号対空戦車オストヴィントの砲塔を搭載。
整備や修理で戻ってきたⅢ号戦車の車体を改装している。

Ⅲ号突撃砲と突撃榴弾砲

■Ⅲ号突撃砲の開発

1935年、陸軍参謀本部作戦部長エーリッヒ・フォン・マンシュタインから突撃砲兵用の装甲自走砲の開発要請を受けた兵器局は、ダイムラーベンツ社に車体の開発を、クルップ社に対し搭載砲の開発を命じた。1936年夏、ダイムラーベンツ社は当時開発を進めていたⅢ号戦車の車台を用い、クルップ社製24口径7.5cm砲を搭載した突撃砲の開発に着手する。

■試作車Vシリーズ

Ⅲ号突撃砲の試作車Vシリーズ（Oシリーズ）は、1938年初頭にⅢ号戦車B型（2/ZW）の車台を改装して5両が造られた。当初、車両はオープントップ式で、なおかつその内4両は戦闘室内の砲操作とデザイン検討用のために木製戦闘室を載せた原寸大のモックアップに近いものだったが、1939年半ばには全車が軟鉄製の密閉式戦闘室に改められた。

低シルエットの戦闘室に24口径7.5cm突撃カノン砲StuK37を装備したVシリーズは、機関室と足回りなどⅢ号戦車B型特有のデザインを除けば、後の量産型の基本的なスタイルを既に確立していた。5両のVシリーズは戦闘室が軟鉄製だったため、実戦で使われることはなく、ユターボクの突撃砲兵学校で訓練機材または教材として使用されている。

■Ⅲ号突撃砲A型

Ⅲ号突撃砲は5両の試作車Vシリーズを製作した後、ダイムラーベンツ社において1940年1月から最初の量産型A型の生産が始まった。

Ⅲ号突撃砲A型は、全長5.38m、全幅2.92m、全高1.95m、重量19.5tで、車体前面は50mm厚、戦闘室前面は50mm厚、側面30mm厚、後面30mm厚、上面10mm厚だった。

車体前部には突撃砲用に開発された変速機SRG328-145を設置。その左側に操縦手席、戦闘室内の前部左側に砲手席、その後方に車長席、右側後方に装填手席が配置されている。

主砲の24口径7.5cm突撃カノン砲StuK37は戦闘室前部中央に搭載されており、射角は水平角24°、俯仰角－10～＋20°だった。StuK37は、二重被帽付曳光徹甲弾Kgr.rotPz、高性能榴弾Gr34、対戦車榴弾GL38HL、煙幕弾の使用が可能だった。

Ⅲ号突撃砲 試作型Vシリーズ

24口径7.5cm突撃カノン砲StuK37を搭載。

Ⅲ号戦車B型の車台を使用。

Vシリーズはこのサスペンションが特徴。

全長：5.665m　全幅：2.81m　重量：16t　乗員：4名　武装：24口径7.5cm突撃カノン砲StuK37×1門　最大装甲厚：14.5mm　エンジン：マイバッハ社製HL108TR（250hp）　最大速度：35km/h

Ⅲ号突撃砲 A型

24口径7.5cm突撃カノン砲StuK37を搭載。

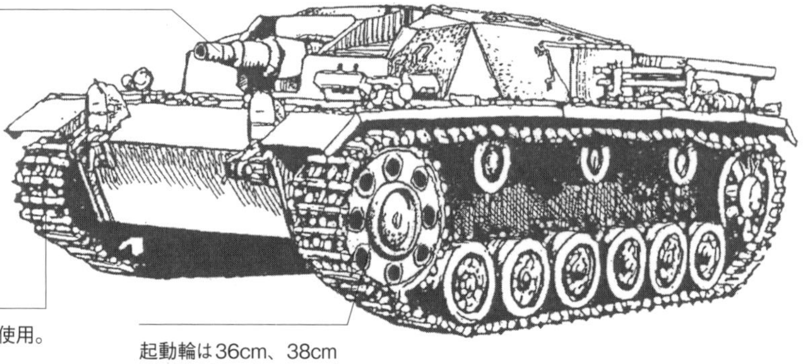

全長：5.38m　全幅：2.92m　全高：1.95m　重量：19.6t　乗員：4名　武装：24口径7.5cm突撃カノン砲StuK37×1門　最大装甲厚：50mm　エンジン：マイバッハ社製HL120TR（300hp）　最大速度：40km/h

履帯は36cmまたは38cm幅のものを使用。

起動輪は36cm、38cm幅履帯対応の旧型タイプ。

車体後部の機関室には、マイバッハ社製HL120TRM（300hp）エンジンを搭載し、最高速度40km/h、航続距離は整地で155km、不整地で95kmである。

A型の生産は同年9月までに50両が造られたに過ぎない。III号突撃砲シリーズの中ではもっともマイナーな存在のA型ではあるが、“ティーガー・エース”として知られるミヒャエル・ヴィットマンは、バルバロッサ作戦時にIII号突撃砲A型に搭乗し、T-34などのソ連戦車を相手に活躍している。

■III号突撃砲B型

III号突撃砲B型は、A型に続く量産型だが、A型は先行生産型的な性格が強かったため、B型が真の意味でのIII号突撃砲最初の量産型といえる。

1940年6月からはA型の改良型としてIII号突撃砲B型の生産が始まった。B型は、基本的な外見はA型とほとんど変わらないが、照準器用ハッチの形状変更、車体後部工具雑具箱の廃止、40cm幅履帯（A型は36cmと38cm幅の履帯を装着）と新型起動輪の採用、ノテックライトと車間表示灯の設置、エンジンと変速機の変更などが行われている。

B型からIII号突撃砲の生産は、アルケット社が担当することとなり、1941年5月までに250両のB型が造られた。

1941年4月のバルカン方面への侵攻作戦がIII号突撃砲B型の実戦デビューとなり、同車両で編成された第184、第190、第191突撃砲大隊とグロスドイチュラント突撃砲中隊が戦闘に参加している。

◉直接照準器用の開口部の変化

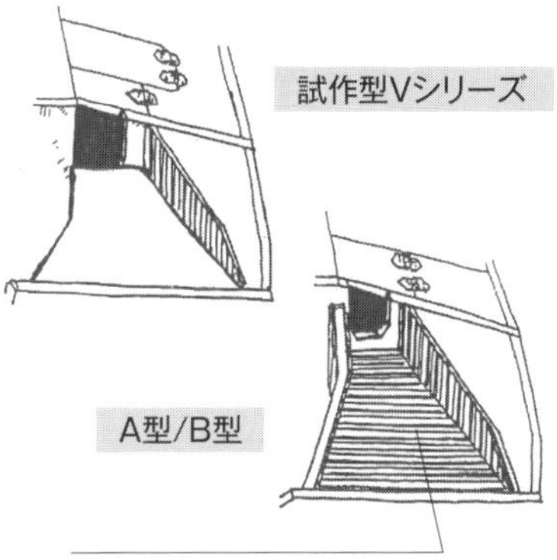

試作型Vシリーズ
A型/B型

跳弾防止の段差が両側と下面の3面に設けられている。

◉A型の砲手席上面のハッチ

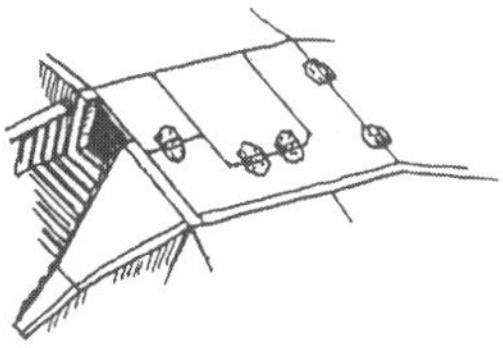

前部/後部ハッチの形状が異なる。

◉ヘッドライト

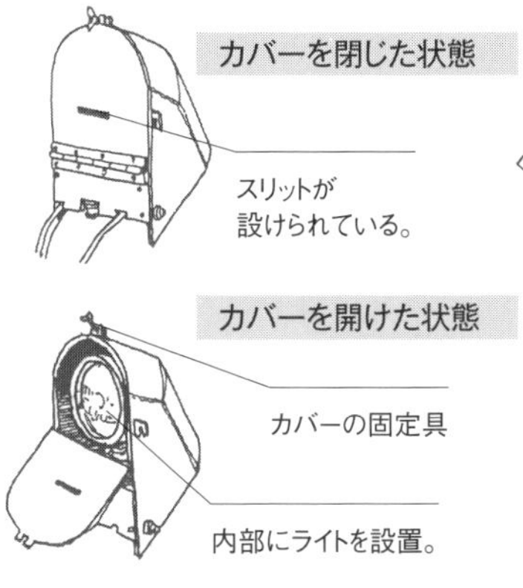

カバーを閉じた状態
スリットが設けられている。
カバーを開けた状態
カバーの固定具
内部にライトを設置。

III号突撃砲B型

全長：5.4m　全幅：2.93m　全高：1.98m　重量：20.2t　乗員：4名　武装：24口径7.5cm突撃カノン砲StuK37×1門　最大装甲厚：50mm　エンジン：マイバッハ社製HL120TR（300hp）　最大速度：40km/h

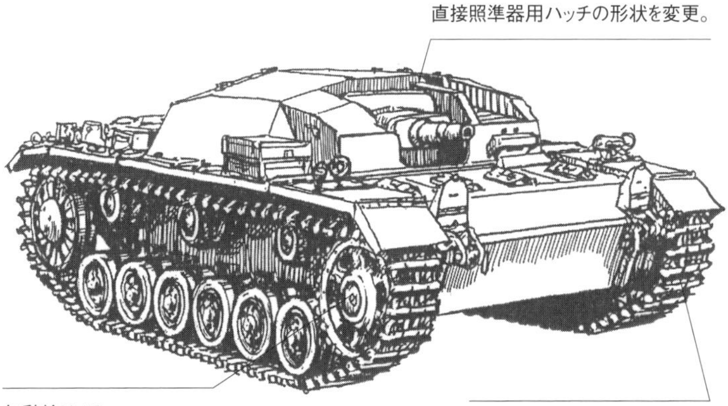

戦闘室上面左側最前部の直接照準器用ハッチの形状を変更。
起動輪は40cm幅履帯対応の新型タイプ。
履帯は40cm幅のものを使用。

◉III号突撃砲B型の車体上部

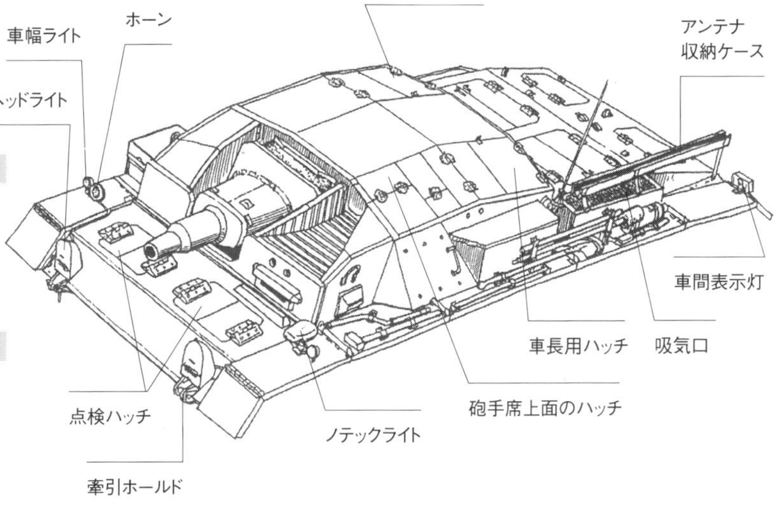

装填手用ハッチ
ホーン
車幅ライト
アンテナ収納ケース
ヘッドライト
車間表示灯
車長用ハッチ
吸気口
砲手席上面のハッチ
点検ハッチ
ノテックライト
牽引ホールド

◉Ⅲ号突撃砲B型の細部

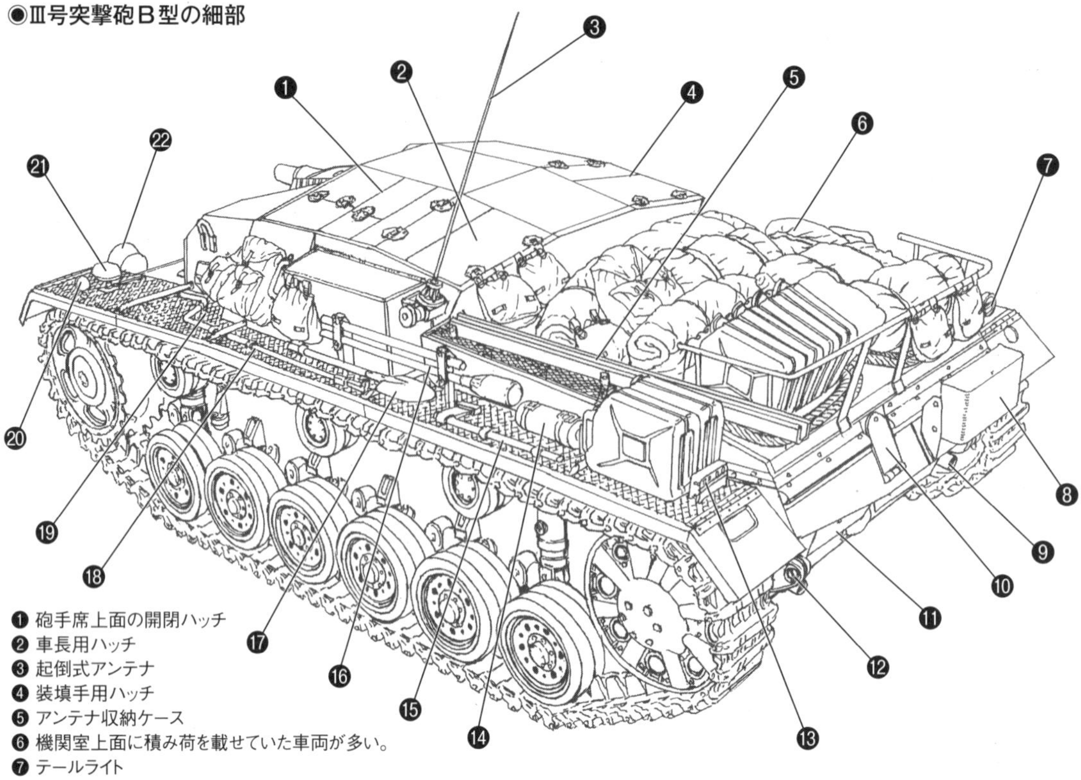

❶ 砲手席上面の開閉ハッチ
❷ 車長用ハッチ
❸ 起倒式アンテナ
❹ 装填手用ハッチ
❺ アンテナ収納ケース
❻ 機関室上面に積み荷を載せていた車両が多い。
❼ テールライト
❽ 発煙筒装甲カバー
❾ 排気管
❿ エンジン始動用クランク差し込み口
⓫ マフラー
⓬ 牽引ホールド
⓭ 車間表示灯
⓮ 消化器
⓯ 斧
⓰ 砲身クリーニングロッド
⓱ シャベル
⓲ バール
⓳ エンジン始動用クランク
⓴ 車幅ライト
㉑ ノテックライト
㉒ ヘッドライト

◉Ⅲ号突撃砲B型の機関室後部

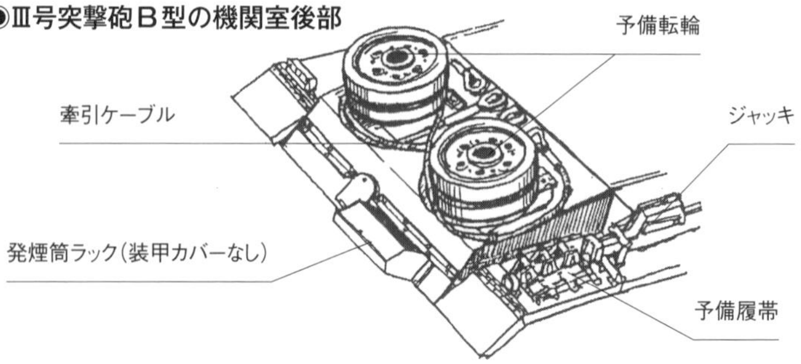
予備転輪
牽引ケーブル
ジャッキ
発煙筒ラック（装甲カバーなし）
予備履帯

◉起動輪

36cm幅履帯用
A型で使用

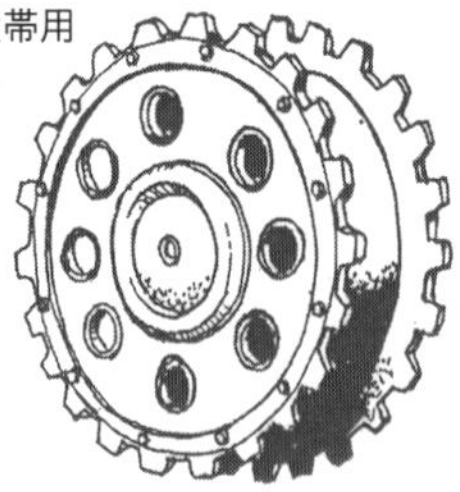

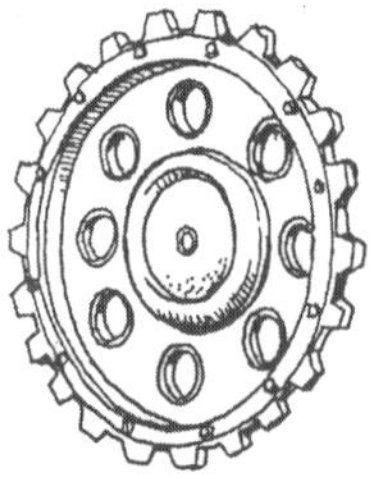

40cm幅履帯用旧型
B型初期生産車で使用

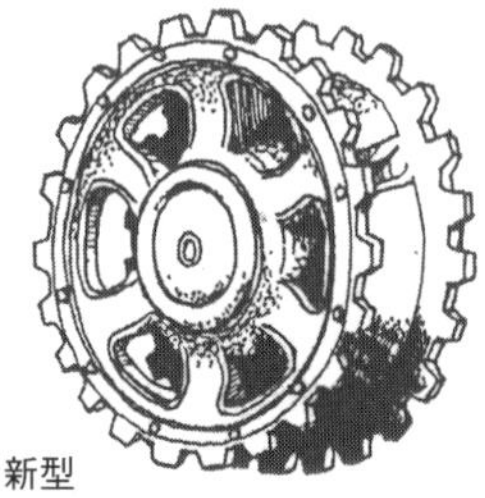

40cm幅履帯用新型
B型から使用された標準タイプ

◉誘導輪

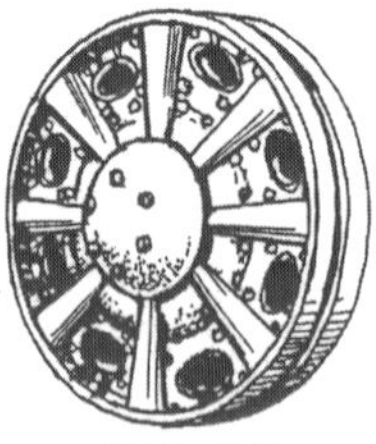

旧型誘導輪
A型/B型

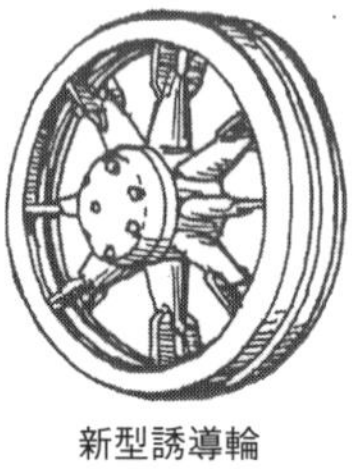

新型誘導輪
C型以降

◉履帯

36cm幅履帯

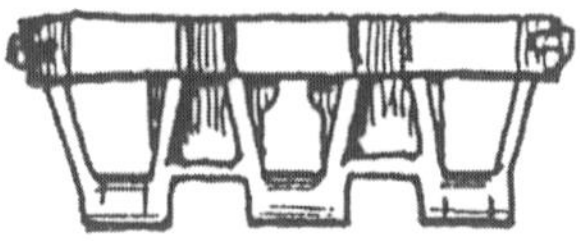

40cm幅履帯 初期タイプ

40cm幅履帯 後期タイプ

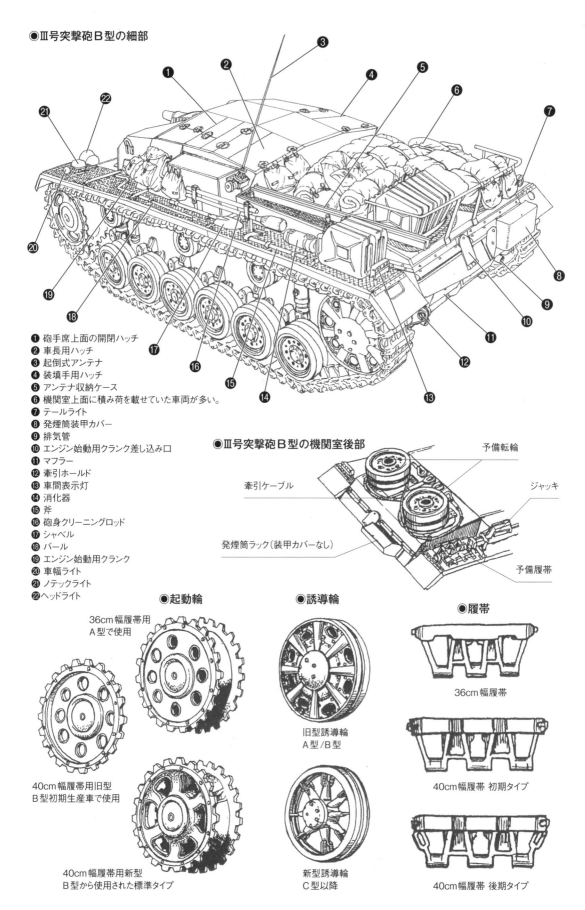

■III号突撃砲C型

B型に続く生産型C型におけるもっとも大きな変更点は、新型のペリスコープ式Sfl.ZF.1照準器の採用により戦闘室前面左に設置されていた照準口を廃止し、防御面を改善したことである。C型の基本的な構造、デザインはB型と大差ないが、照準器の変更により戦闘室前部の形状が大きく変わっている。

C型は1941年3月から5月までに100両生産された。

■III号突撃砲C型 L/48 7.5cm StuK40搭載型

旧型車体の主砲を換装し、火力強化を行う方法は、第二次大戦のドイツ軍では珍しくはない。III号突撃砲においてもそうした例が見られる。1945年4月、ケーニヒスベルクの戦闘で使用されたIII号突撃砲C型は、元の短砲身24口径7.5cm StuK37を取り外し、F型後期生産車から採用された長砲身の48口径7.5cm StuK40に換装していた。

長砲身搭載III号突撃砲C型の両数は不明だが、おそらく現地部隊による改造車両と思われる。

■III号突撃砲D型

C型に続きD型が生産されるが、車体前面装甲板の硬化処理や戦闘室内の伝声管を電気式ベルに変更したくらいで外見上の相違は見られない。

1941年5月から生産が始まったD型は、同年9月までに150両が造られ、東部戦線を始め、バルカン戦線や北アフリカ戦線に投入された。この内、南部ロシア、バルカン、北アフリカ戦線向けの車両は、工場での組み立て工程において特別に"熱帯地仕様"の改修が施されており、機関室のエンジン点検ハッチに通気口を設け、その上に通気口カバーを設置し、さらに機関室側面の吸気口上にエアフィルターが追加されている。

歩兵支援を主目的に開発されたIII号突撃砲は、戦場では次第に対戦車戦でも多用されるようになり、長砲身型が造られるようになるが、長砲身型の登場後も24口径短砲身型を使用していた部隊は少なくない。例えば、ドイツ軍管理下だったチェコでは、大戦

III号突撃砲C型/D型

全長：5.4m　全幅：2.93m
全高：1.98m　重量：20.2t
乗員：4名　武装：24口径7.5cm突撃カノン砲StuK37×1門　最大装甲厚：50mm
エンジン：マイバッハ社製HL120TRM（300hp）　最大速度：40km/h

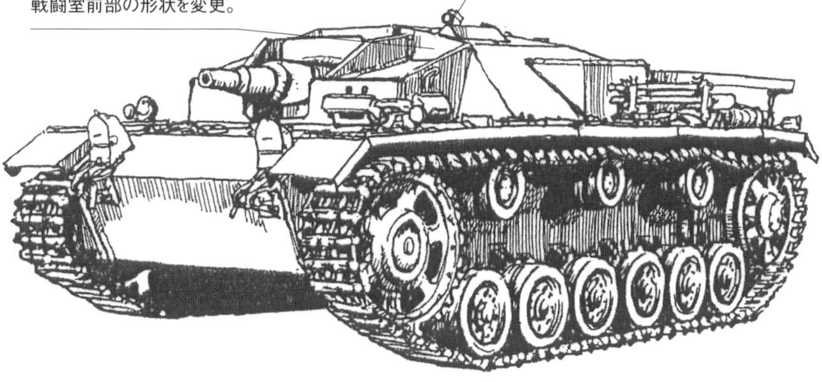

戦闘室前部の形状を変更。
ペリスコープ式照準器に変更。

III号突撃砲E型

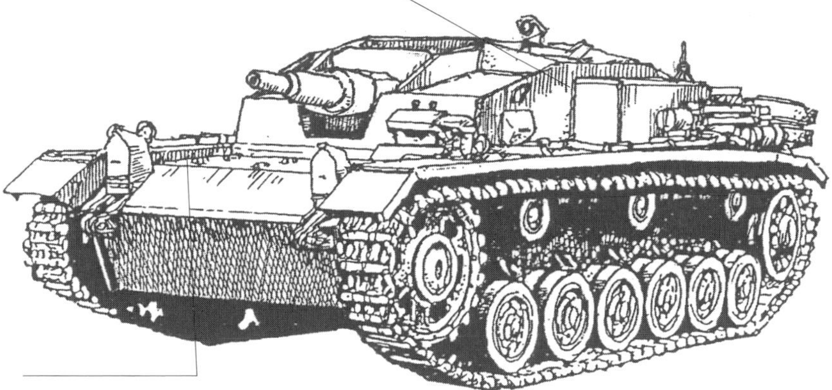

戦闘室の側面前部の形状が変わった
前部上面点検ハッチの構造を変更。

全長：5.4m　全幅：2.93m
全高：1.98m　重量：20.8t　乗員：4名　武装：24口径7.5cm突撃カノン砲StuK37×1門　最大装甲厚：50mm　エンジン：マイバッハ社製HL120TR（300hp）　最大速度：40km/h

末期の1945年5月になってもB型やC型/D型を使用していた部隊が見られる。

■Ⅲ号突撃砲E型

C型/D型に続き、指揮車としても運用できるように送受信無線機を増設したE型が造られた。D型まではFu15超短波受信機のみを搭載していたが、E型ではさらにFu16超短波送信/受信機を追加装備した。それに伴い、戦闘室左右両側に大きな箱状の張り出しを新設し、アンテナも左右2本に増設されている。

E型は1941年9月からD型と並行して生産が始まり、翌1942年2月までに284両が造られた。

■Ⅲ号突撃砲F型

直協支援車両として開発されたⅢ号突撃砲だが、開発当初から長砲身7.5cm砲を搭載するプランが検討されていた。ソ連侵攻直後にドイツ戦車より強力なT-34と遭遇したことによりⅢ号突撃砲の火力強化が本格化し、長砲身7.5cm砲搭載型の開発作業が急ピッチで進められることになった。

7.5cm砲の長砲身化は、1942年3月から生産が始まったF型によって具現化された。このF型の登場によりⅢ号突撃砲は歩兵直協支援車両から強力な対戦車戦用車両へと完全に生まれ変わった。

F型は、E型の車体をベースとしていたが、43口径7.5cm StuK40の搭載に伴い、砲の俯角を確保するため戦闘室後部中央に大きな張り出しを設け、さらにその上にベンチレーターが新設されている。また、照準器も改

◉Ⅲ号突撃砲C型/D型の車体上部

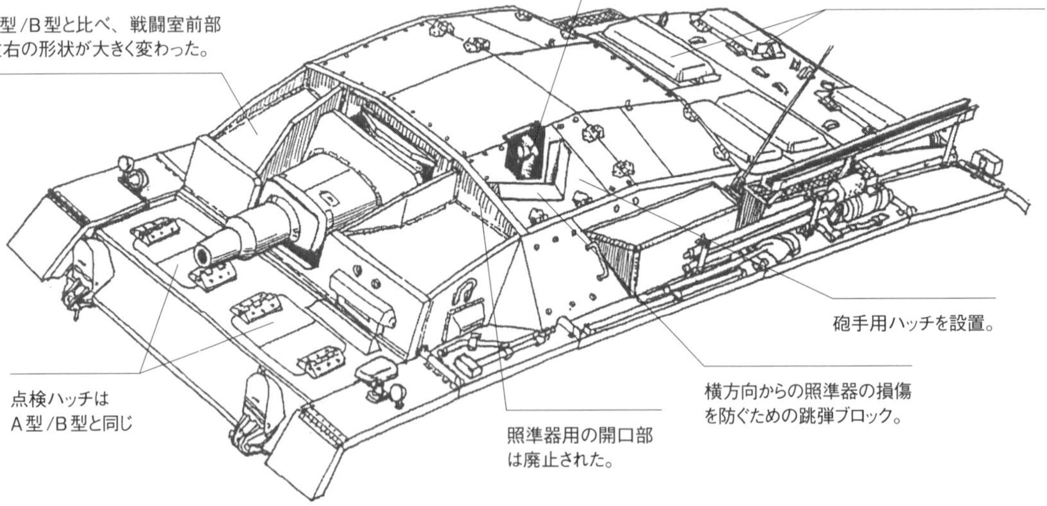
ペリスコープ式照準器
Sfl.ZF1に変更。
熱帯地仕様は機関室上面の
点検ハッチに通気口を設け、
その上に装甲カバーを設置。
A型/B型と比べ、戦闘室前部
左右の形状が大きく変わった。
砲手用ハッチを設置。
横方向からの照準器の損傷
を防ぐための跳弾ブロック。
点検ハッチは
A型/B型と同じ
照準器用の開口部
は廃止された。

◉A型~D型の点検ハッチ

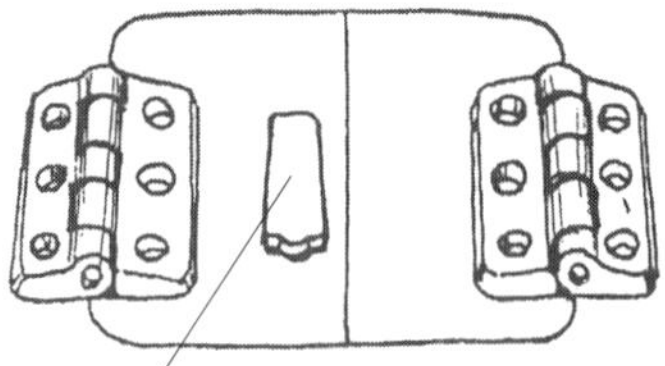
鍵穴のカバー

◉C型/D型の戦闘室前面

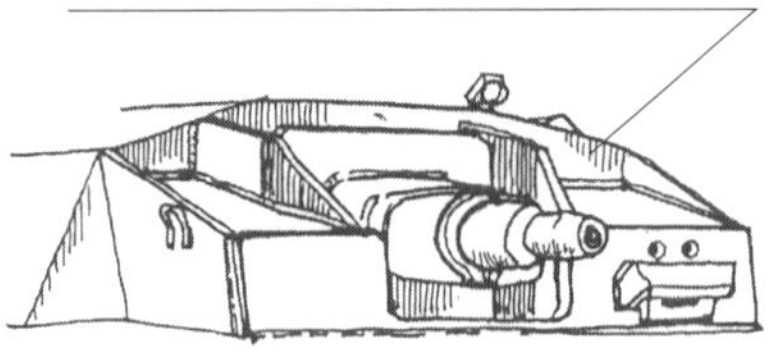
ペリスコープ式照準器Sfl.ZF1の採用により
前面の開口部がなくなり、防御性が向上した。

◉起倒式のアンテナ基部

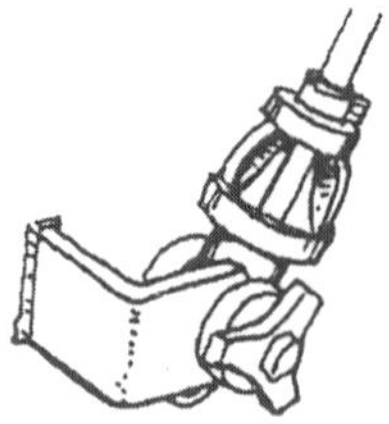

◉現地部隊で装着されたライトガードのバリエーション

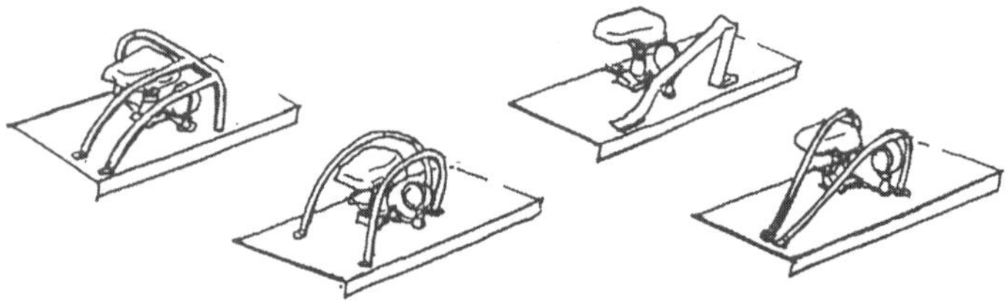

◉24口径7.5cm突撃カノン砲StuK37

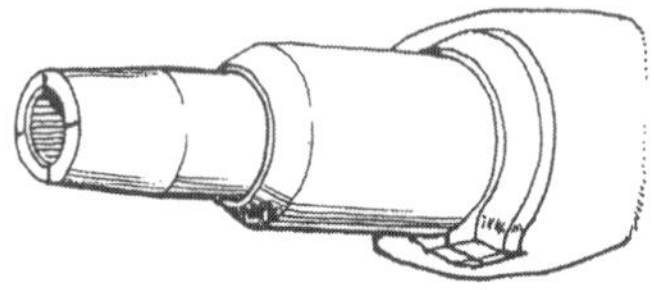

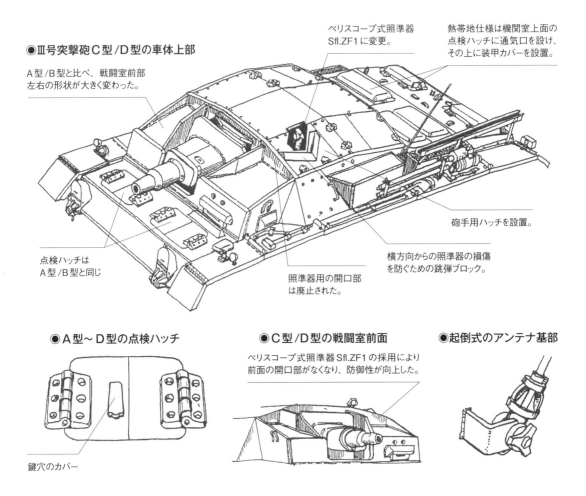

良型のSfl.ZF.1aに変更し、戦闘室上面の照準器用開口部とハッチの形状も改められた。

F型は、生産途中の1942年7月からより長砲身の48口径7.5cm StuK40 L/48への換装が始まり、より攻撃力を増している。さらに6月下旬の生産車からは車体前面と戦闘室前面左右に30mm厚の増加装甲板を装着、それに伴いヘッドライトのカバーを廃止。また、8月生産車からは戦闘室前部上面の傾斜装甲板の角度を変更し、防御面の改善も図られた。F型は、同年9月までに364両が生産されている。

■III号突撃砲F/8型

長砲身型F型の生産と並行する形で1942年5月からはIII号戦車J型（8/ZW：III号戦車第8生産シリーズ）の車台をベースとしたF/8型の生産が開始される。F/8型は、F型最後期生産車と同じ戦闘室を設置し、主砲は生産当初より48口径のStuK40 L/48を搭載していた。F/8型は同年12月までに250両が造られている。

III号突撃砲F/8型も生産時期により若干の仕様変更が実施されており、1942年10月には生産性向上を図り車体前面と戦闘室前面の増加装甲板をボルト留め式に変更。また冬期用幅広履帯“ヴィンターケッテ”の使用も開始。1942年12月には装填手用ハッチの前にMG34 7.92mm機関銃装備用の可倒式防弾板が装着されるようになった。

さらに後にG型と同じシュルツェンを装着した車両やD型と同様に車体後部左右の通気口横に円筒状のエア

◉III号突撃砲E型の車体上部

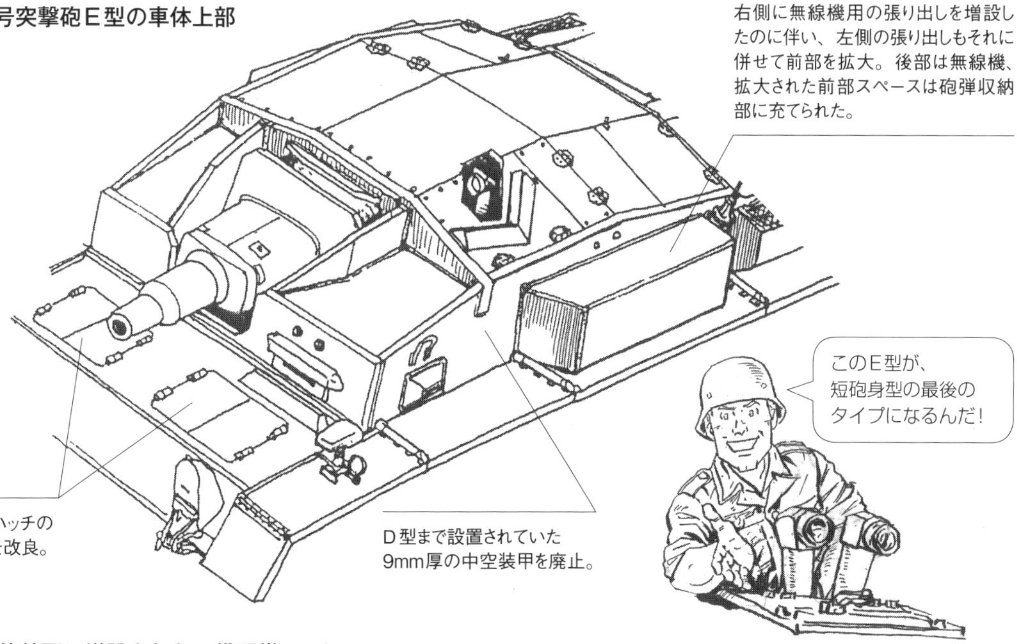

右側に無線機用の張り出しを増設したのに伴い、左側の張り出しもそれに併せて前部を拡大。後部は無線機、拡大された前部スペースは砲弾収納部に充てられた。
このE型が、
短砲身型の最後の
タイプになるんだ！
点検ハッチの
構造を改良。
D型まで設置されていた
9mm厚の中空装甲を廃止。

◉車体前面に増設された予備履帯ラック

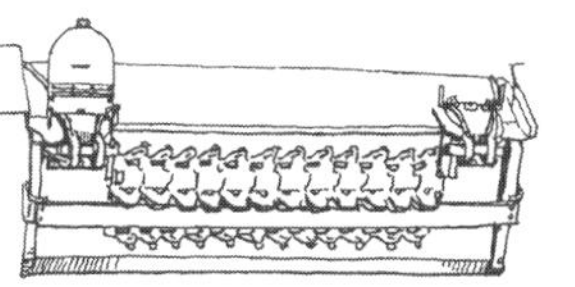

◉車長用ハッチ

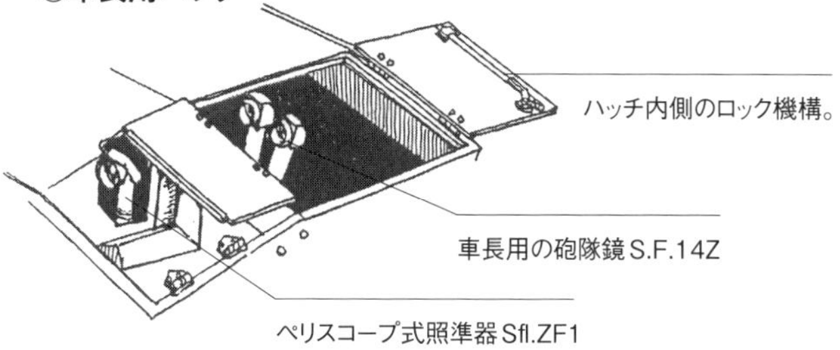

ハッチ内側のロック機構。
車長用の砲隊鏡S.F.14Z
ペリスコープ式照準器Sfl.ZF1

◉砲隊鏡S.F.14Zの使用状況

（図はIII号突撃砲G型）

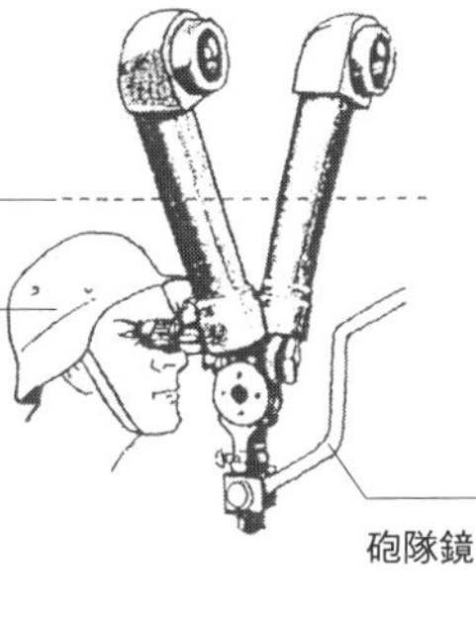

点線から下が戦闘室内
戦闘時はヘルメットを着
用することも多かった。
砲隊鏡の支持架

◉E型以降の点検ハッチ

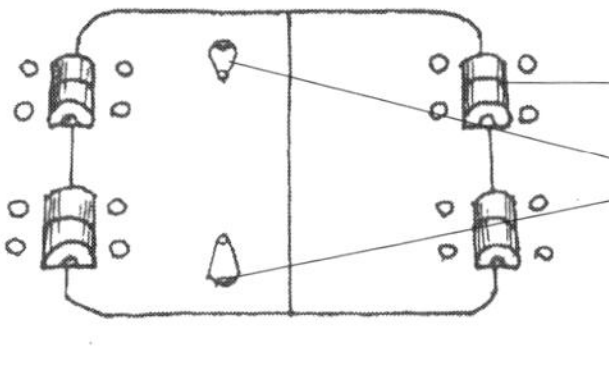

ヒンジを改良し、内側
に開閉アームを設置。
鍵穴を2個に増設。

◉Ⅲ号突撃砲C型/D型の内部構造

❶ 車幅ライト
❷ ホーン
❸ 24口径7.5cm StuK37
❹ 駐退復座機装甲カバー
❺ 砲耳
❻ 砲尾
❼ 砲俯仰ギア
❽ 後座ガード
❾ 水準器
❿ 後面砲弾収納箱
⓫ 砲隊鏡の支持架
⓬ ショックアブソーバー
⓭ Fu15受信無線機
⓮ 車長席
⓯ ダンパー
⓰ 砲俯仰ハンドル
⓱ 砲手席
⓲ 砲発射レバー
⓳ 砲旋回ハンドル
⓴ 操縦手席
㉑ 砲旋回ギア
㉒ 始動レバー
㉓ 操向レバー
㉔ ブレーキペダル
㉕ アクセルペダル
㉖ 計器パネル
㉗ 変速機
㉘ 操向装置
㉙ 砲弾収納庫

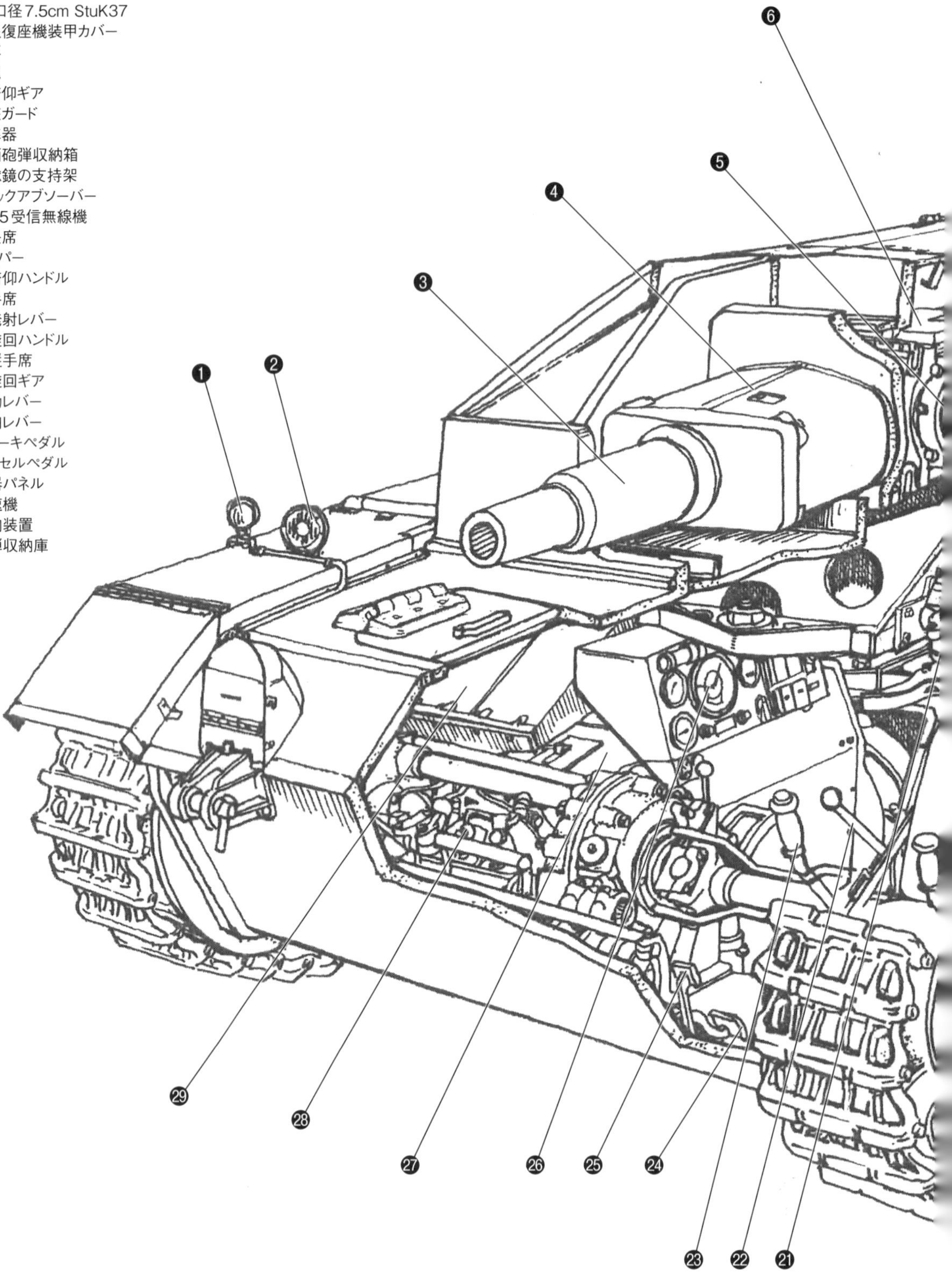

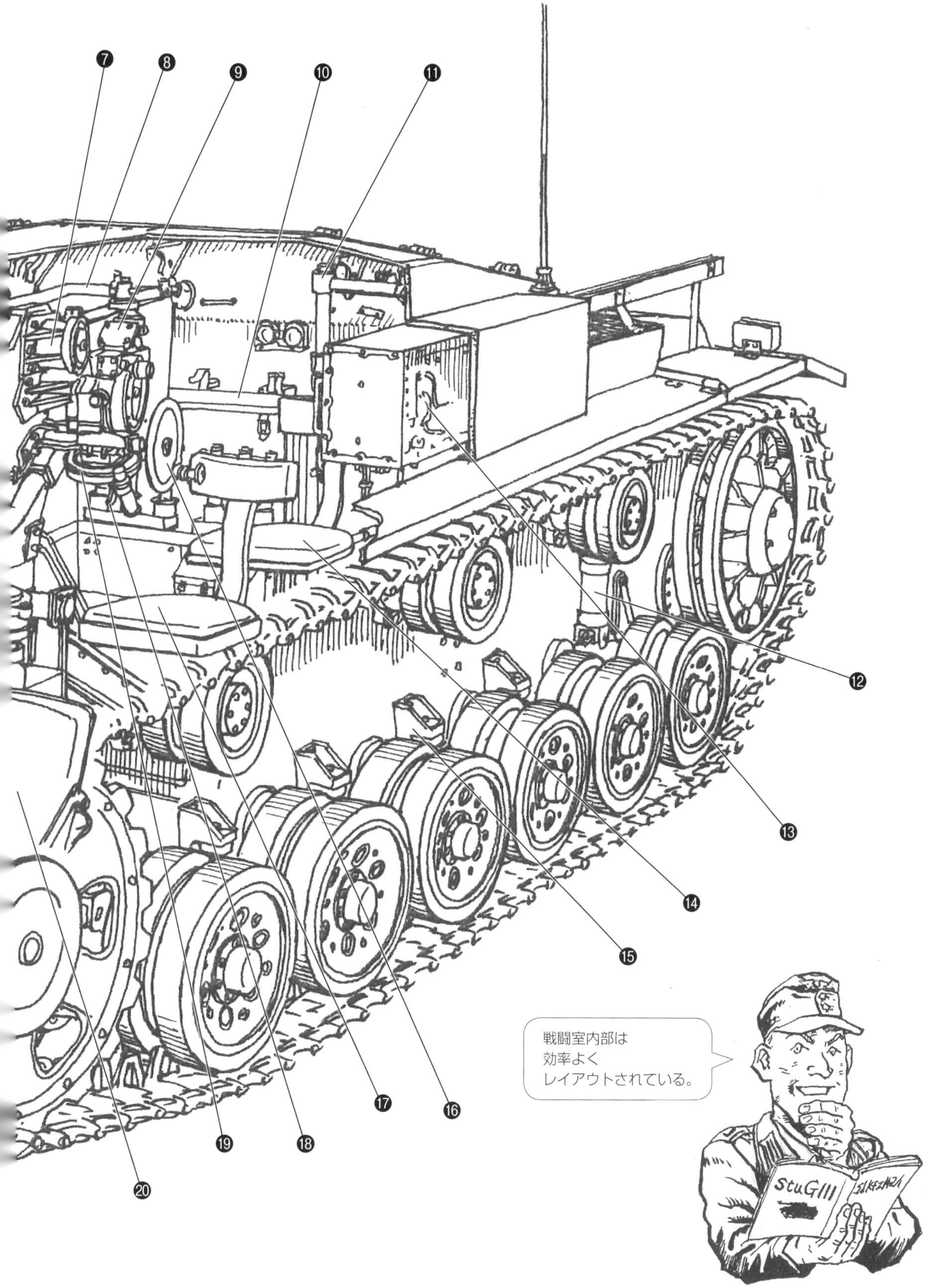
❼
❽
❾
❿
⓫
⓬
⓭
⓮
⓯
⓰
⓱
⓲
⓳
⓴
戦闘室内部は
効率よく
レイアウトされている。
StuGIII

フィルターを増設した車両も少数存在する。

■Ⅲ号突撃砲G型

F型及びF/8型に続き、1942年11月よりⅢ号突撃砲最後の量産型であり、決定版ともなったG型の生産が始まる。G型とF/8型とのもっとも大きな相違点は戦闘室のデザインを一新し、さらに全周視察可能な車長用キューポラを採用したことである。

また、防御面、生産面においても大幅に改善されており、より実戦に適応した車両へと進化を遂げていた。G型では、生産当初より車体前面と戦闘室前面の装甲は50＋30mm厚に強化されていた。

Ⅲ号突撃砲G型は、大戦後半ドイツ陸軍の中核戦力となったため、大量生産が行われ、1942年11月から1945年4月までにおよそ7,799両が造られた。

当初、Ⅲ号突撃砲の生産はアルケット社のみが行っていたが、戦局の趨勢により、さらなる大量生産の声が高まり、Ⅲ号戦車の生産を終了したMIAG社も1943年1月からⅢ号突撃砲の生産に加わった。

さらに1943年2月からMAN社で生産していたⅢ号戦車M型も突撃砲の車台に流用することが決まり、MAN社で造られたⅢ号戦車車台をアルケット社とMIAG社に送り、両社で戦闘室を搭載し、突撃砲として完成させた。Ⅲ号戦車M型車台を転用したⅢ号突撃砲G型は10月まで142両が生産されたが、さらに1944年4～7月には、前線から修理・整備などで戻って来た計169両のⅢ号戦車を改装してⅢ号突撃砲G型が造られている。

Ⅲ号突撃砲G型は、生産直後から早くも改良が行われ、1942年12月には戦闘室側面前部の張り出し部分の形状を変更、傾斜角を増し防御力を強化した。また、同月生産車からは

Ⅲ号突撃砲F型

全長：6.31m　全幅：2.92m　全高：2.15m　重量：21.6t　乗員：4名　武装：43または48口径7.5cm突撃カノン砲StuK40×1門　最大装甲厚：50mm　エンジン：マイバッハ社製HL120TRM（300hp）　最大速度：40km/h

戦闘室上面の中央後部に張り出しを設け、その上にはベンチレーターを設置。
1942年7月から48口径7.5cm StuK40を装備。

Ⅲ号突撃砲F/8型

全長：6.77m　全幅：2.92m　全高：2.15m　重量：23.2t　乗員：4名　武装：48口径7.5cm突撃カノン砲StuK40×1門　最大装甲厚：80mm　エンジン：マイバッハ社製HL120TRM（300hp）　最大速度：40km/h

生産当初から48口径7.5cm StuK40を装備。
Ⅲ号戦車J型の車台をベースとしている。
戦闘室前面には30mm厚の増加装甲板が溶接留めされている。
車体前面にも30mm厚の増加装甲板を追加。

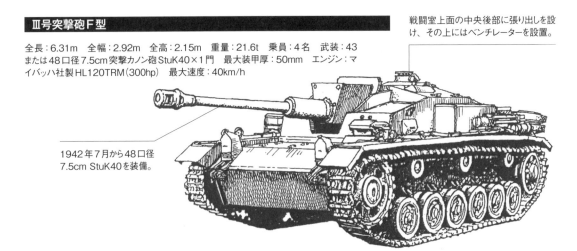

装填手用ハッチ前にMG用防盾を設置。翌1943年1月生産車から戦闘室上面の照準器口にスライドカバーを追加し、ベンチレーターを戦闘室後面に移設。2月には戦闘室側面前部にスモークディスチャージャーを追加、操縦手用視察バイザー上のKFF2双眼式ペリスコープが廃止された。さらに4月生産車からは車体前面の装甲板を80mm厚の1枚板に強化。車体側面にシュルツェンも装備するようになる。

生産時期によって見られる改良や仕様変更で、外見上もっとも大きく変わったのは、“ザウコフ”と呼ばれる鋳造製防盾の導入である。鋳造製防盾は、アルケット社で造られた1943年11月生産車から採用された。この新型防盾の導入前後により便宜上、初期型/後期型と区分けされているが、G型後期生産車では、その後も多くの改良・変更が実施されている。

1944年3月からは装填手ハッチ前のMG34を車内操作式に変更、4月からは戦闘室前面装甲板も80mmの1枚板に強化、5月からは近接防御兵器の装備開始、7月には戦闘室上面に2tクレーン取り付け基部ピルツや車体前部のトラベリングクランプを追加。さらに12月生産車からは車体後面下部に大型の牽引器具が設置させるようになり、1945年になると、前部も円形状に簡略化されたマズルブレーキが導入されている。

■Ⅲ号突撃砲G型の派生型

Ⅲ号突撃砲G型の派生車両としてもっとも多く造られたのは、戦闘室内の無線機をFu16から送受信距離が長いFu8に変更したⅢ号突撃砲G型の指揮戦車である。

さらにⅢ号突撃砲G型においてもB.I/B.II地雷処理車やB.IV爆薬運搬車などを無線操縦するⅢ号無線操縦用指揮戦車と同様の車両が造られている。誘導電波発進用アンテナを戦

Ⅲ号突撃砲G型

全長：6.77m　全幅：2.95m　全高：2.16m　重量：23.9t　乗員：4名　武装：48口径7.5cm突撃カノン砲StuK40×1門、MG34 7.92mm機関銃×1挺　最大装甲厚：80mm　エンジン：マイバッハ社製HL120TRM（300hp）　最大速度：40km/h

G型はⅢ号突撃砲の集大成！
第二次大戦後期のドイツ主力車両となり、活躍したんだ！

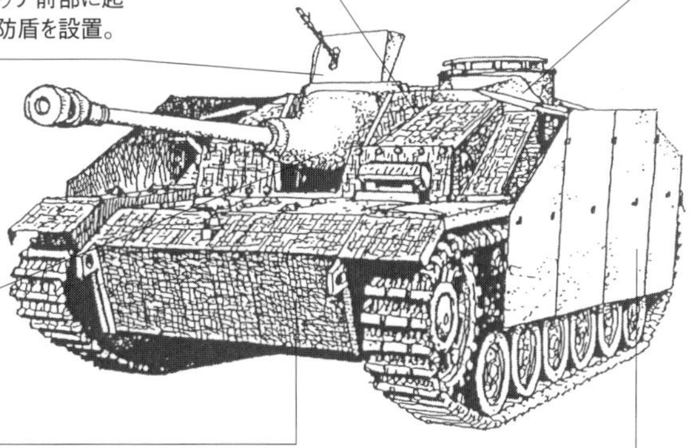
車長用キューポラ。1943年9月からは前部に跳弾ブロックを設置。
戦闘室は新設計。
装填手用ハッチ前部に起倒式のMG防盾を設置。
アルケット社製1943年9月生産車から鋳造製防盾“ザウコフ”を導入。
1943年9月末～1944年9月頃までツィンメリットコーティングを塗布。
1943年4月から
シュルツェンを装着。

◉Ⅲ号突撃砲G型の細部

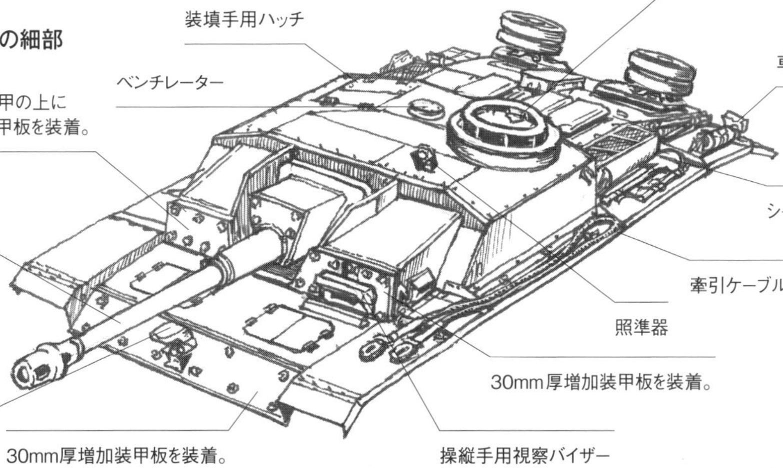
車長用キューポラ
装填手用ハッチ
車間表示灯
ベンチレーター
50mm厚の基本装甲の上に30mm厚の増加装甲板を装着。
48口径7.5cm StuK40を搭載。
シャベル
牽引ケーブル
照準器
30mm厚増加装甲板を装着。
ノテックライト
30mm厚増加装甲板を装着。
操縦手用視察バイザー

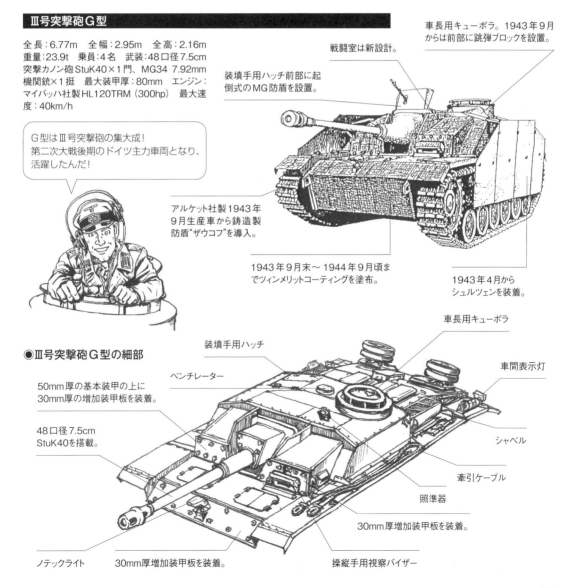

闘室上面の左前部に増設し、戦闘室内には誘導電波発信機と電源供給機、誘導操縦装置を搭載していた。およそ100両が無線誘導指揮車に改造されたといわれている。

G型の変わったバリエーションとして液化ガス燃料車というものもあった。燃料不足を少しでも解消するために造られた代替燃料使用車両で、戦場で使われることなく、アイゼナッハの第300戦車実験/補充大隊において訓練車として使用されている。

■Ⅲ号突撃砲 火焔放射戦車

1943年5～6月にかけてⅢ号突撃砲を改造し、10両の火焔放射戦車が造られた。主砲を取り外し、火焔放射ノズルを装備。当然、戦闘室内には燃料タンクが増設されたものと思われる。実戦部隊に送られることなく、第1戦車兵学校へ配備された。その後、しばらくしてⅢ号突撃砲に再改装されている。

■33B型突撃歩兵砲

1942年9月10～22日の会議においてスターリングラードの市街戦で使用するための突撃歩兵砲の開発が決定する。

開発担当メーカーのアルケット社は、1942年10月にⅢ号突撃砲E型車台を転用し、15cm重歩兵砲sIG33を搭載した33B型突撃歩兵砲を12両、さらに翌11月にはF/8型車台を転用して12両が造られた。

最初の12両は第177突撃砲大隊に配備され、スターリングラード戦に投入されたが、激しい戦闘により全車損失。残る12両は第17軍団の教導大隊突撃歩兵砲中隊、後に第23装甲師団第201戦車連隊に配備されたが、戦闘で全車失われている。

33B型突撃歩兵砲は車体上に簡易な箱状戦闘室を載せた、いかにも急造的なスタイルの車両だが、強力な

Ⅲ号突撃砲G型 後期型

全長：6.77m　全幅：2.95m　全高：2.16m　重量：23.9t　乗員：4名　武装：48口径7.5cm突撃カノン砲StuK40×1門、MG34 7.92mm機関銃×1挺　最大装甲厚：80mm　エンジン：マイバッハ社製HL120TRM（300hp）　最大速度：40km/h

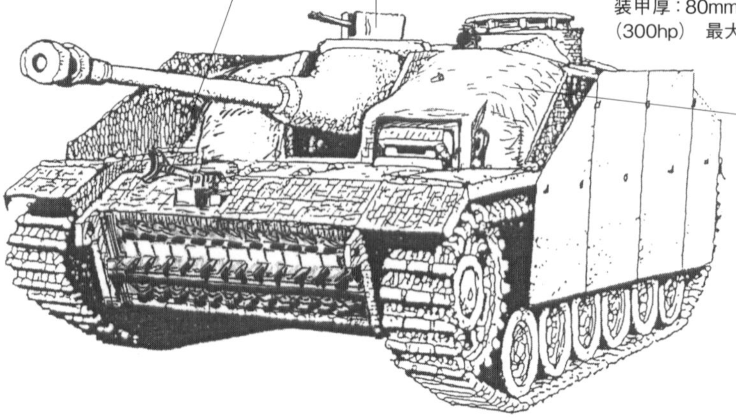
1944年6月から主砲を固定するためのトラベリングクランプを装備。
1944年3月からMG34を車内操作式に変更。
戦闘室前部の防御性を高めるためにコンクリートを盛り付けていた車両もある。

Ⅲ号突撃砲 火焔放射戦車

全長：5.4m　全幅：2.93m　全高：2.15m　乗員：3名　武装：火焔放射器×1門　最大装甲厚：80mm　エンジン：マイバッハ社製HL120TR（300hp）　最大速度：40km/h

戦闘室中央部分には箱状の装甲カバーを設置。
主砲を取り外し、火焔放射ノズルに変更している。

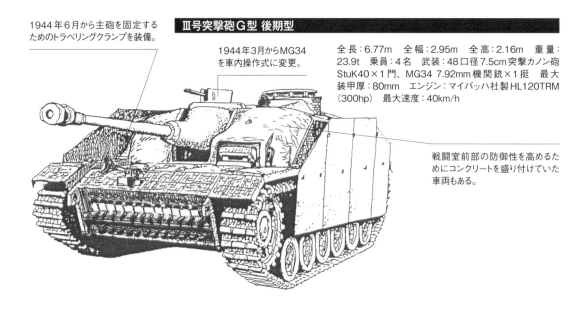

15cm重歩兵砲sIG33と最大装甲厚80mmという良好な防御力により実戦では期待通りの活躍を見せ、後に登場する本格的なⅣ号突撃戦車ブルムベアの開発に繋がった。

■10.5cm突撃榴弾砲42型

戦況の趨勢に伴い、Ⅲ号突撃砲は当初の24口径短砲身から43口径、48口径へと長砲身化が図られた結果、本来の歩兵支援から対戦車戦闘に特化した車両へと変化を遂げていった。しかし、歩兵支援が可能な強力な突撃砲の必要性は依然高く、1942年10月13日、ヒトラーの要請により、10.5cm leFH18榴弾砲を車載用に改造した10.5cm StuH42をⅢ号突撃砲に搭載する先行生産型Ⅴシリーズ12両の製造が決定した。

1943年1月までに完成した先行生産車はⅢ号突撃砲E型/F型を用いていたが、量産型はG型をベースとし、車体、戦闘室はそのままで主砲のみ10.5cm砲 StuH42に換装していた。ラインメタル社によって開発された10.5cm StuH42は使用弾薬の種類により10,640 ～ 12,325mの最大射程を有しており、成形炸薬弾を使用することにより対戦車戦闘も行うことができた。

10.5cm突撃榴弾砲42型の生産はアルケット社で行われ、1943年3月から1945年4月までに1,299両が造られている。

33B型突撃歩兵砲

全長：5.4m　全幅：2.95m　全高：2.16m　重量：21t　乗員：5名　武装：11口径15cm重歩兵砲sIG33×1門、MG34 7.92mm機関銃×1挺　最大装甲厚：80mm　エンジン：マイバッハ社製HL120TRM（300hp）　最大速度：20km/h

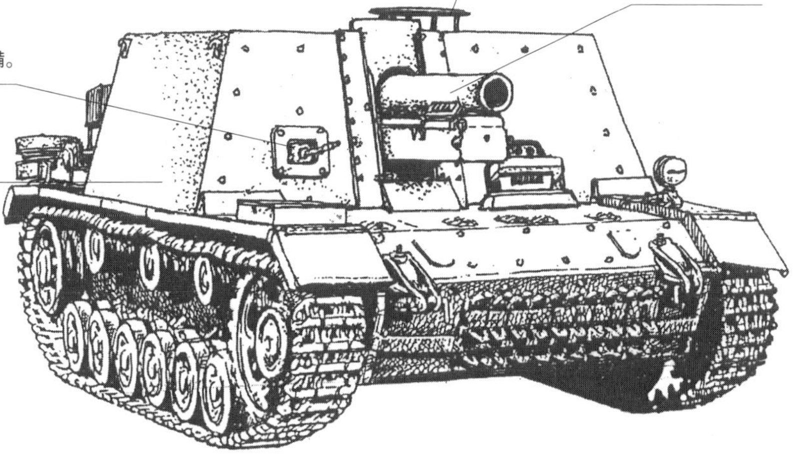
戦闘室上面は、ベンチレーターとハッチのみ設置。
15cm重歩兵砲sIG33を搭載。
前部機銃マウントにMG34を装備。
Ⅲ号突撃砲E型の車台を使用し、戦闘室を増設。

10.5cm突撃榴弾砲42型 先行生産車

全長：6.14m　全幅：2.92m　全高：2.15m　重量：24t　乗員：4名　武装：28口径10.5cm突撃榴弾砲StuH42×1門　最大装甲厚：50mm　エンジン：マイバッハ社製HL120TRM（300hp）　最大速度：40km/h

10.5cm StuH42を搭載。
Ⅲ号突撃砲F型をベースとしている。

10.5cm突撃榴弾砲42型

全長：6.14m　全幅：2.95m　全高：2.16m　重量：24t　乗員：4名　武装：28口径10.5cm突撃榴弾砲StuH42×1門、MG34 7.92mm機関銃×1挺　最大装甲厚：80mm　エンジン：マイバッハ社製HL120TRM（300hp）　最大速度：40km/h

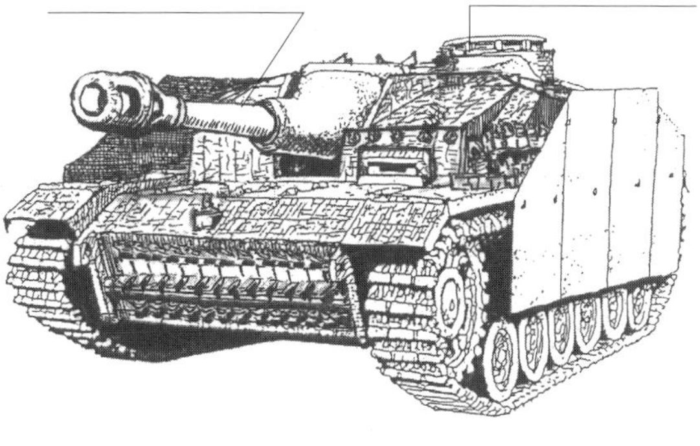
量産型はⅢ号突撃砲G型をベースとしている。
10.5cm StuH42を搭載。

第二次大戦でもっとも活躍したドイツ戦車

Ⅳ号戦車と派生型

第二次大戦全期間を通してもっとも活躍したドイツ戦車は、Ⅳ号戦車である。Ⅳ号戦車は当初、支援戦車として開発されたが、1942年以降は長砲身7.5cm砲を搭載したⅣ号戦車がⅢ号戦車に替わり主力戦車となった。また、Ⅳ号戦車からは対戦車自走砲、自走榴弾砲、駆逐戦車、突撃砲、対空戦車、支援車両など数多くの派生型も開発され、いずれもドイツ軍戦車部隊の重要な戦闘車両として活躍している。

Ⅳ号戦車A～J型

■Ⅳ号戦車の開発

1935年2月末に兵器局第6課は、ラインメタル社とクルップ社に対して支援戦車（BW）の開発を要請。翌1936年の春頃までに両社の試作車が完成する。各種テストの結果、クルップ社の車両が選定され、1936年12月にⅣ号戦車として制式採用が決定した。

■Ⅳ号戦車A型

Ⅳ号戦車初の量産型となったA型は、1937年11月に生産1号車が完成する。全長5.92m、全幅2.83m、全高2.68m、重量18tで、5名の乗員が搭乗した。A型において既にⅣ号戦車の基本形は確立していたが、量産型というよりは、まだ試作型あるいは先行生産型に近く、装甲厚は、車体が前面14.5mm/14°（垂直面に対する傾斜角）、前部上面10mm/72°、上部前面14.5mm/9°、側面14.5°/0°、上面11mm/85～90°、底面8mm/90°、砲塔は前面16mm/10°、側面14.5mm/25°、上面10mm/83～90°だった。

車体は前部に操向装置、変速機を配置し、その後方左側に操縦手席、右側に無線手席が設けられている。中央は戦闘室で、その上部に砲塔を搭載していた。砲塔前面には24口径7.5cm戦車砲KwK37、右側に同軸のMG34 7.92mm機関銃を装備。後の量産型（D型以降）とは異なり、防盾は内装式となっていた。

砲塔内は、左側に砲手席、右側に装填手席、後部に車長席を配置。上面の後部に車長用のキューポラ、側面には砲手、装填手用各々のハッチが設けられている。

車体後部は機関室に充てられており、右側に230hpのマイバッハ社製HL108TRエンジンを搭載し、左側にはラジエターを設置。機関室左側に吸気口、同右側に排気口が設けられている。足回りは、前部に起動輪、後部に誘導輪を配置。転輪は片側8個構成で、2個1組としたリーフスプリング・ボギー式サスペンションが採用されていた。

A型は、1938年6月までに35両造られたが、5～6月の生産車は、B型の装甲強化型車体（車体前面に30mm厚装甲板を2枚装着）を流用している。

また、完成後にフェンダー上のノテックライトや車間表示灯、車体後面の発煙筒ラック、砲塔後面のゲペックカステンなどの設置が行われている。

Ⅳ号戦車A型

全長：5.92m　全幅：2.83m　全高：2.68m　重量：18t　乗員：5名
武装：24口径7.5cm戦車砲KwK37×1門、MG34 7.92mm機関銃×2挺　最大装甲厚：14.5mm　エンジン：マイバッハ社製HL108TR（230hp）　最大速度：32.4km/h

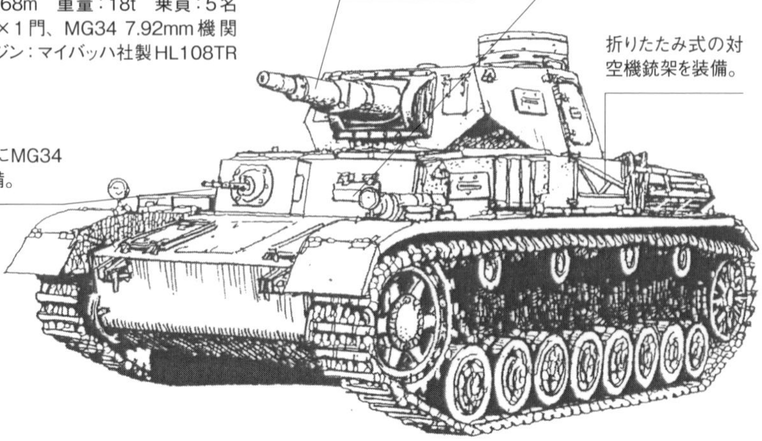
主砲は24口径
7.5cm KwK37。
操縦手用視察クラッペ。
折りたたみ式の対
空機銃架を装備。
機銃マウントにMG34
機関銃を装備。

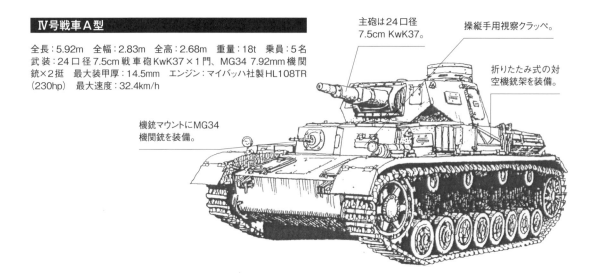

■Ⅳ号戦車B型

1938年5月から生産が始まったB型は、基本設計はA型と変わらないが、車体前面と砲塔の前面及び防盾の装甲を30mm厚に強化、さらに車長用キューポラも30mm厚（A型は12mm厚）に変更するなど防御面の改善が大幅に図られていた。変速機は新型のSSG76となり、エンジンも出力を向上させたHL120TR（300hp）に換装。さらに車体、砲塔各部にかなりの変更が加えられている。

B型は、1938年10月までに42両造られ、ポーランド戦、フランス戦、さらにソ連侵攻にも投入された。B型は、生産数が42両と極めて少ないにもかかわらず、使用期間は長く、1944年6月のノルマンディー戦に参戦した第21装甲師団第22戦車連隊の第2大隊には少なくとも数両のB型（及びC型）が配備されていた。大戦後期ともなると短砲身のB型は既に性能不足だったが、起動輪、転輪などの消耗部品を新規パーツに交換したのみで使用されていた。また、同時期の東部戦線においてもゴメリ付近の後方部隊所属車両として少数が実戦に参加している。

B型も生産後に操縦手用視察バイザー上の雨樋の追加やノテックライト、車間表示灯の設置、車体前面の30mm厚増加装甲板装着などの改良が加えられている。

■Ⅳ号戦車C型

1938年10月からはC型の生産が始まる。C型における改良点は防盾開口部の大きさ変更、同軸機銃への装甲スリーブの追加、車長用キューポラの変更、改良型エンジンへの換装などわずかなもので、外見上はB型とほとんど変わらない。

C型は、1939年8月までに134両造られ、生産後にB型と同様の改良が施されている。

■Ⅳ号戦車D型

1939年10月からは、車体、砲塔の各部に大幅な変更や改良を採り入れたD型の生産が始まる。D型は、車体上部前面装甲板の形状変更、表面硬化型装甲板の採用、側面及び後面装甲板の増厚、外装式防盾（35mm厚）への変更などにより防御力の向上が図られた。

さらに前部機銃ボールマウントと操縦手用ピストルポートの設置、機関室側面の吸気/排気口の形状変更、出力向上型のマイバッハ120TRMエンジンの採用、新型履帯の導入なども実施されている。

D型は、フランス戦より実戦に参加し、1940年10月までに計232両が生産され、生産中にノテックライトの設置や車体上部前面/側面への

Ⅳ号戦車B型

全長：5.92m　全幅：2.83m　全高：2.68m　重量：18.5t　乗員：5名
武装：24口径7.5cm戦車砲KwK37×1門、MG34 7.92mm機関銃×1挺
最大装甲厚：30mm　エンジン：マイバッハ社製HL120TR（300hp）　最大速度：40km/h

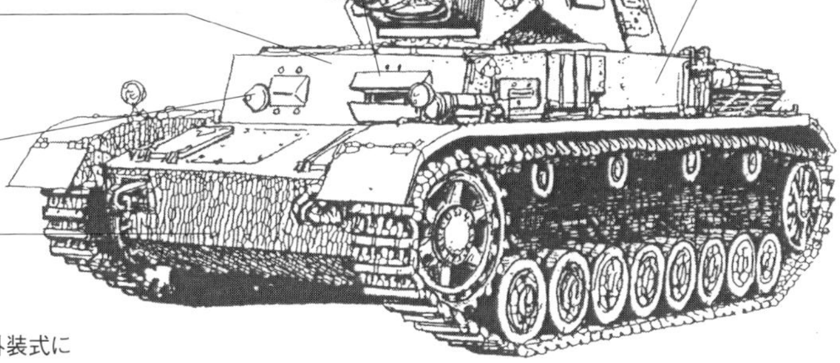
操縦手用視察バイザーに変更。
砲塔は、車長用キューポラを始め、視察クラッペなどの細部を変更。
対空機銃架を廃止。
車体上部前面の形状を変更。
無線手席前部はピストルポートと視察クラッペに変更。
前面装甲は30mm厚になる。

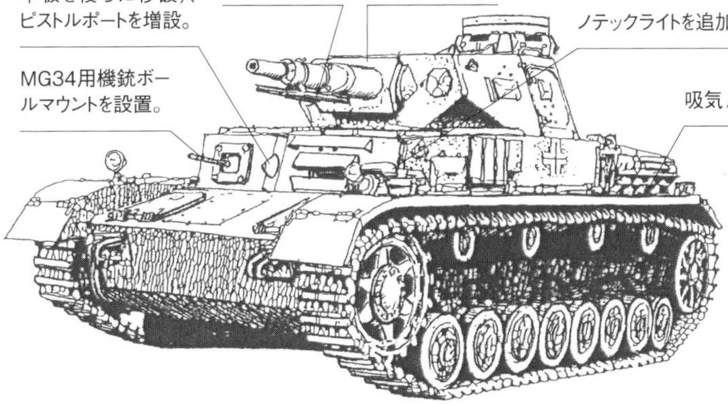
車体上部前面の形状が変わり（無線手側装甲板を後ろに移設）、ピストルポートを増設。
アンテナ除けを装着。
防盾を外装式に変更。
ノテックライトを追加。
MG34用機銃ボールマウントを設置。
吸気/排気グリルの形状を変更。

Ⅳ号戦車D型

全長：5.92m　全幅：2.84m　全高：2.68m　重量：20t　乗員：5名　武装：24口径7.5cm戦車砲KwK37×1門、MG34 7.92mm機関銃×2挺　最大装甲厚：30mm　エンジン：マイバッハ社製HL120TR（300hp）　最大速度：40km/h

30mm厚増加装甲板装着などが行われた。また、生産車の一部は後に潜水戦車（48両）や北アフリカ戦線向けの熱帯地仕様(30両)、43口径7.5cm戦車砲搭載型などに改造されている。

■Ⅳ号戦車E型

D型に続き、1940年9月からは装甲強化に主眼を置いた改良型のE型が造られる。E型は、車体前面の装甲板を50mm厚（D型後期生産車は30mm基本装甲＋30mm厚増加装甲板）とし、また車体上部前面には生産当初から30mm厚の増加装甲板が装着された。

さらにブレーキ点検ハッチや操縦手用バイザーの形状変更、新型の車長用キューポラ（III号戦車G型と同じもの）の導入、砲塔後部の形状変更などが実施されている。また、砲塔上面前部の換気用クラッペと信号弾発射用クラッペの廃止、ベンチレーターの新設、新型の起動輪と転輪ハブキャップの採用、車体後面の発煙筒ラックの装甲カバー追加、ゲペックカステンの装着、熱帯地仕様の製造などが行われた。

E型は、1941年4月までに200両（戦車型のみ）が造られ、1942年7月にD型と同様に43口径7.5cm戦車砲搭載型への改造も実施されている。

■Ⅳ号戦車F型

1941年5月から生産に入ったF型では、さらに装甲防御の強化を図り、車体前面のみならず、車体上部前面、砲塔前面、防盾も50mm厚に、車体側面、砲塔側面は30mm厚（それ以前は20mm厚）となった。

車体上部前面の前部機銃ボールマウントは、50mm厚装甲に対応した新型となり、また、装甲強化に伴う重量増加による機動性低下を防ぐために履帯を38cmから40cm幅タイプに変更、併せて新型の起動輪、転輪、誘導輪が導入された。

さらにブレーキ点検ハッチに通気口を設置し、砲塔側面のハッチを2枚式に変更するなどの多くの改良が施されている。

F型は、1942年までに470両が生産された。

■Ⅳ号戦車D型60口径5cm戦車砲KwK39搭載型

Ⅳ号戦車に対する火力強化は、独ソ戦以前の1941年2月から始まっており、同年10月にはD型にIII号戦車L型と同じ60口径5cm戦車砲KwK39を搭載した試作車両が造られ、テスト

Ⅳ号戦車E型

全長：5.92m　全幅：2.84m　全高：2.68m　重量：22t　乗員：5名　武装：24口径7.5cm戦車砲KwK37×1門、MG34 7.92mm機関銃×2挺　最大装甲厚：50mm（車体上部前面は30＋30mm厚）　エンジン：マイバッハ社製HL120TR（300hp）　最大速度：40km/h

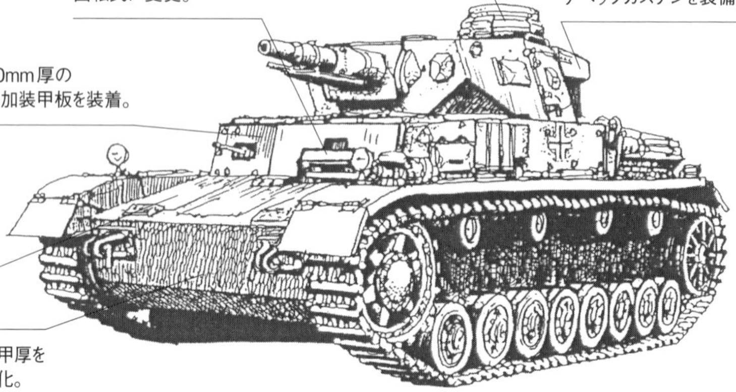
操縦手用視察バイザーを回転式に変更。
車長用キューポラを変更。
砲塔後部の形状を変更。ゲペックカステンを装備。
30mm厚の増加装甲板を装着。
点検ハッチの形状を変更。
車体前面装甲厚を50mm に強化。

Ⅳ号戦車F型

全長：5.92m　全幅：2.88m　全高：2.68m　重量：22.3t　乗員：5名　武装：24口径7.5cm戦車砲KwK37×1門、MG34 7.92mm機関銃×2挺　最大装甲厚：50mm　エンジン：マイバッハ社製HL120TR（300hp）　最大速度：40km/h

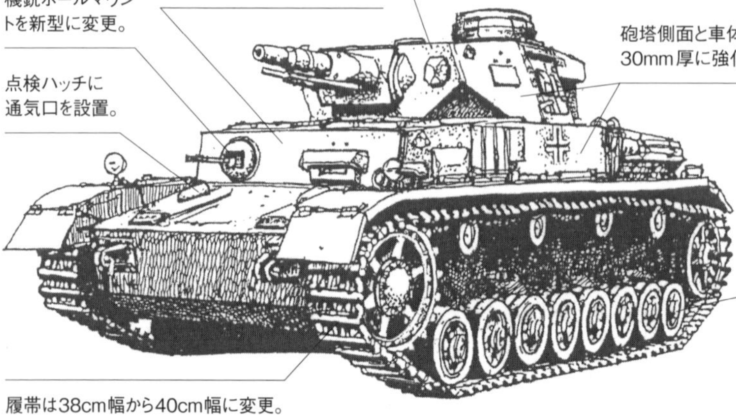
車体上部前面の形状を変更。装甲も50mm厚に強化。
砲塔前面は50mm厚に変更。
機銃ボールマウントを新型に変更。
点検ハッチに通気口を設置。
砲塔側面と車体側面は30mm厚に強化。
起動輪、転輪、誘導輪は新型に変更。
履帯は38cm幅から40cm幅に変更。

された。

Ⅳ号戦車はⅢ号戦車よりも砲塔容積、ターレットリングが大きいので、5cm戦車砲の搭載及び操作性には全く問題なかったが、ソ連のKV重戦車やT-34には威力不足ということで、採用は見送られた。

■Ⅳ号戦車D型/E型 43口径7.5cm戦車砲KwK40搭載型

1942年3月に待望の長砲身43口径7.5cm戦車砲KwK40を搭載したF2型（後にG型に改称）の生産が始まるが、1両でも多くの長砲身型Ⅳ号戦車を必要としたドイツ軍は、旧式化しつつあったD型/E型の主砲を43口径7.5cm戦車砲KwK40に換装することを決定し、1942年7月からD型/E型の残存車に対し、KwK40への換装作業を実施した。

また、火力強化ともに防御力強化も図り、1943年5月には砲塔と車体にシュルツェンが追加装備されている。長砲身改修型は一定数が改造されたようで、イタリア戦線、東部戦線の実戦部隊に配備された他、操縦訓練などを主な任務とするNSKK（準軍事組織の国家社会主義自動車軍団）でも使用された。

■増加装甲型“フォアパンツァー”

1941年7月7日、Ⅳ号戦車の防御力向上案として車体前面のみならず、砲塔前部にも増加装甲板の装着が指示され、D型及びE型、F型の一部の車両に対し実施された。

“フォアパンツァー”と呼ばれる増加装甲型は、砲塔の前面から側面の前方部にかけて20mm厚の装甲板を追加している。増加装甲板は基本装甲との間に隙間を設け、中空装甲とし、密着方式よりも防御性を高めていた。

◉砲塔形状の変化

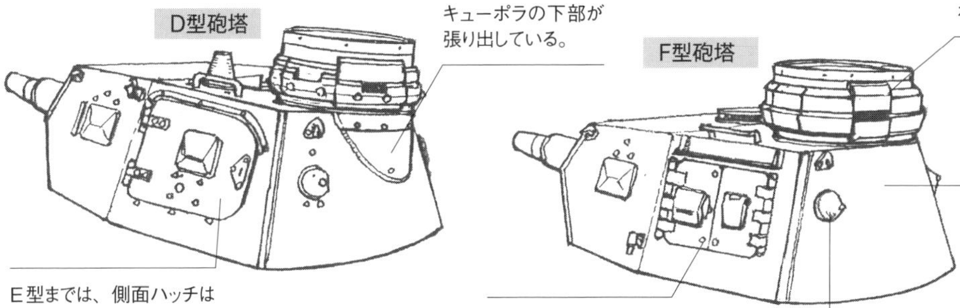
D型砲塔
キューポラの下部が張り出している。
E型までは、側面ハッチは1枚タイプ。
F型砲塔
E型から車長用キューポラが新型になる。
E型から後面の左右が拡大されたため張り出しがなくなった。
側面ハッチは前後2枚開きタイプに変更。
ピストルポートを円錐状のものに変更。

Ⅳ号戦車は生産時期によって細部が変化しているんだ。

◉車体後面の変化

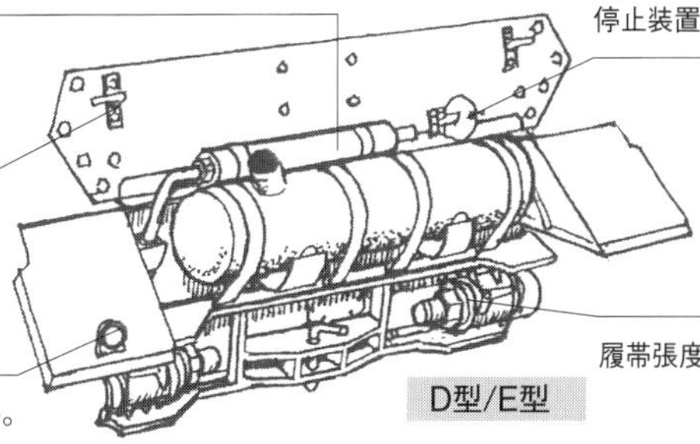
砲塔旋回用補助エンジンのマフラー
ラジエター冷却ファン停止装置のハッチ。
牽引ケーブルの固定フック。
履帯張度調整装置。
反射式テールライト。
D型/E型

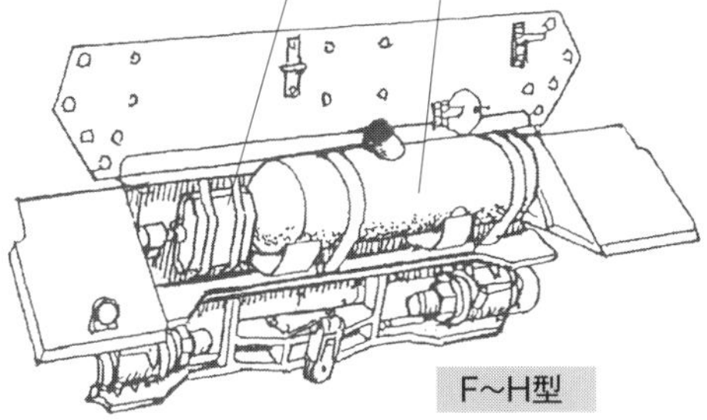
補助エンジン用マフラーの形状を変更。J型から廃止される。
主エンジン用マフラーは、左右幅が短いものに変更。
F~H型

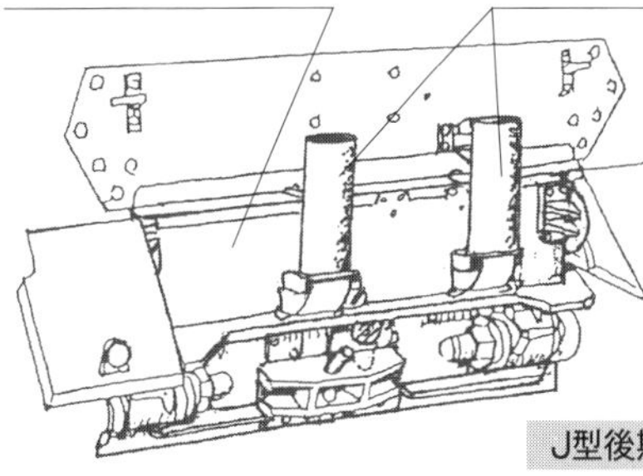
J型の生産当初から補助エンジン用マフラーを廃止。
1944年8月頃から縦型の消炎マフラーを導入。
J型後期生産車

◉Ⅳ号戦車D型の内部構造

1. ヘッドライト
2. MG34 7.92mm機関銃
3. 操縦手用視察バイザー
4. アンテナ除け
5. 24口径 7.5cm戦車砲KwK37
6. 駐退復座機装甲カバー
7. 照準器
8. 砲俯仰ハンドル
9. 閉鎖機
10. 信号塔
11. 装填手用視察装置
12. 車長用キューポラ
13. 車長用視察装置
14. 装填手用側面ハッチ
15. ロックハンドル
16. 車長席
17. ラジエター用冷却水注入口カバー
18. 冷却ファン
19. マイバッハ社製HL120TRMエンジン
20. 砲塔旋回用補助エンジンのマフラー
21. 主エンジン用マフラー
22. 履帯張度調整装置
23. 牽引ホールド
24. 発電機
25. リーフスプリング式サスペンション
26. プロペラシャフト
27. 砲手席
28. 砲塔旋回用モーター
29. 空薬莢受け
30. 燃料タンク
31. 砲塔バスケットの床面
32. 砲弾収納庫
33. 操縦手席
34. 計器パネル
35. 変速レバー
36. 操向レバー
37. ブレーキユニット
38. 牽引ホールド

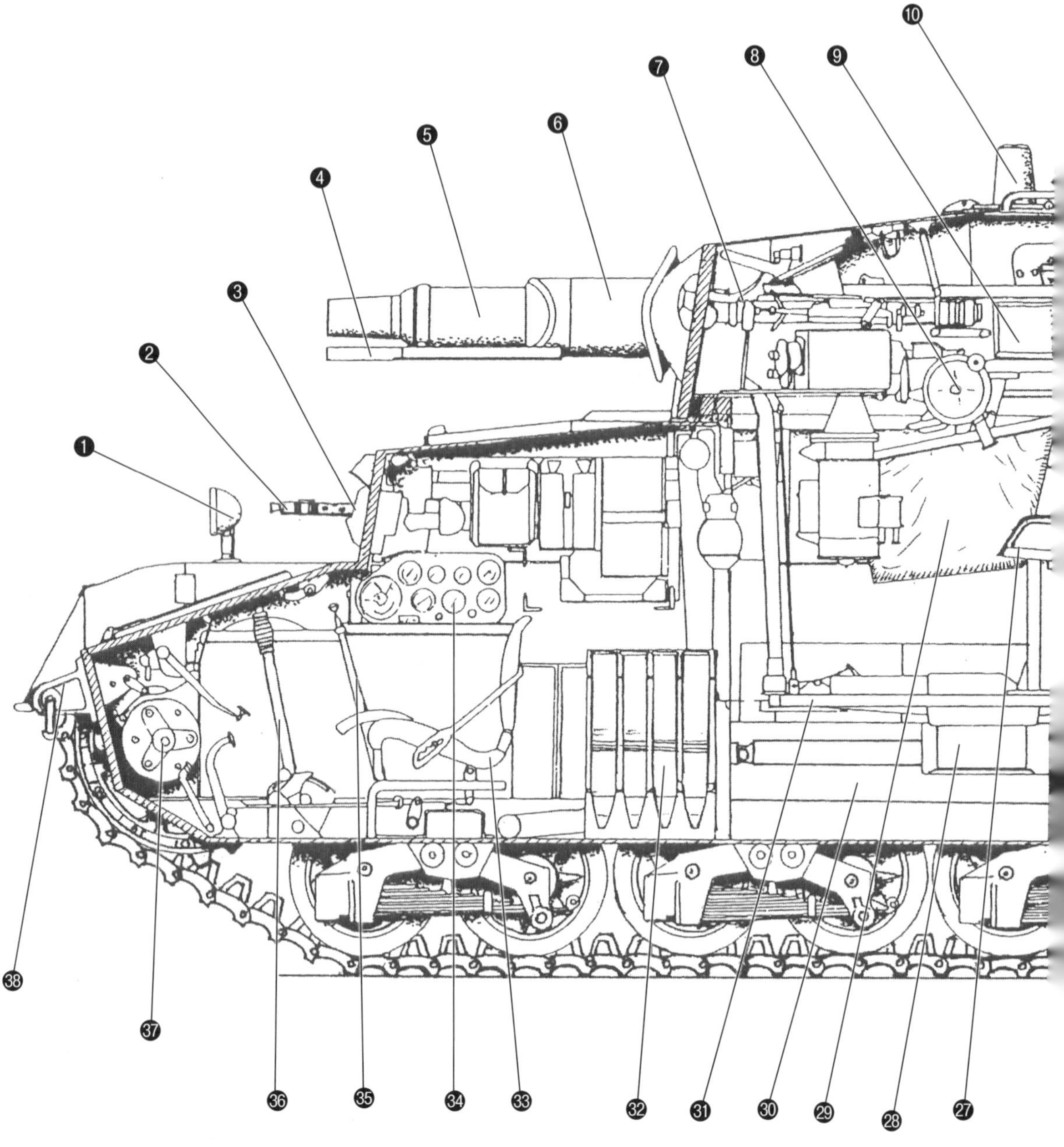

◉24口径7.5cm戦車砲KwK37

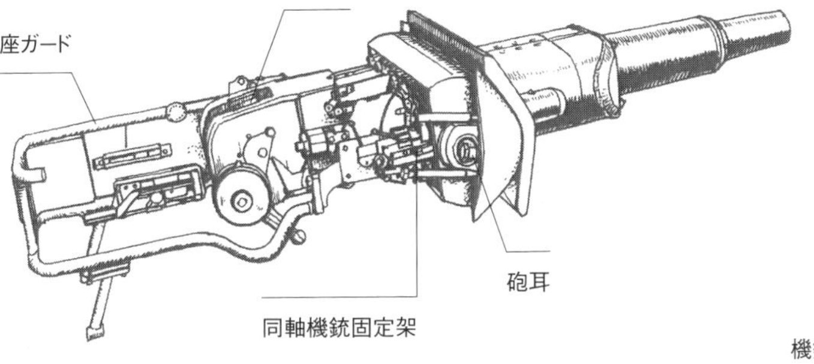
閉鎖機
後座ガード
砲耳
同軸機銃固定架

◉車体前部機関銃

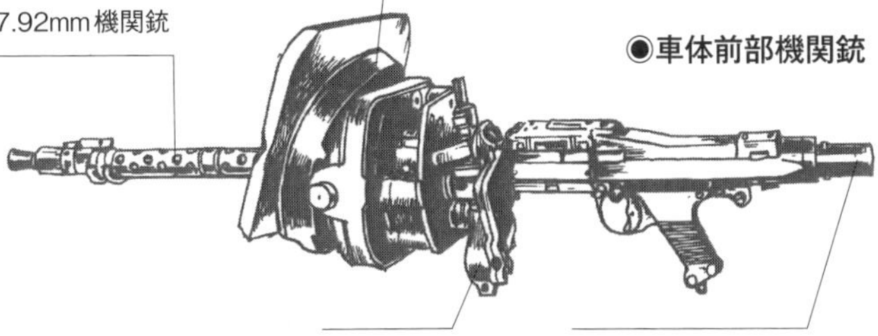
機銃マウント
MG34 7.92mm機関銃
機銃固定具
車載時には、
銃床を取り外している。

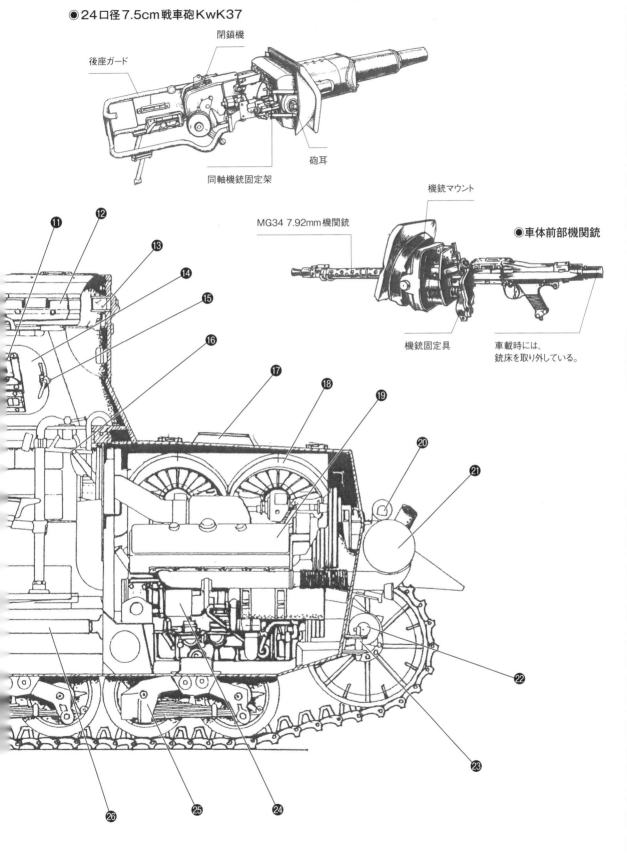

■Ⅳ号戦車G型

1941年6月22日、独ソ戦が始まって間もなく、ドイツ軍は、ソ連軍の新型戦車T-34に遭遇する。T-34は、ドイツ軍のIII号戦車及びⅣ号戦車よりも火力、防御力ともに勝っており、ドイツ軍は、III号戦車、Ⅳ号戦車に対する早急な火力強化に迫られた。

Ⅳ号戦車に対する火力強化は、独ソ戦以前の1941年2月から既に始まっていた。当初、60口径5cm砲や34.5口径7.5cm砲を搭載した試作車が製作されたが、いずれも威力不足のため採用とはならず、より強力な7.5cm砲の開発が進められた。1942年初頭に43口径のKwK40が完成し、同年3月からF型の主砲をKwK40に換装したG型（生産当初の形式名称はF2型）の生産が始まった。

43口径のKwK40は、射程1,000mで63mm厚の傾斜装甲板を貫通可能で、十分にソ連軍のT-34に対抗できる性能を持っていたが、さらなる火力強化の必要性から1943年4月からはより貫通力を向上させた48口径の7.5cm戦車砲KwK40が搭載されるようになった。

長砲身化の他にG型は生産中にマズルブレーキの変更、砲塔側面の視察クラッペの廃止、予備転輪ラックの設置、車載工具の移設などが行われ、さらに1942年夏頃から車体前面及び車体上部前面に30mm厚の増加装甲板を装着、1943年4月には砲塔と車体側面にシュルツェンの装備、翌5月にはエアクリーナーの増設も行われ、G型後期生産車ではH型初期生産車とほぼ同仕様となった。

Ⅳ号戦車G型 中期生産車

全長：6.63m　全幅：2.88m　全高：2.68m　重量：23.6t　乗員：5名　武装：43口径7.5cm戦車砲KwK40×1門、MG34 7.92mm機関銃×2挺　最大装甲厚：50mm　エンジン：マイバッハ社製HL120TR（300hp）　最大速度：40km/h

1942年4月から砲塔前面右側と側面前部の視察クラッペを廃止。
複孔式のマズルブレーキを装着。
1942年7月にノテックライトをボッシュライトに変更。同年9月には右側にも同ライトを設置。
車体の前面と上面に予備履帯ラックを設置。
フェンダー支持架を追加。

Ⅳ号戦車G型 初期生産車（F2型）

全長：6.63m　全幅：2.88m　全高：2.68m　重量：23.6t　乗員：5名　武装：43口径7.5cm戦車砲KwK40×1門、MG34 7.92mm機関銃×2挺　最大装甲厚：50mm　エンジン：マイバッハ社製HL120TR（300hp）　最大速度：40km/h

単孔式のマズルブレーキを装着。
主砲は43口径7.5cm戦車砲KwK40を搭載。
主砲以外はF型と同じ。

Ⅳ号戦車G型 後期生産車

全長：7.02m　全幅：2.88m　全高：2.68m　重量：25t　乗員：5名　武装：48口径7.5cm戦車砲KwK40×1門、MG34 7.92mm機関銃×2挺　最大装甲厚：80mm（50＋30mm）　エンジン：マイバッハ社製HL120TR（300hp）　最大速度：40km/h

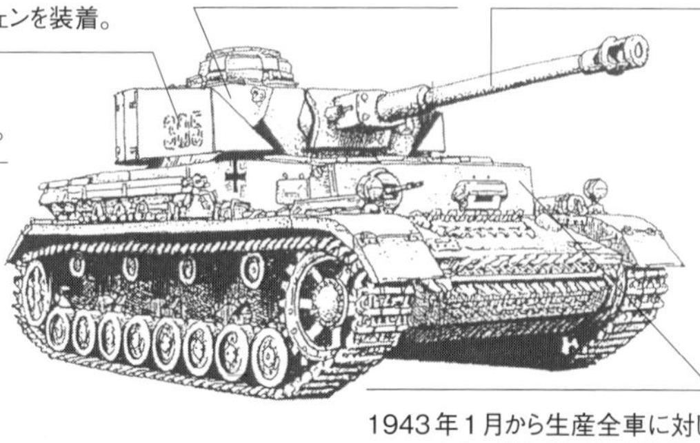
1943年4月からシュルツェンを装着。
1943年5月に砲塔側面前部の3連装スモークディスチャージャーを廃止（装備期間は同年3～4月）。
1943年4月から48口径7.5cm戦車砲KwK40に換装。
1943年1月から生産全車に対し30mm厚の増加装甲板を装着。

G型は、1943年6月までに1,930両が造られている。

■Ⅳ号戦車H型

Ⅳ号戦車長砲身型は、G型に続き1943年4月からH型の生産に入った。H型の開発当初は、車体前部から戦闘室にかけて傾斜装甲を採り入れた新設計の車体上部とする計画が立案されていたが、重量増加により中止となった。

結局、増厚することで防御力をさらに高めることになり、1943年6月生産車からは50mm＋30mm厚だった車体前面及び車体上部前面の装甲板を80mm厚の1枚板に強化。生産当初より対戦車ライフルや成形炸薬弾を防ぐためのシュルツェンの装着が標準化された。

また、生産中には起動輪や転輪ハブ、ダンパーの変更、鋼製の上部支持転輪の導入も行われている。

H型は攻撃力、防御力の強化とともに量産性を高めるために生産工程の簡略化が図られたことも特徴で、車体上部側面前部の視察バイザーや砲塔後部左右のピストルポートが廃止され、車体後面底部の形状も簡易な構造に変更された。

1944年2月までに約2,322両のH型が造られている。

■Ⅳ号戦車J型

Ⅳ号戦車は、度重なる改良によりH型において完成の域に達していたが、広大な東部戦線で運用するには航続距離不足が問題となっていた。そのため1944年2月からは航続距離の増大を図ったJ型の生産に移行する。

J型は、砲塔旋回用補助エンジンと発電機を取り外し、200ℓ容量の燃料タンクを設置することによって、航続距離がH型の210kmから320kmに増大（T-34/85の航続距離は約300km）した。しかし、砲塔旋回用補助エンジンを撤去したため、砲塔旋回は手動で行うことになり、砲手、装填手の負担が増える結果となった。戦闘力のみでいえば、マイナス面が大きいが、広大な東部戦線では、航続距離＝戦術機動力が何より重要だった。

さらにJ型においても生産工程の簡略化がより一層図られ、1945年4月までに造られたJ型は、3,150両にも及んだ。Ⅳ号戦車H型/J型は、大戦後半にドイツ軍戦車部隊の主力として連合軍戦車を相手に善戦する。

Ⅳ号戦車H型

1943年6月から車体上部前面の装甲板を80mm厚の1枚タイプに強化。

1943年9月からツィンメリットコーティングを塗布。

全長：7.02m　全幅：2.88m　全高：2.68m　重量：25t　乗員：5名　武装：48口径7.5cm戦車砲KwK40×1門、MG34 7.92mm機関銃×2挺　最大装甲厚：80mm　エンジン：マイバッハ社製HL120TR（300hp）　最大速度：40km/h

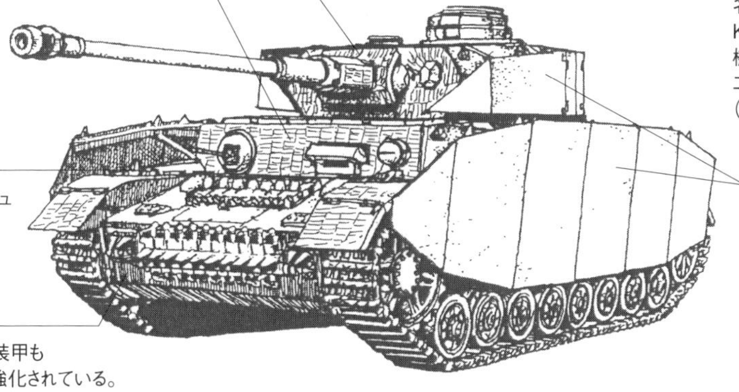

右側のボッシュライトを廃止。

生産当初より砲塔と車体側面にシュルツェンを装着。

車体前面の装甲も80mm厚に強化されている。

Ⅳ号戦車J型

1944年9月からツィンメリットコーティングの塗布を廃止した。

全長：7.02m　全幅：2.88m　全高：2.68m　重量：25t　乗員：5名　武装：48口径7.5cm戦車砲KwK40×1門、MG34 7.92mm機関銃×2挺　最大装甲厚：80mm　エンジン：マイバッハ社製HL120TR（300hp）　最大速度：40km/h

1944年9月から金網タイプのシュルツェンが導入される。

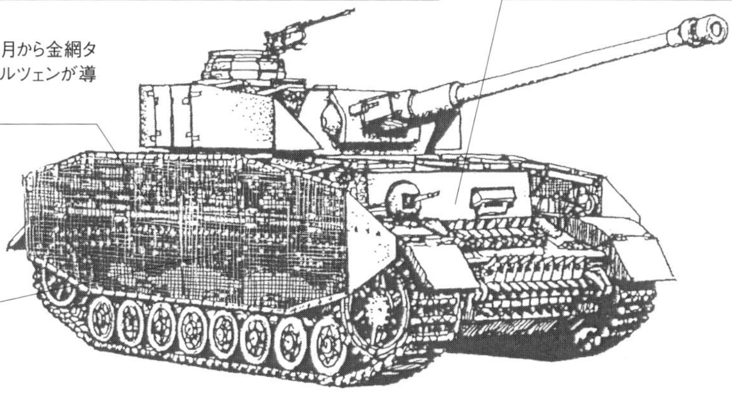

1944年12月から上部支持転輪は4個から3個となる。

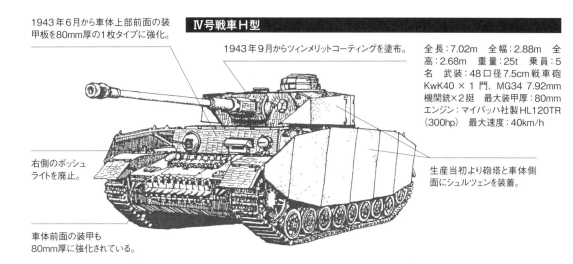

◉Ⅳ号戦車H型の細部

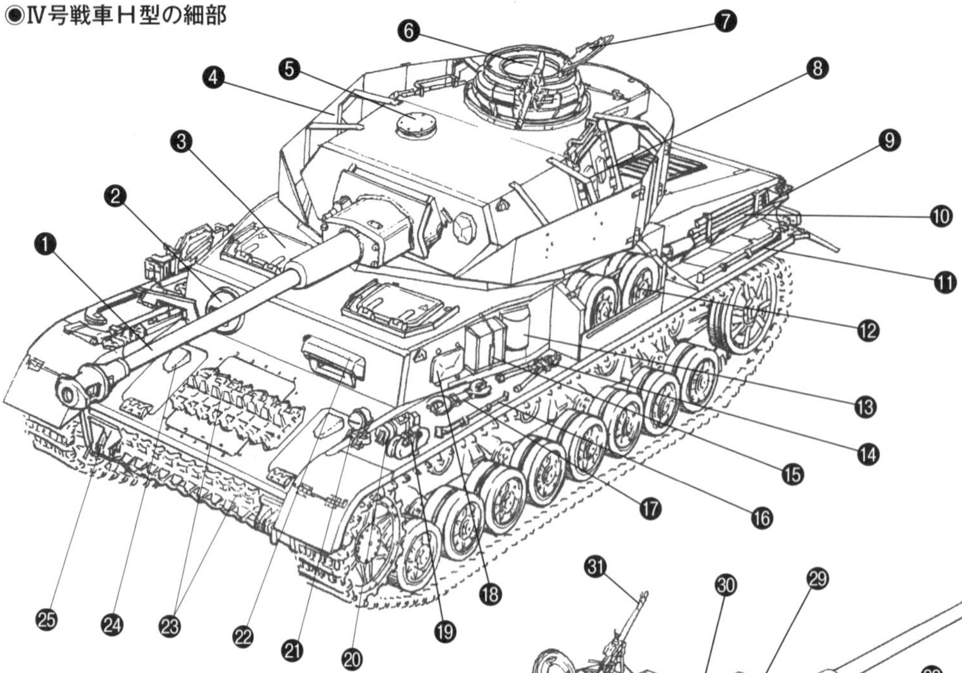

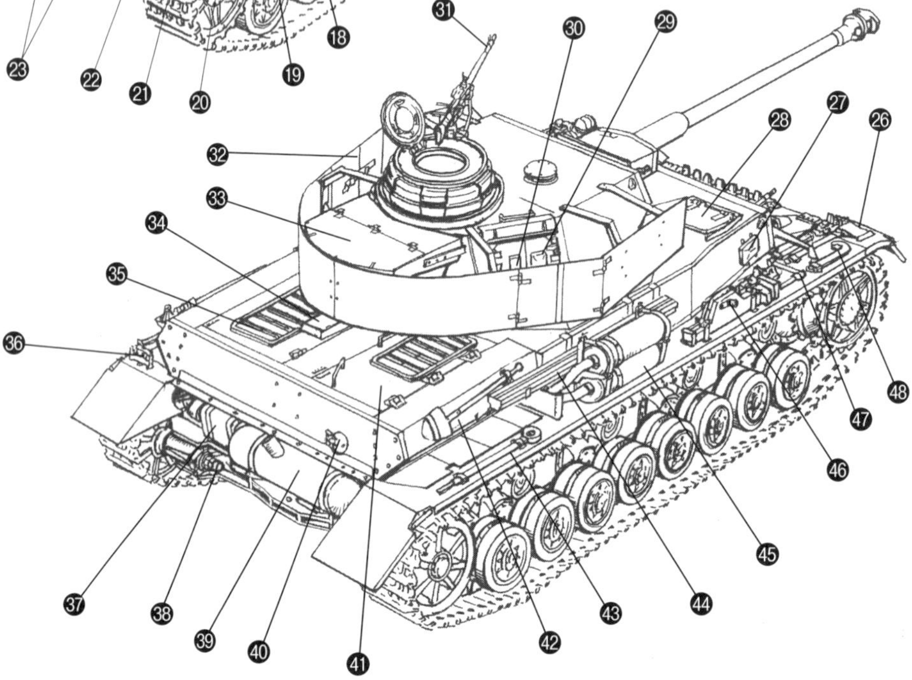

1 48口径7.5cm戦車砲KwK40
2 MG34機銃ボールマウント
3 無線手用ハッチ
4 シュルツェン
5 ベンチレーター
6 車長用キューポラ
7 キューポラハッチ
8 砲手用ハッチ
9 アンテナ基部
10 砲身クリーニングロッド
11 バール
12 予備転輪ラック(転輪2個収納)
13 通気口装甲カバー
14 ワイヤーカッター
15 ジャッキ台
16 バール
17 レンチ
18 操縦手用視察クラッペ
19 C字形クレビス(2個装備)
20 消火器
21 ボッシュライト
22 操縦手用視察バイザー
23 予備履帯ラック
24 通気口装甲カバー
25 牽引ホールド
26 斧
27 無線手用視察クラッペ
28 無線手用ハッチ
29 視察クラッペ(装填手用ハッチ前部)
30 射撃クラッペ(装填手用ハッチ後部)
31 MG34 7.92mm機関銃
32 シュルツェン側面の開閉パネル
33 ゲペックカステン
34 ラジエター用冷却注入口カバー
35 ラジエター点検ハッチ
36 車間表示灯
37 砲塔旋回用補助エンジンのマフラー
38 履帯張度調整装置
39 主エンジン用マフラー
40 ラジエター冷却ファン停止装置用ハッチ
41 冷却ファン点検ハッチ
42 シャベル
43 履帯張度調整工具
44 アンテナ収納ケース
45 エアクリーナー
46 ジャッキ
47 エンジン始動用クランク
48 履帯交換用工具

◉Ⅳ号戦車の整備・修理方法

前線での戦車の整備、修理も戦車兵の仕事。こんなに大変なんだ！

牽引ケーブルの装着方法

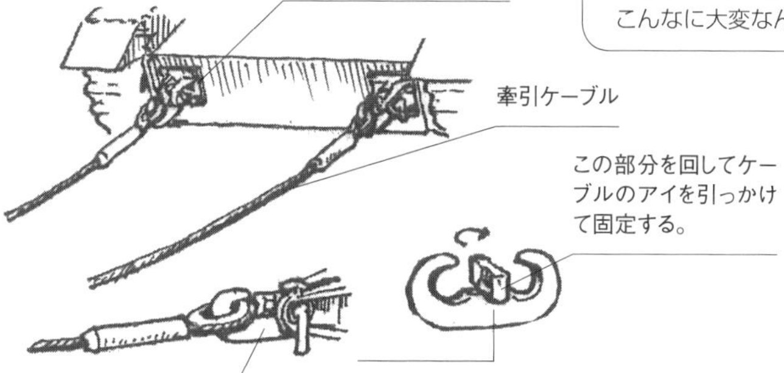
車体前面の牽引ホールド
牽引ケーブル
この部分を回してケーブルのアイを引っかけて固定する。
C字形クレビス
C字形クレビスを使って、牽引ホールドと牽引ケーブルを連結。

転輪へのグリース差し

グリースニップル
転輪
グリース注入器
グリース缶

砲身内の洗浄

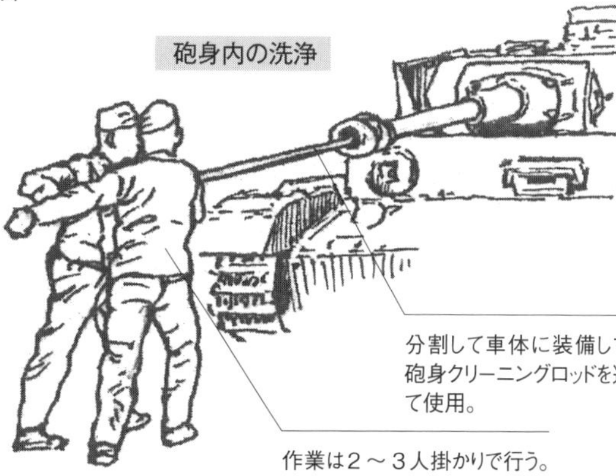
分割して車体に装備している砲身クリーニングロッドを連結して使用。
作業は2～3人掛かりで行う。

戦車兵は、こうした整備、修理ができて一人前なんだ！

履帯の交換

牽引ホールド
切れた履帯
ジャッキ
ジャッキ台

ジャッキ台にジャッキを乗せ、ジャッキ固定面を牽引ホールドの底面に噛ませ、ハンドルを回して上げていく。

履帯交換用工具

連結シャフト
ハンマー
バール

履帯交換用工具とバールを使って、履帯を仮止めしておき、ハンマーを使って連結シャフトを打ち込む。

手動によるエンジン始動

通常はセルモーターでエンジンを始動した。
主エンジン用マフラー
車体後面の下部中央に設置されたエンジン始動用クランク差し込み口。
クランクを差し込み、回す。

履帯の張り具合を調整

車体後面下部の左右に設置された履帯張度調整装置（イラストは車体右側）。
レンチを所定の位置に填め、回す。

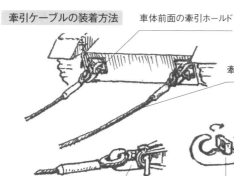

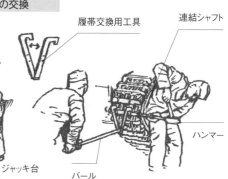

車長用キューポラ

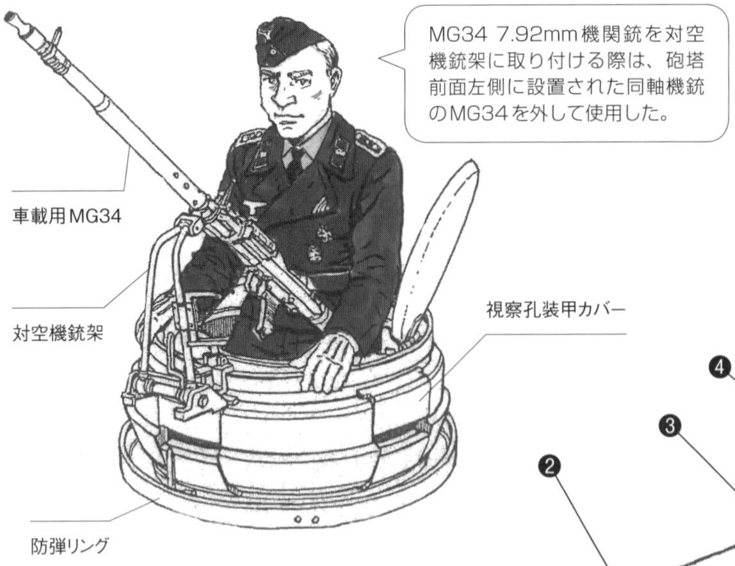
MG34 7.92mm機関銃を対空機銃架に取り付ける際は、砲塔前面左側に設置された同軸機銃のMG34を外して使用した。
車載用MG34
対空機銃架
視察孔装甲カバー
防弾リング

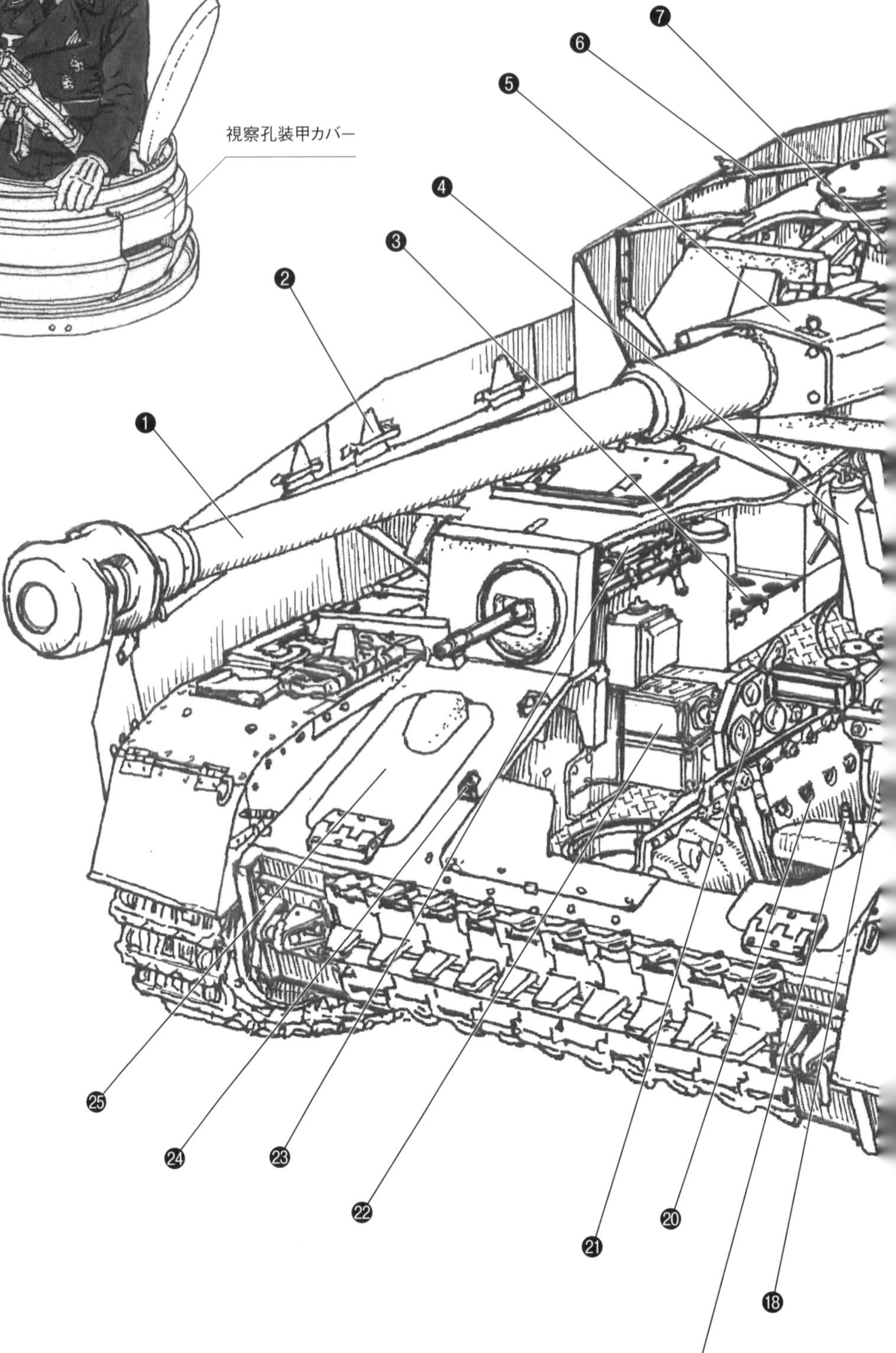
1
2
3
4
5
6
7
18
19
20
21
22
23
24
25

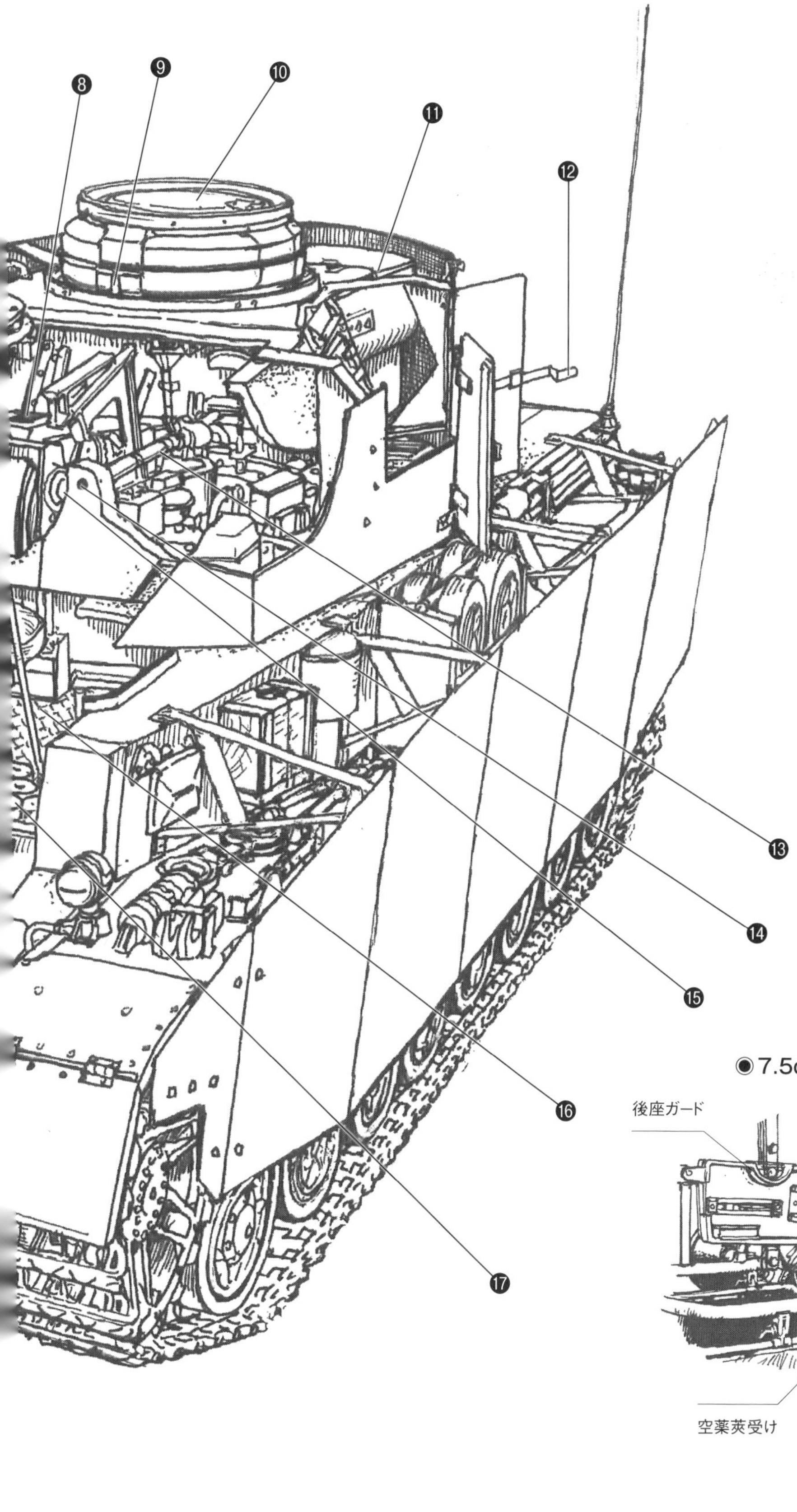

◉Ⅳ号戦車H型の構造

1. 48口径7.5cm戦車砲KwK40
2. シュルツェン架
3. 砲弾収納庫
4. 砲平衡機
5. 駐退復座機装甲カバー
6. 砲塔シュルツェン架
7. ベンチレーター
8. 砲尾
9. 直接照準器具
10. 車長用キューポラ
11. ゲペックカステン
12. シュルツェン・ハッチ固定具
13. 照準器
14. 照準器孔
15. 砲耳
16. 砲塔バスケット床面
17. 砲弾収納庫
18. 操縦手席
19. 操向レバー
20. 変速機
21. 計器パネル
22. 無線機
23. MG34 7.92mm機関銃
24. 予備履帯固定具
25. ブレーキ点検ハッチ

◉7.5cm戦車砲KwK40の砲尾付近

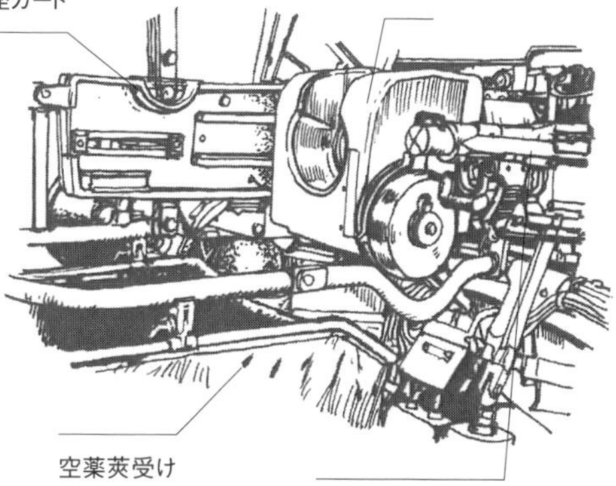

Ⅳ号戦車の派生型

■Ⅳ号指揮戦車

日々激しさを増す戦場では60口径5cm戦車砲KwK39を装備したIII号の指揮戦車K型ですら、火力不足が指摘されるようになった。そこで、開発されたのが、48口径7.5cm戦車砲KwK40を装備したⅣ号戦車H型/G型をベースとした指揮戦車である。

Ⅳ号指揮戦車は、Fu8無線機を追加したSd.Kfz.267とFu7を追加したSd.Kfz.268の2種類あり、SdKfz.268は通常型と同じアンテナ基部にFu7用1.4mアンテナを装着。S.d.kfz.267は砲塔上面右側のベンチレーター外側にアンテナ基部を増設しFu5用アンテナを装備し、さらに機関室後部右端に増設されたアンテナ基部にFu8用1.8mシュテルン（星形）アンテナを装着している。

また、Sd.Kfz.267、Sd.Kfz.268ともに車長用キューポラの左前方内部に上げ下げ可能なTSR.1ペリスコープを設置している。

1944年3月から1945年1月までに改造車、新規生産車合わせて103両が造られた。

■Ⅳ号潜水戦車

イギリス本土上陸作戦"ゼーレーヴェ作戦"のために48両のD型と85両のE型が潜水戦車に改造された。III号潜水戦車と同様に砲塔ターレットリングや各ハッチの防水対策、主砲防盾、前方機銃、機関室吸気口への防水カバーの装着などが行われている。

しかし、"ゼーレーヴェ作戦"が中止となり、Ⅳ号潜水戦車の大半は、東部戦線で活動する第18装甲師団や第7装甲師団などに配備され、通常の戦車として使用された。

■Ⅳ号砲兵用観測戦車

ドイツ軍は砲兵連隊の自走砲に随伴し、前線での弾着確認などを行うためにIII号砲兵用観測戦車を使用していたが、同車両はMG34機関銃しか装備しておらず、対戦車戦闘能力が不足していた。観測戦車にも戦闘能力が必要となり、7.5cm戦車砲KwK40を備えたⅣ号戦車をベースとした観測戦車の製作が1944年4月から始まった。

Ⅳ号砲兵用観測戦車は前線から整備・修理のために戻って来たH型や

Ⅳ号指揮戦車

全長：7.02m　全幅：2.88m　全高：2.68m（アンテナは含まず）　重量：25t　乗員：5名　武装：48口径7.5cm戦車砲KwK40×1門、MG34 7.92mm機関銃×1挺　最大装甲厚：80mm　エンジン：マイバッハ社製HL120TR(300hp)　最大速度：40km/h

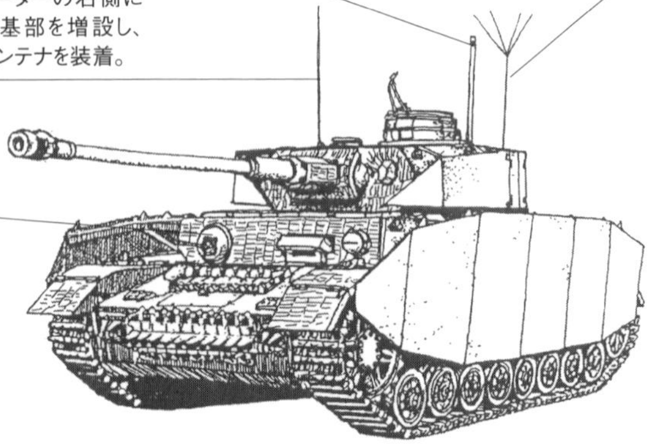

車長用キューポラ左前方にTSR.1ペリスコープを装備。
機関室後部右側にもアンテナ基部を増設し、Fu8用シュテルンアンテナを装着。
ベンチレーターの右側にアンテナ基部を増設し、Fu5用アンテナを装着。
Ⅳ号戦車G型とH型がベース。

Ⅳ号潜水戦車D型

全長：5.92m　全幅：2.84m　全高：2.68m　重量：20t　乗員：5名　武装：24口径7.5cm戦車砲KwK37×1門、MG34 7.92mm機関銃×2挺　最大装甲厚：30mm　エンジン：マイバッハ社製HL120TR(300hp)　最大速度：40km/h

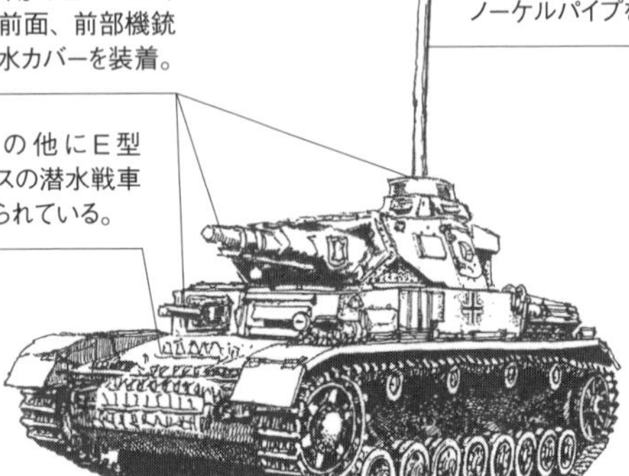

車長用キューポラ、砲塔前面、前部機銃に防水カバーを装着。
車長用キューポラ上にシュノーケルパイプを装備。
D型の他にE型ベースの潜水戦車も造られている。

Ⅳ号戦車 パンターF型砲塔搭載型

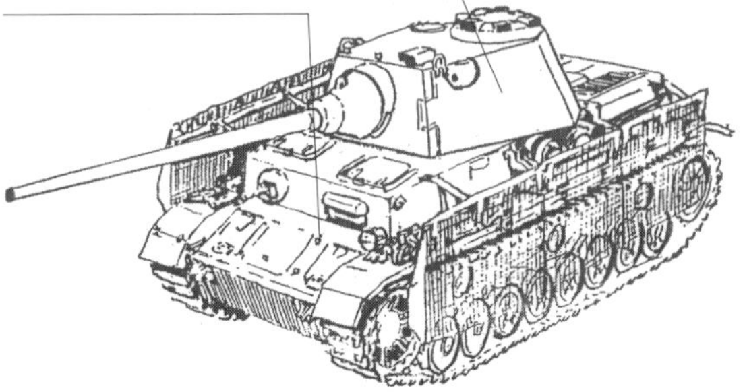

パンターF型の砲塔を搭載。
Ⅳ号戦車J型の車体を使用。

J型を改造し、Fu4とFu8無線機を追加。砲塔上面右側に増設されたアンテナ基部にFu4用1.4mアンテナを、機関室後面右側上部に増設されたアンテナ基部にはFu8用1.8mシュテルンアンテナが装着されていた。また、MG34同軸機銃は撤去され、車長用キューポラはIII号突撃砲G型のものに交換されている。

IV号砲兵用観測戦車は、1945年3月までに133両が造られた。

■IV号架橋戦車

IV号架橋戦車は、クルップ社とマギラス社によって造られた。両社はIV号戦車C型/D型の車台を用いたIV号架橋戦車b型を20両、さらにクルップ社はIV号戦車F型の車台を使用した4両の架橋戦車c型を生産した。

クルップ社の架橋戦車は、起倒式クレーンで橋を吊り上げ、前方に出す方式だが、マルギス社の車両は、橋を前方にスライドする方式を採用していた。

■IV号弾薬運搬車

60cm自走臼砲カールとして知られる040/041兵器機材カールに使用する60cm砲弾の運搬専用車両としてIV号戦車D型/E型/F型の車台を利用して12両が改造された。

車体上部右側前部に電動式のクレーンを設置し、その後方には砲弾4発を収納する大型弾薬コンテナが設置されていた。また、12両の内、2両は後にカールの主砲換装に伴い、54cm砲弾運搬用に改装されている。

■IV号戦車回収車

前線から整備や修理で戻ってきたIV号戦車を転用し、1944年10月〜1945年3月までに21両の戦車回収車が造られた。

ターレットリング開口部は木製カバーで覆われ、同カバー右側に乗降用ハッチを設置。車体上面の操縦手/無線手用ハッチの間には滑車が、上面右側には軟弱地脱出用の角材、上面左側には分解した2tクレーンを装備している。

■IV号戦車
パンターF型砲塔搭載型

第二次大戦後期には48口径7.5cm戦車砲KwK40を持ってしてもソ連戦車との戦闘では十分とは言えなくなっていた。

そこで、IV号戦車の火力強化案としてパンターと同じ70口径7.5cm戦車砲KwK42を搭載するプランが持ち上がる。原寸大モックアップを製作し、計画の検討が行われるが、砲塔内部容積の関係から70口径7.5cm戦車砲KwK42の搭載は無理であることが判明し、廃案となった。

しかし、その後もIV号戦車の火力強化策は続けられ、1944年11月にはクルップ社によってIV号戦車の車体に当時開発中だったパンターF型の砲塔"シュマルツルム"を搭載する設計案が兵器局に提案されている。結局、この案も解決しなければならない問題(重量過多、操縦手/無線手用ハッチの配置など)が多く、実現することなく終わった。

■その他の試作、計画車両

流体変速機搭載車や突撃橋搭載車、車体前部に地雷除去ローラーを取り付けた地雷除去車、IV号戦車の足回りをそのまま使用した装甲フェリー、液化ガス燃料実験車などが試作された他、クルップ社による生産簡易砲塔搭載案も計画されていた。

IV号架橋戦車b型

全長:11m　全幅:3m　全高:3.54m　重量:28t　乗員:2名　武装:MG34 7.92mm機関銃×1挺　最大装甲厚:30mm　エンジン:マイバッハ社製HL120TR(300hp)　最大速度:40km/h

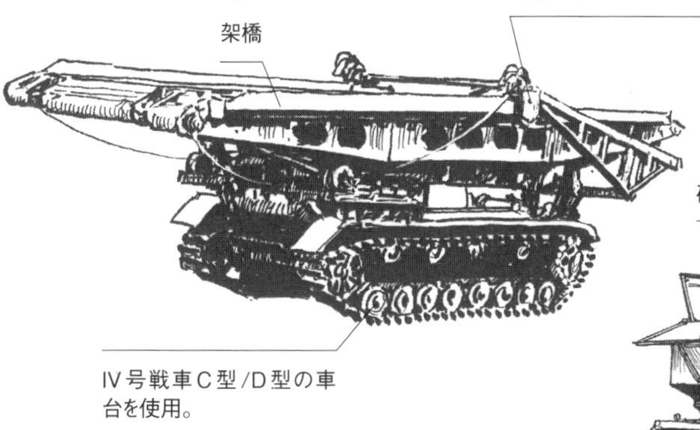
架橋を吊り上げるクレーン。
架橋
IV号戦車C型/D型の車台を使用。

IV号弾薬運搬車

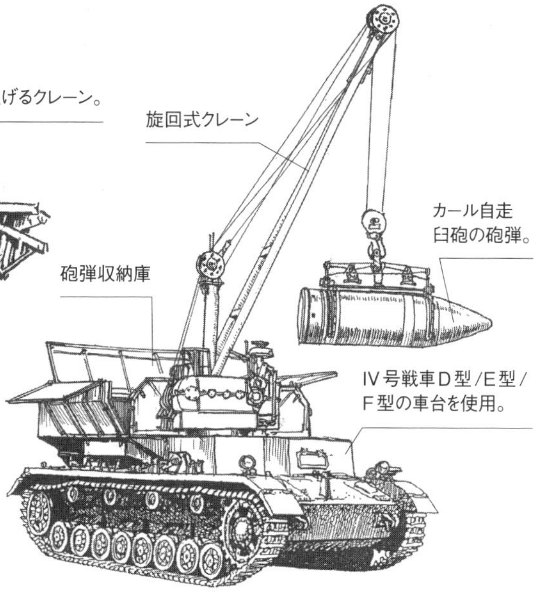
旋回式クレーン
カール自走臼砲の砲弾。
砲弾収納庫
IV号戦車D型/E型/F型の車台を使用。

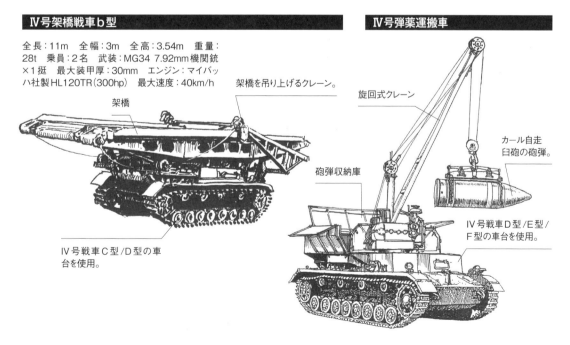

Ⅳ型対戦車自走砲

■10.5cm K18搭載 Ⅳ号a型装甲自走車台

Ⅳ号戦車の車台を用いた初の自走砲となった“10.5cm K18搭載Ⅳ号a型装甲自走車台”は兵器局第6課が提案した敵トーチカ攻略用自走砲の開発要請に従い、クルップ社が製作した車両である。

車台は、当時、ドイツ軍でもっとも大きな量産車両であったⅣ号戦車が選ばれ、D型の車体下部を転用し、車体上部は新たに設計された。全長7.52m、全高3.25m、全幅2.84m、重量25tの車体後方にオープントップ式の戦闘室を配し、52口径10.5cmカノン砲K18を搭載している。

1940年初頭に試作車2両が完成し、1941年5月には同車の運用方法がトーチカ攻略用から対戦車自走砲へと変更された。10.5cm K18搭載Ⅳ号a型装甲自走車台は、1942年から量産が開始される予定だったが、量産されることなく試作車2両の製作のみで終わっている。

完成した2両の10.5cm K18搭載Ⅳ号a型装甲自走車台は、第521戦車駆逐大隊の第3中隊に配属され、1941年夏の東部戦線に実戦投入された。部隊に配備された後にトラベリングクランプを追加装備し、マズルブレーキは形状の異なるタイプに変更されている。

10.5cm K18搭載Ⅳ号a型装甲自走車台

全長:7.52m　全幅:2.84m　全高:3.25m　重量:25t　乗員:5名　武装:52口径10.5cmカノン砲K18×1門、MG34 7.92mm機関銃×1挺　最大装甲厚:30mm　エンジン:マイバッハ社製HL120TR(300hp)　最大速度:40km/h

主砲は10.5cmカノン砲K18を搭載。
戦闘室後部はオープントップになっている。
Ⅳ号戦車D型の車台をベースとしている。

ナースホルン(1943年5月以降の生産車)

全長:8.44m　全幅:2.86m　全高:2.65m　重量:24t　乗員:4名　武装:71口径8.8cm対戦車砲PaK43/41×1門、MG34 7.92mm機関銃×1挺　最大装甲厚:30mm　エンジン:マイバッハ社製HL120TR(300hp)　最大速度:42km/h

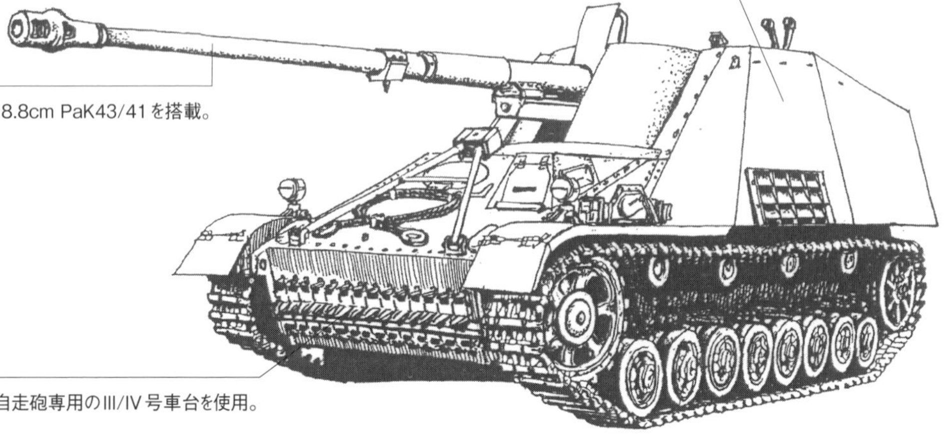
戦闘室の装甲厚は10mm厚。
71口径8.8cm PaK43/41を搭載。
自走砲専用のⅢ/Ⅳ号車台を使用。

2両とも度重なる戦闘で失われているが、52口径10.5cm砲は相当強力だったようで、車両の砲身には7本のキルマークと“32 to”の文字が描き込まれており、かなり活躍したことを伺わせる。前線の乗員たちからは“10.5cm K18搭載IV号a型装甲自走車台”という制式名ではなく、“ディッカーマックス（太ったマックス）”の愛称で呼ばれていた。

■ナースホルン

ドイツ軍は、1941年後半からソ連軍のT-34中戦車、KV重戦車に対抗するために7.62cm対戦車砲PaK36（r）や7.5cm対戦車砲PaK40を搭載したマーダー対戦車自走砲などを次々と開発し、戦場に投入した。それらの車両は、期待どおりの戦果を上げていたが、より遠距離から攻撃可能な車両が必要となり、1942年初頭、自走砲専用のIII/IV号車台にクルップ社が開発中の新型8.8cm対戦車砲PaK43を搭載した対戦車自走砲の開発を決定した。

1942年10月にPaK43の車載型PaK43/1を搭載した試作車が完成し、“III/IV号車台8.8cm PaK43/1搭載自走砲Sd.Kfz.164ホルニッセ”として制式採用となり、1943年2月から量産が始まった。

同年7月のクルスク戦において実戦に投入されたホルニッセは、攻撃力ではティーガーI、パンターを凌ぎ、フェルディナント駆逐戦車とともにドイツ軍最強の戦闘車両として活躍する。

1944年1月に名称が“ホルニッセ”から“ナースホルン”に変更された。ナースホルンは、量産と並行し、改良・仕様変更が実施されており、車体後面マフラーの廃止、トラベリングクランプの変更、牽引ケーブルの設置位置変更などが行われた他、ベースとなったIV号戦車の仕様変更に伴い、転輪ハブや履帯の形状など足回りにも変更箇所が見られる。

ナースホルンは当初、1943年12月に生産を終了する予定だったが、圧倒的な攻撃力を有する71口径8.8cm PaK43/41搭載車両の必要性は依然高く、生産は終戦間際の1945年3月まで続行され、最終的に494両が造られている。

ホルニッセ（ナースホルン 極初期生産車）

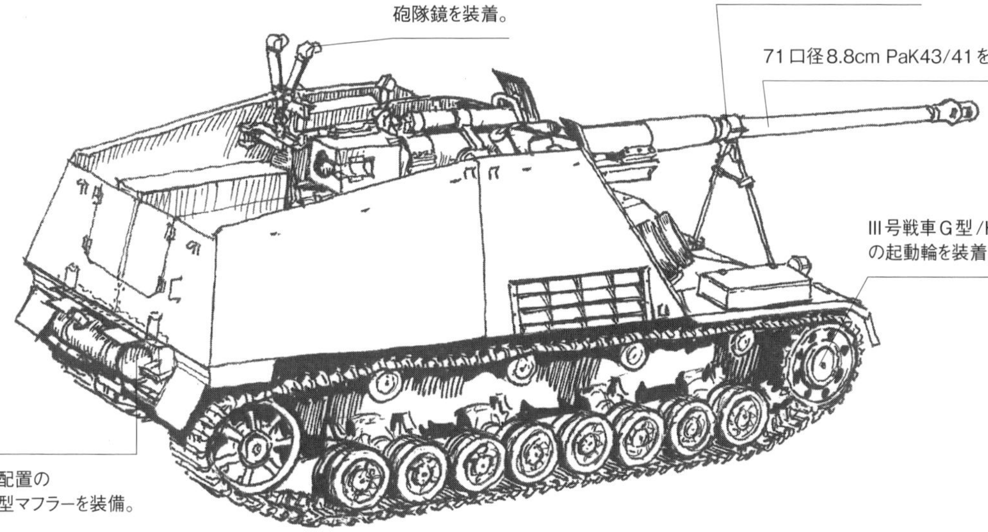
初期タイプの
トラベリングクランプを装備。
砲隊鏡を装着。
71口径8.8cm PaK43/41を搭載。
III号戦車G型/H型用
の起動輪を装着。
横配置の
大型マフラーを装備。

◉車体後面の変化

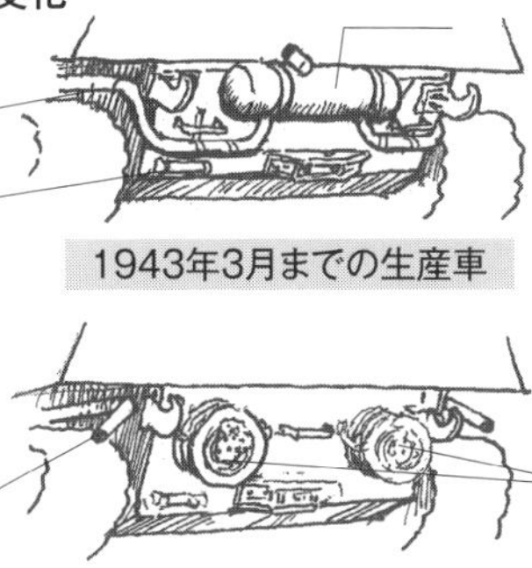
マフラー
排気管
車間表示灯
1943年3月までの生産車
マフラーを廃止し、
予備転輪ラックを設置。
排気管は後方
排気に変更。
1943年4月以降の生産車

◉トラベリングクランプ

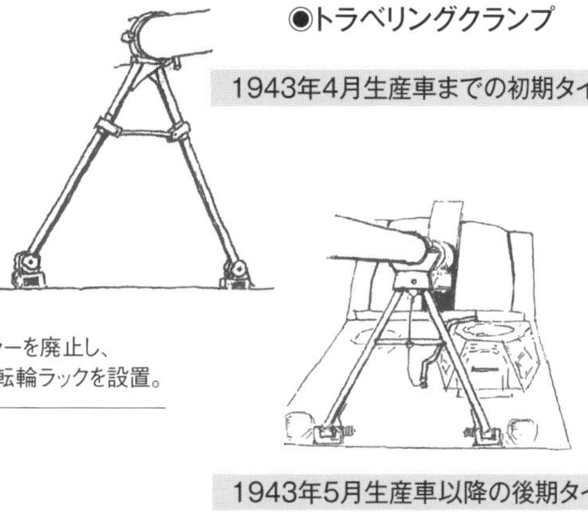
1943年4月生産車までの初期タイプ
1943年5月生産車以降の後期タイプ

Ⅳ号自走榴弾砲

■10.5cm leFH18/1搭載Ⅳ号b型自走砲

10.5cm K18搭載Ⅳ号a型装甲自走車台に続き、陸軍兵器局第6課から28口径10.5cm leFH18/1榴弾砲を搭載する自走砲の開発要請を受けたクルップ社は、Ⅳ号戦車の車台を改装した設計案を提出する。試作1号車と2号車の2両が1941年末に完成し、1942年1月にテストが実施された。

その結果、さらに10両の先行量産型0シリーズを造ることが決定し、同年11月に完成。兵器局は10.5cm leFH18/1搭載Ⅳ号b型自走砲の制式名称を与えた。

10.5cm leFH18/1搭載Ⅳ号b型自走砲は、Ⅳ号戦車の車台を転用しているが、全長を短く（転輪は8個から6個に減少）するなど、車体下部はかなり改修が加えられている。車体上部は新規に設計されており、前部の操縦室左側に操縦手席、右側に無線手席を配し、中央に砲塔を搭載、機関室は後部に置かれている。

砲塔はオープントップ式で、全周旋回式ではなく、左右にそれぞれ35°の射角が与えられていた。砲塔内には車長、砲手、装填手の3名が搭乗し、60発の砲弾を収容している。主砲の10.5cm榴弾砲leFH18/1の発射速度は6発/分、最大射程10,500mで十分な火力を有していた。自走砲ゆえ装甲は薄く、車体前面でも20mm厚に過ぎない。その分、重量は17tと軽く、マイバッハHL66（188hp）エンジンにより、最高速度45km/hを出すことができ、機動性は良好だった。

10.5cm leFH18/1搭載Ⅳ号b型自走砲は、1943年1月から200両の生産が予定されていたが、専用設計の車体による低生産性とコスト高、さらに同時期に並行して開発が進められていたIII/Ⅳ号車台使用のホイシュレッケの方が高性能であることが判明したため、10.5cm leFH18/1搭載Ⅳ号b型自走砲は、1942年11月に開発が

10.5cm leFH18/1搭載Ⅳ号b型兵器運搬車ホイシュレッケ10

全長：6.57m　全幅：2.9m　全高：2.65m　重量：24t　乗員：5名　武装：28口径10.5cm軽榴弾砲leFH18/6×1門　最大装甲厚：30mm　エンジン：マイバッハ社製HL90（360hp）　最大速度：38km/h

全周旋回式砲塔は地上に降ろして砲台としても使用できる。
ホイシュレッケ専用の10.5cm leFH18/6を搭載。
車体はナースホルン/フンメル用のIII/IV号車台を改修。
砲塔の上げ降ろしに使用するクレーンを装備。
組み立て式の台座。

砲塔を地上に降ろす様子

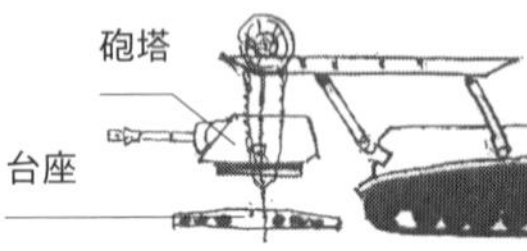
砲塔
車体
台座

10.5cm leFH18/1搭載Ⅳ号b型自走砲

全長：5.9m　全幅：2.87m　全高：2.25m　重量：17t　乗員：4名　武装：28口径10.5cm軽榴弾砲leFH18/1×1門　最大装甲厚：20mm　エンジン：マイバッハ社製HL66TR（188hp）　最大速度：35km/h

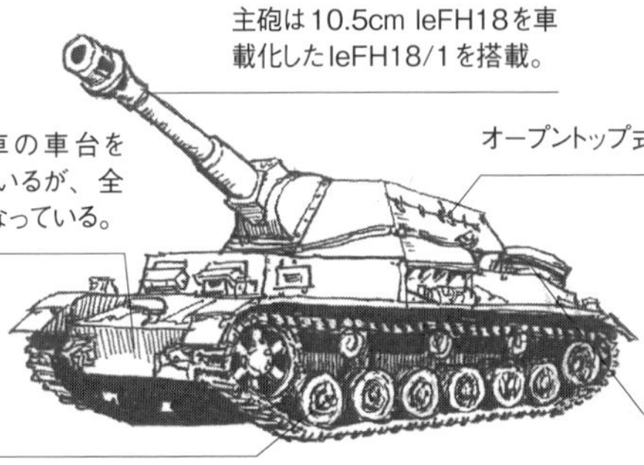
主砲は10.5cm leFH18を車載化したleFH18/1を搭載。
IV号戦車の車台を使用しているが、全長が短くなっている。
オープントップ式の戦闘室。
転輪は8個から6個配置に変更。
機関室上面の構造、レイアウトはIV号戦車とはかなり異なる。

10.5cm leFH18/40/2搭載Ⅲ/Ⅳ号自走榴弾砲

全長：7.195m　全幅：3.0m　全高：3m　重量：25t　乗員：5名　武装：28口径10.5cm軽榴弾砲leFH18/40/2×1門　最大装甲厚：30mm　エンジン：マイバッハ社製HL90（360hp）　最大速度：42km/h

主砲の10.5cm leFH18/40/2は、地上に降ろして使用することもできる。
戦闘室側面は開閉可能。
機関室は独自の設計になっている。
車体はナースホルン/フンメル用のIII/IV号車台を改修。

中止となった。

■10.5cm leFH18/1搭載Ⅳ号b型兵器運搬車ホイシュレッケ10

10.5cm leFH18/1搭載Ⅳ号b型自走砲の開発が進められていた1942年春、兵器局第6課は、同じ28口径10.5cm榴弾砲leFH18/1を搭載し、新しい設計コンセプトに基づいた自走砲の開発をクルップ社とラインメタル社に要請する。

新型自走砲では、leFH18/1を装備した砲塔を全周旋回式とし、さらに必要に応じて砲塔そのものを車体から降ろして地上に設置して砲台として使用することも可能とすることが要求されていた。クルップ社は兵器局の要求仕様に沿って、1943年3月に3両の試作車を完成させた。

ホイシュレッケ10と名付けられたクルップ社製の試作自走砲は、ナースホルンやフンメルに用いられたIII/IV号車台を改修したものを使用している。ホイシュレッケ10の最大の特徴は、要求仕様どおりにオープントップ式の砲塔を車体から降ろし砲台として使用できることである。

そのため、車体も他車には見られない独特な構造となっている。車体左右側面には、砲塔を昇降するための起倒式のリフティングブームを設置し、さらに地上に降ろした砲塔を載せるための組み立て式台座や砲台を移動させるための転輪までも車体に装備されていた。

ホイシュレッケ10は実用化に向けテストが行われたが、結局、試作車の製作のみで終わった。コンセプト的には優れたホイシュレッケ10が不採用になった理由は、同車の開発に時間が掛かり過ぎ、その間に暫定的に急遽開発された、同じ10.5cm榴弾砲leFH18/1を搭載したII号自走榴弾砲ヴェスペの完成度が高く、ホイシュレッケ10の試作車が完成する頃には既にヴェスペの量産が始まっていたためである。

なお、ホイシュレッケ10の量産型では、主砲をより強力なleFH43に変更することも考えられていた。

■10.5cm leFH18/40/2搭載Ⅲ/Ⅳ号自走榴弾砲

兵器局第6課により、III/IV号車台に10.5cm leFH18/1装備の旋回砲塔を搭載し、必要に応じて砲塔を車体から降ろして砲台としても使用することも可能な新型自走砲の開発要請を受けたライメタル社は、1944年に10.5cm leFH18/40/2搭載III/IV号自走榴弾砲の試作車を完成させる。

クルップ社との競作になったため、同社のホイシュレッケ10と似ているが、ホイシュレッケ10は、砲塔そのものを取り外し、砲台として使用するようになっていたのに対し、ラインメタル社の10.5cm leFH18/40/2搭載III/IV号自走榴弾砲は、搭載火砲のみを降ろして通常火砲と同様に使用するようになっていた。また、火砲吊り下げ用のリフティングブームなどの機材も装備していなかった。

フンメル 初期型

全長：7.17m　全幅：2.97m　全高：2.81m　重量：23t　乗員：5名　武装：30口径15cm重榴弾砲sFH18/1×1門、MG34 7.92mm機関銃×1挺　最大装甲厚：30mm　エンジン：マイバッハ社製HL120TRM（300hp）　最大速度：42km/h

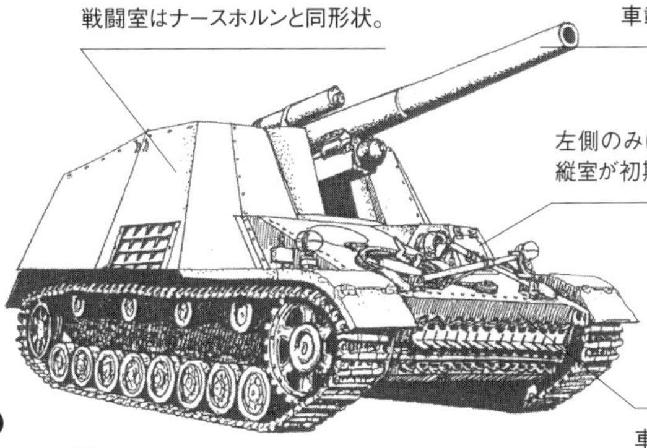

戦闘室はナースホルンと同形状。
15cm重榴弾砲sFH18の車載型sFH18/1を搭載。
左側のみに張り出した操縦室が初期型の特徴。
車体はナースホルンと共通のIII/IV号車台を使用。

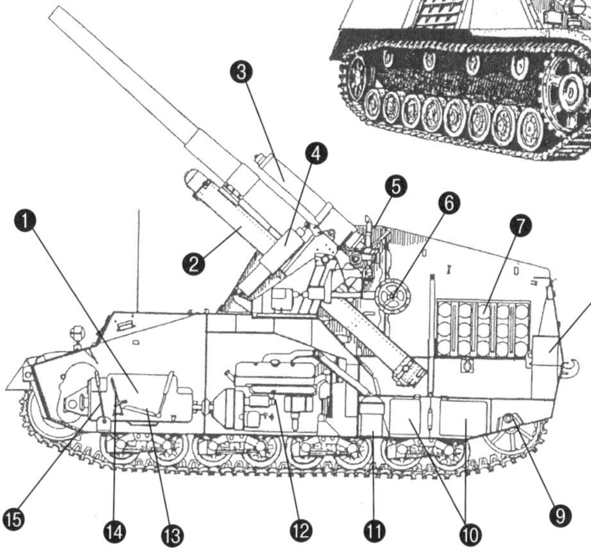

◉フンメルの内部構造

❶ 変速機
❷ 駐退機
❸ 復座機
❹ 平衡器
❺ 照準器
❻ 砲旋回／俯仰ハンドル
❼ 薬莢収納箱
❽ 砲弾収納庫
❾ 履帯張度調整装置
❿ 燃料タンク
⓫ エアフィルター
⓬ マイバッハ社製HL120TRM
⓭ 操縦手席
⓮ 変速レバー
⓯ 操向レバー

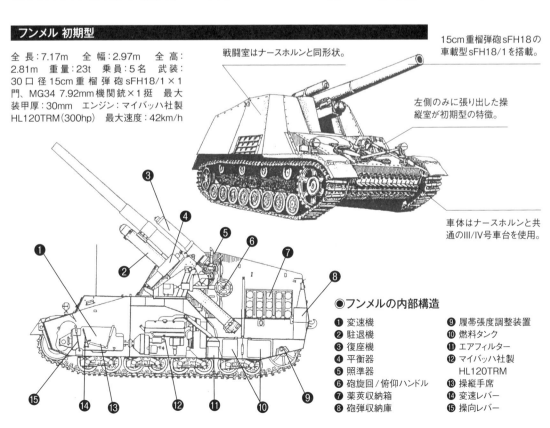

ラインメタル社製試作自走砲もクルップ社製ホイシュレッケ10と同様に完成度は高かったが、時期的に多種多様な戦闘車両を量産する余裕などなく、既にII号自走榴弾砲ヴェスペが制式化されていたこともあり、試作車1両のみの製作で開発中止となった。

■フンメル

ドイツ軍は自軍の主要榴弾砲である15cm sFH18の自走砲化の開発を1942年から本格的に開始する。1942年7月、自走砲専用に開発されたIII/IV号車台を使用することが決定し、同年10月には早くも試作1号車が完成。1943年2月に“15cm sFH18/1搭載 III/IV号自走砲フンメル”との制式名称が与えられ、量産が始まる。

フンメルは、車体上部及び戦闘室に至るまで、搭載火砲とその備品類を除けば、ナースホルンと全く同一車体である。後方配置の戦闘室は自走砲としては理想的なレイアウトであり、なおかつナースホルンと共通化することにより生産性を高めることにも成功している。

全長7.17m、全幅2.97m、全高2.81m、重量23tで、装甲厚は車体前面30mm/20°、前部上面15mm/73°、操縦室前面30mm/26°、上面15mm/90°、側面20mm/0°、後面22mm/10～75°、戦闘室は前面10mm/37°、側面10mm/16°、後面10mm/10°だった。

フンメルは、クルスク戦で初めて実戦に投入された。自走砲として非常に優れた性能を持っていたため、生産は1945年の終戦直前まで続けられ、714両が完成している。

フンメルも他のドイツAFVの例に漏れず、生産時期による度重なる改良や仕様変更による外見上の変化が見られ、車体後面にマフラーを備えたものを極初期型、マフラーを廃止したものを初期型、さらに操縦室の張り出しが大きくなったものを後期型として便宜上区分けされている。

■IV号戦車ロケットランチャー搭載試作車

第二次大戦ドイツ車両の中ではもっともバリエーションが多いIV号戦車シリーズだが、それらの中でも特異な車両の一つが、ロケットランチャー搭載車である。

車体は古くなったIV号戦車C型を流用しており、新設計の砲塔は全周旋回式で、砲塔後部には28cm/32cmロケット弾4発を収めた可動式ロケットランチャーを装備していた。実車写真は1枚しかなく、制式名称やその詳細は不明である。おそらく、試作車1両の製作で終わったものと見られる。

フンメル 後期型

無線手席側も含め、操縦室が大型化された。
吸排気ルーバーに金属製フードを装着。

フンメル弾薬運搬車

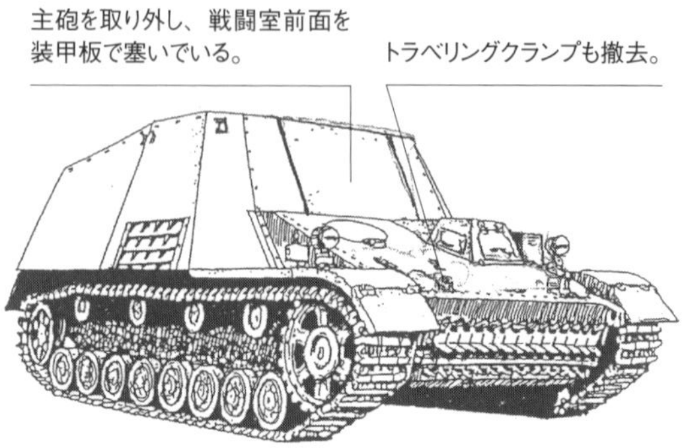
主砲を取り外し、戦闘室前面を装甲板で塞いでいる。
トラベリングクランプも撤去。

IV号戦車ロケットランチャー搭載試作車

全長：5.92m　全幅：2.83m　武装：28cm/32cmロケット弾×4発　最大装甲厚：30mm　エンジン：マイバッハ社製HL120TR（300hp）　最大速度：40km/h

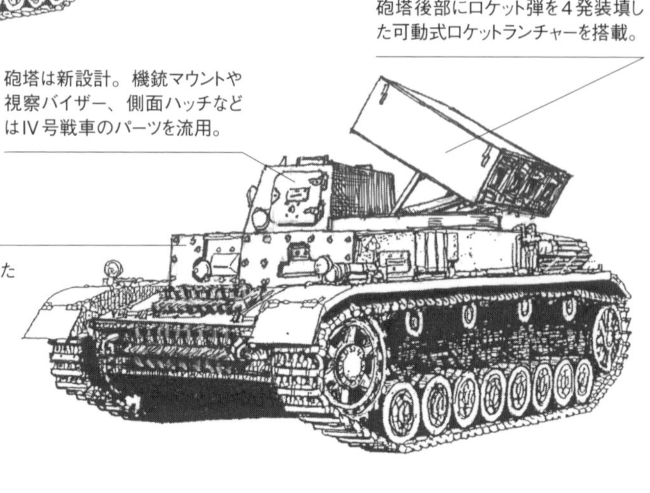
砲塔後部にロケット弾を4発装填した可動式ロケットランチャーを搭載。
砲塔は新設計。機銃マウントや視察バイザー、側面ハッチなどはIV号戦車のパーツを流用。
車体前面に増加装甲板を装着したIV号戦車C型の車体を使用。

IV号突撃戦車と突撃砲

■IV号突撃戦車ブルムベア

アルケット社は、33B型III号突撃歩兵砲の後継車両として、1943年4月からIV号戦車をベースとしたより本格的な車両、IV号突撃戦車ブルムベアの生産を開始した。

ブルムベアは、IV号戦車の車台上に戦闘室を新設し、15cm突撃榴弾砲StuH43を搭載。装甲は突撃戦車の名に相応しくかなり強固で、車体前面は50＋50mm厚/14°、戦闘室前面100mm厚/40°、同側面50mm厚/18°であった。

1943年4～5月にかけて第一次生産ロットの60両が造られたが、最初の8両はIV号戦車E型またはF型の車台を、それ以降の52両はG型の車台をベースとしていた。この最初の60両は初期型として区分されている。

第一次生産の後、1943年12月からブルムベアの生産が再開する。1944年4月までに生産された61両は中期型と呼ばれており、初期型生産時とは異なり、IV号戦車の生産がH型に移行していたため、車台はH型を使用していた。

主砲は新型のStuH43/1を搭載。操縦手用視察装置はペリスコープ式に変更となった他、戦闘室側面後部にもピストルポートを追加、上面の砲手用ハッチを廃止し、照準器スライド式カバーのみに変更、さらにベンチレーターの新設や車長用/装填手用ハッチ前方に跳弾ブロックが追加されるなどの変更が加えられていた。さらに細部の仕様や足回りがH型に準じたものに変わった。

ブルムベアは、1944年4月から大

IV号突撃戦車ブルムベア 初期型

全長：5.93m　全幅：2.88m　全高：2.52m　重量：28.2t
乗員：5名　武装：12口径15cm突撃榴弾砲StuH43×1門、MG34 7.92mm機関銃×1挺　最大装甲厚：100mm　エンジン：マイバッハ社製HL120TRM(300hp)　最大速度：40km/h

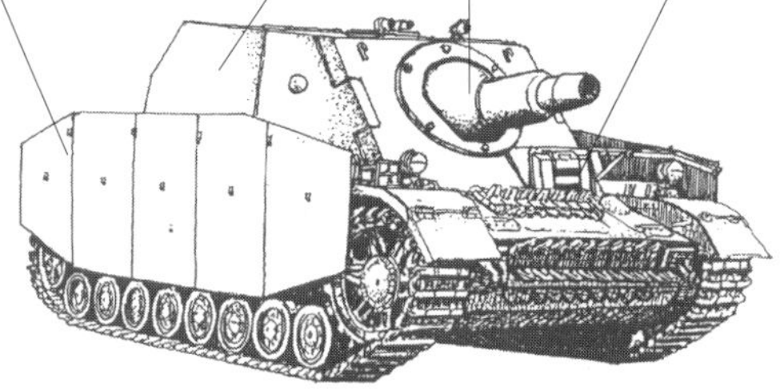
IV号戦車E型/F型/G型の車台を使用している。
15cm StuH43を搭載。
車体側面にシュルツェンを装備。
操縦室前面に視察バイザーを設置。

IV号突撃戦車ブルムベア 中期型

全長：5.93m　全幅：2.88m　全高：2.52m　重量：28.2t
乗員：5名　武装：12口径15cm突撃榴弾砲StuH43×1門、MG34 7.92mm機関銃×1挺　最大装甲厚：100mm　エンジン：マイバッハ社製HL120TRM(300hp)　最大速度：40km/h

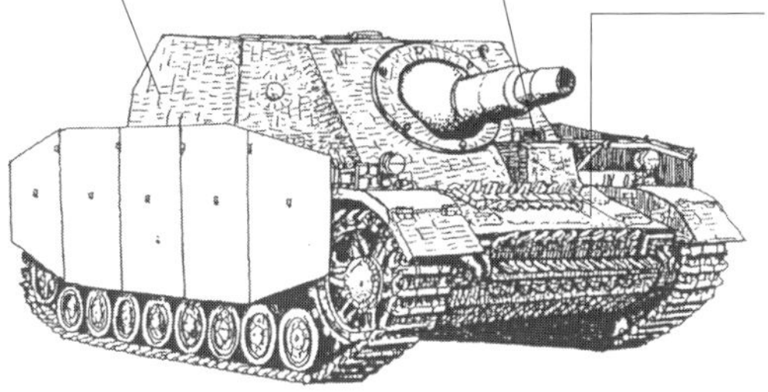
中期型は車体にツィンメリットコーティングが塗布されている。
操縦手用視察バイザーを廃止し、ペリスコープに変更。
中期型は、IV号戦車H型の車台を使用。

IV号突撃戦車ブルムベア 後期型

全長：5.93m　全幅：2.88m　全高：2.52m　重量：28.2t　乗員：5名　武装：12口径15cm突撃榴弾砲StuH43×1門、MG34 7.92mm機関銃×2挺　最大装甲厚：100mm　エンジン：マイバッハ社製HL120TRM（300hp）　最大速度：40km/h

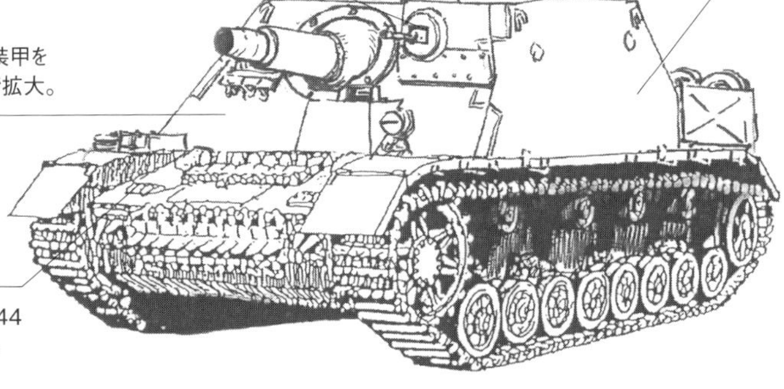
III号突撃砲G型と同じ車長用キューポラを設置。
1944年9月以降の生産車は、ツィンメリットコーティングを廃止。
戦闘室前面左側上部にMGボールマウントを増設。
戦闘室前面装甲を車幅一杯まで拡大。
生産当初はIV号戦車H型、1944年6月以降はJ型の車台を使用。

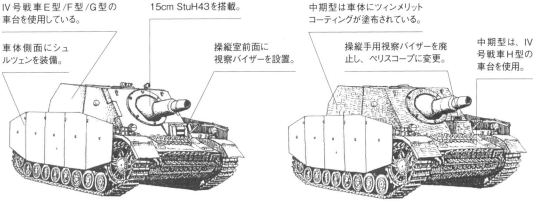

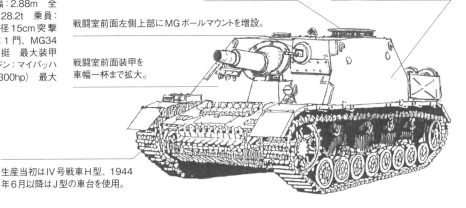

きく仕様を変更した後期型の生産に移行する。後期型では、戦闘室の形状を一新。戦闘室前面装甲板は車幅一杯とし、戦闘室側面は1枚板構成に改められた。戦闘室前面左上部には機銃ボールマウントを新設、戦闘室上面のレイアウトも大幅に変更し、III号突撃砲G型と同型の車長用キューポラが設置されている。

さらに1944年9月頃からは車重増加に伴い全鋼製の転輪が導入されるようになり、また後期生産車ではIV号戦車同様、鋳造製誘導輪や縦型マフラー、後部大型牽引ホールドも採り入れられている。ブルムベア後期型は、生産当初はIV号戦車H型の車台を用いていたが、6月以降はJ型車台を使用。ブルムベアは終戦までに計306両が造られた。

■IV号突撃砲

1943年11月にアルケット社が爆撃を受け、III号突撃砲の生産が停滞してしまう。当時最も必要とされていた車両の一つ、突撃砲の生産が滞ることを避けるためにIV号戦車の車台にIII号突撃砲G型の戦闘室を載せた突撃砲の生産を行うことが決定する。

1943年12月にダイムラーベンツ社で30両のIV号突撃砲が造られ、1944年1月からはIV号戦車を生産していたクルップ社のマグデブルク工場において本格的な量産が始まり、1945年4月までに総計1,141両が造られた。

1944年1月生産車まではIV号戦車H型をベースとしており、それ以降はJ型の車台を使って造られている。生産中にベースとなったIV号戦車H型やJ型、III号突撃砲G型と同様の改良や仕様変更が採り入れられた他、トラベリングクランプや操縦手用ハッチの形状変更、操縦室前部の可動式装甲板追加など、IV号突撃砲独自の改良も実施されている。

IV号突撃砲 初期型

全長：6.7m　全幅：2.95m　全高：2.2m　重量：23t　乗員：4名　武装：48口径7.5cm StuK40×1門、MG34 7.92mm機関銃×1挺　最大装甲厚：80mm　エンジン：マイバッハ社製HL120TRM（300hp）　最大速度：38km/h

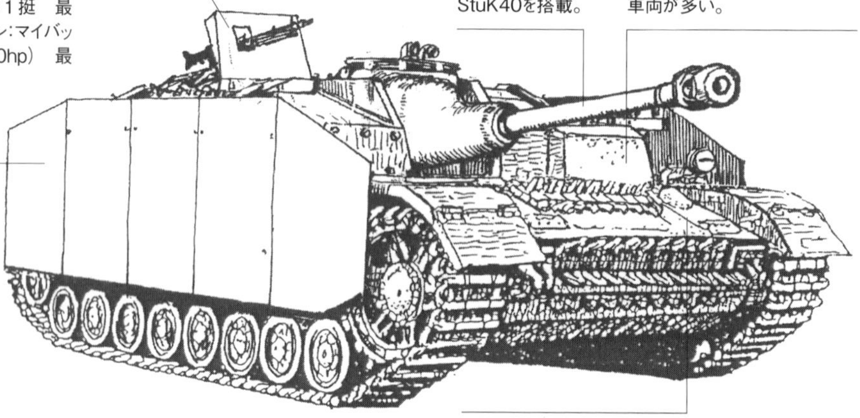
装填手用ハッチ前方に起倒式のMG用防盾を装備。
48口径7.5cm StuK40を搭載。
操縦室前面にコンクリートを盛り付け、防御性を高めていた車両が多い。
車体側面にシュルツェンを装備。
IV号戦車H型の車台を使用。

IV号突撃砲 後期型

1944年春頃から車内操作式のMG34が搭載されるようになる。
1944年2月以降は、IV号戦車J型の車台も使用されている。
1944年9月以降はツィンメリットコーティングが廃止される。

全長：6.7m　全幅：2.95m　全高：2.2m　重量：23t　乗員：4名　武装：48口径7.5cm StuK40×1門、MG34 7.92mm機関銃×1挺　最大装甲厚：80mm　エンジン：マイバッハ社製HL120TRM（300hp）　最大速度：38km/h

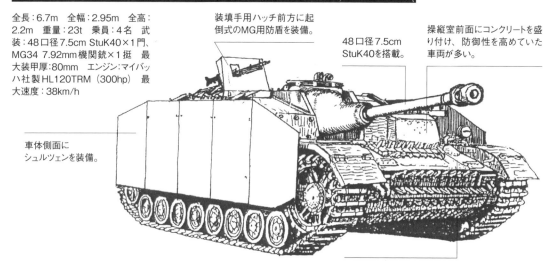

駆逐戦車

■E39駆逐戦車(初期設計案)

1942年後半、兵器局第6課は、Ⅳ号戦車をベースとした駆逐戦車の開発を各メーカーに指示する。1942年12月、クルップ社はそれに応じ、既に製作を進めていた10.5cm榴弾砲le FH18/1搭載Ⅳ号b型自走砲の車体を流用した駆逐戦車の設計案を兵器局に提示した。

E39駆逐戦車と名付けられたクルップ社の設計案は、Ⅳ号b型自走砲の車体上部に48口径7.5cm砲PaK39を搭載した戦闘室を新設し、さらに防御力を高めるため車体前面に傾斜装甲を増設するというものであった。E39駆逐戦車は、結局ペーパープランで終わった。

■Ⅳ号駆逐戦車

Ⅳ号戦車の車台を使った駆逐戦車の開発は、1942年9月に制式に決定し、フォマーク社によって開発が行われることになる。1943年12月に完成したⅣ号駆逐戦車の試作車0シリーズは、車体前面と戦闘室を傾斜装甲で覆い、車高を極めて低く抑えた特徴的なデザインであった。

前面上部装甲板は厚さ60mm/45°、同下部は50mm/55°、戦闘室前面は60mm/50°とⅣ号戦車クラスの車体サイズとしては十分な防御力を持っており、主砲はⅢ号突撃砲と同等の48口径7.5cm砲PaK39を搭載していた。

Ⅳ号駆逐戦車は試作車0シリーズの製作を経て、1944年1月より生産が始まる。基本的な構造、デザインは0シリーズをほぼそのまま踏襲していたが、曲面構成となっていた戦闘室前面両側は、量産車では通常の平面構成に変更された。

さらに生産と並行して、フロントヘビーに対処した重量配分に伴う車載装備品の配置変更や操縦手用MGポートの廃止、車体前面/戦闘室前面装

Ⅳ号駆逐戦車 初期型

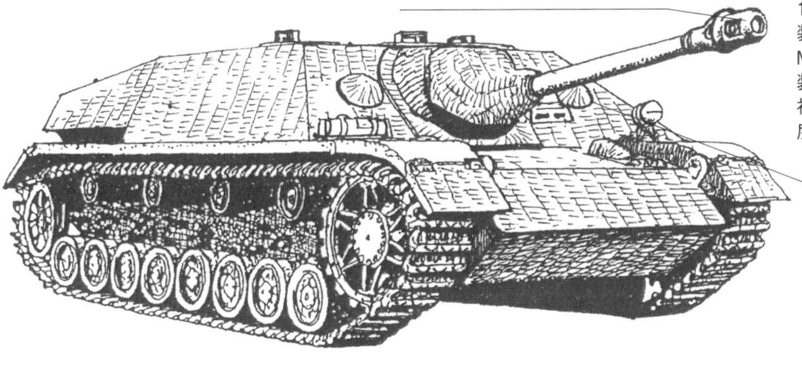

生産当初はマズルブレーキを装着。

戦闘室前面の両側に装甲カバーを備えたMGポートを設置。

全長:6.85m 全幅:3.17m 全高:1.86m 重量:24t 乗員:4名 武装:48口径7.5cm PaK40×1門、MG42 7.92mm機関銃×1挺 最大装甲厚:80mm エンジン:マイバッハ社製HL120TRM(300hp) 最大速度:40km/h

Ⅳ号駆逐戦車

全長:6.85m 全幅:3.17m 全高:1.86m 重量:24t 乗員:4名 武装:48口径7.5cm PaK40×1門、MG42 7.92mm機関銃×1挺 最大装甲厚:80mm エンジン:マイバッハ社製HL120TRM(300hp) 最大速度:40km/h

戦闘室前面左側のMGポートは、1944年3月頃から廃止される。

1944年9月まではツィンメリットコーティングが施されている。

1944年5月末からマズルブレーキを廃止した。

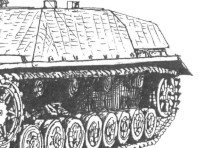

甲板の強化(80mm厚)などさらなる変更・改良が加えられていく。

1944年8月からは70口径PaK42を搭載した長砲身型Ⅳ号戦車/70(V)の生産が始まるが、しばらくは48口径型のⅣ号駆逐戦車も並行生産され、同年11月の生産終了までに計802両が造られた。

■Ⅳ号戦車/70(V)

Ⅳ号駆逐戦車は開発当初からパンターと同じ70口径7.5cm戦車砲KwK42の搭載が予定されていた。しかし、KwK42はパンターへの供給が最優先とされたため、Ⅳ号駆逐戦車への搭載は先送りとなる。長砲身化が遅れたもう一つの理由は、48口径7.5cm砲型でも十分にその役割を果たしていたこともあったと思われる。

70口径KwK42の改設計型PaK42を搭載したⅣ号駆逐戦車は、1944年4月に試作車が完成し、同年8月から生産が開始されたが、主砲の供給が間に合わず、しばらくは48口径7.5cm砲型と並行生産された。70口径7.5cm砲PaK42搭載型Ⅳ号駆逐戦車は、当初、"Ⅳ号戦車ラング(V)"と命名されたが、11月には、"Ⅳ号戦車/70(V)"という制式名称に改められた。実質上、Ⅳ号戦車/70(V)の実戦参加は同年12月のアルデンヌ戦の頃からとなった。

Ⅳ号戦車/70(V)は、生産中にいくつかの改良が加えられており、9月には、第1/第2転輪を鋼製転輪に変更、軽量型履帯の採用、縦型マフラーに変更、上部転輪数を片側3個とするなどの改良が行われ、11月には戦闘室上に2tクレーンの取り付け基部ピルツと測距儀取り付け器具を、車体後面には牽引ホールドが追加された。

さらに最後期生産車となった11月以降の車両では、ブレーキ点検ハッチ上の吸気口を廃止、トラベリングクランプの形状変更などが行われている。Ⅳ号戦車/70(V)は1945年4月までに940両が生産された。

■Ⅳ号戦車/70(A)

大戦半ば、Ⅳ号戦車の火力向上を図るためにパンター用に開発されていた70口径7.5cm砲KwK42を搭載するプランが検討されるが、1943年夏頃にⅣ号戦車の旋回式砲塔にはKwK42の搭載は不可能であるという結論が下される。

しかし、強力なソ連戦車に対抗するにはⅣ号戦車への70口径7.5cm砲の搭載は必須であったため、計画はその後も進められた。アルケット社は、旋回砲塔式を諦め、大がかりな改修を行わずにⅣ号戦車車台にⅣ号戦車/70(V)の戦闘室を搭載する設計案を兵器局第6課に提出した。

この設計案はⅣ号戦車/70(A)として承認され、1944年6～7月には試

Ⅳ号戦車/70(V)

全長：8.5m　全幅：3.2m　全高：2.0m　重量：25.5t　乗員：4名　武装：70口径7.5cm PaK42×1門、MG42 7.92mm機関銃×1挺　最大装甲厚：80mm　エンジン：マイバッハ社製HL120TRM(300hp)　最大速度：35km/h

70口径7.5cm PaK42を搭載。

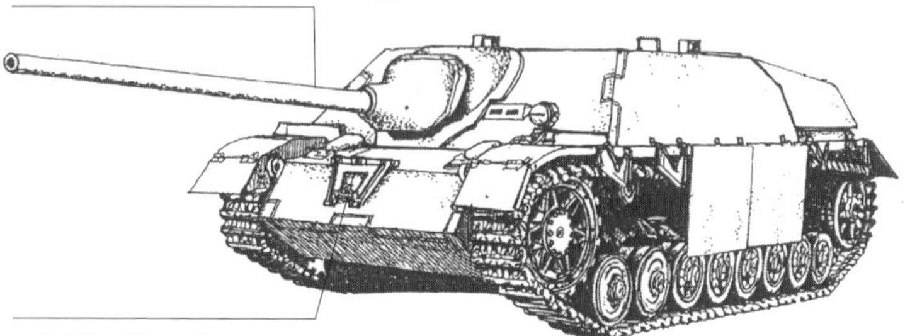

長砲身化に伴い、車体前部にトラベリングクランプも設置。

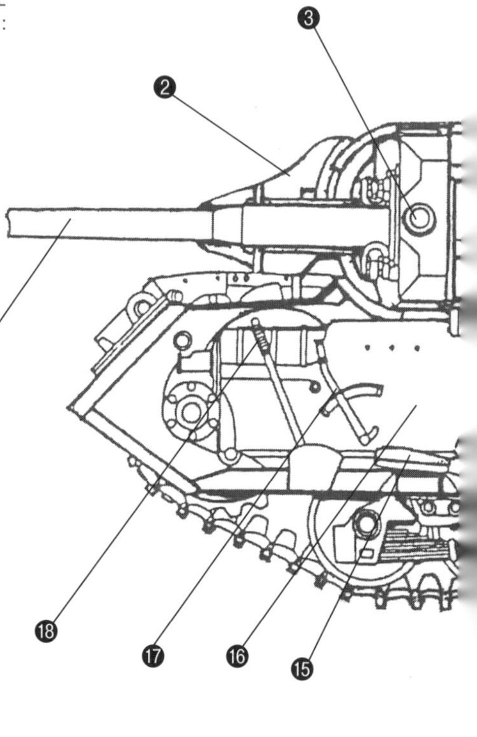

◉Ⅳ号戦車/70(V)の内部

❶ 70口径7.5cm PaK42
❷ 防盾
❸ 砲耳
❹ 照準器
❺ 砲尾
❻ 砲弾収納ラック
❼ 車長用ペリスコープ
❽ 無線機
❾ 吸気管
❿ マイバッハ社製HL180TRMエンジン
⓫ 冷却ファン
⓬ オイルクーラー
⓭ 機関室隔壁
⓮ 砲手席
⓯ 操縦手席
⓰ 変速機
⓱ 変速レバー
⓲ 操向レバー

作車が完成する。Ⅳ号戦車/70(A)は、翌8月からニーベルンゲン製作所において量産が始まり、1945年3月までに278両が造られた。

■Ⅳ号駆逐戦車 無反動式 L/71 8.8cm PaK43/2搭載型

クルップ社は1944年11月からティーガー、パンター、Ⅳ号、ヘッツァーなどの主力車両の火力強化を骨子とした改良プランを作製し、1945年1月に兵器局に提示する。終戦間際だったため、クルップ社の改良プランは具現化されることはなかったが、それらプランの中の一つにⅣ号戦車/70（A）の火力強化案もあった。

Ⅳ号戦車J型の車台をほとんど改造せずに上部車体に新設計の戦闘室を設置し、そこに71口径8.8cm砲PaK43/2を搭載することになっていた。Ⅳ号戦車の車体サイズでは、通常、8.8cm砲の搭載は無理なので、PaK43/2はヘッツァーのシュタール砲架と同様の無反動式とする予定であったといわれている。

8.8cm PaK43/2搭載のⅣ号駆逐戦車は机上の計画のみで終わったため、詳細は不明である。

Ⅳ号戦車/70(A) 試作車

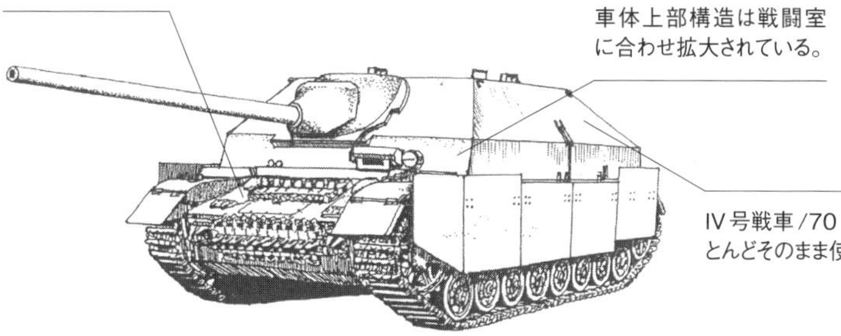
Ⅳ号戦車の車台を
使用している。
車体上部構造は戦闘室
に合わせ拡大されている。
Ⅳ号戦車/70（V）の戦闘室をほ
とんどそのまま使用。

全長：8.87m　全幅：2.9m　全高：2.2m　乗員：4名　武装：70口径7.5cm PaK42×1門、MG42 7.92mm機関銃×1挺　最大装甲厚：80mm　エンジン：マイバッハ社製HL120TRM（300hp）　最大速度：38km/h

Ⅳ号戦車/70(A) 量産型

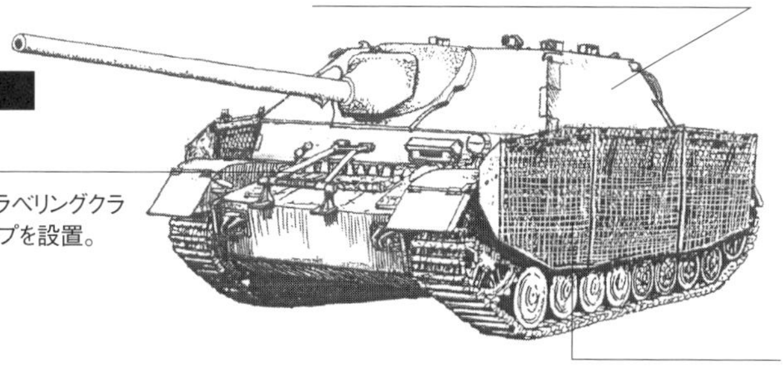
量産型は、戦闘室側面を1枚板に変更した。
トラベリングクラ
ンプを設置。
金網タイプのシュル
ツェンを装備。

全長：8.87m　全幅：2.9m　全高：2.2m　重量：25.5t　乗員：4名　武装：70口径7.5cm PaK42×1門、MG42 7.92mm機関銃×1挺　最大装甲厚：80mm　エンジン：マイバッハ社製HL120TRM（300hp）　最大速度：38km/h

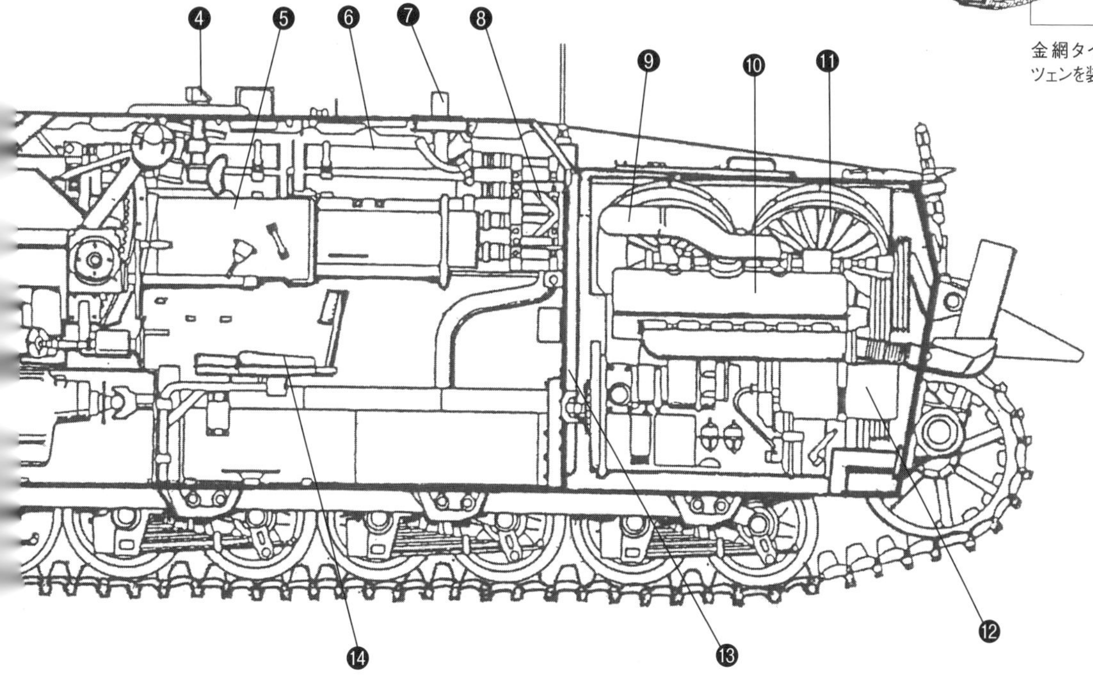
❹
❺
❻
❼
❽
❾
❿
⓫
⓬
⓭
⓮

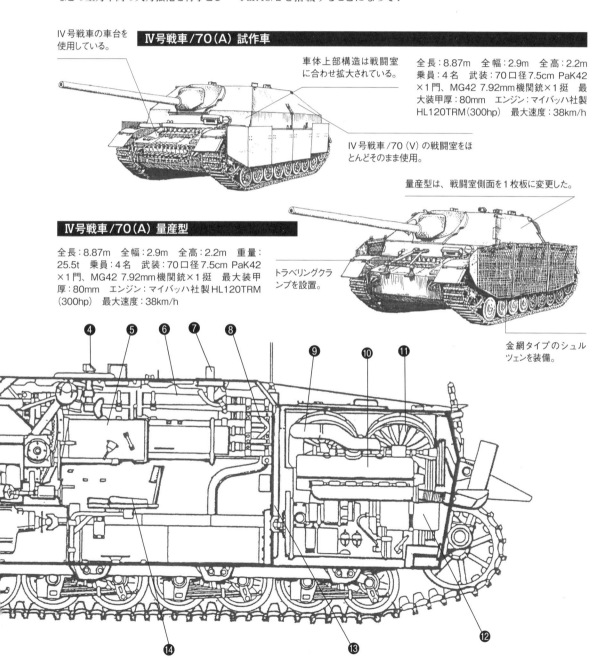

Ⅳ号対空戦車

■メーベルヴァーゲン試作型

Ⅰ号戦車やハーフトラックを用いた対空車両を運用した経験から、より本格的な対空戦車の必要性を痛感したドイツ軍は、1943年5月にⅣ号戦車の車体を使用し、2cm 4連装機関砲または3.7cm、5cm機関砲を搭載した対空戦車の開発を決定する。

同年9月にクルップ社によってⅣ号戦車の車体上部を改造した試作車が完成した。メーベルヴァーゲンと呼ばれたⅣ号対空戦車は、車体上部に新設した戦闘室に2cm 4連装対空機関砲Flakvierling38を搭載し、前後左右を可倒式の装甲板で囲んだ箱状の構造だった。

テストの結果、量産が決定するが、量産型では搭載火砲を2cm 4連装機関砲よりも有効射程が長く、破壊力が高い3.7cm 対空機関砲FlaK43を搭載することになり、2cm 4連装型は試作のみで終わった。

■3.7cm FlaK43搭載Ⅳ号対空戦車 メーベルヴァーゲン

3.7cm対空機関砲FlaK43を搭載したメーベルヴァーゲン量産型は、1944年2月から生産が始まった。車体構造は試作型を踏襲しているが、生産中に改良や仕様変更が実施されている。

本命視されていたオストヴィント、クーゲルブリッツの開発遅延により1945年3月まで生産が継続され、ドイツ対空戦車としては最多の240両が造られている。

■2cm Flakvierling 38搭載Ⅳ号対空戦車ヴィルベルヴィント

メーベルヴァーゲンは、低空から飛来する敵機を射撃する際には、戦闘室装甲板を完全に開いた状態にしなければならず、その場合、乗員の防御が問題となった。そのため、新たに旋回砲塔を持つⅣ号対空戦車が開発された。

ヴィルベルヴィントは、旋回砲塔を採用したため、その限られた内部スペースに納めることができる2cm 4連装対空機関砲Flakvierling38を搭載している。同機関砲は、発射速度800発/分〜最大1,800発/分、最大射程2,200mという優れた性能を有し

メーベルヴァーゲン 試作型

全長:5.92mm　全幅:3.0m　乗員:6名　武装:112.5口径2cm 4連装対空機関砲Flakvierling 38×1門、MG42 7.92mm機関銃×1挺　最大装甲厚:80mm　エンジン:マイバッハ社製HL120TRM（300hp）　最大速度:38km/h

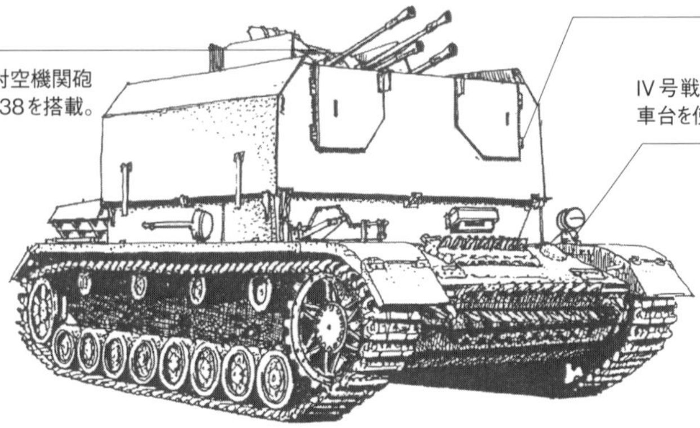

2cm 4連装対空機関砲Flakvierling 38を搭載。

戦闘室は四方に開くことができる。

Ⅳ号戦車H型の車台を使用。

3.7cm対空機関砲FlaK43を搭載。

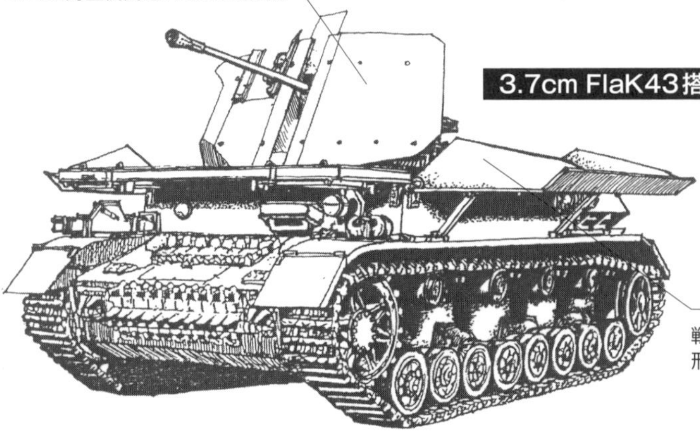

3.7cm FlaK43搭載Ⅳ号対空戦車メーベルヴァーゲン

全長:5.92m　全幅:3.0m　全高:2.46m　重量:25t　乗員:6名　武装:60口径3.7cm対空機関砲FlaK43/1×1門、MG42 7.92mm機関銃×1挺　最大装甲厚:80mm　エンジン:マイバッハ社製HL120TRM（300hp）　最大速度:38km/h

戦闘室は、生産時期によって形状や構造の違いが見られる。

ており、敵の戦闘攻撃機を相手にするには十分なものであった。

ヴィルベルヴィントは、新規生産は行われず、全車、修理のために戻ってきたⅣ号戦車G型/H型の車体を流用して造られた。ヴィルベルヴィントの生産は、1944年7月から始まり、本来ならより強力な3.7cm FlaK43を搭載したオストヴィントの完成次第、切り替わるはずだったのだが、同車の開発が難航したため、1945年3月まで生産が続き、計122両が造られた。

■3.7cm FlaK43搭載Ⅳ号対空戦車 オストヴィント

オストバウ社は、ヴィルベルヴィントの開発と並行し、2cm 4連装機関砲より強力な3.7cm機関砲FlaK43を搭載した対空戦車の開発を進めていた。Ⅳ号戦車の車体に搭載可能な旋回砲塔内に大型のFlaK43を収めるのはかなりの困難を伴い、1944年7月にようやく3.7cm FlaK43搭載Ⅳ号対空戦車の試作車が完成する。

試作車はⅣ号戦車の車体にヴィルベルヴィントの砲塔に似た六角形状の砲塔を搭載していた。射撃などの実用確認テストを終えた後、オストヴィントとして制式採用が決定し、同年9月5日にオストバウ社に対し、生産発注が行われた。

また、量産決定後の1944年9月20日には、まず試作車をフランス戦線のSS第12装甲師団に送り、実戦テストを実施。そして試作車による運用テストの結果は、直ちにオストバウ社に伝えられた。

オストヴィントは、砲塔装甲板と機関室点検ハッチが干渉し、同点検ハッチを開くことができず、エンジンの整備・点検が容易に行えないことが判明した。そのため、量産型ではターレットリングを若干前方に移動し、それに伴い無線手用ハッチも操縦手用ハッチと同じ位置まで前方に移した新規設計の上部車体が造られることになった。

オストヴィントは、1944年12月から量産が行われ、1945年3月までに22両が造られたといわれているが、正確な生産数は不明である。また、すべてが新規車体だったわけではなく、一部はⅣ号戦車J型後期生産車などの車体に予備砲身収納箱(車体右側)を追加したのみで、ターレットリング及び無線手用ハッチの位置を変更することなく、オストヴィント砲塔を載せた車両もあった。

■3cm 4連装対空機関砲搭載Ⅳ号対空戦車ツェルシュテーラー45

1944年11月にオストバウ社は、日々増大する敵の戦闘攻撃機の脅威に対処するためヴィルベルヴィントの

2cm Flakvierling 38搭載Ⅳ号対空戦車ヴィルベルヴィント

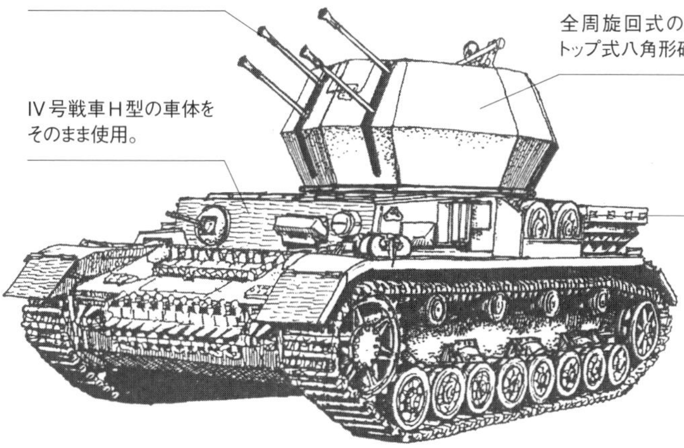
2cm 4連装対空機関砲
Flakvierling 38を搭載。
全周旋回式のオープントップ式八角形砲塔。
Ⅳ号戦車H型の車体をそのまま使用。
機関室の両側に予備砲身の収納ケースを設置。

全長:5.92m 全幅:2.9m 全高:2.76m 乗員:5名 武装:112.5口径2cm 4連装対空機関砲Flakvierling 38×1門、MG34 7.92mm機関銃×1挺 最大装甲厚:80mm エンジン:マイバッハ社製HL120TRM(300hp) 最大速度:38km/h

3.7cm FlaK43搭載Ⅳ号対空戦車オストヴィント

全長:5.92m 全幅:2.95m 全高:2.46m 重量:25t 乗員:5名 武装:60口径3.7cm対空機関砲FlaK43/1×1門、MG34 7.92mm機関銃×1挺 最大装甲厚:80mm エンジン:マイバッハ社製HL120TRM(300hp) 最大速度:38km/h

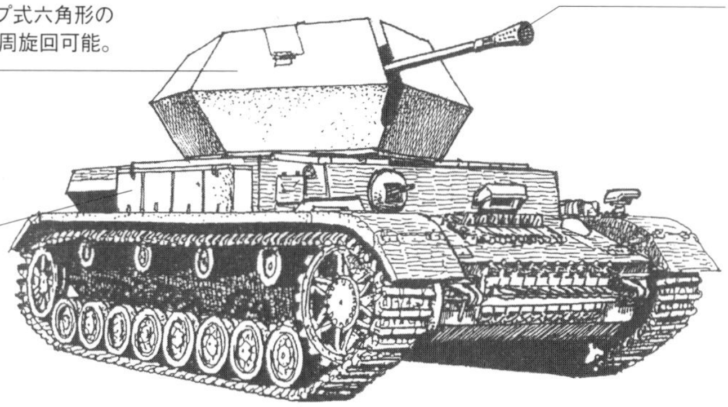
オープントップ式六角形の砲塔は、全周旋回可能。
3.7cm対空機関砲
FlaK43を搭載。
車体右側に砲弾収納箱を設置。

武装強化プランを考案する。砲塔はそのままに搭載火砲を2cm 4連装のFlakvierling 38から3cm 4連装のFlakvierling103/38に換装した車両は、“ツェルシュテーラー 45”と名付けられた。

オープントップ式砲塔なので、後のクーゲルブリッツよりは防御能力は劣るが、同じ機関砲を2倍装備していたため、こと火力に関しては断然ツェルシュテーラー 45の方が勝っていた。またツェルシュテーラー 45の生産に伴い、余剰となる2cm 4連装機関砲搭載のヴィルベルヴィント砲塔はⅢ号戦車に搭載するプランもあった。

ツェルシュテーラー 45は、1944年12月に試作車1両が完成したが、既に本命のクーゲルブリッツの開発が進んでいたこともあり、ツェルシュテーラー 45の開発は中止となった。

■連装式3cm MK103搭載Ⅳ号対空戦車クーゲルブリッツ

1944年1月に開発が決定したクーゲルブリッツは、円形状の外部装甲の内側に連装式3cm機関砲MK103を装備した球形状砲塔を吊り下げ式に搭載する特殊な構造の全周旋回式完全密閉砲塔を採用している。

車体はⅣ号戦車J型をベースとしていたが、戦車型よりも大型の砲塔を搭載するために車体上部戦闘室上面の形状と操縦手/無線手用ハッチの位置が変更されている。

1944年10月に試作車1両が完成し、翌1945年2月には量産型2両も完成した。生産数に関しては、試作車と量産型合わせて2～5両程度が造られたといわれている。

クーゲルブリッツは、終戦直前の1945年4月初頭、ドイツ国内での戦闘で使用された。

連装式3cm MK103搭載Ⅳ号対空戦車クーゲルブリッツ

全長：7.02m　全幅：2.88m　乗員：4名　武装：3cm機関砲MK103×2門、MG34 7.92mm機関銃×1挺　最大装甲厚：80mm　エンジン：マイバッハ社製HL120TR（300hp）　最大速度：40km/h

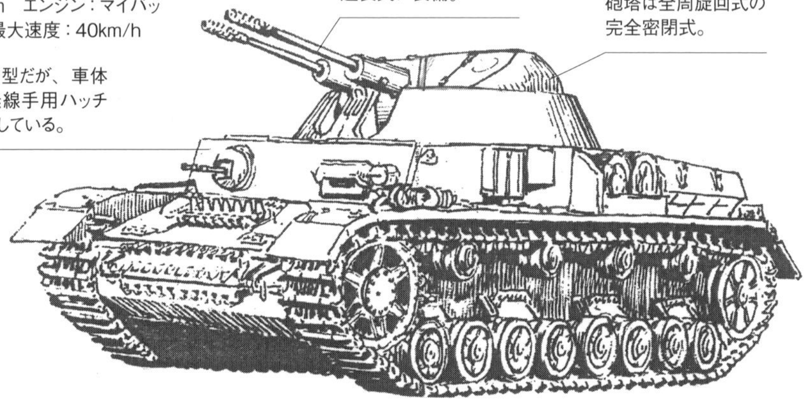
3cm機関砲MK103を
連装式に装備。
砲塔は全周旋回式の
完全密閉式。
車体はⅣ号戦車J型だが、車体
上部の操縦手/無線手用ハッチ
の設置位置を変更している。

◉クーゲルブリッツの砲塔

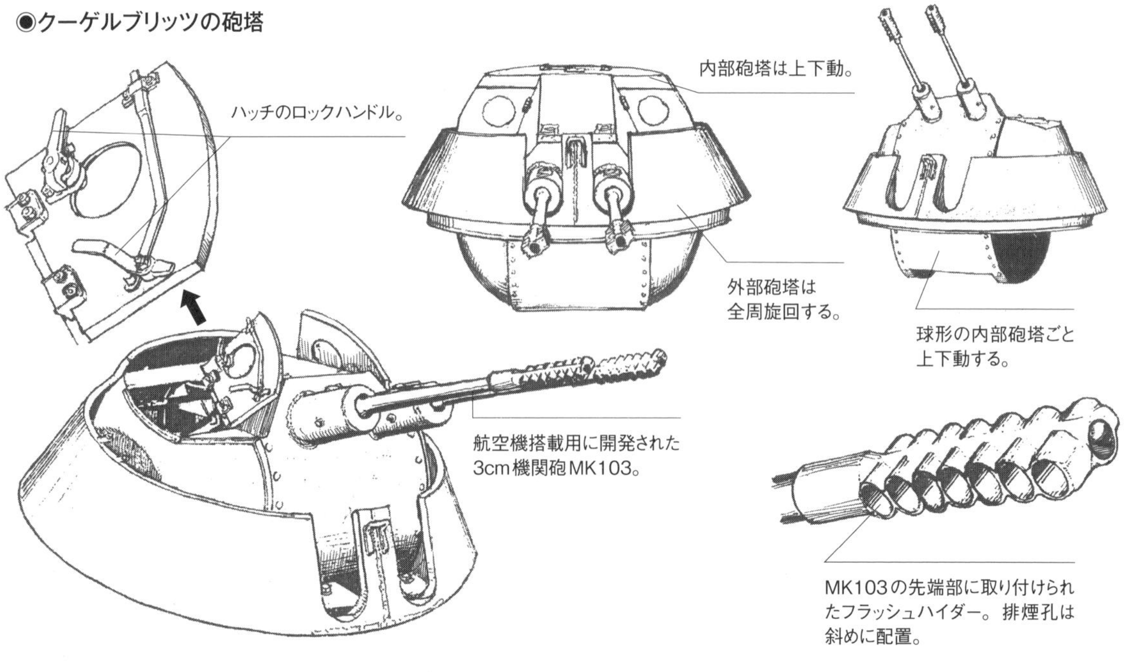
ハッチのロックハンドル。
内部砲塔は上下動。
外部砲塔は
全周旋回する。
球形の内部砲塔ごと
上下動する。
航空機搭載用に開発された
3cm機関砲MK103。
MK103の先端部に取り付けられ
たフラッシュハイダー。排煙孔は
斜めに配置。

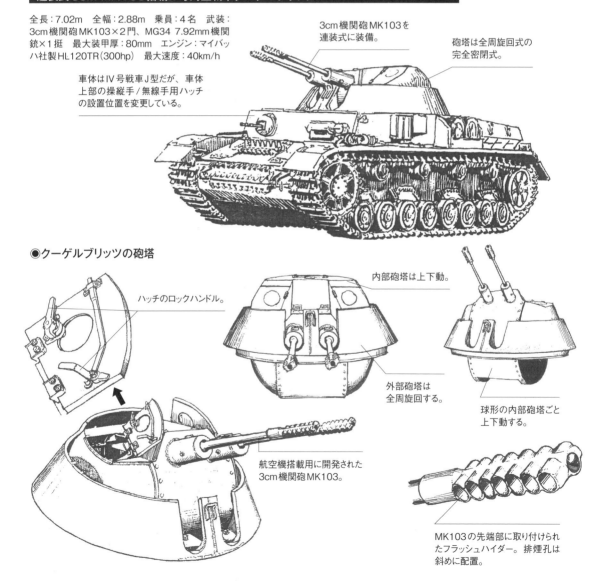

第二次大戦最優秀戦車

パンター戦車と派生型

V号戦車パンターは、1943年1月に完成する。火力、防御力、機動力のすべてにおいて優れていたパンターは、以後、第二次大戦後期のドイツ軍主力戦車として東部戦線、西部戦線、イタリア戦線において連合軍戦車を圧倒。戦後米英から"第二次大戦の最優秀戦車"と評されるほどの性能を見せつけた。また、パンター以上の攻撃力を持つヤークトパンターも戦場で多大な戦果を上げ、"第二次大戦の最優秀駆逐戦車"と称されている。

パンターD～G型

■V号戦車VK3002の開発

第二次大戦前の1938年、ドイツ軍は、III号戦車及びIV号戦車の後継となる20t級戦車VK2001の開発にも着手していた。同開発計画には、III号戦車を開発したダイムラーベンツ社とIV号戦車を開発したクルップ社、さらにMAN社も加わり、それぞれVK2001(D)、VK2001(K)、VK2001(M)の開発名称で計画が進められた。後にクルップ社のVK2001(K)は23t級のVK2301(K)へ、また、MAN社のVK2001(M)は24t級のVK2401(M)へと発展している。

1941年夏、東部戦線においてソ連軍のT-34中戦車に遭遇したことにより、状況が一変した。T-34は、火力、防御力、機動力のすべてにおいてドイツ戦車より優れており、T-34を撃破するのは容易ではないことが分かったからだった。

ドイツ軍にとってT-34に対抗できる新型戦車の開発が急務となり、1941年11月末、兵器局第6課は、開発中の20～24t級戦車では、火力、防御力が不十分であるとし、ダイムラーベンツ社とMAN社に対し、新たに30t級戦車の開発を、さらにラインメタル社には長砲身70口径7.5cm砲を搭載した砲塔の開発を要請した。

両社は1942年2月末までに設計案をまとめ上げ、1942年3月3日の会

VK3002(DB)

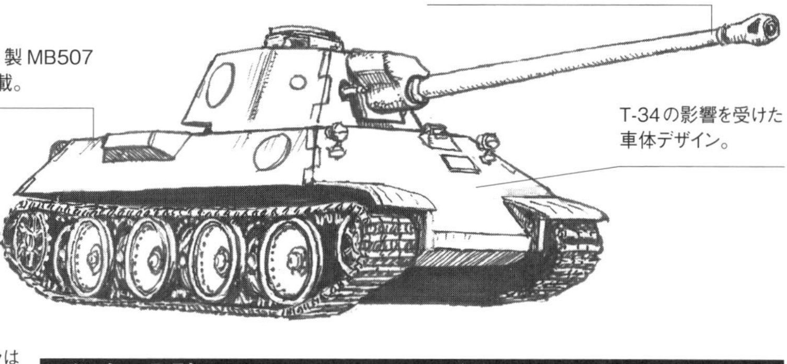
単孔式マズルブレーキを装着した
70口径7.5cm戦車砲KwK42。
ダイムラーベンツ社製MB507
ディーゼルエンジンを搭載。
T-34の影響を受けた
車体デザイン。

パンターD型

3連装スモークディスチャージャーを装備。1943年6月以降に廃止。
車長用キューポラはD型のみ円筒状。
車体前面左右両側にボッシュライトを装備。
70口径7.5cm戦車砲KwK42を搭載。
操縦手用視察クラッペ。
無線手用の射撃ポート用クラッペ。

全長:8.86m　全幅:3.42m　全高:2.99m　重量:44.8t　乗員:5名　武装:70口径7.5cm戦車砲KwK42×1門、MG34 7.92mm機関銃×1挺　最大装甲厚:80mm　エンジン:マイバッハ社製HL230P30(700hp)　最大速度:55km/h

議においてダイムラーベンツ社の設計案VK3002(DB)とMAN社のVK3002(MAN)が協議にかけられた。ヒトラーは、車体デザインやディーゼルエンジンの採用などT-34に酷似したVK3002(DB)をいたく気に入り、同設計案の採用を強く推し、さらに生産準備に取りかかるように命じた。

しかし、その決定に不服だった兵器局第6課と特別戦車委員会は、その後、改めて審査した結果、MAN社の設計案の方が優れているとの判断を下し、1942年5月14日にVK3002(MAN)を"V号戦車パンター"として制式採用する決定を下した。

■パンターD型

1942年9月にダミー砲塔を載せた走行試験用の試作1号車V1が、そして同月末〜10月初頭頃には7.5cm砲搭載の砲塔を載せた完全な姿の試作2号車V2が完成する。それら試作車によるテストの後、更なる改良が加えられ、1943年1月にパンター最初の量産型D型が完成した。

パンターは、中戦車ながら全長8.86m、全幅3.42m、全高2.99m、重量は計画値の30t級という枠を遥かに超え、44.8tもあり、他国の基準でいえば、重戦車に相当するほどの車両だった。車内配置は、当時のドイツ戦車の標準的なレイアウトで、車体前部に変速機など駆動系装置と操縦室を配置し、中央の戦闘室上面に砲塔を搭載。車体後部には機関室を設け、中央にエンジンを搭載し、左右にラジエターと冷却ファンを配していた。

乗員は5名で、車体前部の操縦室左側に操縦手、右側に無線手、砲塔内左側に砲手、その後方に車長、右側に装填手が搭乗した。パンターに限らず、III号戦車やIV号戦車、ティーガーなどにもいえることだが、スペック表には記されない、この機能的な乗員配置もドイツ戦車の優れた要因の一つになっている。

全周旋回式砲塔には、70口径7.5cm砲KwK42を搭載ししており、俯仰角は−8〜+20°、装甲貫通力は、徹甲弾Pzgr39/42を用いた場合、射程500mで124mm(垂直面に対して傾斜角30°)、射程1,000mで111mm厚、射程2,000mで89mm厚の装甲を貫通可能で、さらに高性能のタングステン弾芯徹甲弾Pzgr.40/42を使用すれば、同射程で、それぞれ174mm厚、149mm厚、106mm厚の装甲を貫通することができた。7.5cm KwK42は、当時最強の戦車砲で、T-34を始め、すべての敵戦車をアウトレンジで容易に撃破することが可能だった。

パンターが、それまでのドイツ戦

パンター A型 初期型

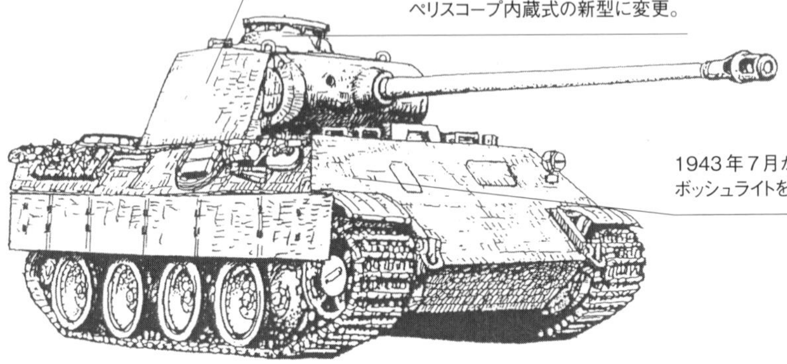
1943年9月からツィンメリットコーティングが塗布されるようになる。
車長用キューポラは装甲厚100mm、ペリスコープ内蔵式の新型に変更。
1943年7月から右側のボッシュライトを廃止。

全長：8.86m　全幅：3.42m　全高：2.99m　重量：45.5t　乗員：5名　武装：70口径7.5cm戦車砲KwK42×1門、MG34 7.92mm機関銃×1挺　最大装甲厚：80mm　エンジン：マイバッハ社製HL230P30(700hp)　最大速度：46km/h

パンター A型 後期型

全長：8.86m　全幅：3.42m　全高：2.99m　重量：45.5t　乗員：5名　武装：70口径7.5cm戦車砲KwK42×1門、MG34 7.92mm機関銃×2挺　最大装甲厚：80mm　エンジン：マイバッハ社製HL230P30(700hp)　最大速度：46km/h

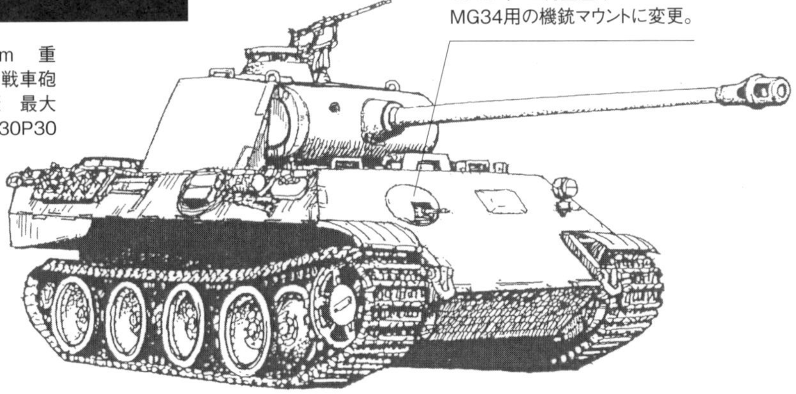
1943年12月生産車からMG34用の機銃マウントに変更。

車と大きく異なっていたのは、大幅に傾斜装甲を採り入れていたことであった。車体の装甲厚は、前面上部80mm/55°（垂直面に対する傾斜角）、前面下部60mm/55°、側面上部40mm/40°、側面下部40mm/0°、上面16mm/90°、後面40mm/30°、下面前部30mm/90°、下面中央～後部16mm/90°で、また砲塔の装甲厚は、前面100mm/12°、防盾100mm/曲面、側面45mm/25°、後面45mm/25°、上面16mm/84～90°となっていた。車体前面の装甲厚80mmという数値は、Ⅳ号戦車H型/J型の前面装甲と変わらないが、パンターの前面装甲は傾斜装甲により140mm厚に相当した。

さらに機動力も優れており、エンジンは700hpのマイバッハ社製のHL230P30エンジン（生産当初は650psのHL210を搭載）を搭載。足回りは、接地圧の均等化に適した挟み込み式配置の転輪とトーションバー式サスペンションの採用により、重量が44.8tもありながら、最大速度55km/h、航続距離は整地で200km、不整地で100kmという性能だった。

生産には、開発メーカーのMAN社の他、ダイムラーベンツ社、ヘンシェル社、MNH社も参加し、1943年1～9月上旬までに計842両が造られている。

生産当初のD型は、部隊配備を優先させたため、試作車のテストにおいて問題となった箇所の改善が充分ではなかったが、生産と並行して改良や仕様変更を実施し、A型が生産される頃にほぼ問題は解消された。

パンターD型の実戦デビューは、1943年7月から始まった“史上最大規模の地上戦”クルスク戦となった。この戦闘では、懸念されていた機械的な初期トラブルが生じたものの、数多くのソ連戦車を撃破し、パンター戦車の優れた性能を実証した。

■パンターA型

1943年8月からは、D型を改良したA型が完成する。A型では、主に砲塔に改良が加えられており、車長用キューポラをペリスコープ内蔵で100mm厚に強化（D型は80mm厚）した新型に変更された他、装填手用ペリスコープの設置、防盾基部の強化、砲塔の旋回及び俯仰機構の改良などが実施された。

さらに生産途中で前部機銃ボールマウントの設置や主砲照準器の変更、砲塔ピストルポートの廃止など、数多くの改良が行われているが、基本形状や構造はD型と比べ、大きな変化はない。

A型の生産（初期はD型との並行生産、後期はG型との並行生産されてい

パンターG型 後期型

1944年9月からショットトラップを防止するために張り出しが設けられた新型の防盾を採用。

操縦手用ペリスコープは、旋回式タイプ1基に変更。

全長：8.86m　全幅：3.42m　全高：3.10m　重量：45.5t　乗員：5名　武装：70口径7.5cm戦車砲KwK42×1門、MG34 7.92mm機関銃×2挺　最大装甲厚：80mm　エンジン：マイバッハ社製HL230P30（700hp）　最大速度：46km/h

操縦手用視察クラッペを廃止。

パンターG型 鋼製転輪型

鋼製転輪は、1944年9月以降、MAN社で造られた一部の車両で使用された。イラストようにすべての転輪を鋼製転輪とした車両もあれば、一部のみに使用し、ゴム付き転輪と併用している車両もあった。

る)は、MAN社、ダイムラーベンツ社、MNH社、さらにデマーク社で行われ、1943年7月～1944年7月上旬までに計2,200両が造られた。

■パンター G型

1944年3月末に生産が始まった次の量産型G型は、いわばパンター戦車の完成形といえる。G型の設計には、最初の量産型D型の生産と並行し、研究・開発が進められていた装甲強化型パンターIIの設計が採り入れられており、防御力の強化と生産性の向上が図られている。

まず、大きな変更点は、車体の形状である。前面の操縦手用クラッペを廃止、さらに車体側面装甲板を50mm厚/30°の1枚板とした。それに伴い、重量増加を抑えるために被弾率が低い車体前面下部の装甲板は50mm厚に、下面前部は25mm厚に変更された。

G型においても頻繁に改良が加えられ、MAN社、ダイムラーベンツ社、MNH社において1944年3月～1945年4月末までに2,953両造られている。

■赤外線暗視装置搭載型パンター

ドイツは、第二次大戦中に戦闘車両用、歩兵携行小火器用、航空機搭載用など用途に応じた各種暗視装置を開発し、実戦で使用した。

戦車搭載用の赤外線暗視装置は1943年半ばに実用化され、1944年秋以降から戦車用赤外線暗視装置

M10パンター

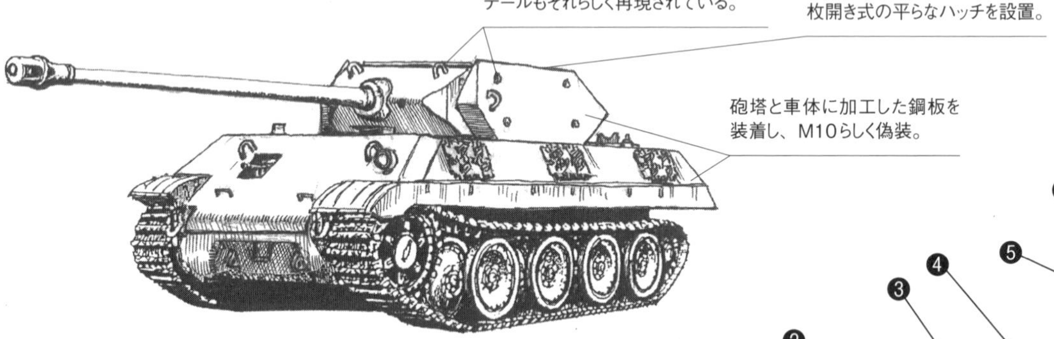
M10の吊り上げフックやボルトなどディテールもそれらしく再現されている。
車長用キューポラを撤去し、2枚開き式の平らなハッチを設置。
砲塔と車体に加工した鋼板を装着し、M10らしく偽装。

◉パンター G型の構造

❶ MG34 7.92mm機関銃
❷ 無線手用ペリスコープ
❸ トラベリングクランプ
❹ 砲弾収納庫
❺ 同軸機銃孔
❻ 防盾吊り上げフック
❼ 照準器孔
❽ ベンチレーター
❾ 装填手用ペリスコープ
❿ 砲尾
⓫ 近接防御兵器
⓬ 直接照準具
⓭ 車長用キューポラ
⓮ 車長用ヘッドセット入れ
⓯ 後部吸気グリル
⓰ 燃料給油口カバー
⓱ 通気口
⓲ 冷却水給水口カバー
⓳ 牽引ケーブル固定具
⓴ 予備履帯ラック
㉑ 排気グリル
㉒ アンテナ基部
㉓ 前部吸気グリル
㉔ 砲弾収納庫
㉕ 予備ペリスコープ
㉖ 車長席
㉗ 砲弾収納庫
㉘ 砲手用ヘッドセット入れ
㉙ 砲塔旋回用加圧装置
㉚ 砲弾収納庫
㉛ 操縦手用ペリスコープ
㉜ 変速レバー
㉝ 計器パネル
㉞ 変速機
㉟ 差動機

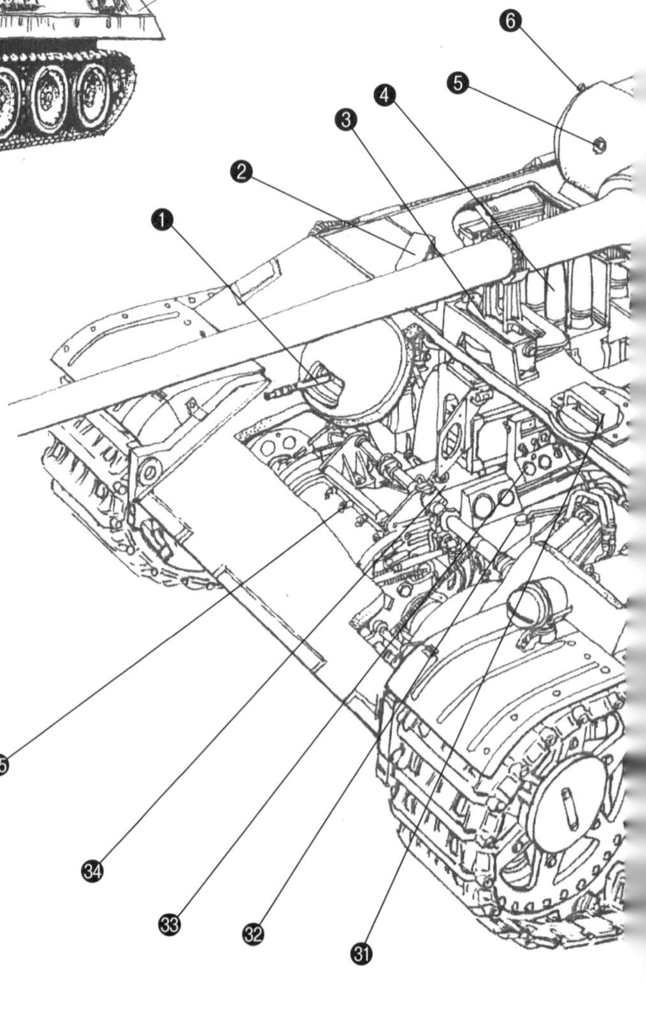
❶
❷
❸
❹
❺
❻
㉟
㉞
㉝
㉜
㉛

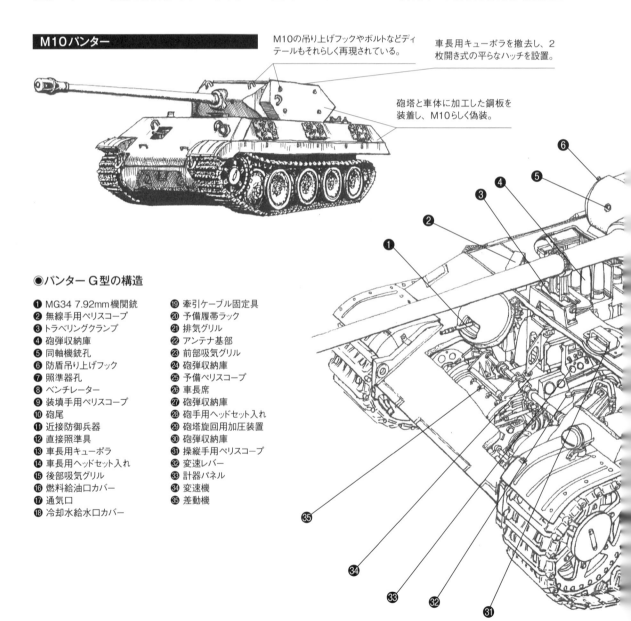

FG1250を装備したパンターG型夜戦仕様が少なくとも113両以上部隊に配備され、アルデンヌ戦やベルリン戦などにおいて活躍している。

■M10パンター

1944年12月16日に始まったアルデンヌ反攻戦“ラインの守り”作戦においてスコルツェニー大佐指揮下の第150戦車旅団のコマンド部隊が橋の確保などの進撃支援や後方攪乱を任務とした“グライフ作戦”を実施した。その作戦ではアメリカ兵に扮した兵士のみならず、アメリカ軍車両を装った特殊車両も使用された。

特殊車両としてパンターG型を改装し、アメリカ軍のM10駆逐戦車に似せた擬装戦車は特に有名である。M10パンターは、パンターG型の車体と砲塔に加工した鋼板を取り付け、さらに車長用キューポラを撤去し、シンプルなハッチに変更。オリーブドラブで塗装し、アメリカ軍式の車両ナンバーも描き込むなど、相当手の込んだ改造が施されていた。

グライフ作戦のために編成されたX戦闘団には5両のパンターが配備されたといわれており、そのうち車体番号B4、B5、B7、B10がアメリカ軍に鹵獲されている。

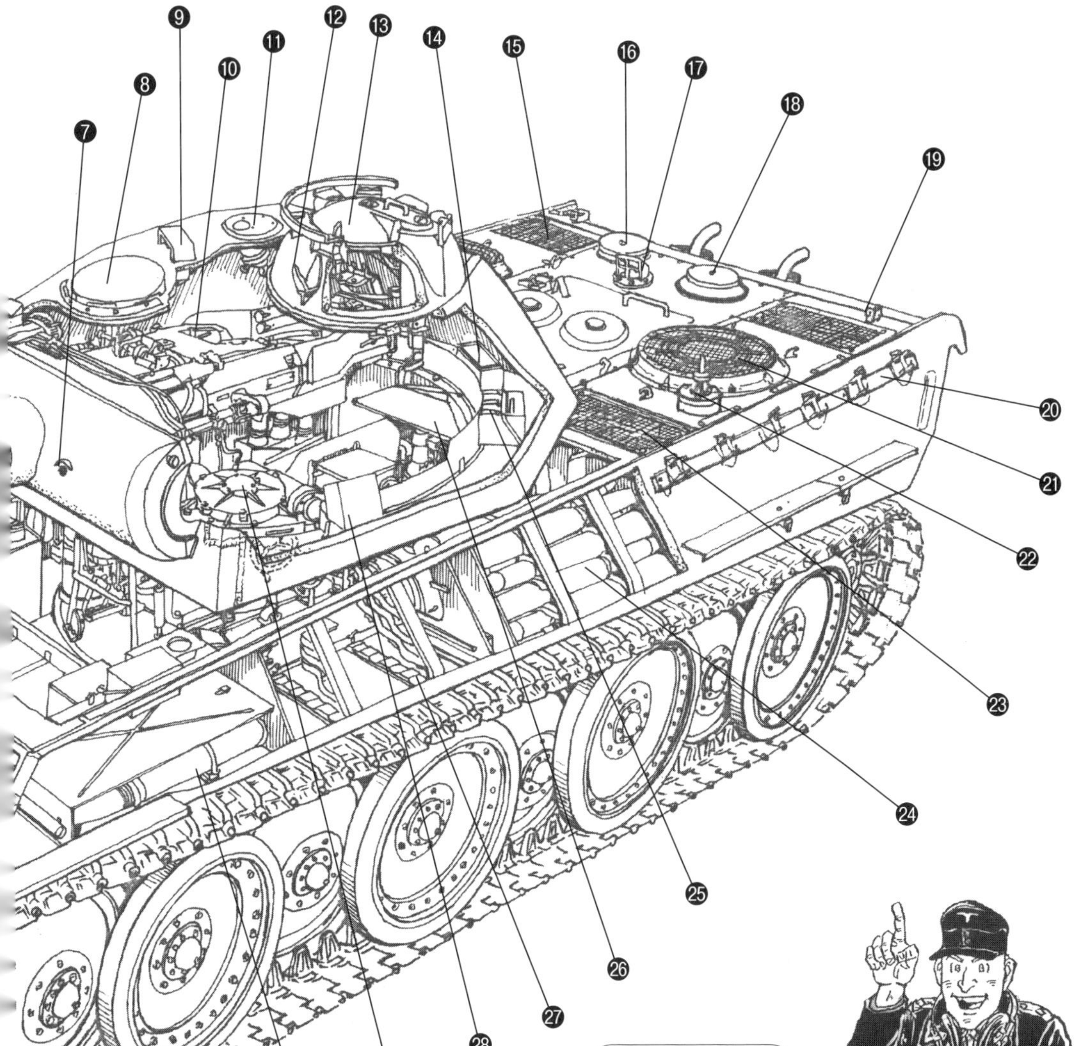
7
8
9
10
11
12
13
14
15
16
17
18
19
20
21
22
23
24
25
26
27
28
29
30

性能はもちろん
車体構造もかなり
先進的だった！

◉パンター戦車の変遷

パンター A型

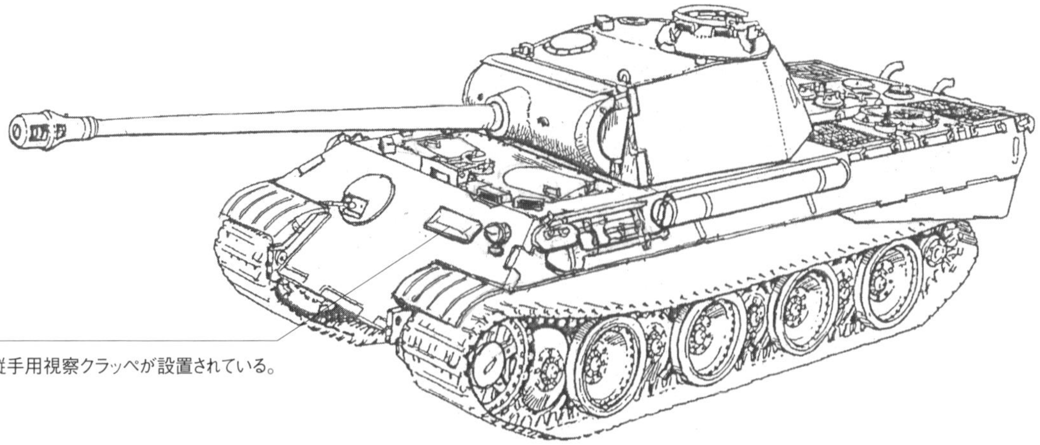
操縦手用視察クラッペが設置されている。

【 A 型の無線手用ハッチ 】

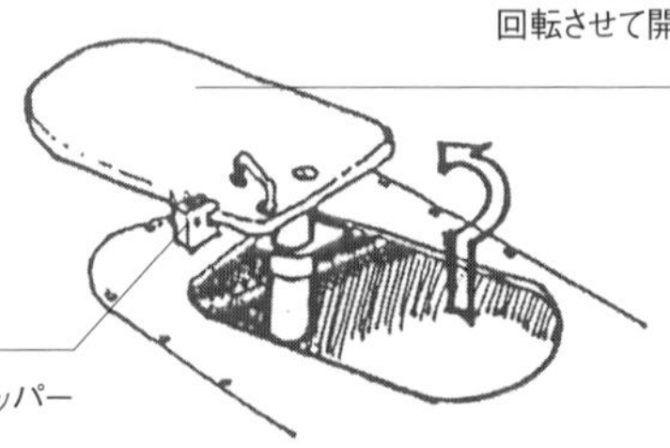
上に上げ、
回転させて開ける。
ハッチストッパー

【 G 型の操縦手 / 無線手用ハッチ 】

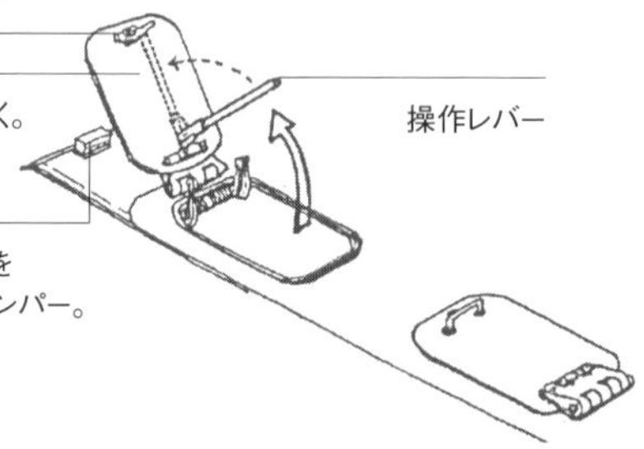
ロックレバー
上方に開く。
操作レバー
開いたハッチを
受け止めるダンパー。

【 トラベリングクランプと通気口カバー 】

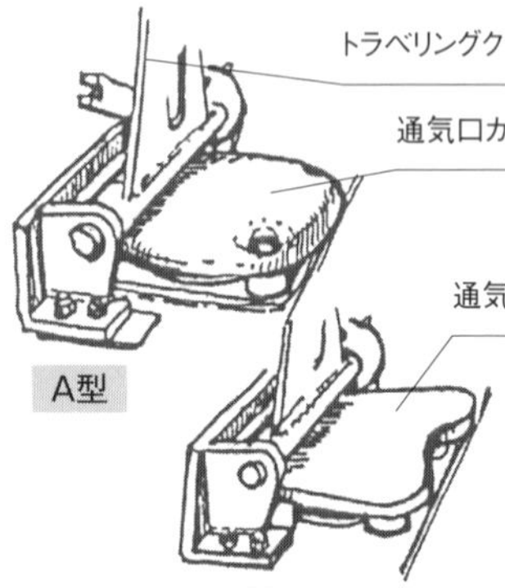
トラベリングクランプ下部
通気口カバー
通気口カバーの形状が変わった。
A型
G型

【 車内暖房用温風式ヒーターユニット 】

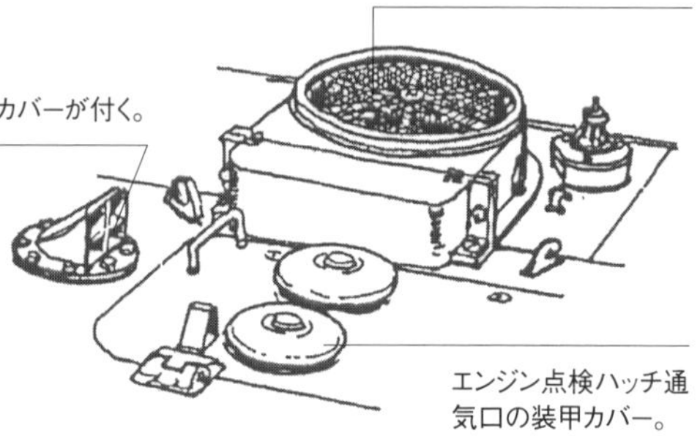
左側の排気グリル上に設置。
通気口に装甲カバーが付く。
エンジン点検ハッチ通
気口の装甲カバー。

【 鋼製転輪 】

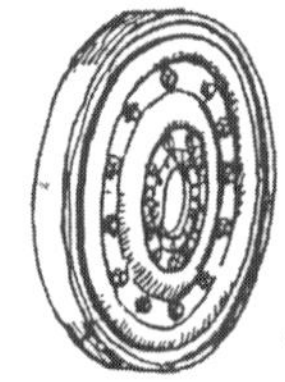
1944年9月、MAN社製
の一部の車両で使用。

パンターG型の秘密兵器がこの
暖房装置。東部戦線や冬のヨー
ロッパもこれがあると安心。

【 ボッシュライト 】

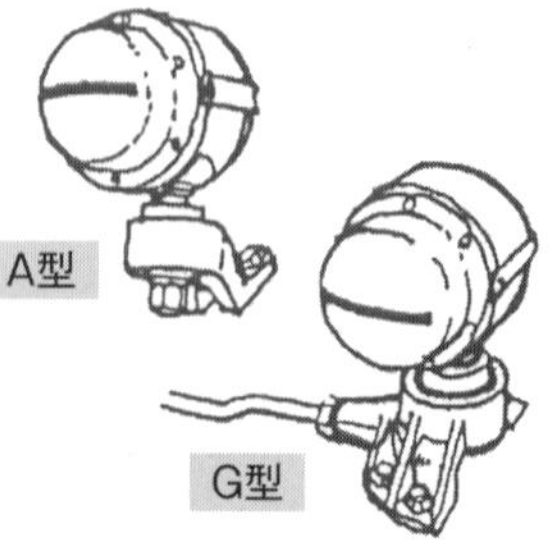
A型
G型

【 G 型の操縦手用ペリスコープ 】

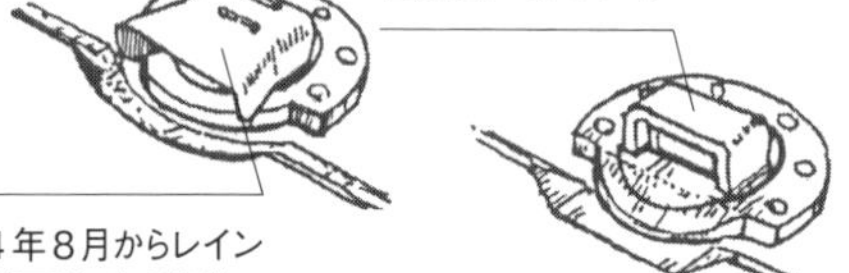
回連式ペリスコープ
1944年8月からレイン
ガード（雨除け）を装着。

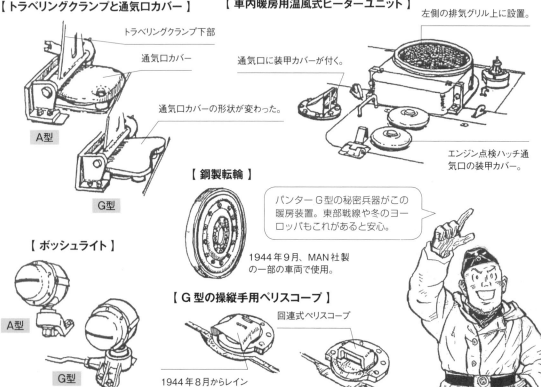

パンター G型 初期型

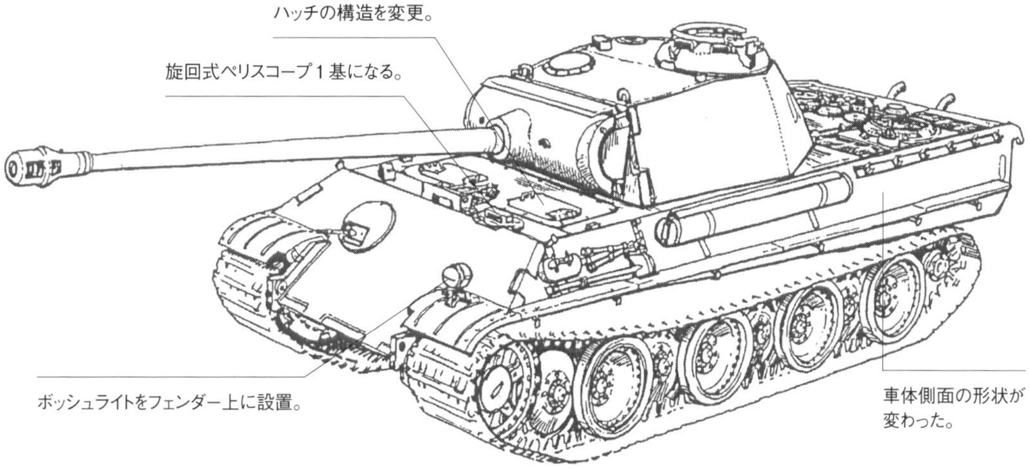

ハッチの構造を変更。
旋回式ペリスコープ１基になる。
ボッシュライトをフェンダー上に設置。
車体側面の形状が
変わった。

パンター G型 後期型（1944年10月以降）

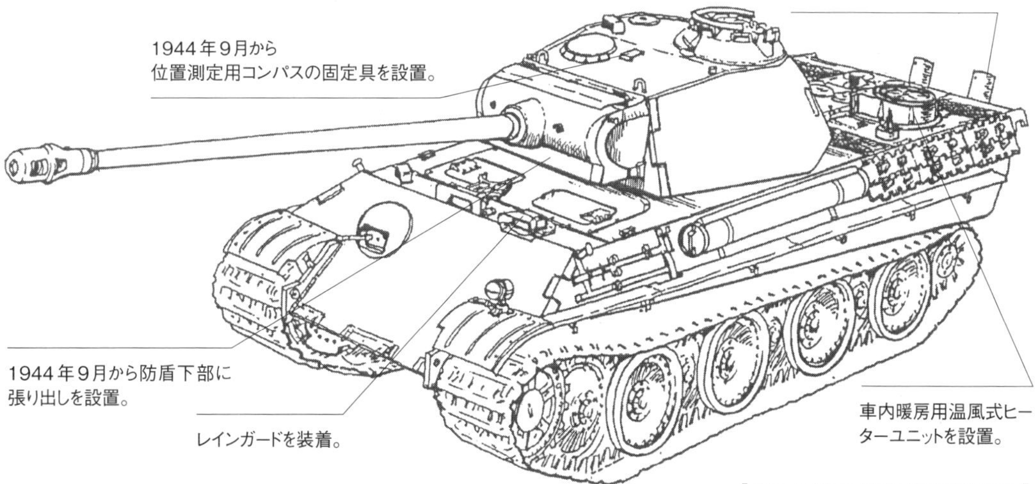

消炎器付きマフラーを装着。
1944年9月から
位置測定用コンパスの固定具を設置。
1944年9月から防盾下部に
張り出しを設置。
レインガードを装着。
車内暖房用温風式ヒーターユニットを設置。

【 車体後面（右側）のゲペックカステン 】

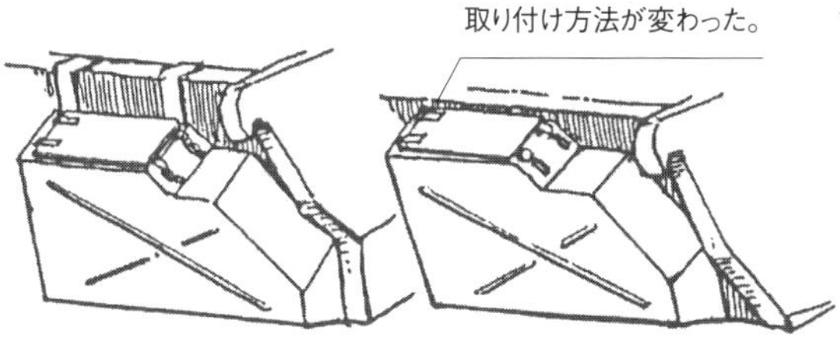

取り付け方法が変わった。

A型　G型

【 FG1250 赤外線暗視装置 】

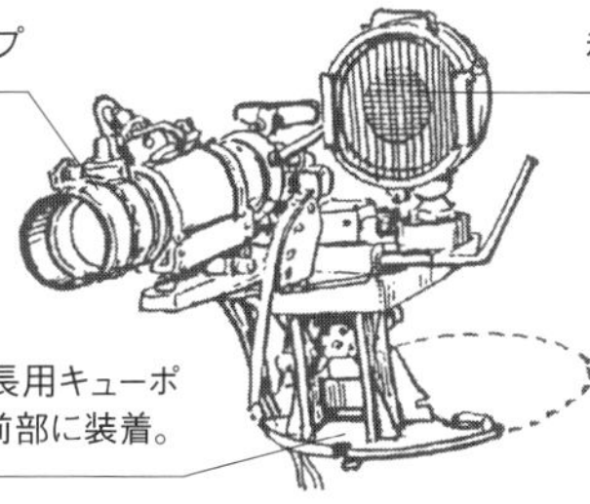

暗視スコープ
赤外線ライト
車長用キューポラ前部に装着。

【 排気管 】

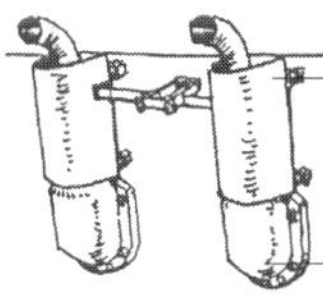

1944年6月以降、
排気管にカバーが付く。
鋳造製カバー
（終戦まで使用）

G型初期生産車

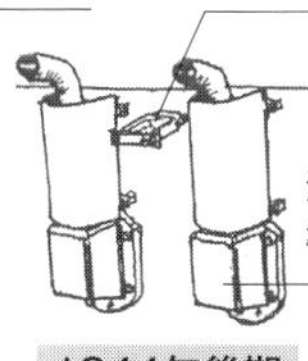

ジャッキ固定具左右
の支持架を廃止。
溶接構造のカバーも
導入（鋳造製も使用）。

1944年後期

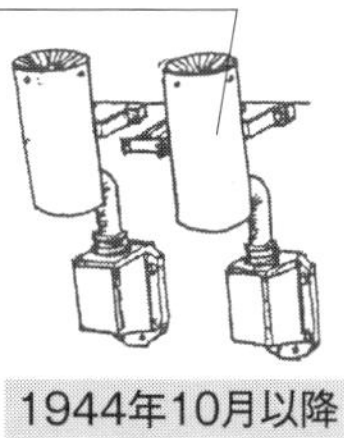

消炎器装備の排気管も導入
（未装備の車両も多い）。

1944年10月以降

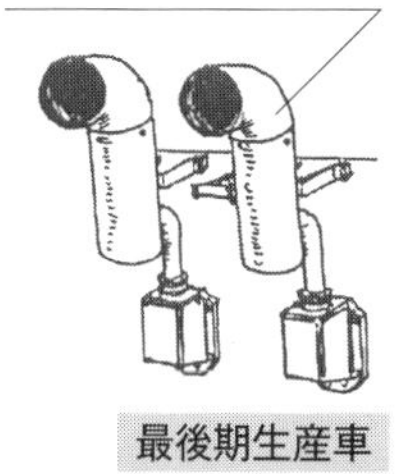

偏向フードを装着
（未装備の車両が多い）。

最後期生産車

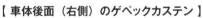

◉パンターD型の砲塔/戦闘室内部

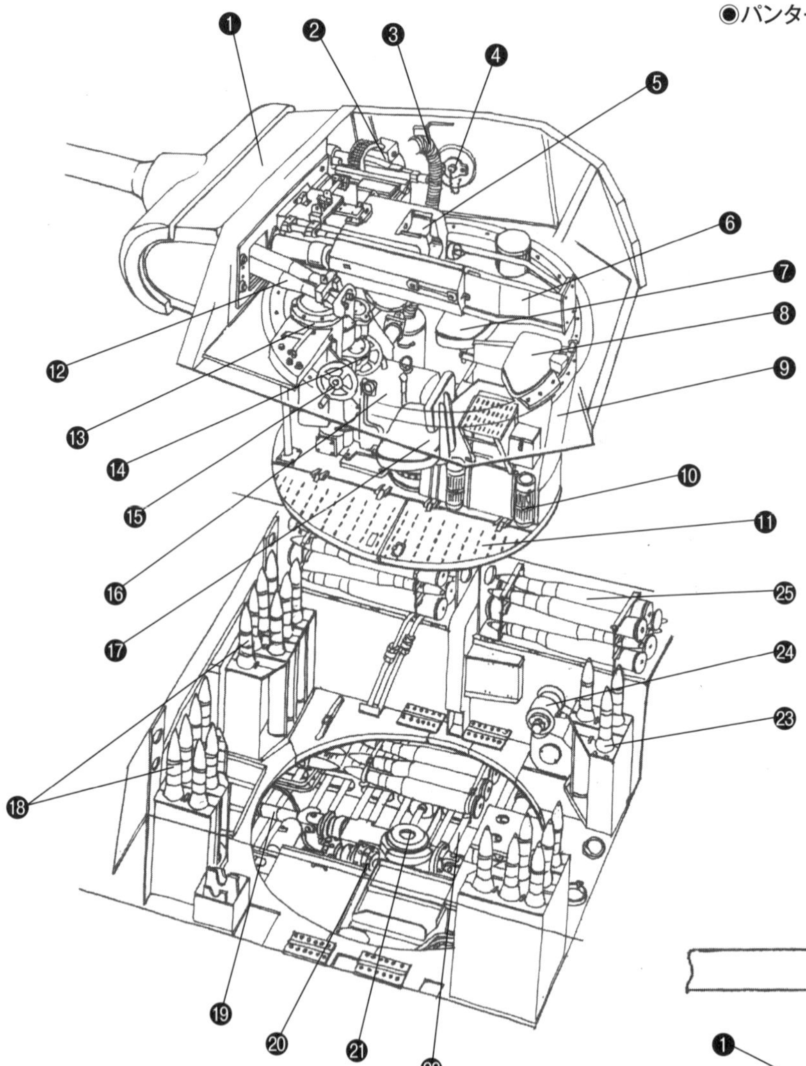

1 揺架装甲カバー
2 MG34同軸機銃
3 吸気パイプ
4 ピストルポート装甲カバー
5 閉鎖機
6 後座ガード
7 装填手席
8 車長席
9 空薬莢受け
10 乗員用ガスマスク
11 砲塔バスケット床面
12 照準器
13 砲塔旋回機構
14 手動用砲塔旋回ハンドル
15 砲俯仰ハンドル
16 油圧ギア
17 砲手席
18 砲弾収納ラック
19 プロペラシャフト
20 油圧ポンプ
21 砲塔駆動装置
22 トーションバー
23 砲弾収納ラック
24 油圧ダンパー
25 砲弾収納ラック

◉パンターA型の内部構造

1 操縦手用視察クラッペ
2 操縦手用ペリスコープ
3 ハッチ開閉用加圧装置
4 砲弾収納庫
5 照準器
6 砲塔旋回用ベアリング
7 ベンチレーター
8 吸気パイプ
9 車長用ペリスコープ
10 後座ガード
11 後部ハッチ・ロック機構
12 車長用折りたたみ式フットレスト
13 車長用シート
14 マイバッハ社製HL230P30エンジン
15 冷却水タンク
16 排気管
17 発電用補助装置
18 オイルクーラー
19 燃料ポンプ
20 バッテリー
21 砲手席
22 砲塔旋回用主電動機
23 装填手席
24 発射ペダル
25 砲塔旋回用加圧装置
26 操縦手席
27 変速レバー
28 変速機
29 差動機

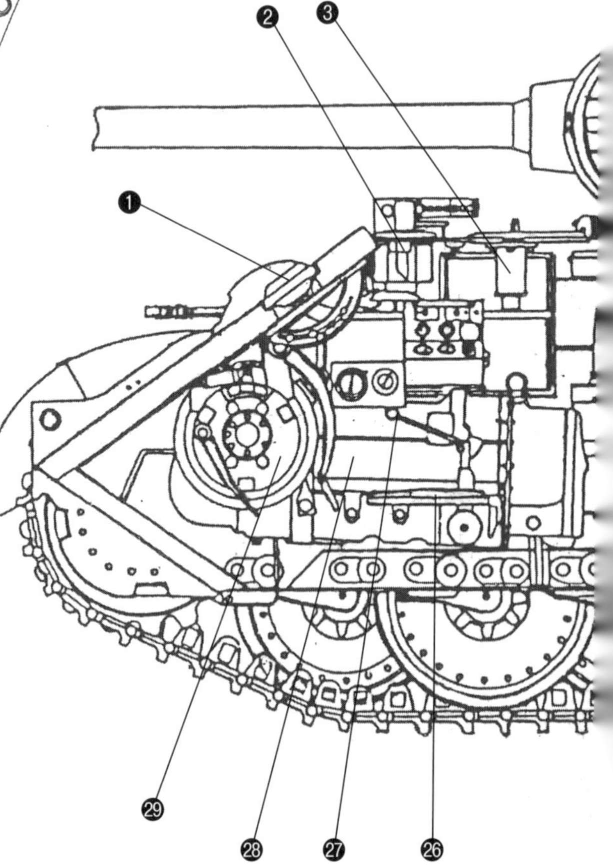

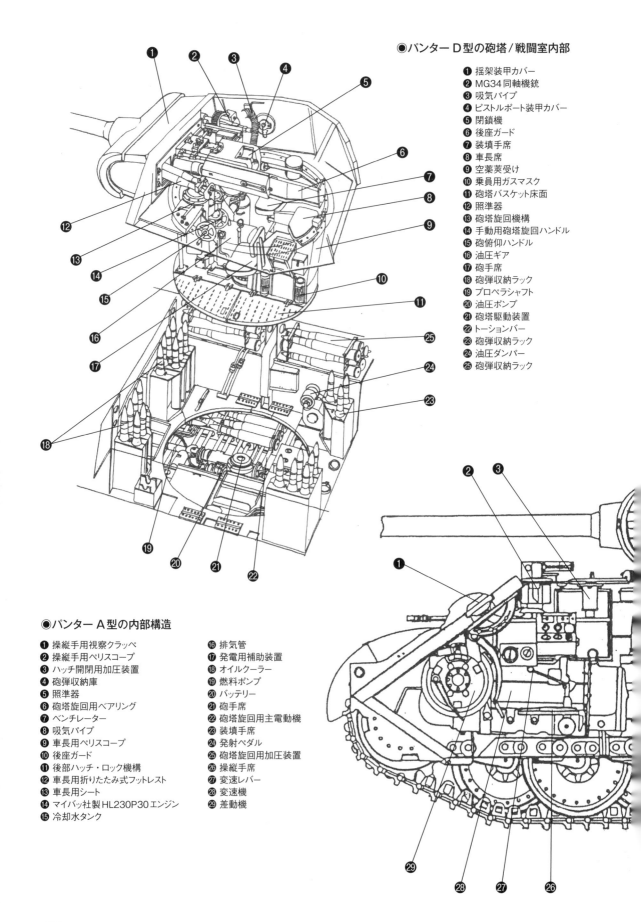

◉7.5cm戦車砲KwK42の砲尾付近

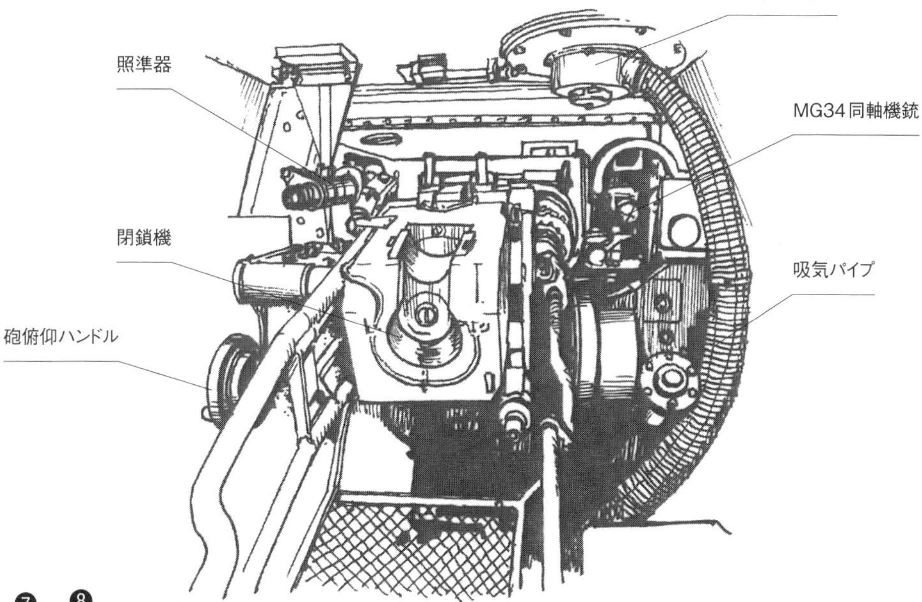

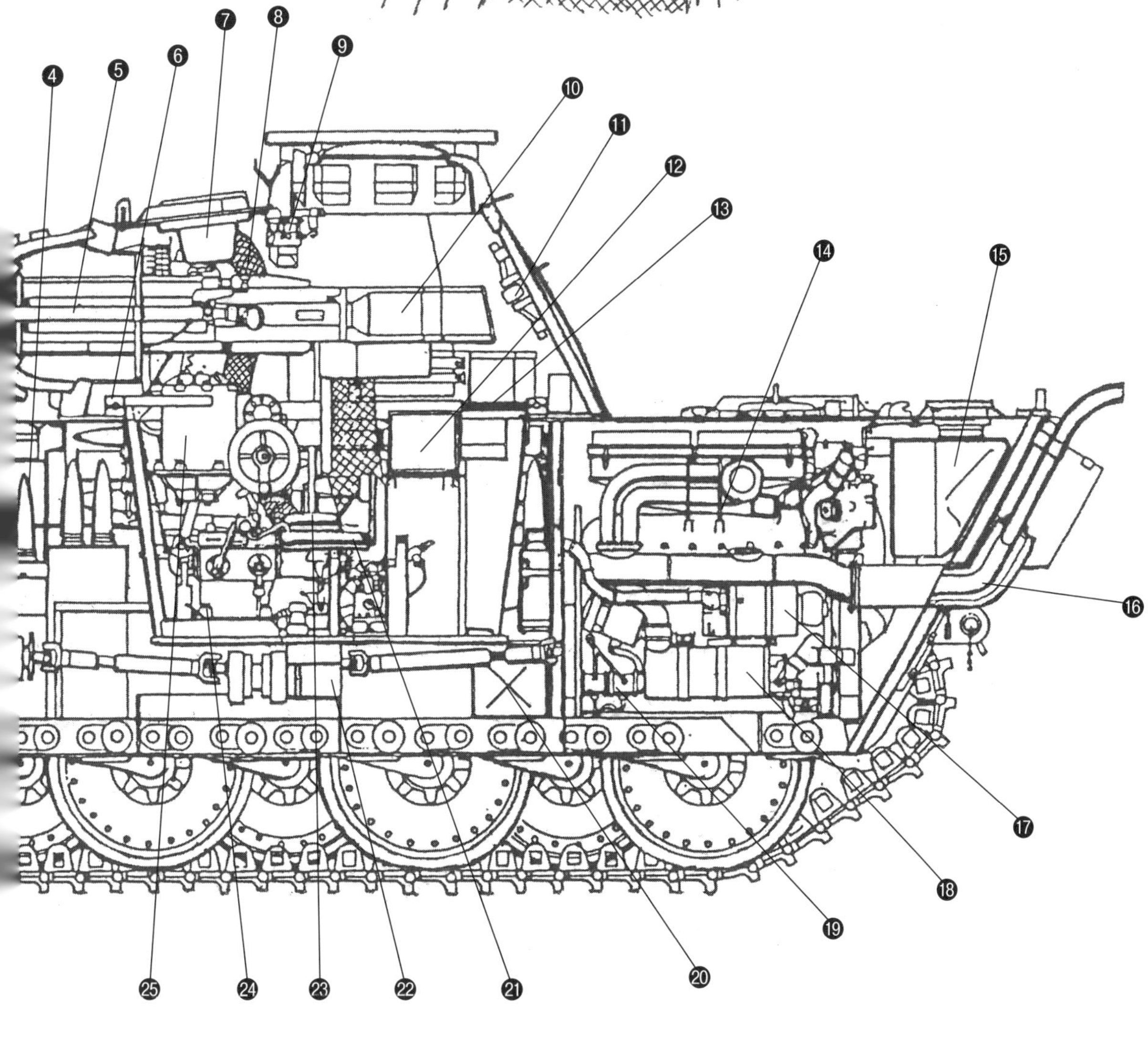

◉パンターG型の車外装備品

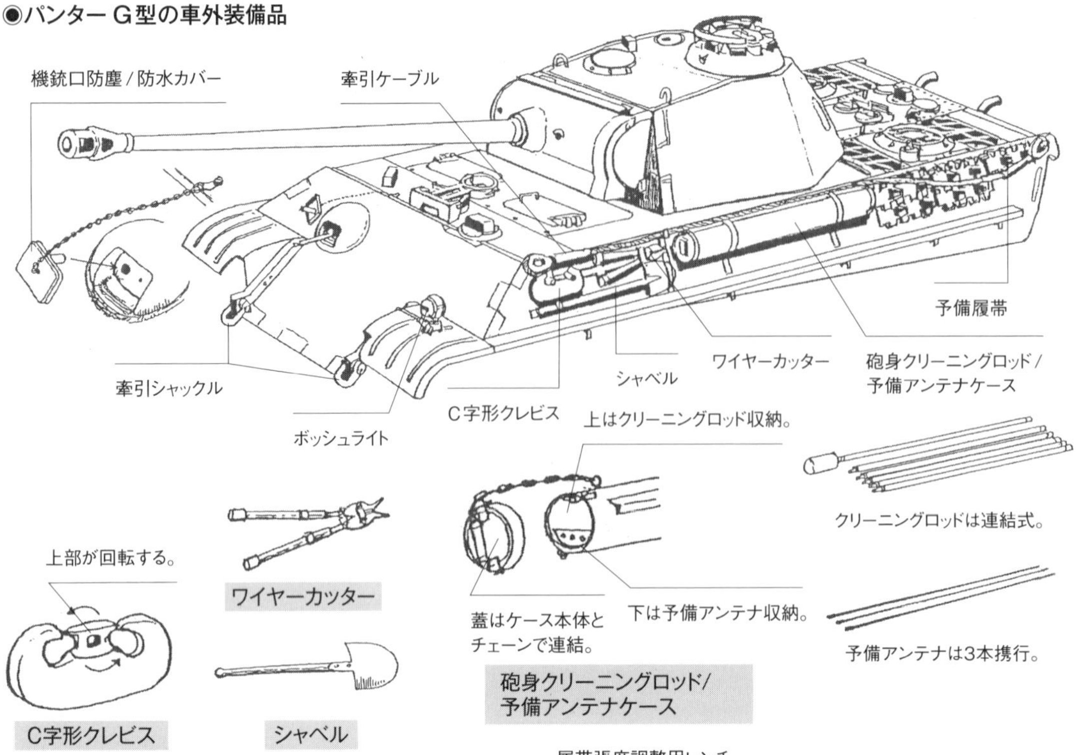

機銃口防塵/防水カバー
牽引ケーブル
予備履帯
牽引シャックル
ボッシュライト
C字形クレビス
シャベル
ワイヤーカッター
砲身クリーニングロッド/
予備アンテナケース
上はクリーニングロッド収納。
クリーニングロッドは連結式。
上部が回転する。
ワイヤーカッター
蓋はケース本体と
チェーンで連結。
下は予備アンテナ収納。
予備アンテナは3本携行。
砲身クリーニングロッド/
予備アンテナケース
C字形クレビス
シャベル

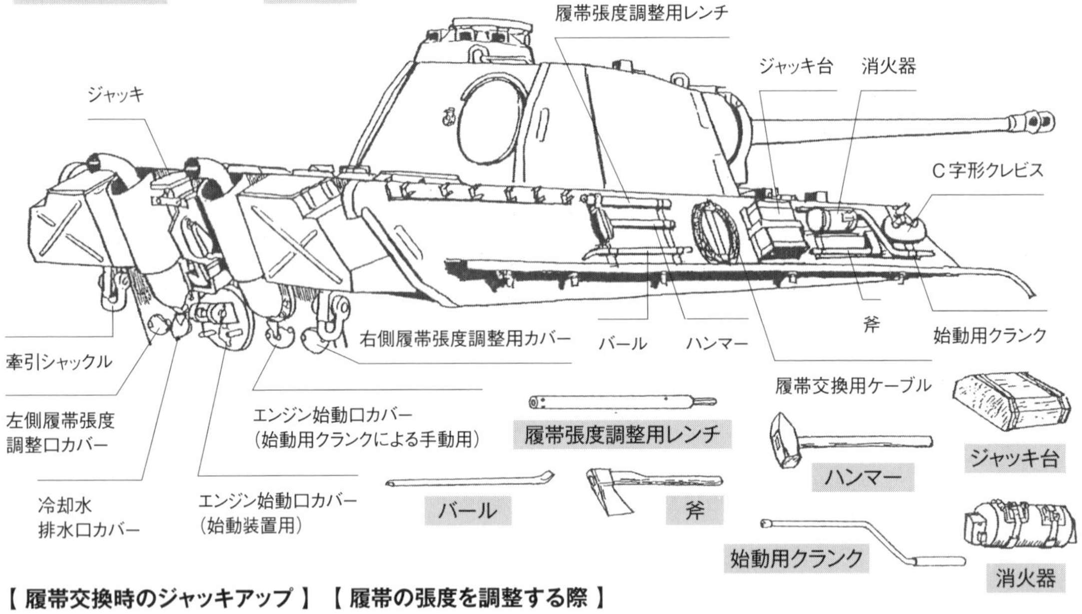

履帯張度調整用レンチ
ジャッキ台
消火器
ジャッキ
C字形クレビス
牽引シャックル
右側履帯張度調整用カバー
バール
ハンマー
斧
始動用クランク
左側履帯張度
調整口カバー
エンジン始動口カバー
（始動用クランクによる手動用）
履帯交換用ケーブル
履帯張度調整用レンチ
ハンマー
ジャッキ台
冷却水
排水口カバー
エンジン始動口カバー
（始動装置用）
バール
斧
始動用クランク
消火器

【 履帯交換時のジャッキアップ 】

ハンドルを回して
ジャッキを上げる。
ジャッキ
ジャッキの頭部を転輪
リムの下に入れる。
転輪
ジャッキの底部を
ジャッキ台に乗せる。
ジャッキ台

【 履帯の張度を調整する際 】

履帯張度調整口
カバーを開ける。
履帯張度調整用レンチ
を開口部に差し込む。
左右に回して、履帯の
張り具合を調整。

【 冬季など手動によるエンジン始動法 】

手動用のエンジン始動
クランク差し込み口。
クランクを差し込んで回す。

通常は、操縦室のセルモーターを使ってエンジンを始動させるが、冬季はバッテリーの消費を抑えるため手動でも行った。また、専用のエンジン始動機も用意されていた。

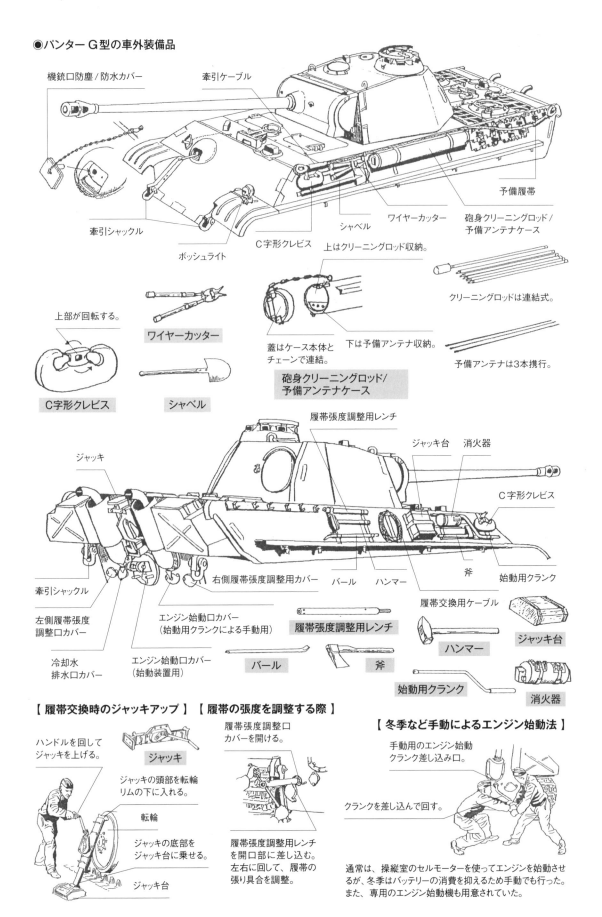

パンターの派生型

■パンター指揮戦車

1943年4月～1945年2月までにFu5とFu8無線機搭載車両とFu5とFu7無線機搭載車両、合わせて329両の指揮戦車が造られ、パンター戦車部隊の大隊本部や中隊本部に配備された。

指揮戦車は、前線から整備や修理などで戻ってきたパンターD型/A型/G型を改修して造られており、車体左側の砲身クリーニングロッド/予備アンテナケースの下に延長用アンテナロッド固定具（3本装着）や機関室の最後部中央に円筒状のアンテナ基部が増設されている。

■ベルゲパンター

パンター、ティーガーの部隊配備とともに、戦場で行動不能となったそれら重量級の車両を回収する専用の車両の必要性が生じた。

1943年3月にパンターの車体を使用した戦車回収車ベルゲパンターの開発が決定し、1943年6月、MAN社においてD型をベースとした12両が造られた。最初のベルゲパンターとなった12両は、砲塔を取り外し、ターレットリング開口部を木製カバー（半円形の大型ハッチを設置）で覆い、操縦手/無線手用ペリスコープガード上に対空機銃架の固定板、機関室上に組み立て式のクレーン取り付け基部を設置しただけの簡易な造りだった。

翌7月からはヘンシェル社（実際の作業はルールシュタール社が担当したといわれている）、1944年2月からはデマーク社によって製造された。1943年7月以降に造られたベルゲパンターは、A型とG型をベースとしたベルゲパンター専用車体が使用されており、周囲を木製板で囲んだ戦闘室内に40tウインチを搭載し、車体後部には大型のスペードを増設。さらに組み立て式のクレーン、軟弱地脱出用の角材も備えていた。また、車体前面の中央上部に2cm機関砲KwK38を搭載した車両もあった。

■ベルゲパンター改造指揮戦車

エレファント、ヤークトティーガーを装備した、ドイツ陸軍屈指の戦闘部隊、第653重戦車駆逐大隊は、部隊オリジナルの変わった車両を数多く使用していたことでもよく知られている。

同大隊による改造車両の一つにベルゲパンターを改造した指揮戦車があ

パンター指揮戦車

全長：8.86m　全幅：3.42m　全高：2.99m　重量：44.8t　乗員：5名　武装：70口径7.5cm戦車砲KwK42×1門、MG34 7.92mm機関銃×1挺　最大装甲厚：80mm　エンジン：マイバッハ社製HL230P30（700hp）　最大速度：46km/h

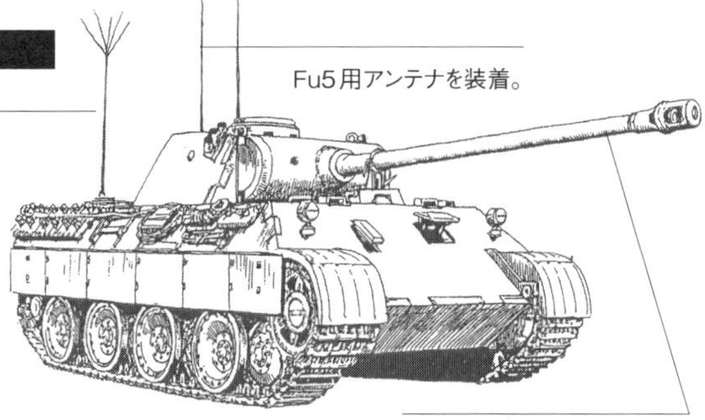
Fu5用アンテナを装着。
Fu8用シュテルンアンテナを装着。
イラストは、D型ベースだが、A型/G型を使った車両もある。

ベルゲパンター

全長：8.82m　全幅：3.27m　全高：2.74m　重量：43t　乗員：5名　武装：MG34 7.92mm機関銃×2挺（一部の車両のみ2cm機関砲KwK38×1門）　最大装甲厚：80mm　エンジン：マイバッハ社製HL230P30（700hp）　最大速度：46km/h

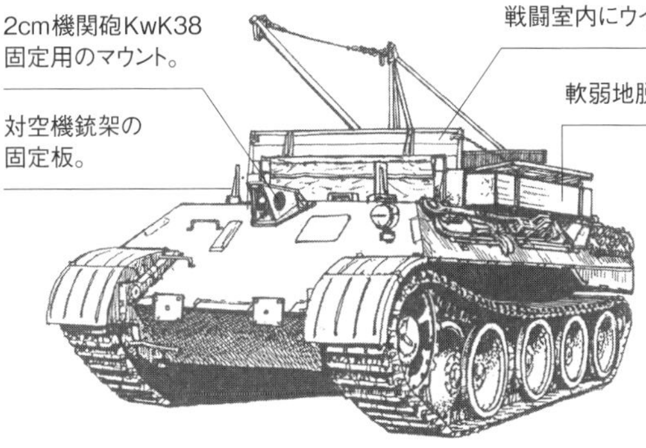
2cm機関砲KwK38固定用のマウント。
戦闘室内にウインチを設置。
軟弱地脱出用の角材。
対空機銃架の固定板。

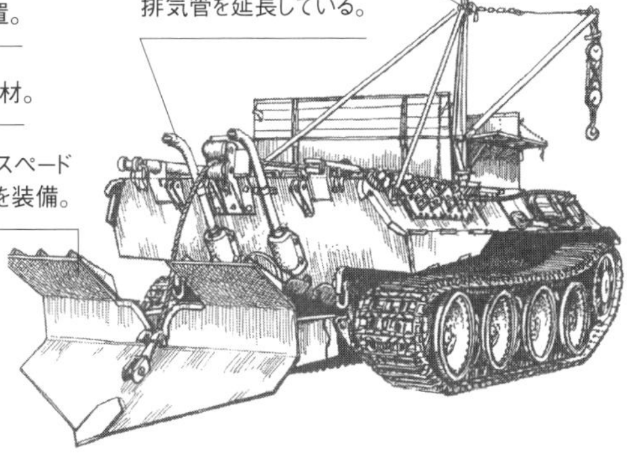
組み立て式クレーンを装備。
排気管を延長している。
大型のスペード（駐鋤）を装備。

る。ベルゲパンターの車体上面開口部を鋼板で塞ぎ、その上にシュルツェンを装着したⅣ号砲塔を設置していた。砲塔は固定式で、また機関室の点検ハッチを開けることができるようにゲペックカステンとシュルツェン後部は未装備だった。

おそらく廃物利用の再生車両で、製造されたのは1両のみと思われる。

■ベルゲパンター改造対空戦車

ベルゲパンターに2cm 4連装対空機関砲Flakvierling 38や3.7cm対空機関砲FlaK37を搭載した対空戦車が造られている。

どちらもベルゲパンター初期型のターレットリング木製カバーの上に対空機関砲を設置した簡単な造りだった。前者は第653重戦車駆逐大隊の所属車両、後者は部隊不明である。

■パンター砲兵用観測車

パンター戦車の開発と並行し、パンターの車体を使用した砲兵隊支援用観測戦車の開発がラインメタル社で進められ、1943年7～9月に試作車が完成する。

試作車はパンターD型の車体をそのまま使用し、専用の観測機材を装備した砲塔を搭載していた。砲塔の基本的な形状はD型と変わらないが、主砲及び防盾を取り外し、ダミー砲身とマウントを設置。砲塔内部には左右基線長1.25mのレンジファインダーとTBF.2観測用ペリスコープ、Fu8、Fu4無線機などが増設されていた。

生産数は不明で、41両が造られたという説や試作車1両のみの製作に終わったという説もある。パンター砲兵用観測車の開発計画はその後も続けられ、5cm砲搭載の小型砲塔搭載型など複数の計画案が考えられていた。

■Ⅴ号対空戦車ケーリアン

パンター戦車をベースとした対空戦車の開発はかなり早くから計画されており、当初は8.8cm FlaK41を搭載した車両や航空機搭載用の20mm機関砲MG151/20を上下に2門ずつ搭載した車両が考案されたが、いずれも設計案の段階で終わった。

1943年12月、兵器局はパンター対空戦車には連装式3.7cm機関砲Flakzwilling 44を搭載することを決定し、ダイムラーベンツ社に開発を要請。1944年初頭には、ラインメタル社に対しても3.7cm機関砲搭載対空戦車の開発を命じる。

ラインメタル社ではⅤ号対空戦車ケーリアン（社内開発名は、対空戦車341）を設計し、原寸大のモックアップを作製する。しかし、車体サイズに対し、3.7cm機関砲では物足りないという理由により1945年1月半ばに3.7cm機関砲型は開発中止となった。

以後、計画は、5.5cm連装対空機関砲ゲレート58を装備する対空戦車へと移行。1944年10月、ラインメタル社とクルップ社が計画案を兵器局に提出するが、計画が進展する前に終戦となった。

パンター砲兵用観測車

全長：6.87m　全幅：3.42m　全高：2.99m　重量：44.5t　乗員：5名　武装：MG34 7.92mm機関銃×2挺　最大装甲厚：80mm　エンジン：マイバッハ社製HL230P30（700hp）　最大速度：46km/h

防盾を撤去し、マウントを設置。
MG34用ボールマウントを設置。
KwK42は取り外し、ダミー砲身を装着。
砲塔内には、各種機材を増設。
車体はパンターD型をそのまま使用。

Ⅴ号対空戦車ケーリアン

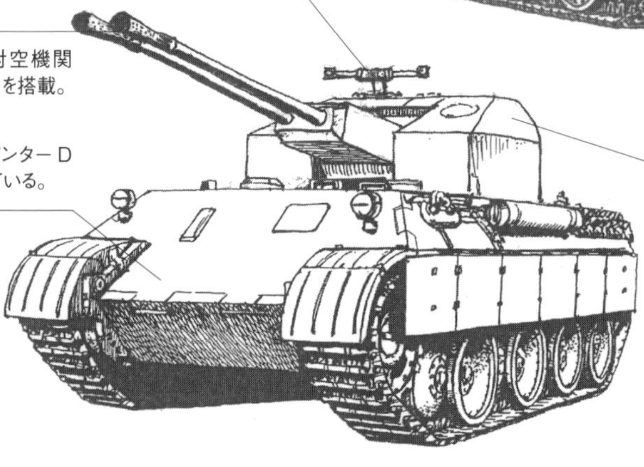
上面ハッチ前にレンジファインダー（測距儀）を装備。
連装式の3.7cm対空機関砲Flakzwilling 44を搭載。
モックアップは、パンターD型の車体を使用している。
図はモックアップの砲塔。違った形状の設計案もあった。

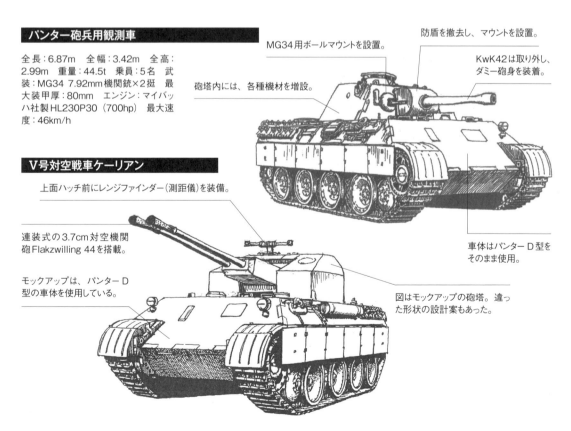

ヤークトパンター

■パンター車台駆逐戦車の開発

1942年8月3日、兵器局第6課は、当時開発が進められていたパンター戦車の車台を使用した駆逐戦車の開発を決定した。当初、ダイムラーベンツ社が開発を担当し、クルップ社が協力することで設計作業が進められていた。しかし、ダイムラーベンツ社によるパンターD型の量産が遅延していたため、1943年5月24日付けで、ダイムラーベンツ社主導で開発を続けることに変更はないが、MIAG（ニューレンバウ・ウント・インダストリー）社が開発に協力することになり、開発後の量産はMIAG社が行うことになった。

1943年10月にMIAG社により試作1号車が完成し、翌11月には試作2号車も完成する。そして1943年11月29日にヤークトパンターとして制式採用された。

ヤークトパンターは、全長9.87m、全幅3.42m、全高2.715m、重量45.5tだった。パンター車台をベースとし、車体前部と一体となる形で戦闘室を設けている。車体前部には変速機、その後方に操縦室を配し、左側に操縦手席、右側に無線手席を設置。操縦室後方スペースが戦闘室となり、中央に主砲を搭載し、左側前部に砲手席、同後部に装填手席、右側に車長席が配置された。

車体の装甲厚は、車体及び戦闘室前面上部80mm/70°（垂直面に対しての傾斜角。この場合、傾斜角により実際は約160mm厚に相当する）、前面下部50mm/55°、側面上部50mm/40°、側面下部40mm/0°、戦闘室上面16mm（生産51号車から25mmに増厚）、戦闘室後面40mm/35°、車体後面40mm/30°、底面16mm/90°だった。この数値は、ソ連IS-2重戦車や米M26パーシング、英ファイアフライなどを除く、連合軍戦車では正面からヤークトパンターを撃破できないことを意味する。

戦闘室前面には、クルップ社製の71口径8.8cm砲PaK43/3を搭載している。PaK43/3は、被帽付き徹甲弾Pzgr39/43、タングステン弾芯徹甲弾Pzgr40/43、対戦車榴弾Higr39、榴弾Sprgr43といった攻撃目標に応じて異なった弾種の8.8cm砲弾を使用することができた。

Pzgr39/43を用いた場合、傾斜角60°の装甲板に対し、射程100mで203mm厚、射程500mでは185mm厚、射程1,000mでは165mm厚、射程2,000mでさえも132mm厚の装甲板を貫通することが可能で、より

ヤークトパンター 初期型（1944年8月頃までの生産車）

全長：9.87m　全幅：3.42m　全高：2.715m　重量：45.5t　乗員：5名　武装：71口径8.8cm PaK43/3×1門、MG34 7.92mm機関銃×1挺　最大装甲厚：80mm　エンジン：マイバッハ社製HL230P30（700hp）　最大速度：46km/h

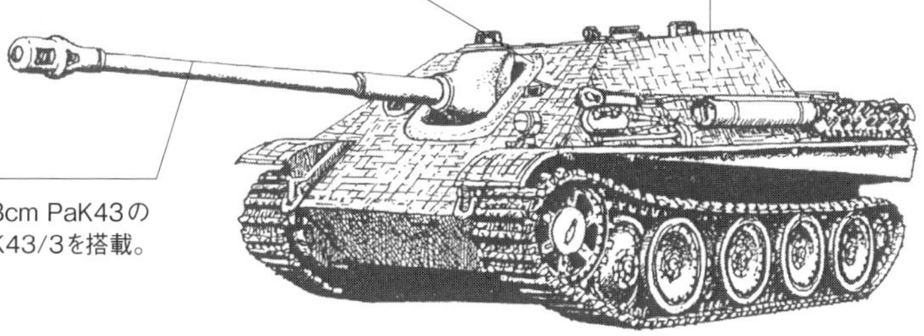

初期型の特徴となっている主砲基部装甲カラーは、内側からボルトで固定。
初期型は全車、ツィンメリットコーティングが施されていた。
71口径8.8cm PaK43の車載型PaK43/3を搭載。

ヤークトパンター 後期型（1944年10月以降の生産車）

全長：9.87m　全幅：3.42m　全高：2.715m　重量：45.5t　乗員：5名　武装：71口径8.8cm PaK43/3×1門、MG34 7.92mm機関銃×1挺　最大装甲厚：80mm　エンジン：マイバッハ社製HL230P30（700hp）　最大速度：46km/h

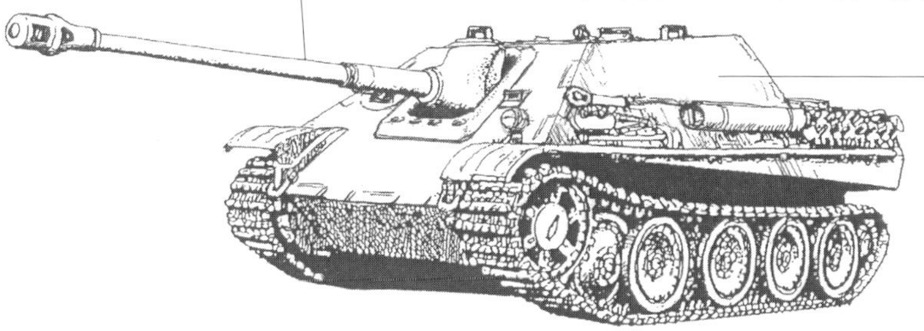

後期型の主砲基部装甲カラー。外側からボルト留めし、なおかつ下部を増厚して強化。
ツィンメリットコーティングは塗布されていない。

威力が高いPzgr40/43の場合では、同射程で237mm厚、217mm厚、193mm厚、153mm厚の貫通力を有した。ヤークトパンターは、当時いかなる連合軍戦車も撃破することが可能だった。

攻撃力、防御力のみならず、45t近い重量がありながら最大速度55km/h、航続距離250km（いずれも整地での数値）と機動力が優れていたこともベースとなったパンター戦車譲りといえる。機関室内には、中央にマイバッハ社製のHL230P30 V型12気筒液冷式ガソリンエンジン（700ps）を搭載し、左右にラジエターと冷却ファンを配していた。

ヤークトパンターは、生産時期に見られる外観上の特徴により、初期型、中期型、後期型に大別されているが、これは当時のドイツ軍が行っていた区分けではない。

いわゆる初期型では、生産開始早々に戦闘室前面左側に設置されている操縦手用ペリスコープ開口部を２個から１個に変更、車体後面中央の円形点検パネルに牽引ホールドを追加した他、1944年４～５月には、機関室上面の中央後部に設けられていたシュノーケル開口部を廃止。２分割式砲身が使用されるようになった。しかし、完全に２分割式砲身に切り替わるのは、同年10月頃以降のことで、それまでは、旧タイプの一体式砲身も併用されていた。

さらに車体後面の左側排気管の両側に冷却気吸入管が追加されている。パンターと同様、ヤークトパンターでも排気管はもっとも頻繁に変更された箇所の一つだった。６～８月なると、新型のマズルブレーキの導入や戦闘室上面の３カ所に2tクレーンの取り付け基部ピルツを設置。戦闘室上面左

◉前部機銃の構造

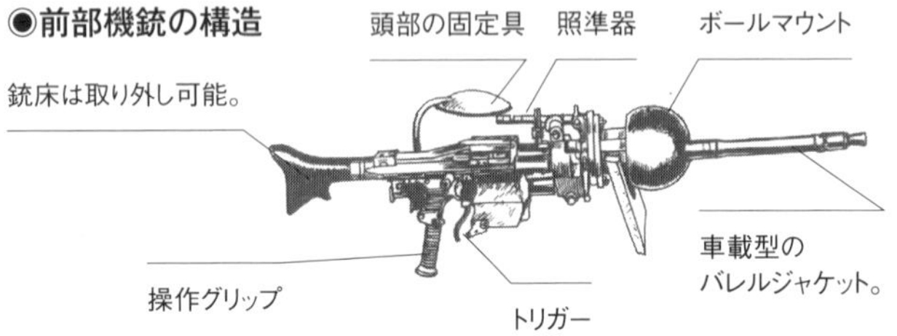
頭部の固定具
照準器
ボールマウント
銃床は取り外し可能。
車載型の
バレルジャケット。
操作グリップ
トリガー

パンターやティーガーなど、大戦中期以降の車両に設置。

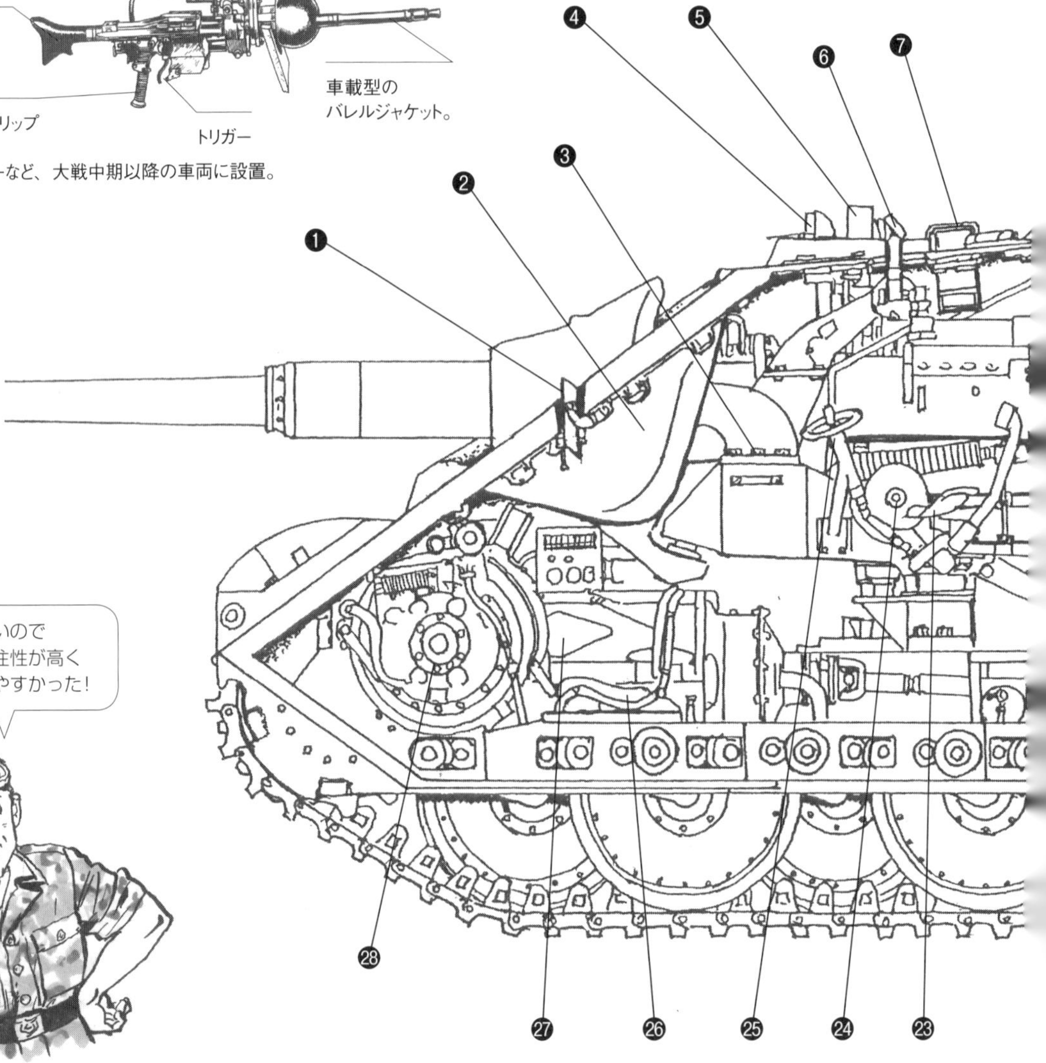
❶
❷
❸
❹
❺
❻
❼
㉘
㉗
㉖
㉕
㉔
㉓

戦闘室が大きいので
戦車よりは居住性が高く
砲操作が行いやすかった！

側には近接防御兵器が装備されるようになる。また、生産第51号車から戦闘室の上面装甲板が16mm厚から25mm厚に強化された。

1944年9月頃に生産された車両は、中期型と呼ばれており、主砲基部装甲カラーを外側からボルト留めしたタイプに変わったことが特徴である。しかし、この装甲カラーは、下部ボルトに被弾しやすいため、使用は短期間で終わり、早くも翌10月には、下部を増厚した新型に変更されている。

この新型防盾を備えた車両が後期型と呼ばれている。後期型においても排気管の変更、新型誘導輪の導入が行われ、12月にはパンターG型と同じ機関室上面パネルの使用が始まった。ドイツ軍の制式書類上では、このG型パネルを持つ車両を“G2型”、それ以前は“G1型”として区分けされている。

この後も車載工具の移設、機関室上面の吸気口の増設や左側排気グリル上の車内暖房用温風式ヒーターユニット、消炎マフラー付きの排気管などが導入された。

ヤークトパンターは、1943年12月～1945年4月末までに415両が造られている。生産数は少なかったが、戦場では、その優れた性能をいかんなく発揮し、多数の連合軍戦車を撃破した。戦後、ヤークトパンターは、その優れた性能や活躍ぶりにより、かつての敵対国からも“第二次大戦最優秀の駆逐戦車”と評価されている。

◉ヤークトパンターの内部構造

❶ 操縦手用ペリスコープ
❷ 主砲基部装甲カラー
❸ 揺架
❹ 砲隊鏡
❺ 車長用ペリスコープ
❻ 照準器
❼ 車長用右側ペリスコープ
❽ 砲尾
❾ ベンチレーター
❿ 砲弾収納ラック
⓫ 後部ペリスコープ
⓬ 後面ハッチ・ロックレバー
⓭ 後座ガード
⓮ マイバッハ社製 HL230P30エンジン
⓯ 冷却水タンク
⓰ 排気管
⓱ 発電用補助機関
⓲ オイルクーラー
⓳ 燃料ポンプ
⓴ バッテリー
㉑ プロペラシャフト
㉒ トーションバースプリング
㉓ 砲手席
㉔ 砲俯仰ハンドル
㉕ 砲左右旋回ハンドル
㉖ 操縦手席
㉗ 変速機
㉘ 差動機

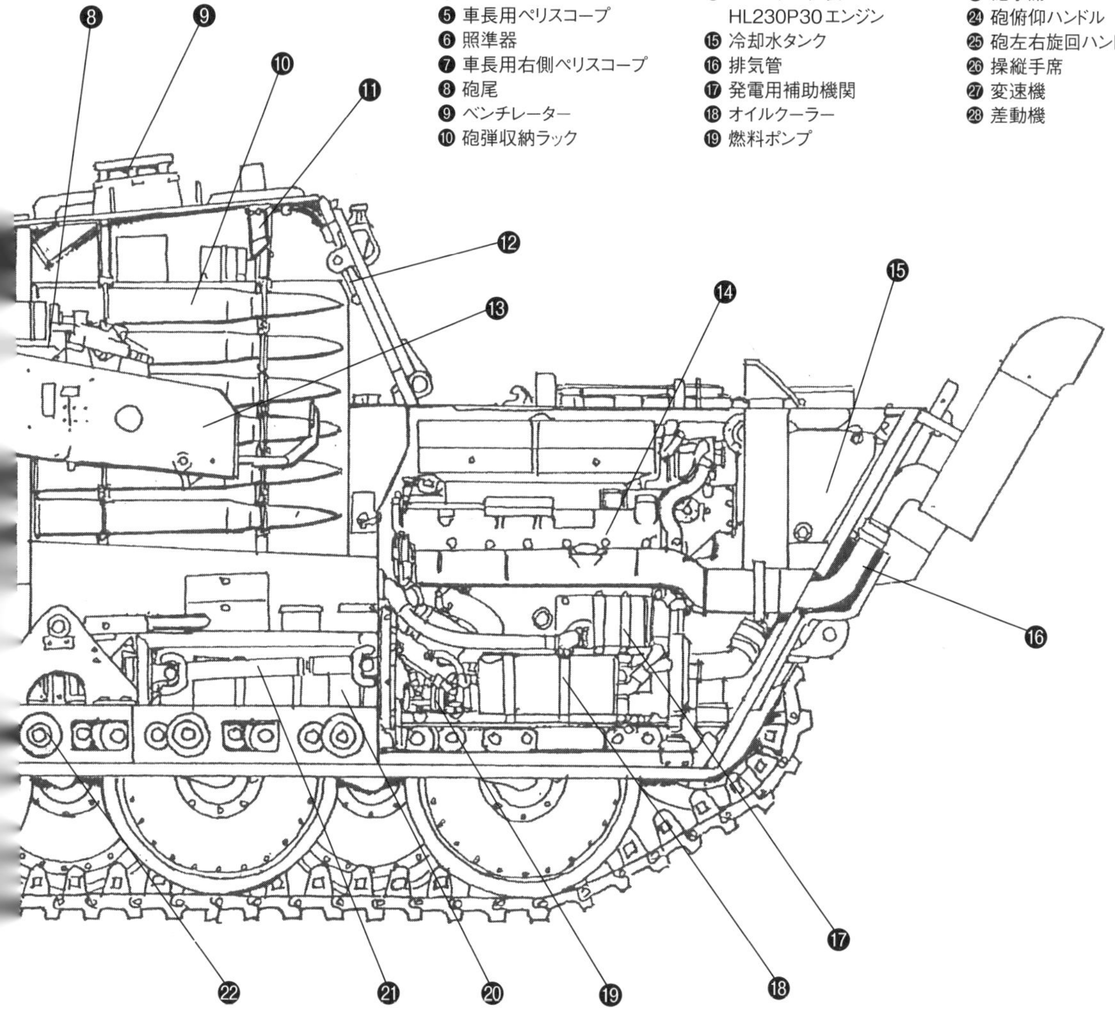

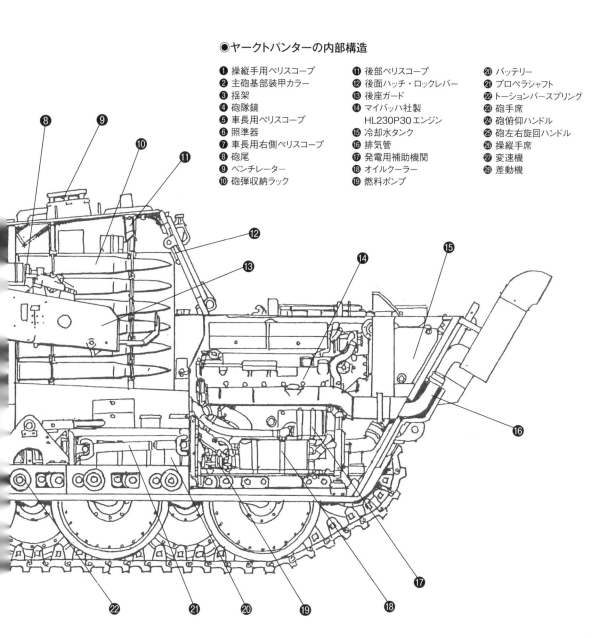

次世代のパンター戦車

■パンターF型

パンターの次期量産型となるはずだったF型の最大の特徴は、ダイムラーベンツ社が設計した新型砲塔シュマルツルム（幅狭砲塔）を採用したことである。シュマルツルムは、被弾率の高い前面の幅を縮小し、ショットトラップを生じにくい小型防盾を装備している。デザイン面のみならず装甲厚も前面120mm/20°、側面60mm/20°、後面60mm/20°、上面40mm/90°とし強化されており、さらに当時としては画期的な機材、測距用光学式レンジファインダーを搭載し、射撃精度も大幅に向上させていた。

車体にも若干の仕様変更が加えられており、前部MGマウントをStG44突撃銃用マウントに変更、操縦室上面の装甲板を増厚し、操縦手/無線手ハッチはスライド式に変更。転輪はG型でも使用されていた鋼製タイプを採用することになっていた。

1944年8月から完成した2基の試作砲塔をG型車体に搭載し、テストを開始。終戦までに8両分のF型車体が完成したといわれている。

また、F型砲塔の試作基が完成し、テストを開始して間もない1944年11月、クルップ社は71口径8.8cm戦車砲KwK43を搭載する武装強化プランも提示する。F型砲塔は、7.5cm KwK42を装備することを前提に設計されていたが、リコイルシリンダーの改良と砲耳を砲塔前面装甲板よりも前方に配置することで8.8cm KwK42の搭載も可能だった。さらに射撃精度向上のためスタビライザーサイトの搭載も検討されていた。

■パンターII

パンターD型の生産が始まったばかりの1943年1月22日に早くも車体前面の装甲厚を80mmから100mmに、車体側面は45mmから60mmに増厚し、装甲を強化した改良型の開発計画が考案された。1943年2月には、可能な限りティーガーIIと構成部品を共通化し、砲塔は新設計のものを搭載することも決まり、同年4月に改良型はパンターIIと命名された。

当初の計画では、1943年9月の完成を予定していたが、ティーガーIIとのパーツ共通化ということが計画の延滞を余儀なくさせ、さらに1944年4月にパンターII設計のノウハウをフィードバックしたパンターG型が登場したことにより、パンターII開発そのものがあまり意味をなさなくなった。

しかし、パンターIIの開発が完全に中止になったわけではなく、大戦末期には試作車体2両を製造する指示が下され、1944年末には車体のみ1両が完成した。計画では、パンターIIにもシュマルツルムを搭載する予定で、さらに砲塔前面装甲板の前方に砲耳カバーを設け、8.8.cm KwK43を搭載することも検討されていたようだ。

パンターF型

全長:8.86m　全幅:3.44m　全高:2.92m　重量:45t　乗員:5名　武装:70口径7.5cm戦車砲KwK42×1門、MG42 7.92mm機関銃×1挺　最大装甲厚:80mm　エンジン:マイバッハ社製HL230P30（700hp）　最大速度:55km/h

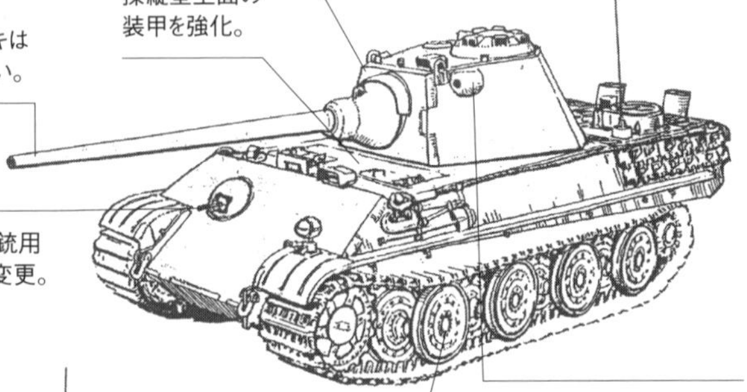
砲塔はF型用に設計されたシュマルツルムを搭載。
操縦室上面の装甲を強化。
マズルブレーキは装着していない。
StG44突撃銃用のマウントに変更。
レンジファインダーを装備し、射撃精度を向上させた。
転輪は鋼製転輪を標準とする。

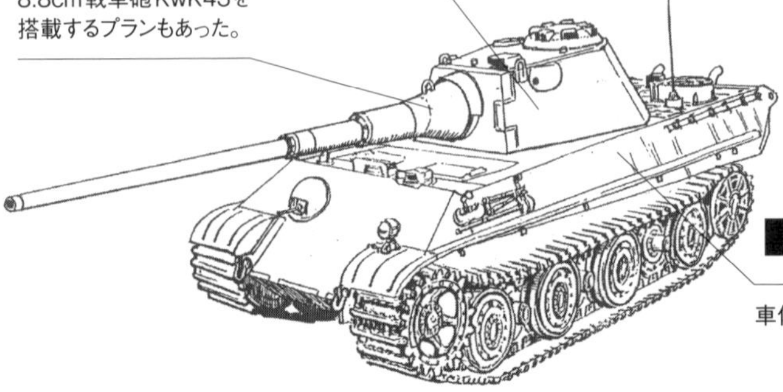
砲塔は、おそらくF型と同じシュマルツルムを搭載する予定だったと思われる。
8.8cm戦車砲KwK43を搭載するプランもあった。
車体は新設計となっている。

パンターII

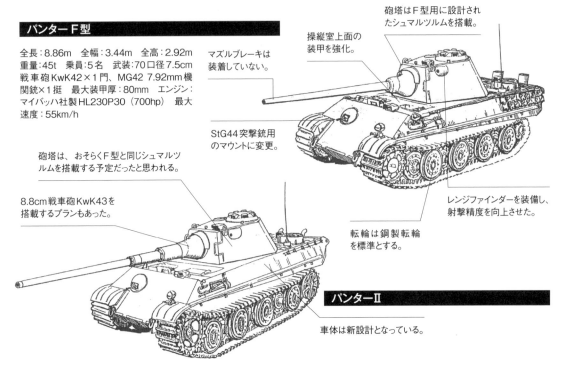

連合軍を恐怖に陥れた無敵戦車

ティーガーIと派生型

ティーガーⅠは、第二次大戦戦車の中でもっとも有名な車両といっても過言ではない。ティーガーⅠは、1942年6月から生産が始まり、同年8月末に戦場に登場する。強力な8.8cm砲と前面装甲100mm厚の強固な装甲防御力、重戦車としては良好な機動力により、東部戦線、北アフリカ戦線、イタリア戦線、西部戦線など、すべての戦場において、自車損失の何倍もの敵戦車を撃破し、連合軍戦車兵から恐れられる存在となる。

ＶＫ４５０１（Ｐ）とティーガーＩ

■ドイツの重戦車開発

ドイツは、1935年3月16日の再軍備宣言の後、兵器開発を本格的に開始し、主力戦車(ZW)、支援戦車(BW)に続き、重戦車の開発にも着手した。兵器局は、1937年1月、ヘンシェル社に対し30t級戦車の開発を要請する。ヘンシェル社は1938年8月に試作戦車DW.I、翌1939年初頭には改良型のDW.IIを相次いで完成させた。

■VK3001(P)/(H)

当初はヘンシェル社のみにおいて進められていた30t級戦車の開発は、1939年10月からはポルシェ社も加わることになった。1941年3月、ヘンシェル社ではDW.IとDW.IIを発展改良したVK3001(H)を造り、一方、ポルシェ社は1940～1941年にかけてVK3001(P)の試作車体を完成(どちらも砲塔は未完成)させた。

しかし、両社の試作車VK3001は車体の走行テストが行われたのみで開発中止となり、兵器局のさらなる要請によりヘンシェル社は36t級のVK3601(H)、ポルシェ社は45t級のVK4501(P)の開発に移行する。

■VK4501(P) ティーガー(P)

ポルシェ社の重戦車開発はヘンシェル社より先行し、1942年4月18日にVK4501(P)の試作1号車が完成する。

VK4501(P)は、全長9.34m、全幅3.38m、全高2.8m、重量57tだった。車体の装甲厚は、前面上部100mm/60°(垂直面に対する傾斜角)、前面下部80mm/45°、前部上面60mm/78°、側面60mm/0°、後面100mm/0°、底面20mm/90°だった。車体後部は機関室になっており、2基のポルシェ社製タイプ101/1ガソリンエンジン(計620hp)にジーメンス・シュッケルト社製のaGV275/24発電機を直結し、同社製D1495a電気モーターを駆動するという方式を採用していた。

前方寄りに配置されたクルップ社製

VK3001(P) タイプ100

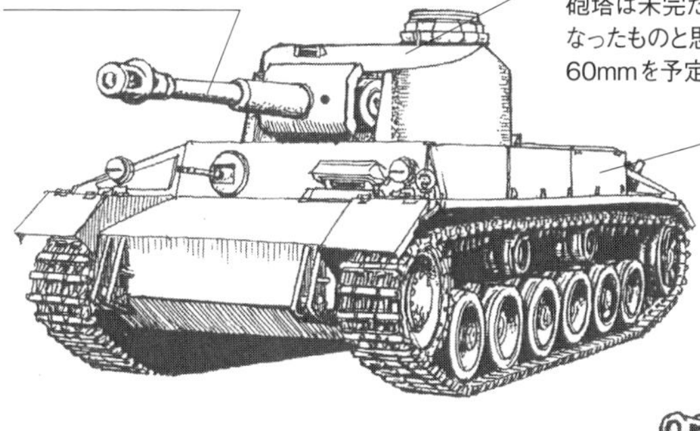
主砲は、クルップ社の8.8cm砲を搭載予定。
砲塔は未完だが、残された構造図からこのような形状(円筒形)になったものと思われる。砲塔の装甲厚は前面80mm、側面/後面60mmを予定していた。
VK3001(P)は車体のみ完成。装甲厚は前面50mm、側面40mm、後面30mm。後部にシュタイヤー社製タイプ100エンジン(210hp)を2基(計420hp)搭載。

VK4501(P) ティーガー(P)

全長:9.34m 全幅:3.38m 全高:2.8m 重量:57t 乗員:5名 武装:56口径8.8cm戦車砲KwK36×1門、MG34 7.92mm機関銃×2挺 最大装甲厚:100mm エンジン:ポルシェ社製タイプ101/1(310hp)×2基(計620hp) 最大速度:35km/h

砲塔は、ティーガーⅠとほぼ同じだが、上面の形状が異なる。
機関部はガソリンエンジンと電動モーターを搭載したハイブリッド駆動。
56口径8.8cm戦車砲KwK36を搭載。
前面装甲は100mm厚。

の砲塔は、後のティーガーI砲塔とほぼ同じものだが、上面の形状が異なっている。主砲は56口径8.8cm戦車砲KwK36を搭載。砲塔の装甲厚は、前面100mm/10°、防盾70～145mm/0°、側面～後面80mm/0°、上面25mm/85～90°である。

VK4501（P）は、先進的なガソリンエンジンと電気モーターとのハイブリッド駆動方式が災いし、試作車のテストの結果は芳しくなく、開発は難航していた。それにもかかわらず、試作車が完成する前に100両の生産命令が下されていた。

■VK3601(H)とVK4501(H)

一方、ヘンシェル社が開発を進めるVK3601(H)は、1941年6月11日にクルップ社に対してVK3601（H）用に6基の砲塔と7両分の車体装甲板の製作が発注されていたが、搭載予定だった75.5口径7.5cm減口径砲の砲弾材料として使用するタングステン鋼の安定した供給が困難だったため7.5cm減口径砲の採用は中止となり、それとともに砲塔の製作も中断してしまった。

兵器局は新たにヘンシェル社に対し8.8cm戦車砲KwK36を装備した砲塔を搭載するように設計変更を要請する。同社は、この要請に対し短期間で開発を行うために、試作車体が完成していたVK3601（H）の車体を拡大・改良し、既に製造が進んでいたポルシェ社のVK4501（P）用の8.8cm砲砲塔を搭載したVK4501（H）を設計し、開発することとした。

8.8cm砲搭載の試作車の製作と並行し、1942年2月に兵器局はヘンシェル社に対し、ラインメタル社が開発中の70口径長砲身7.5cm砲装備の砲塔を搭載することも検討するように命じた。この7.5cm砲は8.8cm砲よりは口径は小さいが、貫徹能力は上回っていた。ヘンシェル社は、木製モックアップを製作し、搭載可能なことを実証したが、7.5cm砲はパンター戦車（当時の開発名称はVK3002）への搭載が最優先とされていたため、7.5cm砲塔の搭載は中止となってしまった。仮に計画どおり進行すれば、生産100両目までは8.8cm砲砲塔を搭載したH1型、101両目からは7.5cm砲砲塔を搭載したH2型へ移行するはずであった。

VK4501（H）の試作1号車V1は1942年4月に完成する。VK4501（H）は極めてオーソドックスなデザインで、重量は計画値45tをオーバーし、57tとなった。試作1号車V1には車載工具やサイドフェンダー、ファイフェルフィルター、砲塔後部のゲペックカステンなどの車外装備品はまったく装着されていなかったが、ティーガーIの基本的なデザインは既にこの段階で確立していた。

当初本命と見られていたポルシェのVK4501（P）のトラブル続出に業を煮やした兵器局は、VK4501（P）に見切りをつけ、ヘンシェル社のVK4501（H）

VK3001(H)

全長：5.81m　全幅：3.16m　車体高：1.85m　重量：32t　乗員：5名　武装：24口径7.5cm戦車砲KwK37×1門、MG34 7.92mm機関銃×2挺　最大装甲厚：50mm　エンジン：マイバッハ社製HL116（300hp）　最大速度：35km/h

走行試験時には砲塔完成が間に合わず、同重量のバラストを載せていた。後に試作砲塔が完成するが、車体に搭載されることなく、固定砲台として使われた。

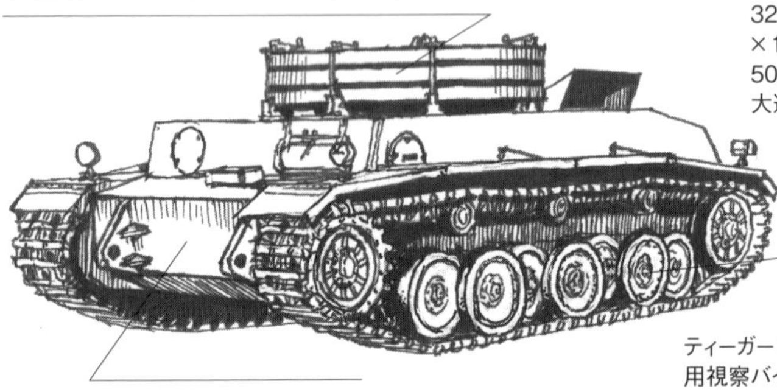

足回りは、トーションバー式サスペンションの挟み込み式転輪配置で、上部支持転輪も設置。

車体前面の装甲厚は50mm。

VK3601(H)

全長：6.05m　全幅：3.14m　全高：2.70m　重量：40t　乗員：5名　武装：75.5口径7.5cmゲレート0725×1門、MG34 7.92mm機関銃×2挺　装甲厚：車体前面80mm、砲塔前面100mm　エンジン：マイバッハ社製HL174（550hp）　最大速度：40km/h

ティーガーIと同型の操縦手用視察バイザーは未装備。

砲塔は未完で、車体に搭載されることなく開発は中止となる。

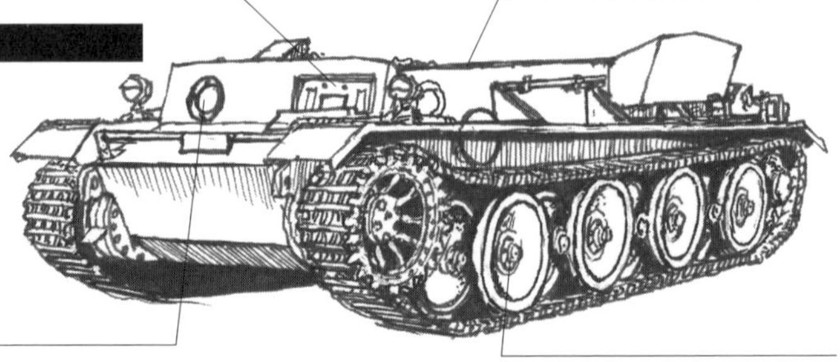

ティーガーIと同型のMG34機銃ボールマウントも未装備。

起動輪、転輪、誘導輪はティーガーIと同型。履帯もティーガーIの鉄道輸送履帯として使用される。

を“VI号重戦車H1型”として制式に採用した。その後、“ティーガーE型”と改称され、さらに“ティーガーI”という名称に変更となる。

■ティーガーI

ティーガーIの最初の生産車は6月に完成した。ティーガーIは、全長8.45m、全幅3.70m、全高3.00m、重量57t。車体は、それまでのドイツ戦車の標準的な箱形のスタイルで、車体最前部に操向装置と変速機、その直後の左側に操縦手席、右側に無線手席を配置し、中央には戦闘室が置かれていた。戦闘室上部側面には砲弾ラックを備え、さらに床下に設置された砲弾収納庫と合わせ、92発の砲弾を携行することができた。

車体後部の機関室中央には650hpのマイバッハ社製のHL210P45液冷V型12気筒ガソリンエンジンを搭載（1943年5月の生産251号車以降は、エンジンを700hpのHL230P45に変更。）、エンジン両側には燃料タンク、ラジエター、ラジエター冷却ファンが配置されている。機関室内には温度が160度以上になると作動する自動消火装置も装備しており、さらに57tもの巨体ゆえ、使用できる架橋の制限を受けるため、渡河用に潜水装備も備えていた。

車体の装甲厚は、前面は100mm/25°（垂直面に対する傾斜角）、下部前面60mm/65°、前部上面60mm/80°、車体前面100mm/9°、側面上部80mm/0°、側面下部60mm/0°、後面80mm、上面25mm/90°、床板25mm/90°、また砲塔の装甲厚は、前面100mm/10°、防盾70～145mm/0°、側面～後面80mm/0°、上面25mm/85～90°と重装甲であった。

主砲として搭載された56口径8.8cm KwK36は当時もっとも強力な戦車搭載砲で、通常の徹甲弾Pzgr39を使用した場合、射程1,000mで100mm厚（入射角30°）の装甲板を貫通することができ、またタングステン弾芯のより高い貫徹力を有するPzgr40では、同射程で138mm厚の装甲板を貫通可能だった。この数値は、当時の連合軍戦車のすべてをアウトレンジで撃破できることを意味する。

砲塔の内部は、左側後方に車長、その前方に砲手、右側に装填手を配置しており、車長はキューポラにより、全周視察が可能であった。砲塔下部はバスケット式のため、砲塔がどの方向に旋回していようとも内部の乗員は支障なく作業を行うことができた。こうした機能的な内部構造もカタログデータなどには表れないドイツ戦車の優れた特質である。

防御力、攻撃力は申し分なかったティーガーIは、また機動力も重戦車としては良好で、最大速度40km/h（初期型は45km/h）、行動距離120km（整地）だった。後にティーガーIに対抗すべく開発された連合軍の重戦車（ソ連JS-2は重量46tで最大速度

ティーガーI 初期型（1943年6月までの生産車）

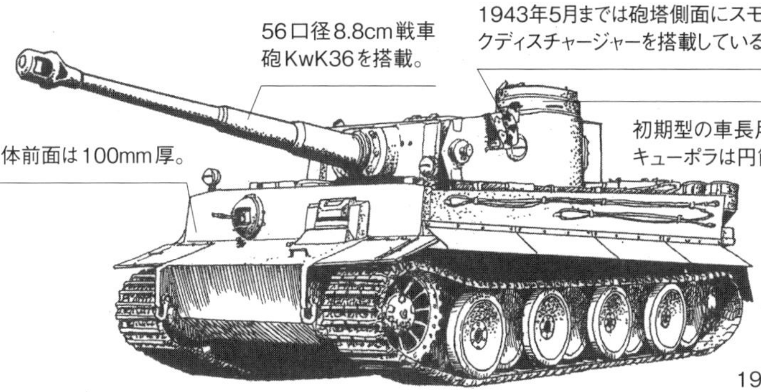
56口径8.8cm戦車砲KwK36を搭載。
1943年5月までは砲塔側面にスモークディスチャージャーを搭載している。
初期型の車長用キューポラは円筒状。
車体前面は100mm厚。

全長：8.45m　全幅：3.70m　全高：3.00m　重量：57t　乗員：5名　武装：56口径8.8cm戦車砲KwK36×1門、MG34 7.92mm機関銃×2挺　最大装甲厚：100mm（防盾145mm）　エンジン：マイバッハ社製HL210P45（650hp）　最大速度：45km/h

ティーガーI 中期型（1943年7月～1944年1月生産車）

全長：8.45m　全幅：3.70m　全高：3.00m　重量：57t　乗員：5名　武装：56口径8.8cm戦車砲KwK36×1門、MG34 7.92mm機関銃×2挺　最大装甲厚：100mm（防盾145mm）　エンジン：マイバッハ社製HL230P45（700hp）　最大速度：40km/h

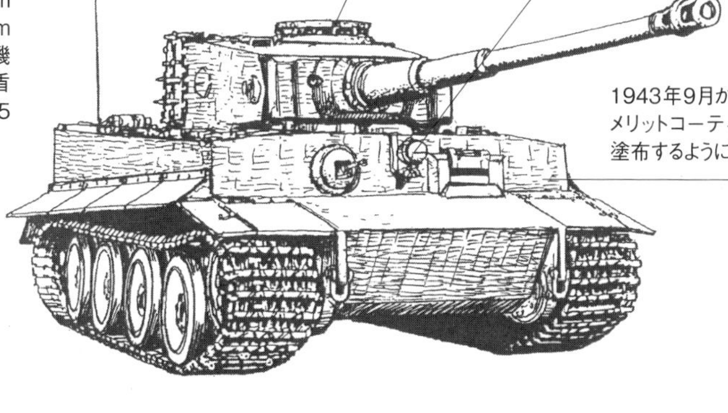
1943年7月から車長用キューポラを新型に変更。
ボッシュライトは1基のみとなり、1943年10月から車体上部中央に設置。
1943年9月からツィンメリットコーティングを塗布するようになる。

38km/h、アメリカM26パーシングは41.8tで40km/h）と比べれば、よくいわれる“ティーガーI－機動力の低さが弱点”というのは、正しくないことが分かる。

ただし、複雑な構造の足回りは、ティーガーIの泣き所だった。挟み込み式にレイアウトされた足回りは接地圧の低減には、優れたアイデアだったが、転輪の交換など整備に手間がかかり、さらに東部戦線の軟泥地などでは泥や雪が詰まり、走行に支障をきたすということもあった。また、鉄道郵送時には、車幅がオーバーしてしまうため、外側転輪を取り外し、履帯もそれに伴い幅の狭い専用の履帯に交換しなければならなかった。

ティーガーIは、1942年6月から1944年8月まで量産が行われ、1,346両が造られた。ティーガーIもドイツ戦車の例にもれず、生産過程において何度も変更、改良が加えられている。大きな変更箇所は、サイドフェンダーの設置、ファイフェルフィルターの設置及び廃止、ボッシュライトの設置位置の変更、砲塔後部右側のエスケープハッチ設置、砲塔後部ゲペックカステンの標準化、エンジンの換装、砲塔側面の予備履帯ラックの設置、スモークディスチャージャーの廃止、車長用キューポラの変更、装填手用ハッチの変更、潜水装置の廃止、Sマイン発射器の廃止、砲塔上面装甲板の増厚、近接防御兵器の装備、新型の起動輪、誘導輪、鋼製転輪の導入、2tクレーン用取り付け基部ピルツの設置などである。

ティーガーIは、こうした生産時期に見られる外観上の特徴により、初期型、中期型、後期型の3タイプに大別することができる。一般的には円筒状の車長用キューポラを持つものを初期型、1943年7月から生産される車長用キューポラを新型に変更したものを中期型、1944年2月以降の鋼製転輪となったものを後期型として区別している。

ティーガーIの部隊配備は、1942年8月から始まり、第502重戦車大隊は早くも同月に東部戦線のレニングラード戦区に到着。続いて同年11月に第501重戦車大隊が北アフリカ戦線のチュニジアに派遣された。

ティーガー大隊は45両編成で各中隊は14両編成とされていたが、常に最前線に投入されるティーガー部隊は、車両の損耗も必然と多くなり、定数どおりの配備数を常時維持するのは難しかった。そのため車両の部隊移動や部隊再編制、他の部隊への編入などが頻繁に行われた。

第501、第502重戦車大隊に続き、第503、第504、第505、第506、第507、第508、第509、第510重戦車大隊、第301、第316（無線操縦）重戦車中隊、グロスドイチュラント戦車連隊、SS第1、SS第2、SS第3戦車連隊、SS第101、SS第102、SS第103重戦車大隊、さらにフンメル重戦車中隊、パーダーボルン重戦車中隊、クンマースドルフ戦車大隊、マイヤー戦闘団などに配備された。また、ハンガリー軍部隊にも10両供与されている。

ティーガーIにとって初陣となった1942年後期のレニングラード戦区では、初期トラブルで思ったほどの活躍はできなかったが、1943年1～3月の北アフリカのチュニジア戦や史上最大の戦車戦となった1943年7月のクルスク戦では、ティーガーIの能力がいかんなく発揮され、数多くの敵戦車を撃破する。その後も東部戦線、イタリア戦線、西部戦線において戦史に残るほどの活躍を繰り広げ、ミヒャエル・ヴィットマンやオットー・カリウスなど多くの戦車エースを生んだ。

ティーガーI 後期型（1944年2月以降の生産車）

全長：8.45m　全幅：3.70m　全高：3.00m　重量：57t　乗員：5名　武装：56口径8.8cm戦車砲KwK36×1門、MG34 7.92mm機関銃×2挺　最大装甲厚：100mm（防盾145mm）
エンジン：マイバッハ社製HL230P45（650hp）　最大速度：40km/h

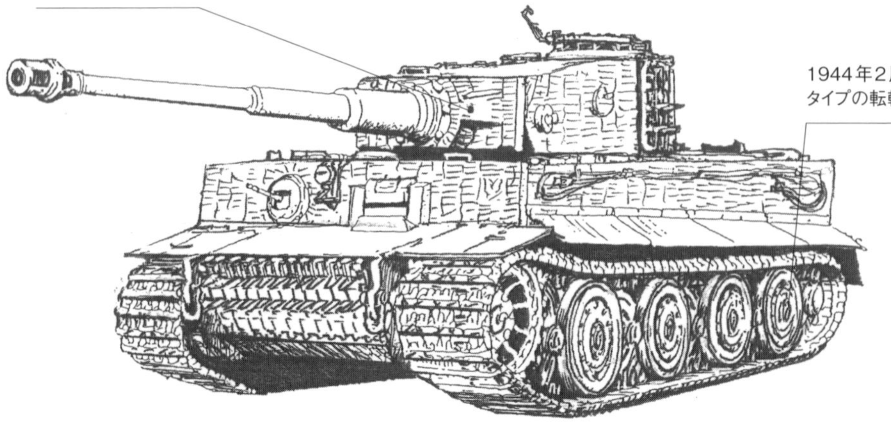
1944年4月から単眼式照準器に変更。
1944年2月からの鋼製タイプの転輪に変更。

◉ティーガーⅠ初期型の内部構造

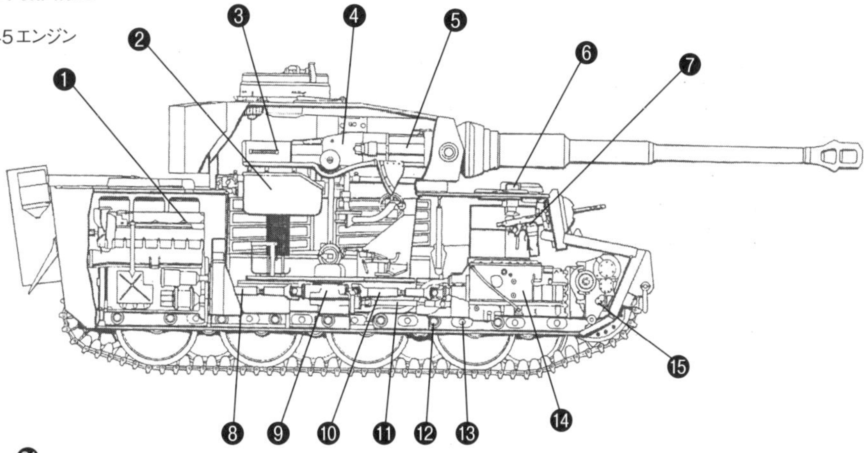

1 マイバッハ社製HL210P45エンジン
2 空薬莢受け
3 後座ガード
4 砲尾(閉鎖機)
5 駐退機
6 無線手用ペリスコープ
7 MG34 7.92mm機関銃
8 後部プロペラシャフト
9 砲塔旋回モーター
10 前部プロペラシャフト
11 砲塔モーター駆動軸
12 トーションバースプリング
13 トーションバーアンカー
14 変速機
15 操向装置

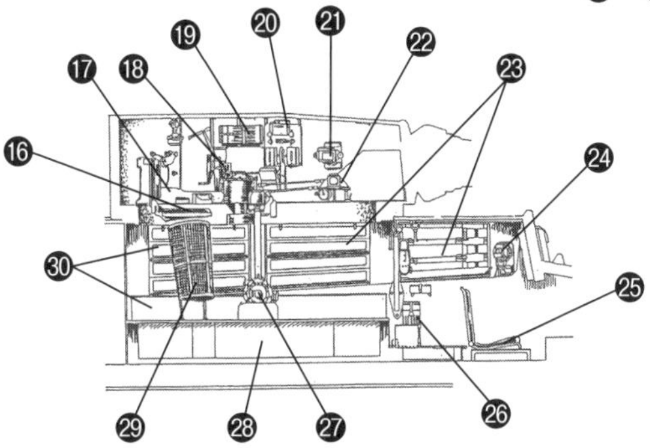

◉砲塔/戦闘室/操縦室の左側

16 車長席
17 地図入れ
18 信号ピストル
19 ガスマスクケース(砲手用)
20 砲塔電装パネル
21 砲手用視察装置
22 砲塔方向表示器
23 砲弾収納庫
24 ジャイロ方位計
25 操縦手席
26 ガスマスクケース(操縦手用)
27 砲塔動力装置
28 雑具入れ
29 信号旗収納バスケット
30 砲弾収納庫

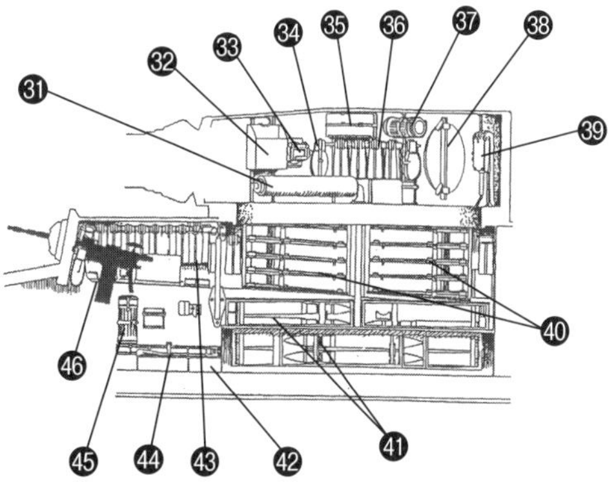

◉砲塔/戦闘室/操縦室の右側

31 平衡シリンダー
32 雑具箱
33 装填手用視察装置
34 水筒
35 MG34用二脚と銃床入れ
36 MG34用弾薬袋
37 ガスマスクケース(装填手用)
38 エスケープハッチ
39 ヒューズボックス
40 砲弾収納庫
41 砲弾収納庫
42 工具箱
43 MG34用弾薬袋
44 無線手席
45 ガスマスクケース(無線手用)
46 MG34 7.92mm機関銃

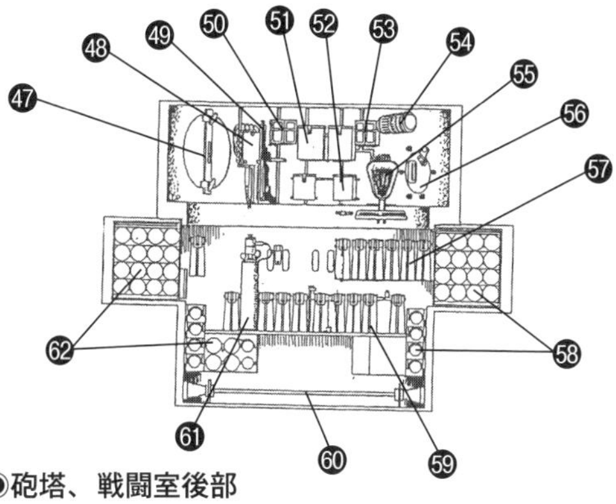

◉砲塔、戦闘室後部

47 エスケープハッチ
48 ヒューズボックス
49 MP40短機関銃
50 視察装置予備防弾ガラス
51 ヘッドセット入れ(左右に設置)
52 信号弾(左右に設置)
53 視察装置予備防弾ガラス
54 ガスマスクケース(車長用)
55 車長席
56 ピストルポート
57 MG34用弾薬袋
58 砲弾収納庫
59 MG34弾薬袋
60 トーションバー
61 自動式消火器
62 砲弾収納庫

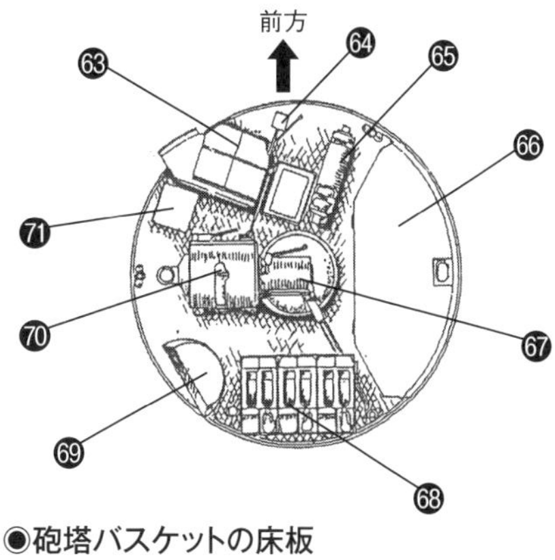

◉砲塔バスケットの床板

63 砲塔旋回用ペダル
64 同軸機銃発射ペダル
65 消火器
66 床下砲弾収納庫の蓋
67 砲塔動力装置
68 水缶
69 信号旗収納バスケット
70 砲塔旋回用モーター
71 砲尾用備品箱

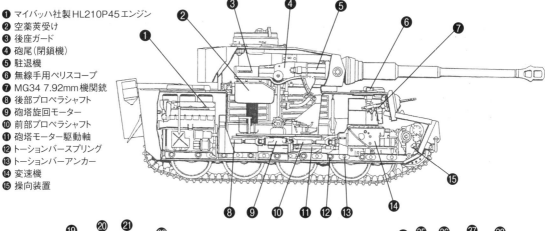

◉乗員の配置

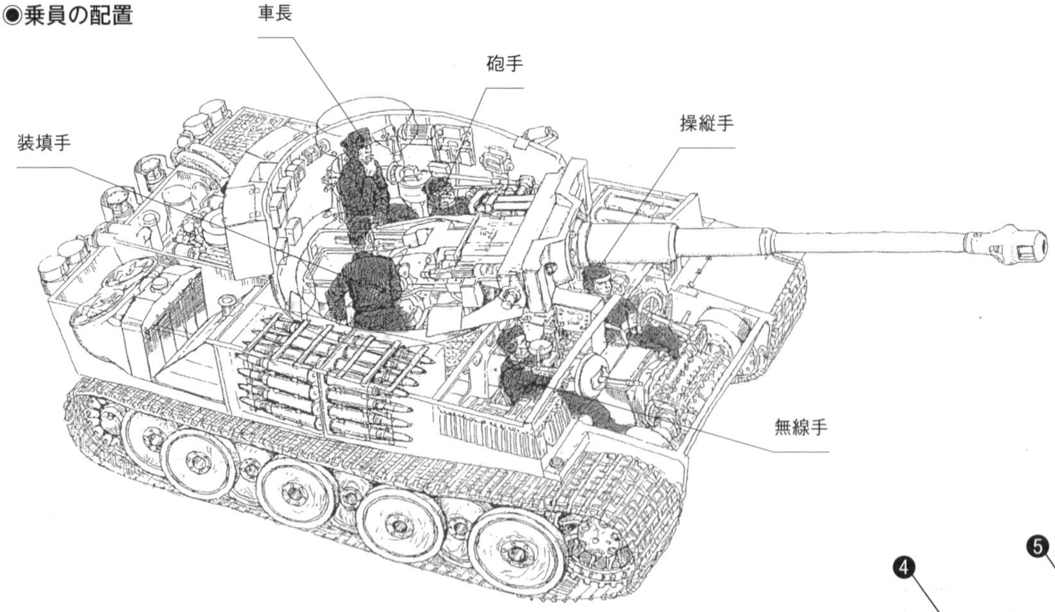

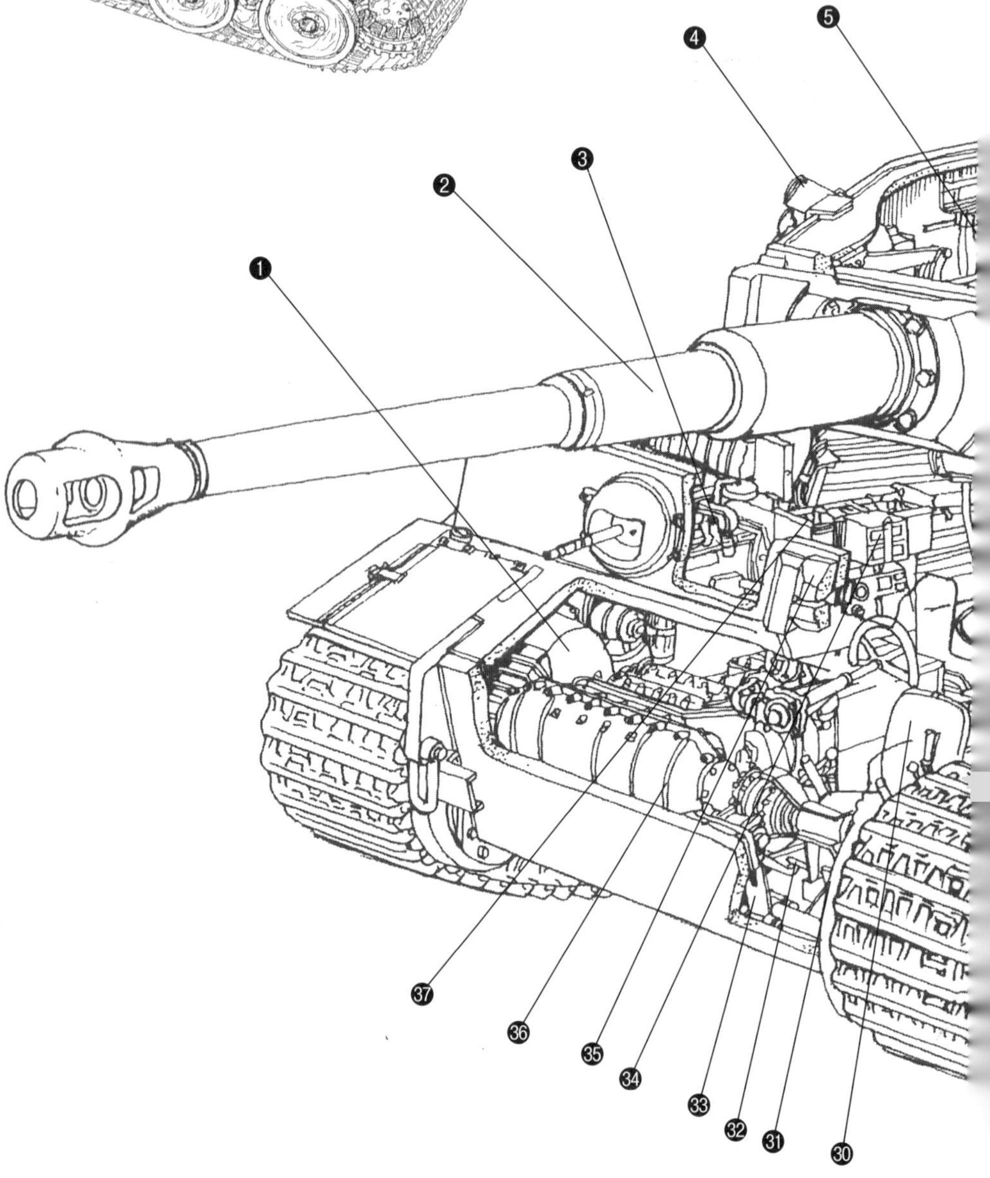

これが 連合軍戦車兵から
恐れられた
ティーガーIの構造だ!

◉ティーガーI初期型の構造

❶ ブレーキユニット
❷ 56口径8.8cm戦車砲KwK36
❸ MG34用照準器
❹ スモークディスチャージャー
❺ MG34用弾薬袋
❻ ガスマスクケース(装填手用)
❼ 砲尾
❽ エスケープハッチ
❾ KwK36用照準器
❿ ベンチレーター
⓫ ヒューズボックス
⓬ 車長用ガード
⓭ 車長用キューポラ
⓮ キューポラ内部視察装置
⓯ ゲペックカステン
⓰ ファイフェルフィルター用ダクト
⓱ ファイフェルフィルター
⓲ 燃料タンク
⓳ 機関室隔壁(防火壁)
⓴ MG34用弾薬袋
㉑ 砲塔旋回ギア
㉒ 信号旗収納バスケット
㉓ 砲塔床板支持架
㉔ 砲手席
㉕ 砲塔動力装置
㉖ 砲塔旋回ペダル
㉗ 同軸機銃発射ペダル
㉘ 砲俯仰ハンドル
㉙ ショックアブソーバー
㉚ 操縦手席
㉛ クラッチペダル
㉜ ブレーキペダル
㉝ アクセルペダル
㉞ 視察孔予備ガラス
㉟ 操縦手用視察バイザー
㊱ 操向装置
㊲ 無線機

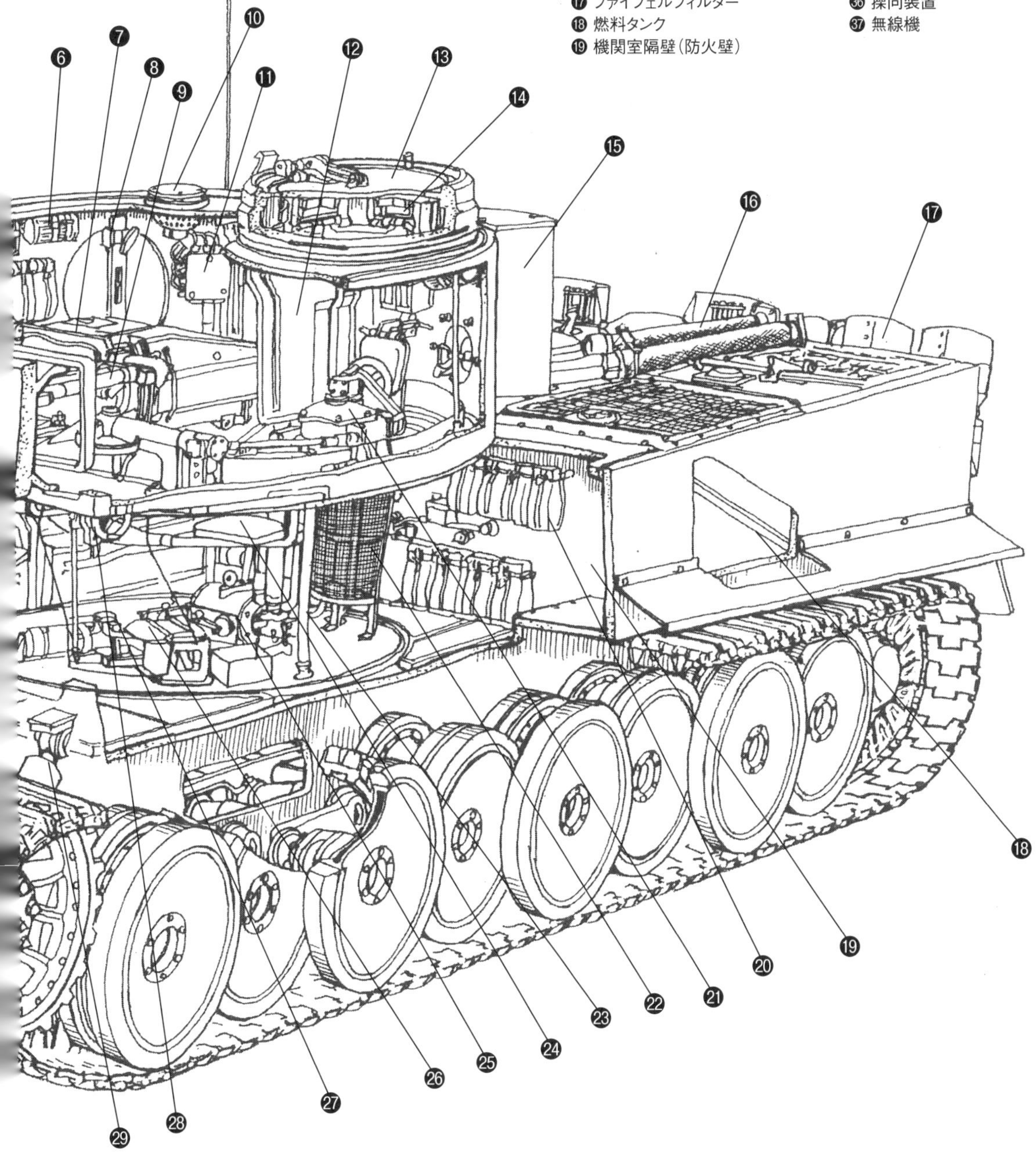
❻
❼
❿
❽
❾
⓫
⓬
⓭
⓮
⓯
⓰
⓱
⓲
⓳
⓴
㉑
㉒
㉓
㉔
㉕
㉖
㉗
㉘
㉙

◉動力装置の構造

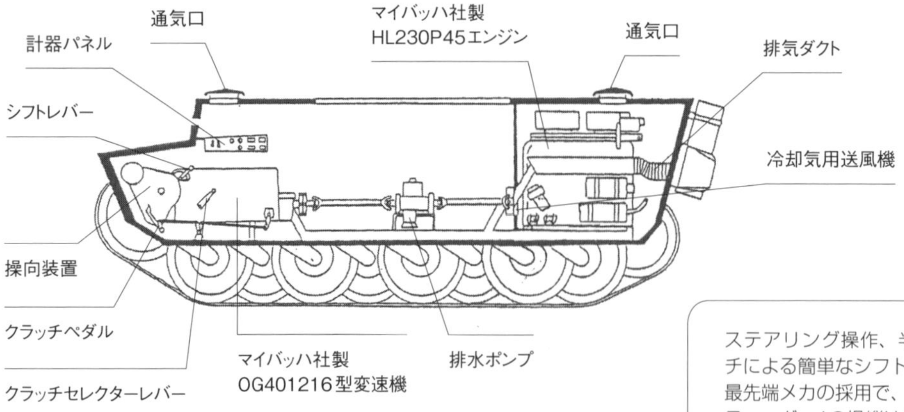
通気口
計器パネル
シフトレバー
操向装置
クラッチペダル
クラッチセレクターレバー
マイバッハ社製
HL230P45エンジン
通気口
排気ダクト
冷却気用送風機
マイバッハ社製
OG401216型変速機
排水ポンプ

ステアリング操作、半自動式クラッチによる簡単なシフトチェンジ……、最先端メカの採用で、ティーガーIの操縦は簡単だった！

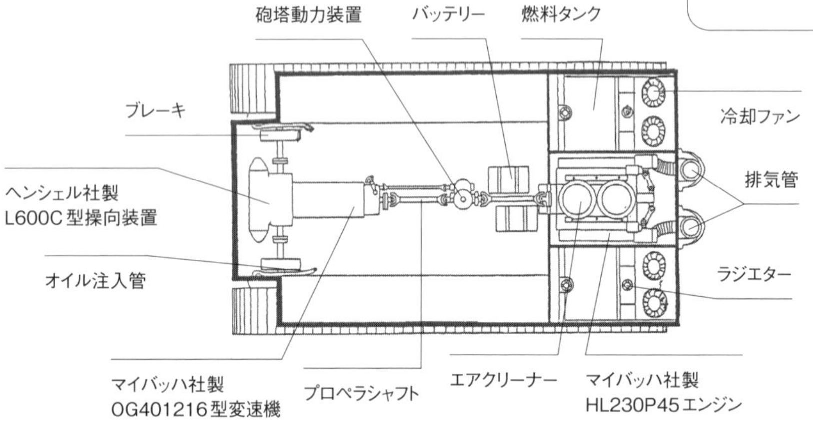
砲塔動力装置
バッテリー
燃料タンク
ブレーキ
ヘンシェル社製
L600C型操向装置
オイル注入管
冷却ファン
排気管
ラジエター
マイバッハ社製
OG401216型変速機
プロペラシャフト
エアクリーナー
マイバッハ社製
HL230P45エンジン

◉操縦手席レイアウト

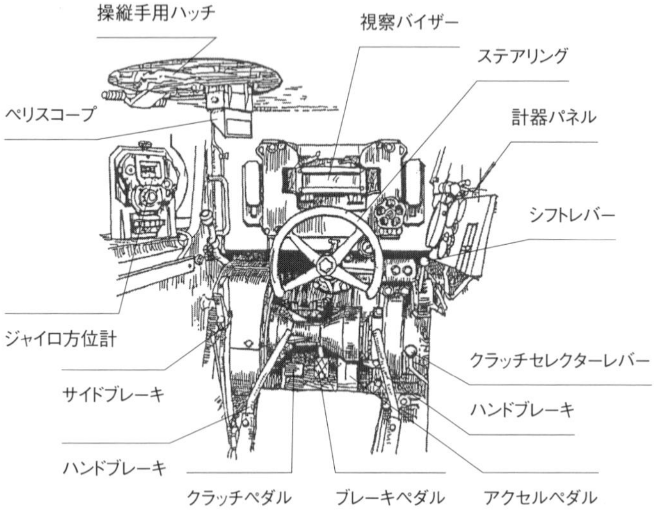
操縦手用ハッチ
視察バイザー
ステアリング
ペリスコープ
計器パネル
シフトレバー
ジャイロ方位計
サイドブレーキ
ハンドブレーキ
クラッチセレクターレバー
ハンドブレーキ
クラッチペダル
ブレーキペダル
アクセルペダル

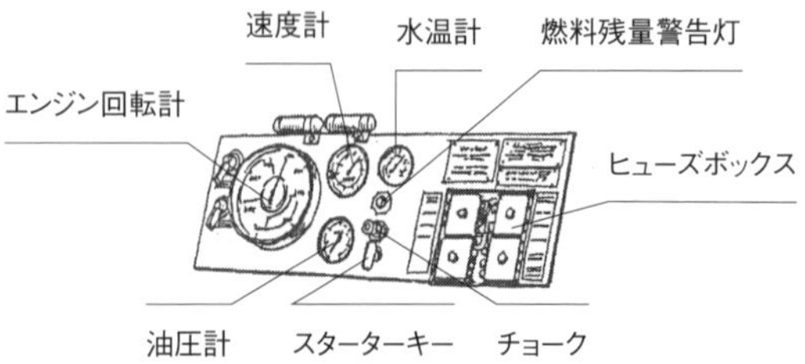
速度計
水温計
燃料残量警告灯
エンジン回転計
ヒューズボックス
油圧計
スターターキー
チョーク

◉変速機

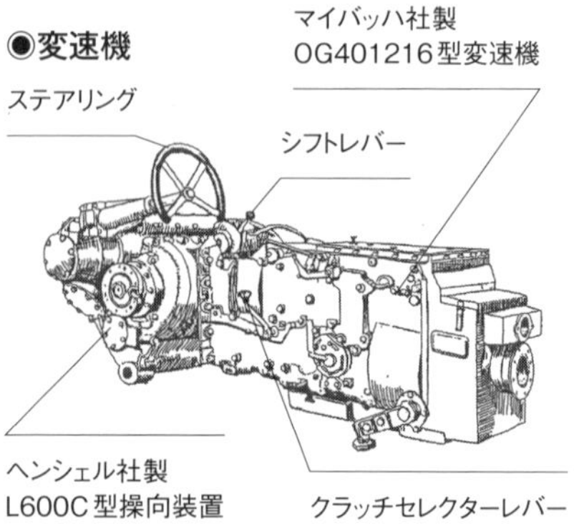
マイバッハ社製
OG401216型変速機
ステアリング
シフトレバー
ヘンシェル社製
L600C型操向装置
クラッチセレクターレバー

◉マイバッハ社製HL230P45エンジン

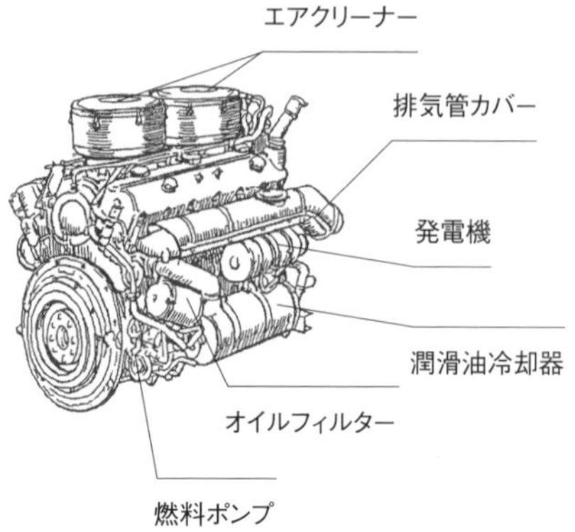
エアクリーナー
排気管カバー
発電機
潤滑油冷却器
オイルフィルター
燃料ポンプ

◉燃料供給システム

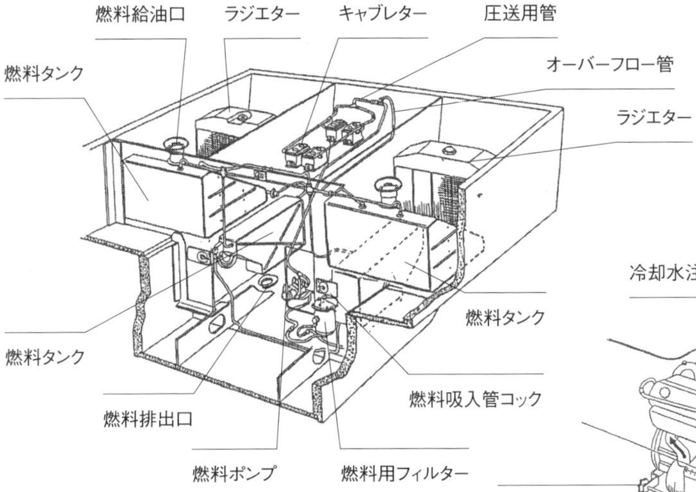
燃料給油口
ラジエター
キャブレター
圧送用管
オーバーフロー管
燃料タンク
ラジエター
燃料タンク
燃料タンク
燃料吸入管コック
燃料排出口
燃料ポンプ
燃料用フィルター

◉冷却システム

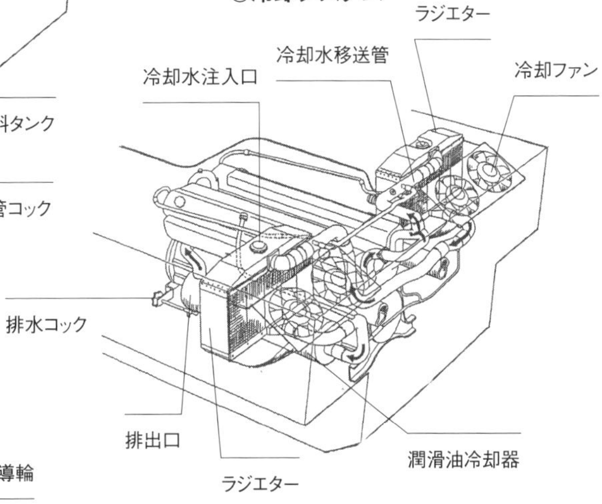
ラジエター
冷却水移送管
冷却ファン
冷却水注入口
排水コック
排出口
潤滑油冷却器
ラジエター

◉初期型～中期型の足回り

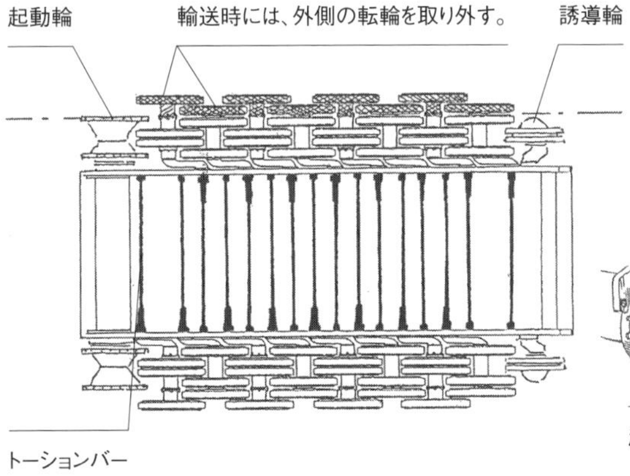
起動輪
輸送時には、外側の転輪を取り外す。
誘導輪
トーションバー

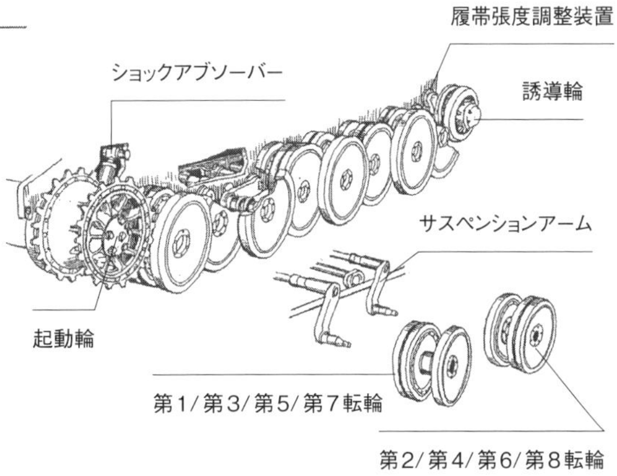
履帯張度調整装置
ショックアブソーバー
誘導輪
サスペンションアーム
起動輪
第1/第3/第5/第7転輪
第2/第4/第6/第8転輪

◉初期型の潜水装備

シュノーケルパイプ
機銃ボールマウント
防水カバー
ベンチレーターカバー

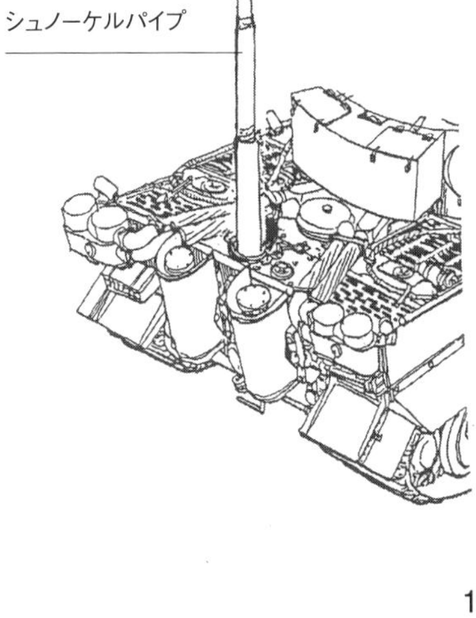
シュノーケルパイプ

初期のティーガーⅠは
潜水渡河機能も備えた
スーパータンクだった!

◉ティーガーⅠ 初期型の変遷

極初期型 1942年9月～11月生産車

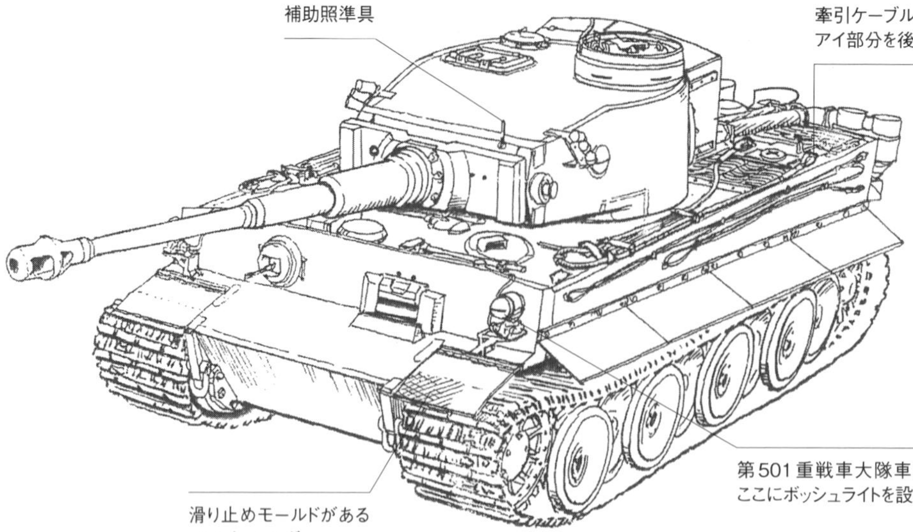
補助照準具
牽引ケーブルの
アイ部分を後方に固定。
第501重戦車大隊車両は
ここにボッシュライトを設置。
滑り止めモールドがある
フロントフェンダー。

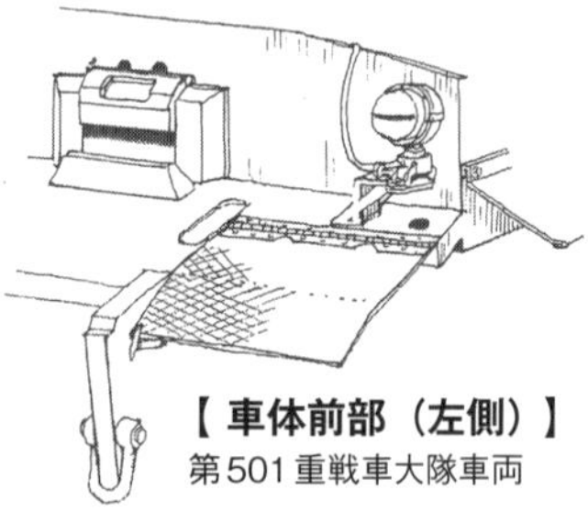

【車体前部（左側）】
第501重戦車大隊車両

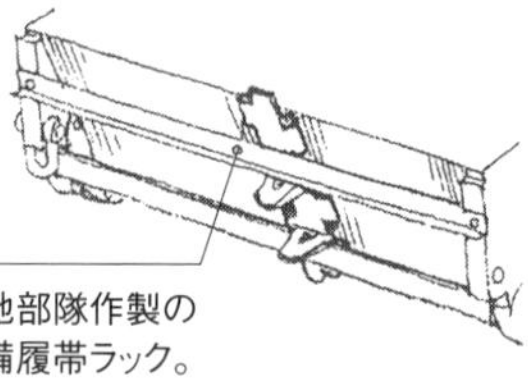
現地部隊作製の
予備履帯ラック。

【車体前面】

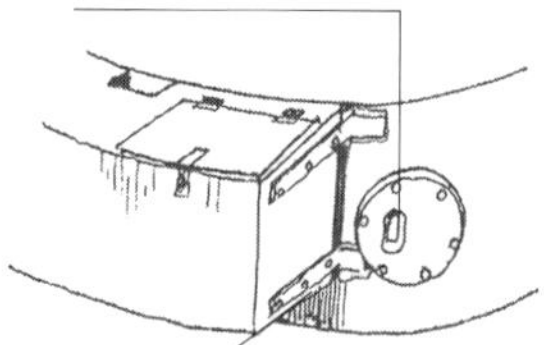
ピストルポートを設置。
ゲペックカステン側
面に固定具を設置。

【砲塔後部右側】

【砲身の洗浄】

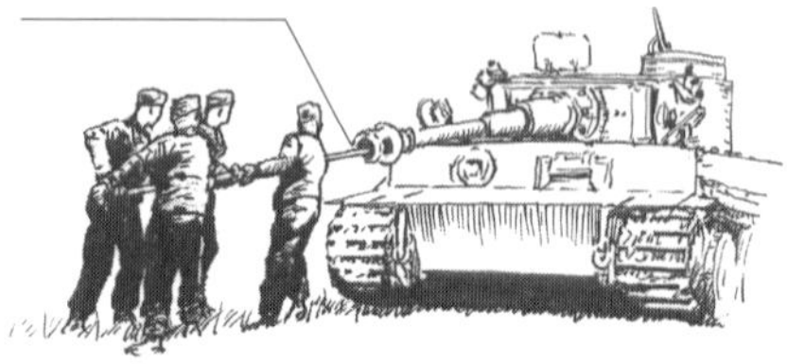
連結した砲身
クリーニングロッド。
ティーガーⅠの場合は、
3～4人掛かりで行った。

【第501重戦車大隊車両の車体後面】

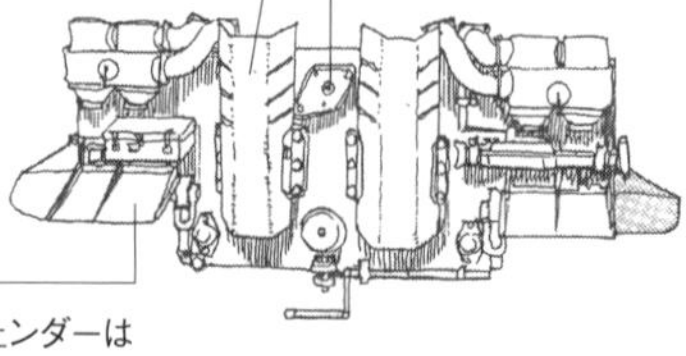
部隊作製の
排気管カバーを装着。
エンジン始動用
アダプターを斜めに設置。
リアフェンダーは
独自の形状。

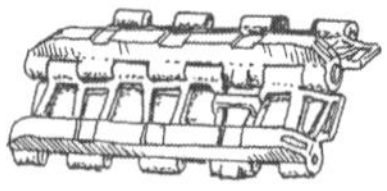

戦闘用履帯
Kgs63/725/130

鉄道輸送用履帯
Kgs/63/520/130

【履帯交換の方法】

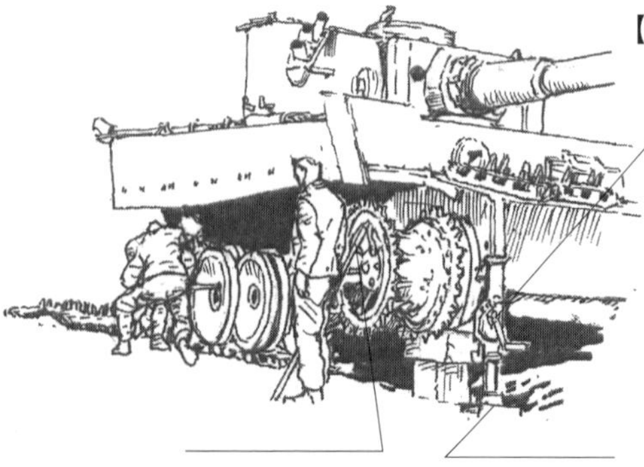
ジャッキで車体を上げる。
履帯交換用工具や
バールを使用。
ジャッキ台を置く。

履帯交換用ケーブルを
使って履帯を動かす。

初期型 1942年12月～1943年6月生産車

【前部機銃ボールマウント】

防水カバー
固定用の蝶ネジ。
MG34機関銃
照準器孔
防塵カバーを装着。
潜水時の
防水カバーを装着。

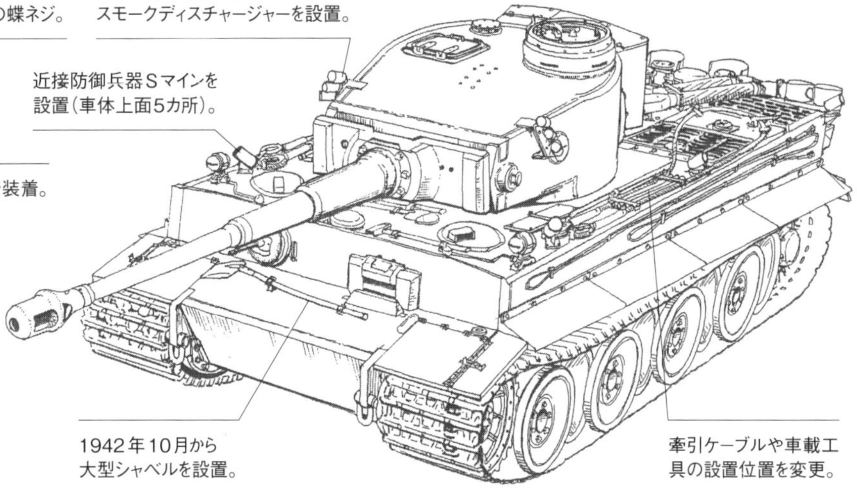
1942年8月～1943年6月まで
スモークディスチャージャーを設置。
近接防御兵器Sマインを
設置（車体上面5カ所）。
1942年10月から
大型シャベルを設置。
牽引ケーブルや車載工
具の設置位置を変更。

【防盾左側の変化】

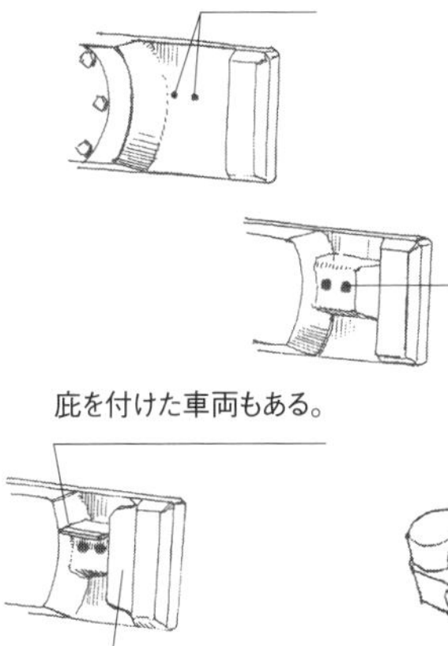
照準器孔
1944年12月から
増厚し装甲強化。
庇を付けた車両もある。
加工処理は様々なバ
リエーションがある。

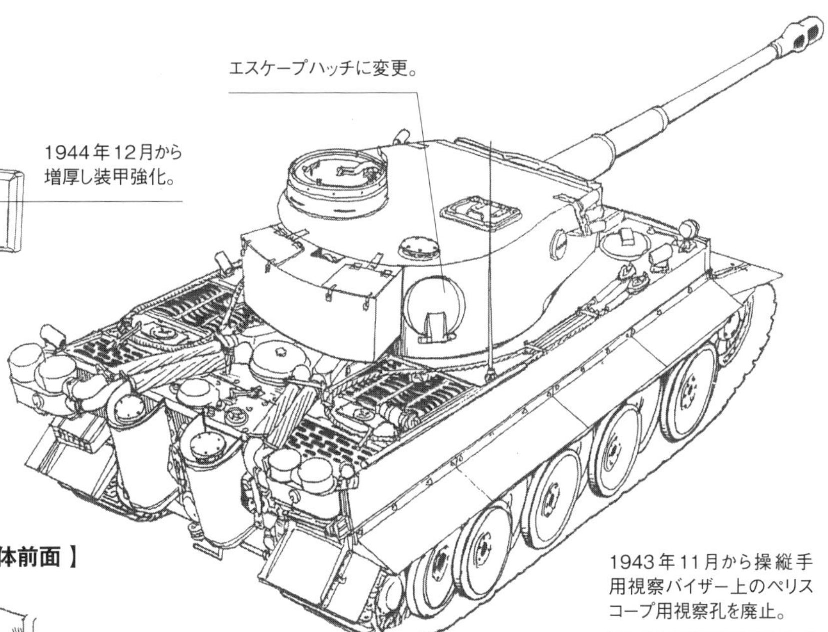
エスケープハッチに変更。

【車体前面】

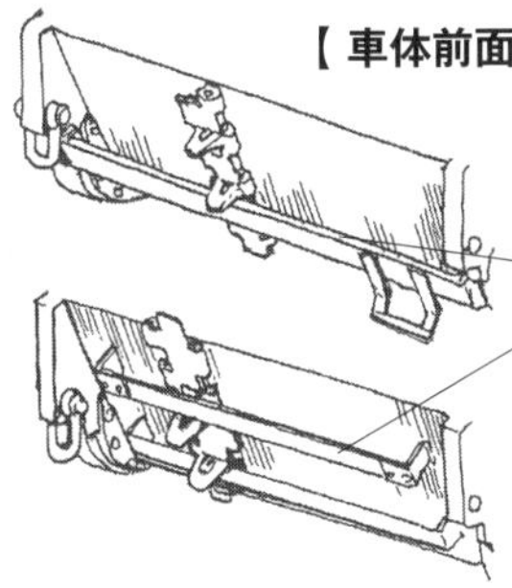
予備履帯ラックを装着。

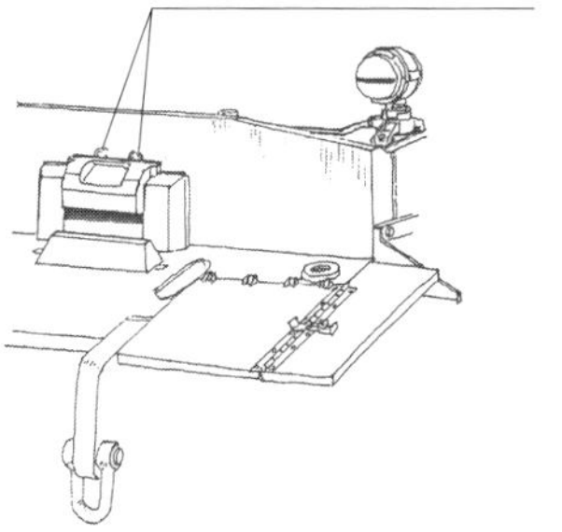
1943年11月から操縦手
用視察バイザー上のペリス
コープ用視察孔を廃止。

【車体後面】

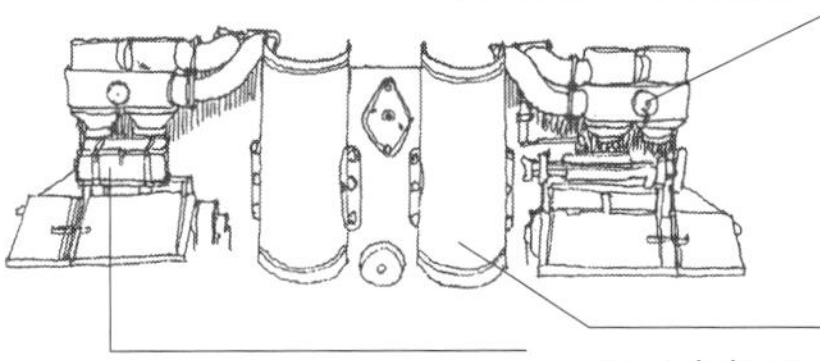
後にファイフェルフィルター
を取り外した車両も多い。
履帯交換用工具箱を装備。
1943年初頭から
排気管カバーを標準装備。

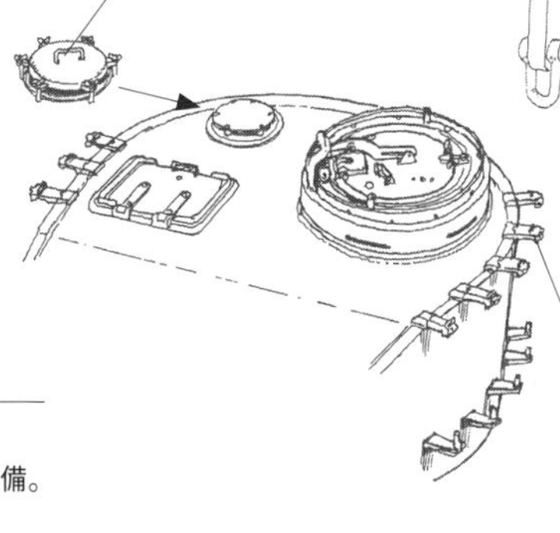
ベンチレーターカバー
1943年4月から砲塔側面
に予備履帯ラックを装備。

◉ティーガーI 中期／後期型の変遷

【装填手ハッチの変遷】

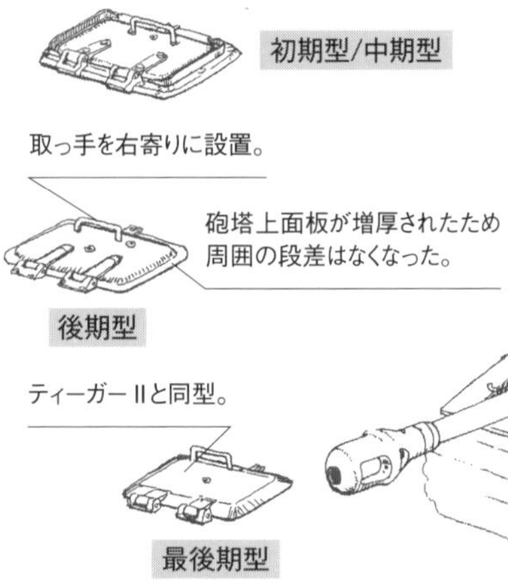
初期型/中期型
取っ手を右寄りに設置。
砲塔上面板が増厚されたため周囲の段差はなくなった。
後期型
ティーガー IIと同型。
最後期型

中期型 1943年7月～1944年1月生産車

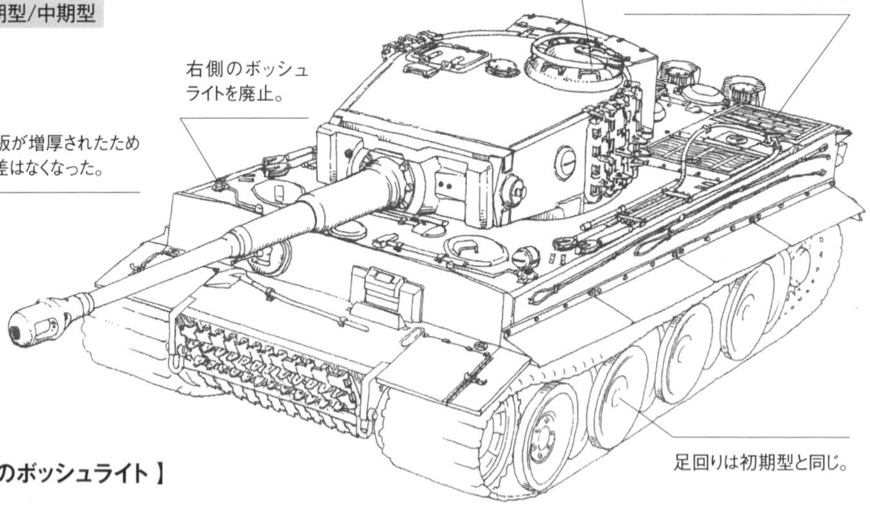
車長用キューポラは、ペリスコープ内蔵の新型に変更。
ファイフェルフィルターは廃止。
右側のボッシュライトを廃止。
足回りは初期型と同じ。

【1943年10月以降のボッシュライト】

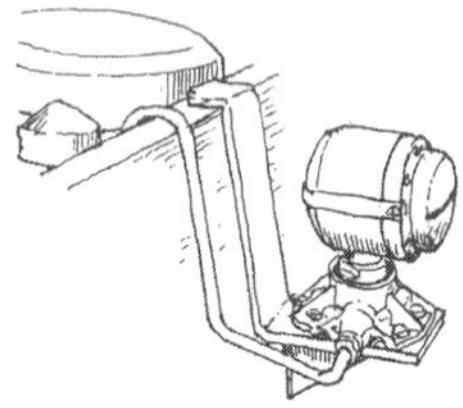

【初期型～中期型の車体上面前部】

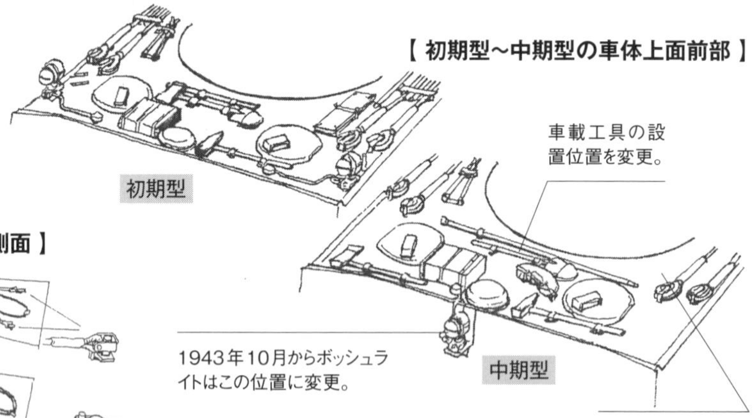
初期型
車載工具の設置位置を変更。
1943年10月からボッシュライトはこの位置に変更。
中期型
1943年12月に吸気口のカバー板を廃止。

【車体左側面】

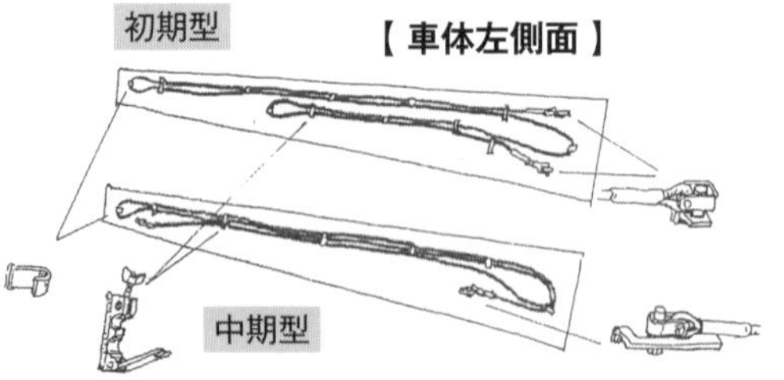
初期型
中期型

【砲塔後部左側】

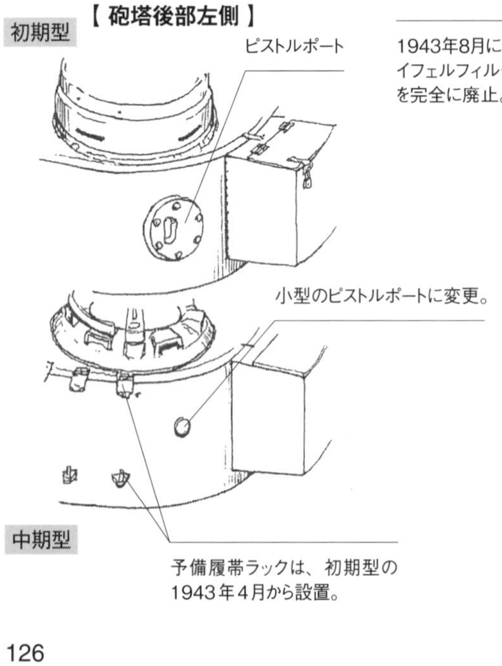
初期型
ピストルポート
小型のピストルポートに変更。
中期型
予備履帯ラックは、初期型の1943年4月から設置。

【車体後面】

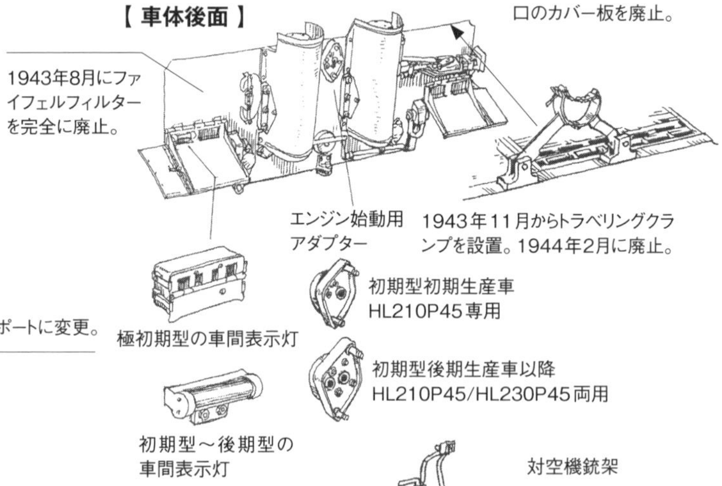
1943年8月にファイフェルフィルターを完全に廃止。
エンジン始動用アダプター
1943年11月からトラベリングクランプを設置。1944年2月に廃止。
極初期型の車間表示灯
初期型～後期型の車間表示灯
初期型初期生産車 HL210P45専用
初期型後期生産車以降 HL210P45/HL230P45両用

【車長用キューポラ】

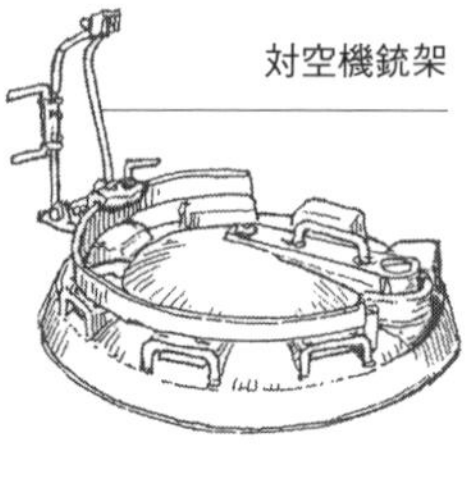
対空機銃架

【 マズルブレーキ 】

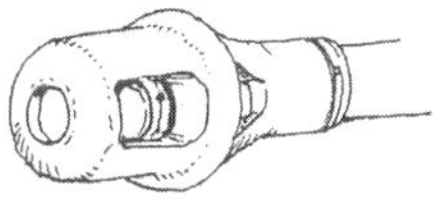

1944年3月頃までの
初期タイプ。

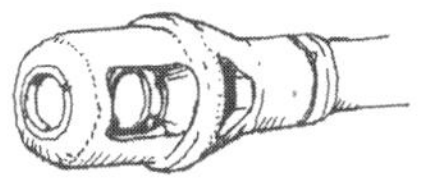

1944年4月から採用された後期
タイプ。ティーガーIIと同じ軽量型。

【 中期型の1944年1月生産車以降のアイプレート 】

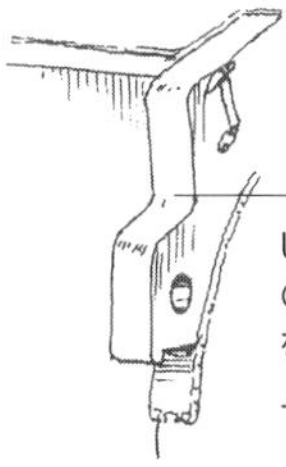
U字形シャックル
の上方可動範囲
を拡大するために
上部が削られた。

【 起動輪 】

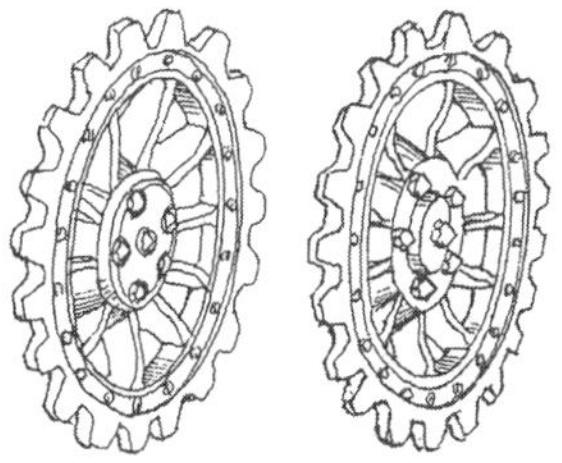

初期型　初期型/中期型

【 転輪 】

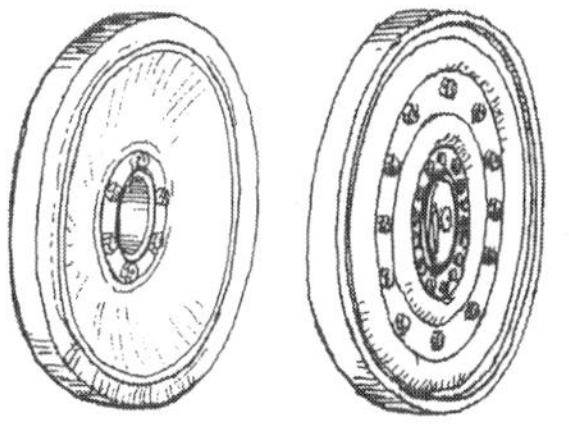

初期型/中期型　後期型

【 牽引の仕方 】

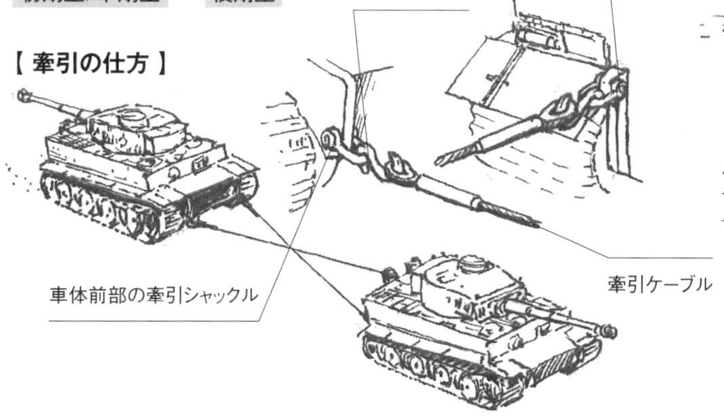
車体後面の
牽引シャックル
S字形クレビス
車体前部の牽引シャックル
牽引ケーブル

後期型 1944年2月以降の生産車

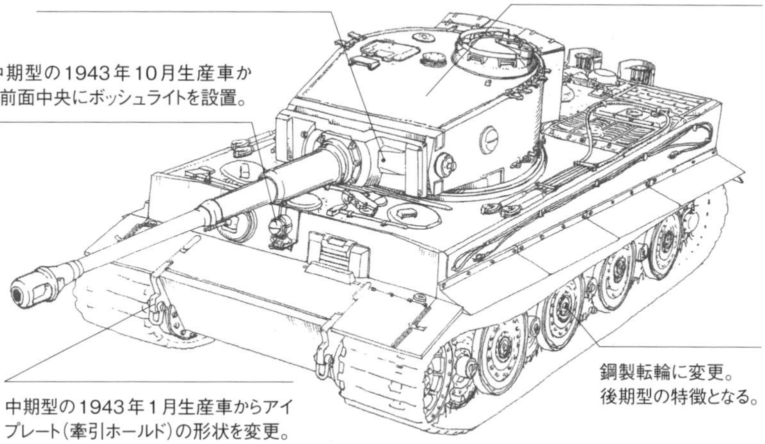
1944年4月から単眼式照準器への変
更に伴い、照準器孔は右側1個になる。
1944年3月から砲塔上面の装甲
板を25mmから40mm厚に強化。
中期型の1943年10月生産車か
ら前面中央にボッシュライトを設置。
鋼製転輪に変更。
後期型の特徴となる。
中期型の1943年1月生産車からアイ
プレート（牽引ホールド）の形状を変更。

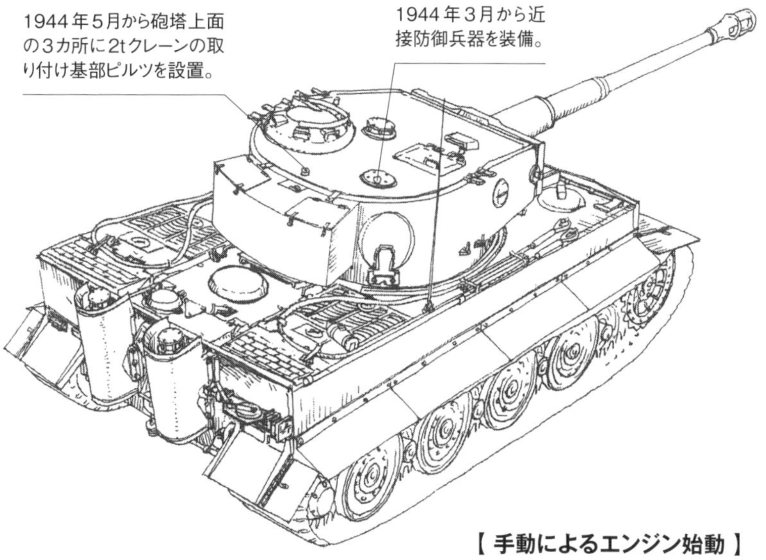
1944年5月から砲塔上面
の3カ所に2tクレーンの取
り付け基部ピルツを設置。
1944年3月から近
接防御兵器を装備。

【 手動によるエンジン始動 】

エンジン始動口にクランクを差し込む。
クランクを回して、
エンジン始動。

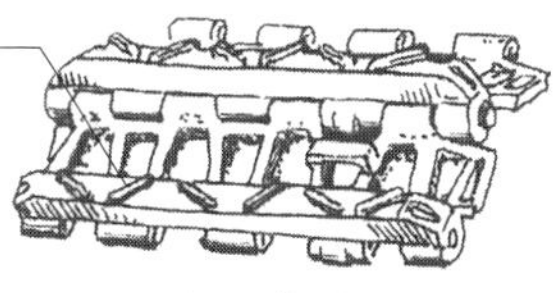
ハの字状の滑り止め
モールドが付く。

1943年12月から
導入された新型履帯。

◉56口径8.8cm戦車砲KwK36の砲尾

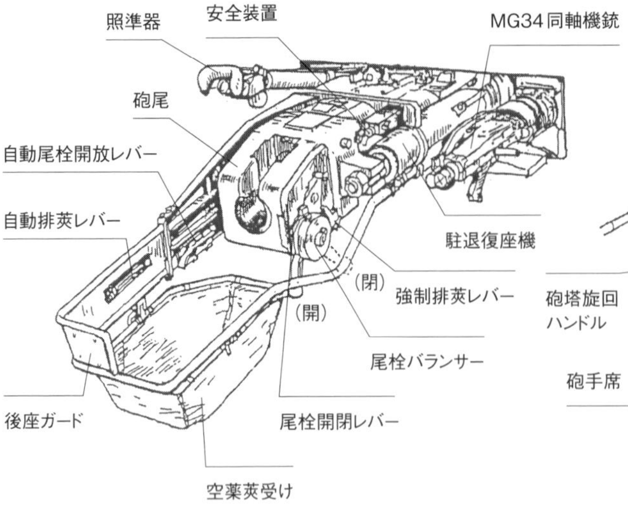
照準器
安全装置
MG34同軸機銃
砲尾
自動尾栓開放レバー
自動排莢レバー
駐退復座機
(閉)
強制排莢レバー
(開)
尾栓バランサー
後座ガード
尾栓開閉レバー
空薬莢受け

◉砲手席周囲の配置

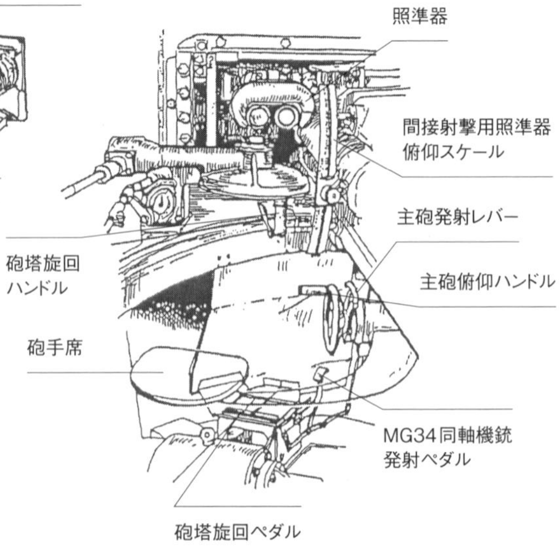
照準器
間接射撃用照準器
俯仰スケール
主砲発射レバー
砲塔旋回
ハンドル
主砲俯仰ハンドル
砲手席
MG34同軸機銃
発射ペダル
砲塔旋回ペダル

装填手
車長
砲尾
砲手
照準器
砲塔旋回ハンドル

◉攻撃手順

手順1

車長：キューポラの視察孔より索敵、敵戦車を発見。
「目標発見！ 砲塔3時方向、敵戦車距離1,300」

手順2

砲手：足下の砲塔旋回ペダルで砲塔を動かし、手元の手動用砲塔旋回ハンドルと主砲俯仰ハンドルで微調整。照準を敵戦車に合わせる。目標が移動している場合は、移動速度を計算（見越し角を算出）し、目標よりも前方を狙い撃つ。
「照準よし！」

手順3

装填手：目標に応じて砲弾を選択。この場合は徹甲弾を装填する。
「徹甲弾、装填よし！」

手順4

車長「撃て！」
砲手：主砲発射レバーを引く。

手順5

車長：素早く状況を確認。
「命中！」

◉ドイツ戦車の照準方法

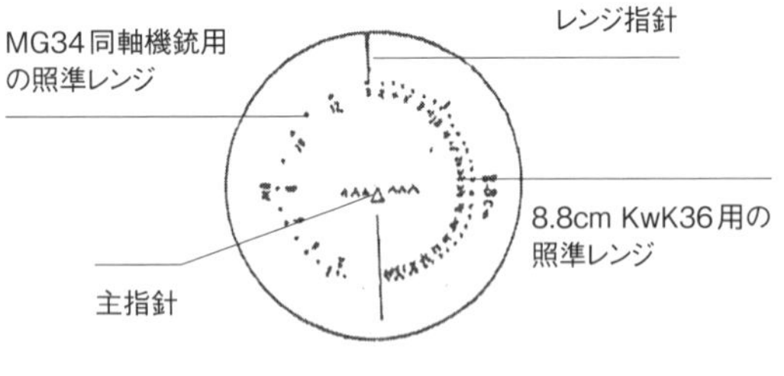
MG34同軸機銃用
の照準レンジ
レンジ指針
8.8cm KwK36用の
照準レンジ
主指針

【 距離1,300mで敵戦車に照準を合わせる 】

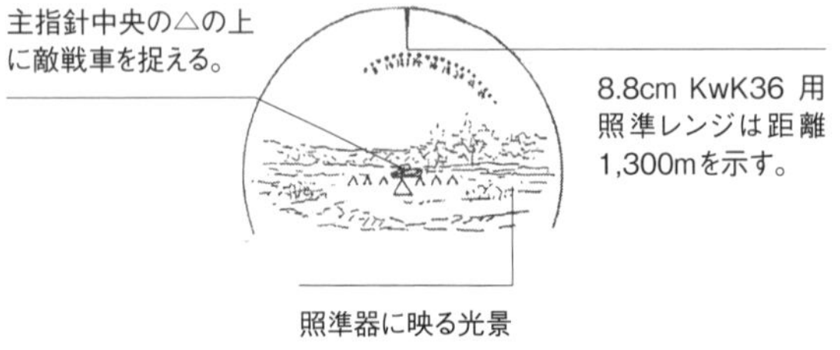
主指針中央の△の上
に敵戦車を捉える。
8.8cm KwK36 用
照準レンジは距離
1,300mを示す。
照準器に映る光景

敵を先に発見し、攻撃する。
アウトレンジ攻撃が可能な
ティーガーといえども
常に先手必勝！

ティーガーI及びVK3001(H)の派生型

■ティーガーIの派生型

極少数造られた指揮車型（48両）とB.IV爆薬運搬車を運用する遠隔操縦用指揮戦車（50～60両程度）を除けば、ティーガーIの派生型と呼べるのはシュツルムティーガーとベルゲティーガーIだけである。

ティーガーIの派生型が少ないのは、何より当時のドイツ軍は1両でも多くのティーガーIを必要としていたこと。さらに同戦車は製造に手間がかかり、かつ製造コストも非常に高かったため、他車種への改造ベースに充てるには費用対効果の点で現実的ではなかったからである。

■シュツルムティーガー

ブルムベアより強力な突撃戦車を目指して開発されたのがシュツルムティーガーである。シュツルムティーガーを特徴付けているのは大直径の38cmロケット砲だが、同砲は沿岸からの艦艇攻撃が可能な兵器として海軍の要請によりラインメタル社が開発した38cm臼砲 兵器機材562がベースとなっている。

当初、海軍がこのロケット兵器の自走砲化を検討していたが、後に陸軍がその計画を引き継ぐことになり、1943年5月にティーガーIの車体に38cmロケット砲を搭載した自走砲の開発が決定する。

貴重なティーガーIの車体を使用したのは、38cmという巨大な砲弾を車内に積載するには、車体の大きなティーガーI以外になかったからである。シュツルムティーガーは、新規生産ではなく、前線から修理、整備のために戻ってきたティーガーIの車体を改装して造られた。製造はアルケット社が担当し、1943年10月には試作車が完成。1944年8月から生産が始まっている。

シュツルムティーガーは、ティーガーIの車体上部前面から機関室直前までの上面を切除し、その上に戦闘室を増設している。戦闘室は、前面150mm厚、側面/後面は80mm厚、上面40mm厚の重装甲で、重量はティーガーIを上回る65tに達している。搭載砲の38cm StuM WR61は、最大射程5,560mで、その威力は絶大だった。

戦闘室の前面に38cmロケット砲StuM RW61を搭載し、右側にMG34を装備した機銃ボールマウントを設置、左側には照準孔と操縦手用視察孔が設けられている。戦闘室上面の右前方にベンチレーター、中央に乗

シュツルムティーガー

全長：6.28m　全幅：3.57m　全高：2.85m　重量：65t　乗員：5名　武装：5.4口径38cmロケット砲StuM RW61×1門、MG34 7.92mm機関銃×1挺　最大装甲厚：150mm　エンジン：マイバッハ社製HL230P45（650hp）　最大速度：40km/h

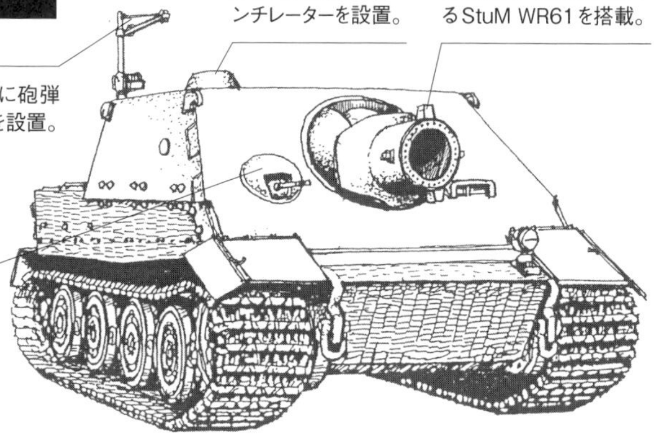
上面右側前部にベンチレーターを設置。
38cmロケット弾を発射するStuM WR61を搭載。
戦闘室後面右側上部に砲弾積み込み用のクレーンを設置。
MG34機銃ボールマウント

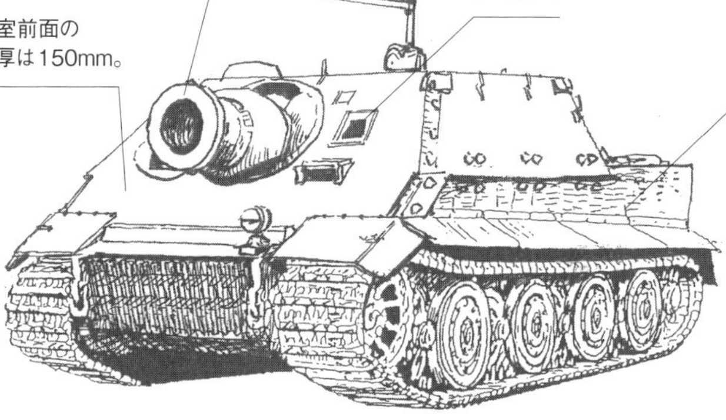
砲口周囲にカウンターウェイトを装着した車両もある。
照準器孔
戦闘室前面の装甲厚は150mm。
整備や修理で戻ってきたティーガーIを改造。

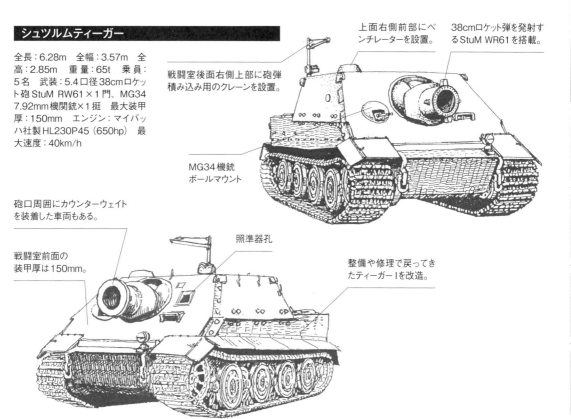

員用と砲弾積み込み用を兼ねたハッチがあり、その後部ハッチには近接防御兵器を装備、後部ハッチの左側には旋回式ペリスコープが設置されていた。戦闘室後面中央にはエスケープハッチ、後面右側には砲弾積み込み用のクレーンを設置。また、戦闘室内の左右両側には砲弾収納庫が置かれ、計14発の38cmロケット弾を搭載していた。

シュツルムティーガーは、1944年12月まで18両が造られている。

■ベルゲティーガー

ベルゲティーガーは、軍の制式車両ではなく、第508重戦車大隊が現地において損傷したティーガーⅠを改造した戦車回収車である。

主砲を取り外した砲塔上面に可動式クレーンを設置し、砲塔後面にはウインチを増設。さらに車体前面には牽引具、前部上面には分解したクレーンを装備している。同車両は、1944年1月に3両造られたといわれている。

■12.8cm対戦車自走砲(装甲自走車台V型)シュトゥーラーエミール

1941年5月26日、ヒトラーは将来登場が予想される連合軍重戦車を撃破できる、12.8cm砲を搭載した重対戦車自走砲の開発を軍に要求した。当時、ヘンシェル社が開発テストを行っていた30t級戦車VK3001(H)のシャシーを転用し、オープントップ式の戦闘室にラインメタル社製61口径12.8cm K40を搭載した自走砲が1941年8月に2両造られた。

同自走砲は、VK3001(H)のシャシーを延長し、12.8cm砲を搭載したため、全長9.8m、車重35tという巨体となった。ベースとなるVK3001(H)そのものが4両しか製作されていなかったため、それ以上の生産は行われることなく、生産車は2両のみで終わっている。

完成した2両は第521戦車駆逐大隊第3中隊に配備され、1942年夏頃から東部戦線で活躍。詳細は不明だが、かなりの戦果を挙げたといわれている。同自走砲は、"12.8cm砲搭載装甲自走車台V型"という制式名称が与えられたが、兵士たちからは"シュトゥーラーエミール"という愛称で呼ばれていた。最終的にソ連軍によって1両は撃破され、もう1両は鹵獲されている。

■VK3601(H)戦車回収車

砲塔を搭載した完全な姿で完成することはなかったVK3001(H)とVK3601(H)だが、シュトゥーラーエミール以外にも試作車体を転用し、派生型が造られている。

VK3601(H)は完成車体の内、4両が20tウインチを装備した戦車回収車に改造され、ティーガー重戦車大隊に配備された。

ベルゲティーガー

全幅:3.70m　全高:3.00m　武装:MG34 7.92mm機関銃×1挺　最大装甲厚:100mm(防盾145mm)　エンジン:マイバッハ社製HL230P45(650hp)　最大速度:40km/h

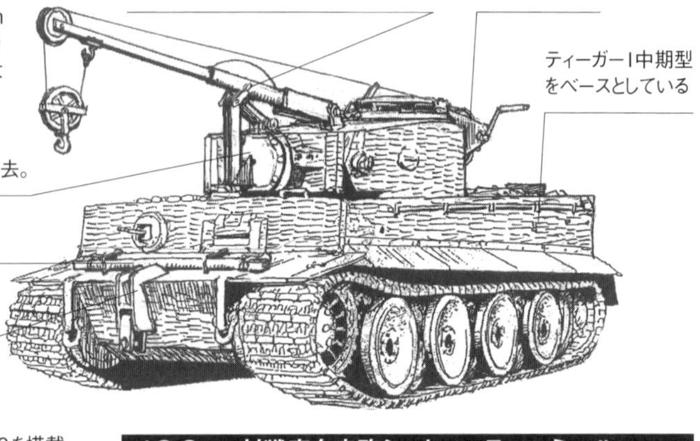
クレーンは主砲防盾の俯仰機構を利用し、上下動するようになっている。
砲塔後部にウインチを増設。
ティーガーⅠ中期型をベースとしている
主砲を撤去。
前部上面に分解したクレーンを装備。
車体前面に牽引具を増設。

12.8cm対戦車自走砲シュトゥーラーエミール

全長:9.7m　全幅:3.16m　全高:2.7m　重量:35t　乗員:5名　武装:61口径12.8cmカノン砲K40×1門、MG34 7.92mm機関銃×1挺　最大装甲厚:50mm　エンジン:マイバッハ社製HL116S(300hp)　最大速度:40km/h

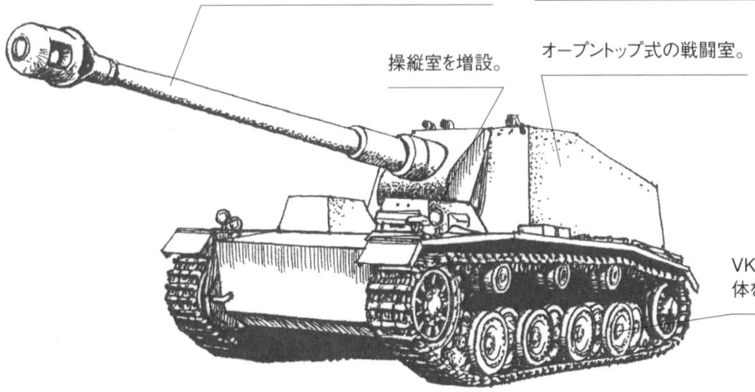
61口径12.8cmカノン砲K40を搭載。
操縦室を増設。
オープントップ式の戦闘室。
VK3001(H)試作車の車台を流用。車体を延長し、転輪1個増設されている。

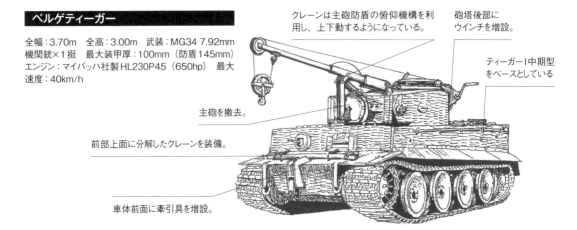

ポルシェ・ティーガー派生型

■フェルディナント

1942年9月22日の会議において不採用となったVK4501(P)の装甲資材（100両分）を用い、重突撃砲を開発することが決定する。1943年2月6日には、制式名称は“フェルディナント”となり、1943年3月からは生産を開始、1943年5月12日までに試作車1両と量産車90両が造られた。

車台はVK4501（P）のものをそのまま使用していたが、機関室を操縦室の後方に配置し、その後に戦闘室が設けられていた。VK4501(P)と同様、ハイブリッド駆動だったが、エンジンはマイバッハ社製HL120TRMに変更され、機関室内には同エンジンを2基並列配置し、ジーメンス・シュッケルト社製aGV発電機が置かれた。

100mm厚だった車体前面上部と車体上部前面には100mm厚の増加装甲板を装着し、200mm厚としていた。重量増加を抑えるために側面/後面は80mm厚のままである。また、新造された戦闘室は、前面200mm厚、側面/後面は80mm厚だった。戦闘室前面中央には、71口径8.8cm戦車砲PaK43/2を搭載。PaK43/2は、極めて強力で、被帽付き徹甲弾Pzgr39/10を用いた場合は、射程2,000mで132mm厚（入射角30°）の装甲板を貫徹する性能を持つ。

完成したフェルディナントは、テスト用に充てられた生産1号車を除き、全車が第653重戦車駆逐大隊と第654重戦車駆逐大隊に配備され、1943年7月5日から始まった“チタデレ作戦”に投入された。初陣となったクルスク戦では約40両の損失に対し、502両ものソ連戦車を撃破している。

■エレファント

クルスク戦とその後の戦闘を生き抜いたフェルディナントは全車、本国に送還され、1943年12月からニーベルンゲン製作所において修理と改良が加えられることになる。

外見上見られる主な改良は、前部機銃を追加、ボッシュライトを廃止、フェンダー前部に支持架を追加、車体上部側面最前部の操縦手/無線手用の視察孔を廃止、操縦手用ペリスコープにバイザーを追加、機関室上面の吸気/排気グリルの形状を変更し、左右に点検ハッチを設置、戦闘室前面左右に雨樋を追加、主砲基部の補助防盾の装着方法を変更（裏表逆に装着）、車長用ハッチを全周視察可能なキューポラに変更、車載工具と予備履帯の設置位置を変更、工具箱の設置位置を変更、新型履帯を導入、ツィンメリットコーティングを塗布したことなどであった。

1944年2月末に制式名称を“エレファント”に改称し、同年3月半ばまでに47両が改良を終えた。エレファントは全車、第653重戦車駆逐大隊に配備されることになるが、1944年1月22日の連合軍によるアンツィオ上陸に対処するため、改良作業最中の2月16日、それまでに完成していた11両で編成された第653重戦車駆逐大隊第1中隊が急遽イタリアへ送られた。残る車両は、改良作業完了後の1944年4月2日、同大隊第2中隊、第3中隊に配備され、東部戦線に送られる。

度重なる戦闘による消耗のため、残存するエレファントを第2中隊にま

フェルディナント

全長：8.14m　全幅：3.38m　全高：2.97m　重量：65t　乗員：6名　武装：71口径8.8cm戦車砲PaK43/2×1門　最大装甲厚：200mm　エンジン：マイバッハ社製HL120TRM（265hp）×2基（計530hp）　最大速度：30km/h

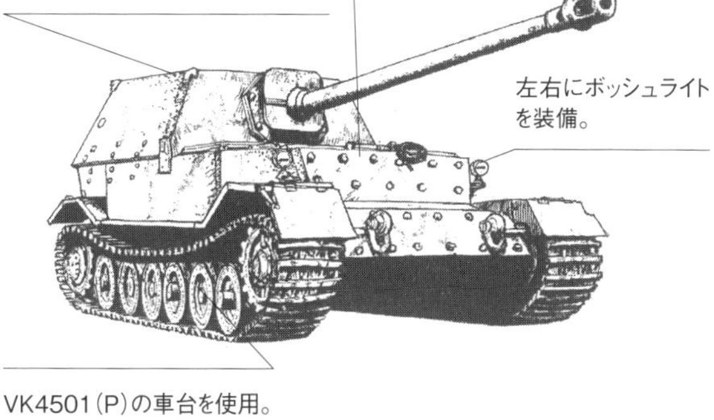
前部機銃は未装備。
車長用ハッチはキューポラではなく、前後2枚開き式の平坦なハッチ。
左右にボッシュライトを装備。
VK4501（P）の車台を使用。

エレファント

全長：8.14m　全幅：3.38m　全高：2.97m　重量：65t　乗員：6名　武装：71口径8.8cm戦車砲PaK43/2×1門、MG34 7.92mm機関銃×1挺　最大装甲厚：200mm　エンジン：マイバッハ社製HL120TRM（265hp）×2基（計530hp）　最大速度：30km/h

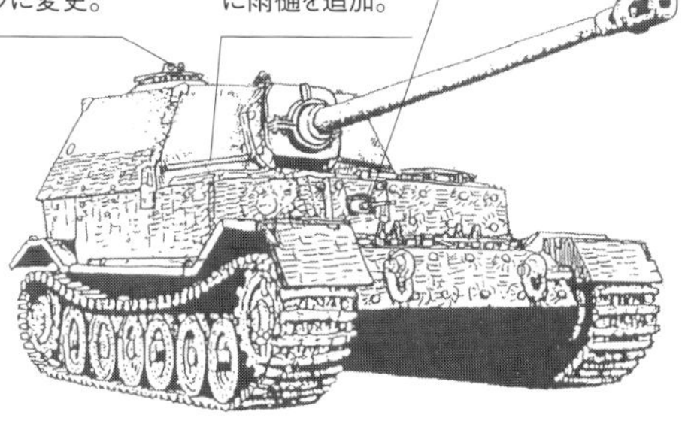
MG34機銃ボールマウントを増設。
車長用キューポラに変更。
戦闘室前面左右に雨樋を追加。

◉エレファントの内部構造

❶ 操向レバー
❷ MG34 7.92mm機関銃
❸ ラジエター冷却ファン
❹ 照準器
❺ 車長用ペリスコープ
❻ ベンチレーター
❼ ペリスコープ
❽ 砲弾収納ラック
❾ 通気口
❿ D149a電気モーター
⓫ 砲手席
⓬ 砲俯仰ハンドル
⓭ 砲旋回ハンドル
⓮ HL120TRMエンジン
⓯ aGV発電機
⓰ 操縦手席

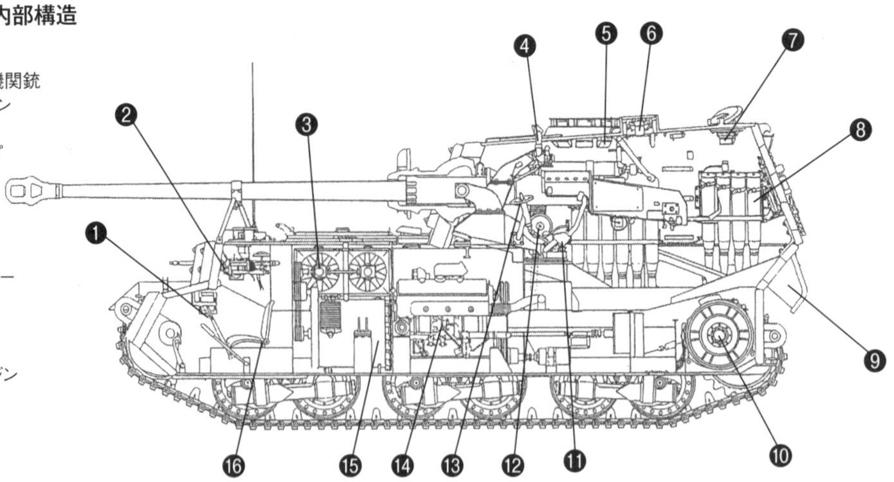

とめ、第614重戦車駆逐中隊として独立運用された。最後まで生き残っていた4両のエレファントはベルリン戦にも参加している。また一方、第1中隊、第3中隊は、後にヤークトティーガーを装備する新生第653重戦車駆逐大隊の編成母体となった。

■VI号指揮戦車(P)

VK4501(P)の大半はフェルディナント駆逐戦車の車台に転用されたが、少なくとも1両は砲塔や車体各部に改修が施され、1944年に第653重駆逐戦車大隊において指揮戦車として実戦で使用されている。

■ティーガー(P)戦車回収車

ティーガー（P）戦車回収車は、VK4501（P）をベースとしているが、操縦室の後方に機関室が設けられており、外見はむしろ重駆逐戦車のフェルディナントに似ている。

車体前部左側の操縦手用視察バイザーはそのまま残されているが、右側の前部機銃マウントは撤去され、装甲板で塞がれている。車体後部には、小型の戦闘室を設置しており、前面右側にMG34機銃マウント、上面前部に円形ハッチ、上面後部には車内操作式のMG34を装備。また、戦闘室後面にはハッチが設けられているが、IV号戦車の砲塔左側面ハッチを流用している。

機関室上面の後部に分解したクレーンを装備し、クレーン使用時には組み立てたクレーンを戦闘室の左側に設置するようになっていた。

3両のティーガー（P）戦車回収車が造られ、フェルディナント部隊に配備されている。

■ラムティーガー

VK4501（P）の派生型として“ラムティーガー”あるいは“ラムパンツァー・ティーガー（P）”と呼ばれた特殊車両も製作された。ラムティーガーは、市街戦などにおいて敵が潜む家屋の破壊や障害物を排除するために開発された車両で、VK4501(P)の車体上に装甲車体を被せた特異なスタイルをしている。前面/上面50mm厚、側面/後面30mm厚の装甲板で構成された装甲車体の前部は衝角となっており、体当たりによって対象物を破壊する。

ラムティーガーは1943年8月に3両造られ、実戦に投入されたといわれているが、詳細は不明である。

ティーガー(P)戦車回収車

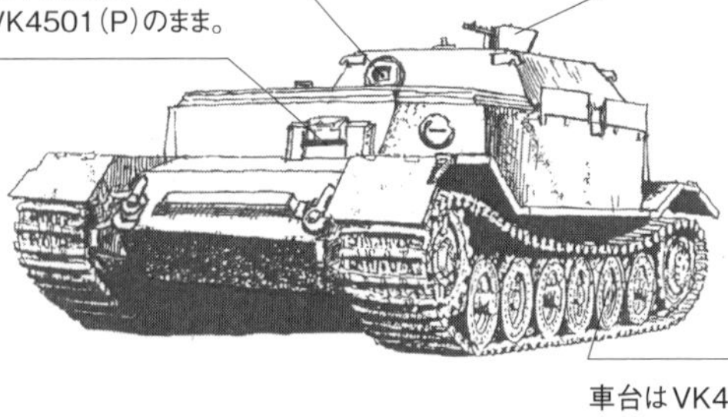
戦闘室の前面右側にMG34機関銃を装備。
戦闘室後部に車内操作式のMG34機関銃を装備。
操縦手用視察バイザーはVK4501(P)のまま。
車台はVK4501(P)を使用。

ラムティーガー

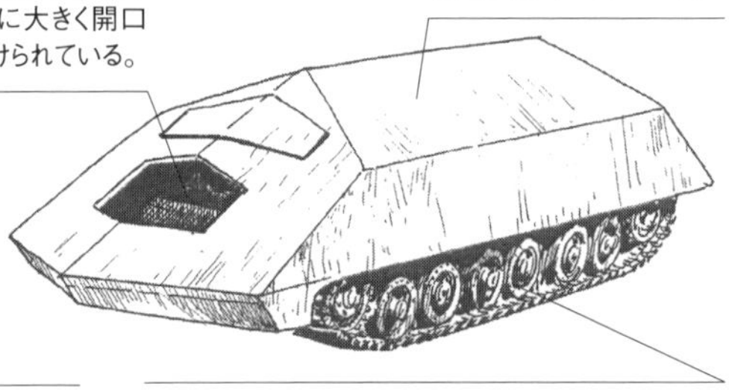
装甲車体の前面は操縦手が前方を視認できるように大きく開口部が設けられている。
前面と上面は50mm厚、側面と後面は30mm厚。
VK4501(P)の上に装甲車体を被せた簡単な構造。

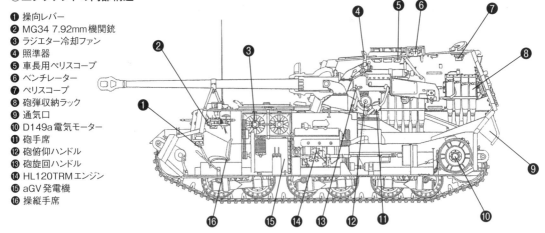

第二次大戦最強戦車

ティーガーⅡと派生型

1942年夏に登場したティーガーⅠは、連合軍戦車を圧倒し、1943年後期頃には米英連合軍やソ連軍兵士から恐れられる存在となっていた。ドイツ軍はティーガーⅠの生産と並行し、それをも上回る強力な重戦車の開発を進め、1943年11月にティーガーⅡを完成させる。さらに1944年2月にはティーガーⅡをベースとした12.8cm砲搭載の重駆逐戦車ヤークトティーガーも完成させ、戦場に投入した。これらは、第二次大戦戦車の頂点を極め、その性能は正に"第二次大戦最強の戦車"と呼ぶに相応しいものだった。

ティーガーⅡ

■VK4502の開発

Ⅵ号戦車（後のティーガーⅠ）の開発が正式に決まった1941年5月26日の陸軍会議においてヒトラーはさらに火力を強化した車両が必要であると提言した。会議でのこの発言を受け、まず兵器局第6課（車両設計課）は、VK4501（P）の開発に着手していたポルシェ社に対し、同車両に搭載予定の56口径8.8cm戦車砲KwK36に換わって、当時制式採用されたばかりのより強力なラインメタル社製74口径8.8cm対空砲FlaK41を車載できるどうかの検討を打診した。しかし、ポルシェ社からの返答は、クルップ社設計の砲塔には74口径8.8cm砲の搭載は無理であるというものだった。結局、Ⅵ号戦車（ティーガーⅠ）は、当初の予定どおり56口径8.8cm戦車砲KwK36を搭載することとなった。

しかし、長砲身8.8cm砲搭載計画は引き続き進められ、ティーガーⅠの開発が一段落した1943年2月5日に兵器局第4課（火砲設計課）はクルップ社との間で71口径8.8cm戦車砲KwK43の開発契約を結んだ。当初、搭載が考えられていたFlaK41はクルップ社のライバルメーカー、ラインメタル社によって開発された砲なので、クルップ社としても自社設計の砲塔には自社開発の戦車砲を搭載することを強く望んでいた。

■VK4502(P)

ポルシェ社は、Ⅵ号戦車として開発したVK4501（P）が不採用と決まったため、新たに71口径8.8cm戦車砲KwK43を搭載する新型重戦車、タイプ180の設計に着手する。タイプ180は、車体と砲塔のレイアウトや足回りの構造、駆動機構など基本的な部分はそのままVK4501（P）を踏襲していたが、車体と砲塔のデザインには傾斜装甲が採り入れられていた。車体前面の装甲厚は、80mm/45°、側面及び後面の装甲厚も80mm厚で、クルップ社設計による砲塔は、前面

VK4502（P）砲塔前方配置案

主砲は専用に開発された71口径8.8cm戦車砲KwK43を搭載予定。
クルップ社がポルシェ社のVK4502（P）のために開発した、いわゆる"ポルシェ砲塔"を搭載。
前面装甲は80mm厚/45°を予定していた。
機関室は操縦室の後ろに配置。
後部にポルシェ砲塔を搭載。
車体は、前設計VK4501（P）と同じレイアウトを採用しており、車体後部に機関室を配置。

VK4502（P）砲塔後方配置案

100mm/曲面、側面80mm厚であった。火砲の大型化と装甲強化により重量は、VK4501（P）より5t増え、65tとされた。

車体後部にポルシェ社製タイプ101/3エンジン（300hp）を2基搭載（計600hp）し、各々のエンジンは発電機に直結し、そこで得られる電気によってジーメンス・シュッケルト社製電気モーターを駆動、それに連結した起動輪を動かすようになっていた。

ポルシェ社は、最初の設計案タイプ180Aの他に、搭載エンジンと操向装置（電気式と油圧式）の変更や砲塔の配置を変えた設計案、タイプ180B、181A、181B、181Cも兵器局第6課に提示した。ポルシェ社のタイプ180/181シリーズは、1942年2月に兵器局第6課よりVK4502（P）の開発名（ティーガーP2と呼ばれることもある）が与えられ、試作車の完成を待たずに100両を生産することが決定。砲塔はクルップ社が製造し、車体の製造と組み立て作業はポルシェ社のニーベルンゲン製作所で行うこととなった。

しかし、前作VK4501（P）の場合と同様に駆動機構に問題があることが判明し、1942年11月にVK4502（P）の開発は中止となる。

■ティーガーII

1941年5月26日の会議の直後にポルシェ社のみならず、VI号戦車の開発に携わっていたヘンシェル社に対しても兵器局第6課から長砲身8.8cm砲を搭載した車両の開発が指示された。さらに1942年8月にはVK4502（P）用にクルップ社が設計した砲塔を使用することも決定する。

VK4501（H）がティーガーIとして制式採用されたことにより、ヘンシェル社は1942年11月から71口径8.8cm戦車砲KwK43搭載の新型戦車VK4503（H）（ティーガーH3とも呼ばれる）の開発を本格的に開始した。

しかし、ヘンシェル社では、ティーガーIの生産、改修、改造作業と並行してVK4503（H）の開発を行わなくてはならず、さらにMAN社が開発中だったパンターIIとの基本パーツ共通化などの諸事情も重なり、作業はなかなか思うように進展しなかった。1943年3月13日には、VK4503（H）から“ティーガーII”に改称されたが、これは公式なものではなく、同年6月には公式名称として“ティーガーB型”という名が与えられる。

ティーガーIIの試作1号車は1943年11月に完成。続いて翌12月には試作2号車と3号車も相次いで完成する。そして翌1944年1月から量産が始まった。

ティーガーIIは、全長10.286m、全幅3.755m、全高3.090m、重量は69.8tに及び、ティーガーIを遥かに凌駕する重戦車となった。車内レイアウトは、ドイツ戦車の標準的なもので、車体前部に操向装置と変速機、その後方に操縦室を設け、左側に操縦手席、右側に無線手席を配置し、車体後部は機関室となっている。V号戦車パンターと同様に車体は、全周にわたり傾斜装甲が採り入れられており、車体の装甲厚は、前面上部150mm/50°（垂直面に対する傾斜角）、前面下部100mm/50°、側面上部80mm/25°、側面下部80mm/0°、後面80mm/30°、上面及び底面40mm/90°だった。

ティーガーIIの最初の47両は、ポルシェ社のVK4502（P）用に設計された砲塔、いわゆる“ポルシェ砲塔”を搭載して完成した。ポルシェ砲塔は前面110mm/曲面、側面及び後面80mm/30°だった。ポルシェ砲塔は、曲面の砲塔前面に砲弾が命中した際にショットトラップをとなることが危惧された。そのため砲塔の形状を改善

ティーガーII ポルシェ砲塔型

全長：10.286m　全幅：3.755m　全高：3.09m　重量：69.8t　乗員：5名　武装：71口径8.8cm戦車砲KwK43×1門、MG34 7.92mm機関銃×2挺　最大装甲厚：150mm　エンジン：マイバッハ社製HL230P30（700hp）　最大速度：35km/h

生産当初の8.8cm KwK43は、一体式の砲身が用いられていた。
生産第1号車から生産第47号車まではポルシェ砲塔を搭載している。
車体前面の装甲は150mm厚/50°。ポルシェ砲塔型量産車は全車、ツィンメリットコーティングが施されている。

した砲塔が新たに設計され、1944年6月の生産第48号車から搭載されるようになった。

新しい量産型砲塔、いわゆる"ヘンシェル砲塔"の装甲厚は、前面180mm/10°、側面及び後面80mm/20°、上面40mm/78～90°だった。前面を平面の傾斜装甲としたことで、ショットトラップの心配がなくなり、さらに側面と後面の傾斜角を浅くしたことにより、内部容積が増え、砲弾搭載数も増加した。また、ポルシェ砲塔よりシンプルな形状となったことで生産性も向上している。

主砲として採用された71口径8.8cm戦車砲KwK43は、通常の徹甲弾Pzgr39/40とタングステン弾芯の徹甲弾Pzgr40/43、さらに成形炸薬弾Gr39/43HL、榴弾Sprgrが使用できた。砲弾は、砲塔収納部に22発（ポルシェ砲塔型は16発）、戦闘室収納部に64発、計86発の砲弾を搭載していた。

主砲のKwK43は当時最も強力な戦車砲で、Pzgr39/40を用いた場合は、射程100mで203mm厚（入射角30°）、射程1,000mで165mm厚、射程2,000mでは132mm厚の装甲を貫徹することができ、さらに貫徹力が高いPzgr39/43を用いた場合は、射程100mで237mm厚、2,000mでも153mm厚の装甲を貫くことが可能だった。この数値は、当時に戦場に投入されたいかなる連合軍戦車もアウトレンジから葬り去ることができたことを意味する。

車体後部に置かれた機関室のレイアウトは、パンターに酷似しており、中央に700hpのマイバッハ社製HL230P30エンジンを搭載し、左右にラジエターと冷却ファンを配していた。攻撃力、防御力においては比肩するものがないほど圧倒的な性能を誇ったティーガーⅡだったが、約70tもの巨体ゆえ、さすがに機動力は良好とはいえなかったが、攻撃力と装甲防御力が優先される重戦車では、機動力の低さは仕方がないことといえる。

ティーガーⅡは、量産中に砲塔の変更のみならず、改良や新型パーツの導入、生産性向上のための簡略化などを行い、1944年1月～1945年3月までに489両が造られた。その中には通常型の他に20両の指揮戦車もあった。

■ティーガーⅡの計画型

終戦まで、無敵の強さを誇っていたティーガーⅡだったが、量産と並行し、さらなる改良・強化案が考えられていた。まず、火力の強化に関しては、1944年11月にクルップ社が主砲を68口径10.5cm戦車砲に換装する設計案を提出している。

また、火力強化とともに射撃精度の向上も考案されており、1944年10月にはSZF3ジャイロ安定式照準潜望鏡を搭載する設計案が作製されている。SZF3は、照準器をジャイロスタビライザーによって安定化させ、眼鏡内部のレティクルに主砲を連動させて照準するという極めて高度なシステムで、実際に試作品が完成し、ティーガーⅡに搭載してテストも実施されたといわれている。

さらに射撃精度向上案として基線長1.6mのEm.1.6mR（Pz）測距用ステレオ式レンジファインダーを搭載する計画もあった。このレンジファインダーは当初1943年7月から製作が予定されていたが、開発に手間取り完成したのは大戦末期となり、ティーガーⅡに搭載されることなく終戦となった。

また、ティーガーⅡの短所だった機動性能を改善する計画としては、出力1,200hpの燃料噴射装置付きHL232、1,000hpのHL232RTディーゼルエンジン、さらに940hpの燃料噴射装置付きHL234、ポルシェ社製ガスタービンエンジンなどの研究・開発も進められている。HL234は終戦時に試作品が完成し、テストまで進んでいた。

その他、パンターG型で実用化されていた赤外線暗視装置の装備や砲塔上に対空用MG151/20 2cm機関砲を搭載するというプランもあった。

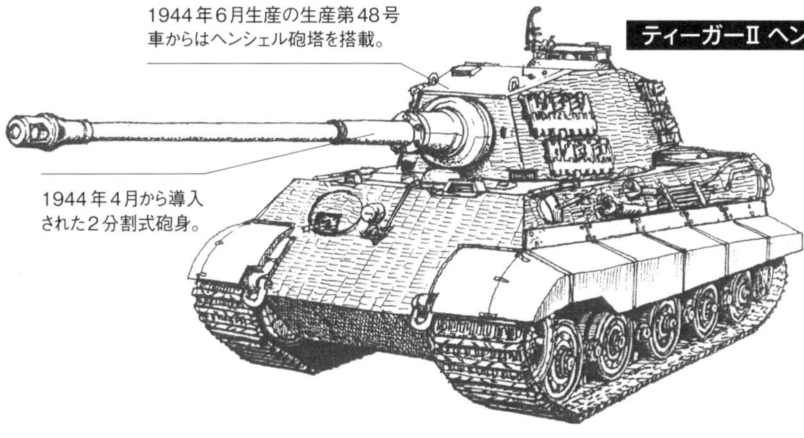

1944年6月生産の生産第48号車からはヘンシェル砲塔を搭載。
1944年4月から導入された2分割式砲身。

ティーガーⅡ ヘンシェル砲塔型

全長：10.286m　全幅：3.755m　全高：3.09m　重量：69.8t　乗員：5名　武装：71口径8.8cm戦車砲KwK43×1門、MG34 7.92mm機関銃×2挺　最大装甲厚：150mm　エンジン：マイバッハ社製HL230P30（700hp）　最大速度：35km/h

◉ティーガーⅡの変遷

ポルシェ砲塔型
1944年1月～5月生産車（生産第1号車～第47号車）

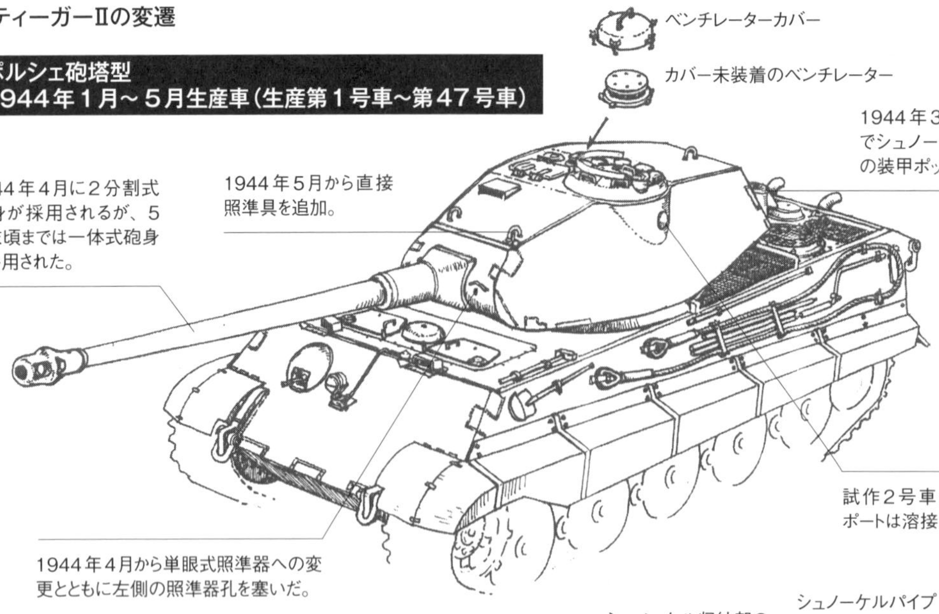
ベンチレーターカバー
カバー未装着のベンチレーター
1944年3月生産車までシュノーケル収納部の装甲ポッドを設置。
1944年4月に2分割式砲身が採用されるが、5月末頃までは一体式砲身も併用された。
1944年5月から直接照準具を追加。
試作2号車からピストルポートは溶接留めされた。
1944年4月から単眼式照準器への変更とともに左側の照準器孔を塞いだ。

【 マズルブレーキ 】

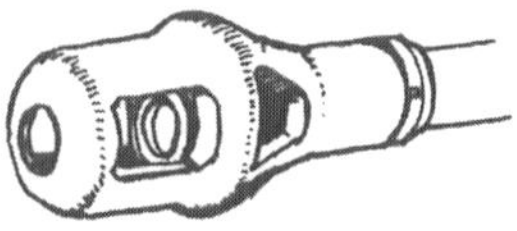

初期のタイプ

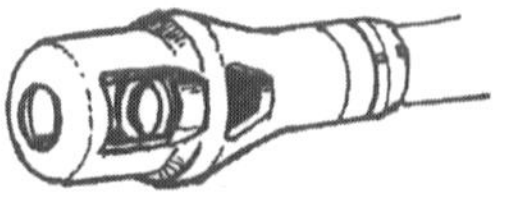

1944年4月から導入された新型

試作2号車

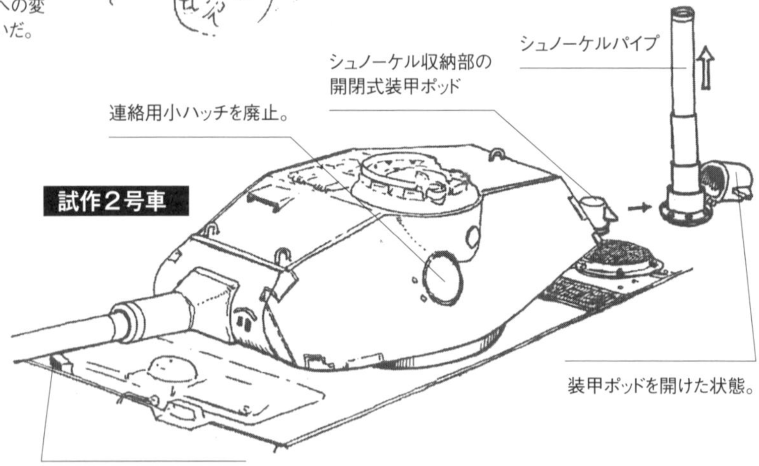
シュノーケルパイプ
シュノーケル収納部の開閉式装甲ポッド
連絡用小ハッチを廃止。
装甲ポッドを開けた状態。
無線手用ペリスコープ前方部の削り取り加工はない。

【 試作車～極初期型の起動輪 】

スプロケットは18枚歯タイプ。

【 試作3号車～ 1944年3月生産車の排気管 】

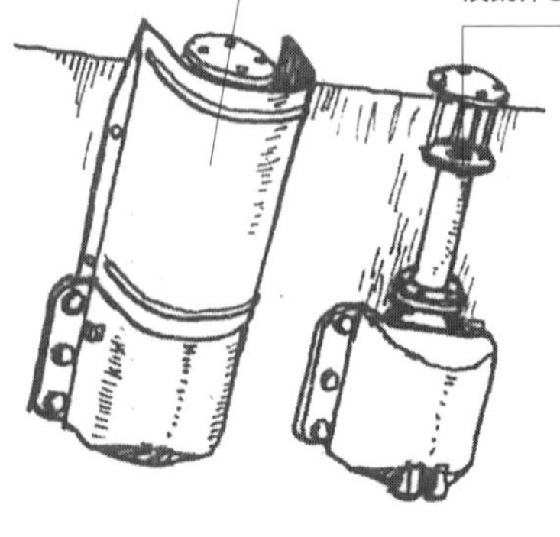
排気管カバー。1944年5月に廃止。
排気口に防水用反跳弁を装備。

【 履帯 】

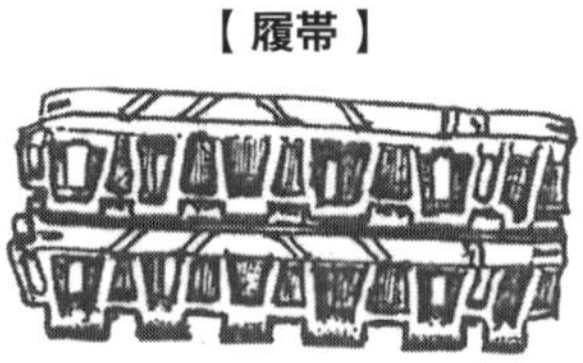

試作車～極初期型の履帯 Gg24/800/300

1944年5月から使用される標準履帯 Gs26/800/300

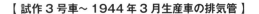

ヘンシェル砲塔型 1944年6月生産車(生産第48号車)以降

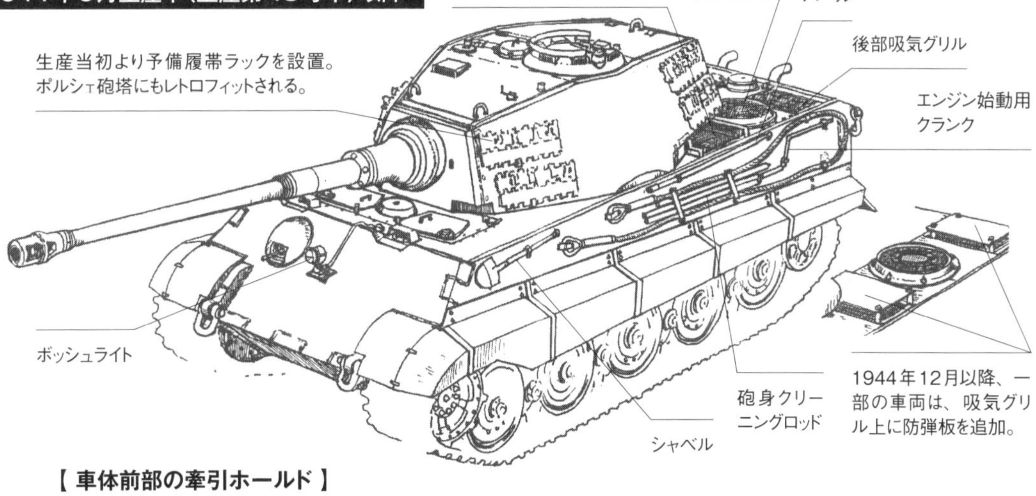
1944年9月から前部吸気グリルにメッシュカバーを装着。
排気グリル
バール
後部吸気グリル
生産当初より予備履帯ラックを設置。ポルシェ砲塔にもレトロフィットされる。
エンジン始動用クランク
ボッシュライト
1944年12月以降、一部の車両は、吸気グリル上に防弾板を追加。
砲身クリーニングロッド
シャベル

【 車体前部の牽引ホールド 】

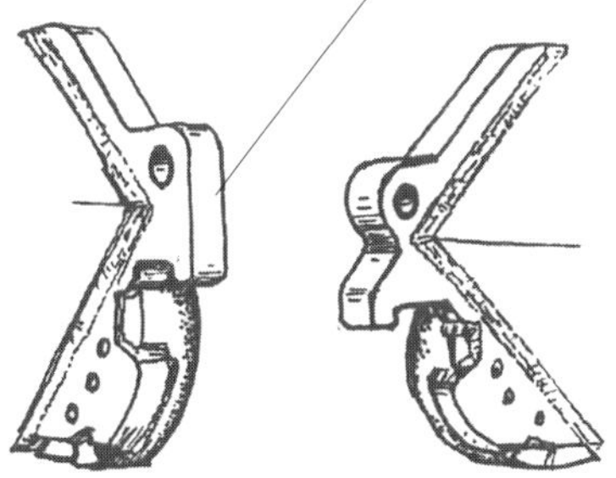
前面は凹みがなく、平らな形状。

1944年3月までの生産車　1944年4月以降の生産車

【 装填手用ハッチ 】

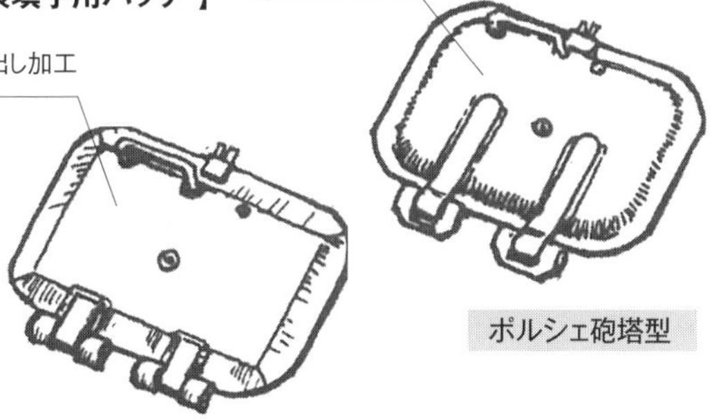
鋼板プレス加工
削り出し加工

ポルシェ砲塔型

ヘンシェル砲塔型
1944年7月以降の生産車

【 ヘンシェル砲塔型の主砲防盾バリエーション 】

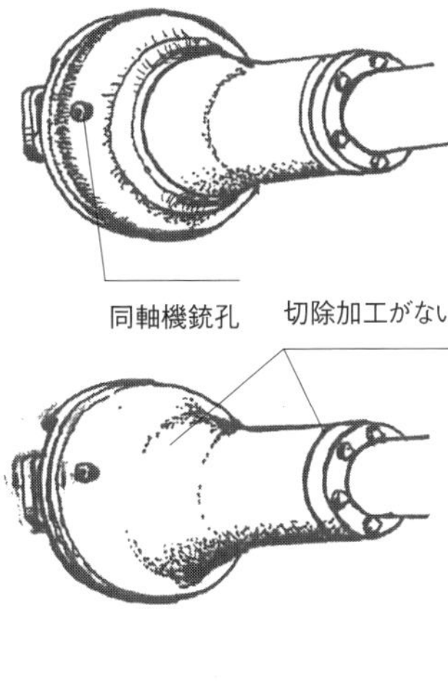
同軸機銃孔
切除加工がない。

【 操縦室上面中央のベンチレーターカバー 】

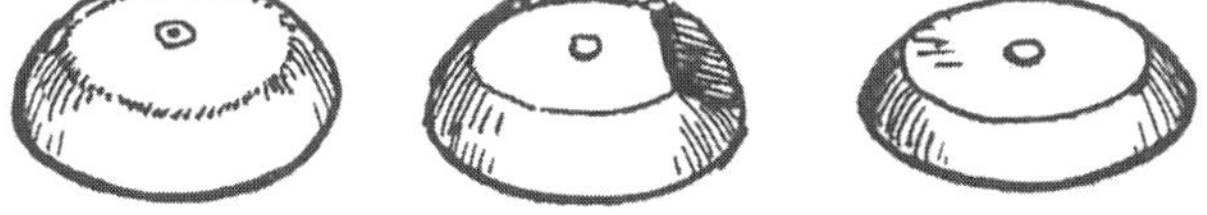
砲塔と干渉しないように切除されている。

試作車

ヘンシェル砲塔型
初期生産車

ヘンシェル砲塔型
後期生産車

【 砲塔後面ハッチ 】

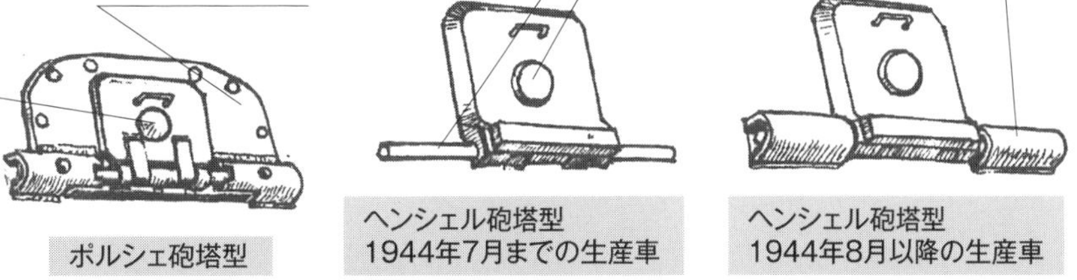
パネルはボルト留め。主砲交換時にはパネルごと取り外す。
ピストルポート
開閉用トーションバー
ピストルポート
装甲カバーが付く。

ポルシェ砲塔型

ヘンシェル砲塔型
1944年7月までの生産車

ヘンシェル砲塔型
1944年8月以降の生産車

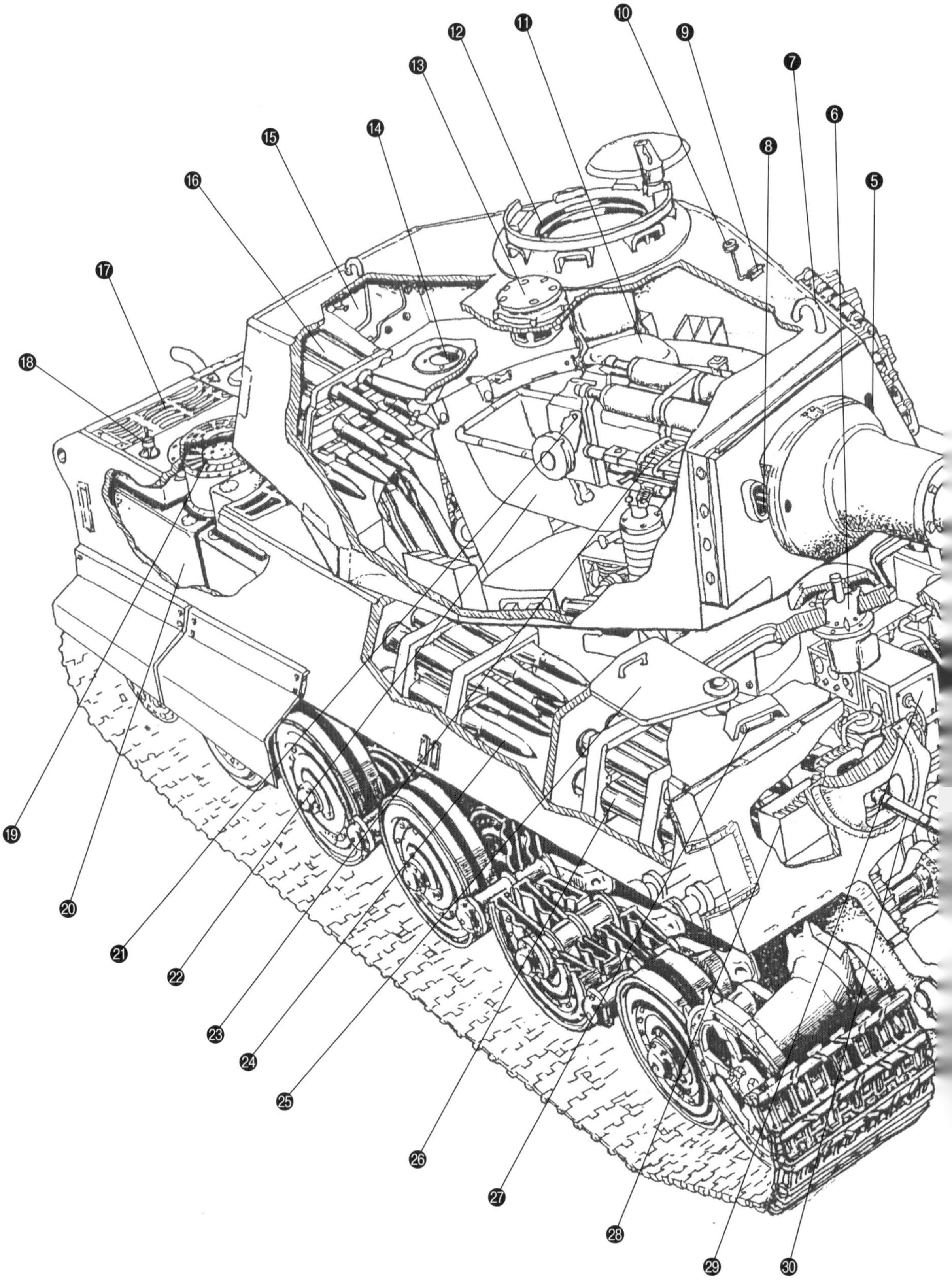
5
6
7
8
9
10
11
12
13
14
15
16
17
18
19
20
21
22
23
24
25
26
27
28
29
30

ティーガーⅡ指揮戦車(Sd.Kfz.267)

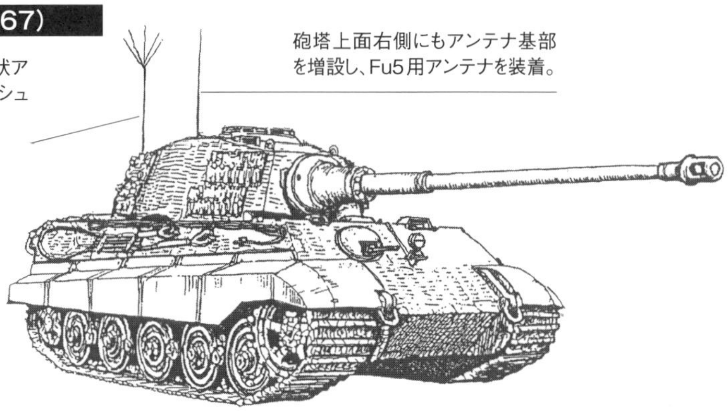
機関室最後部の中央に円筒状アンテナ基部を増設し、Fu8用シュテルンアンテナを装着。
砲塔上面右側にもアンテナ基部を増設し、Fu5用アンテナを装着。

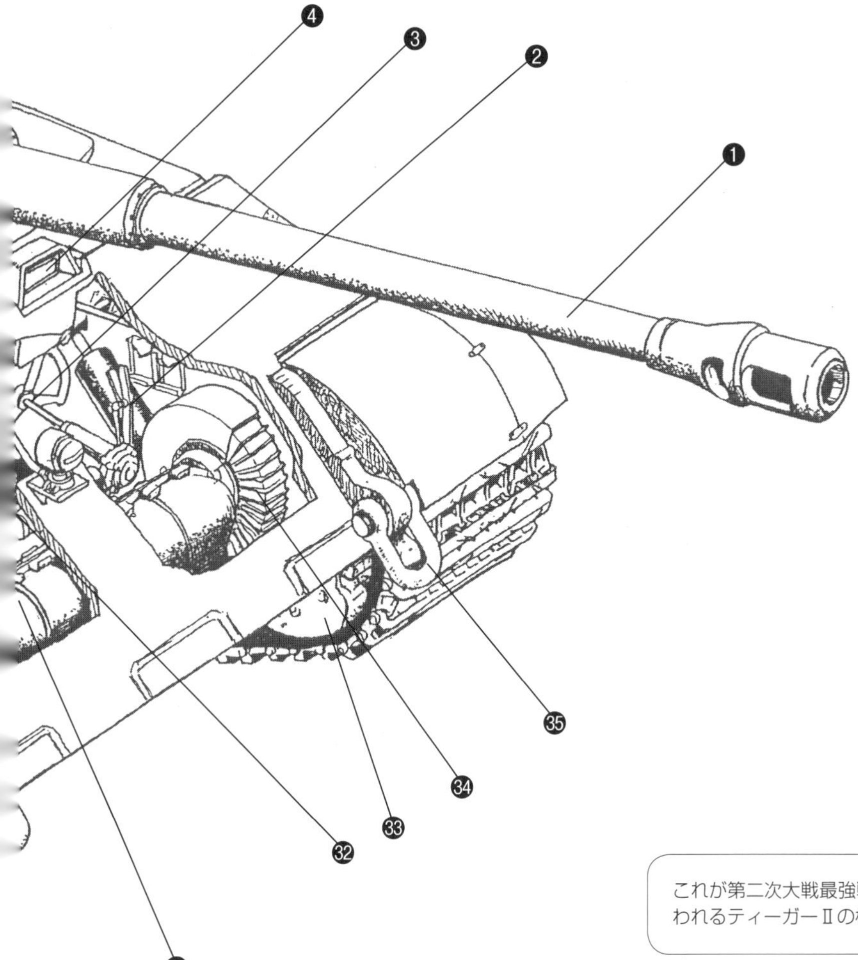
❶
❷
❸
❹
㉛
㉜
㉝
㉞
㉟

◉ティーガーⅡの構造

❶ 71口径8.8cm戦車砲KwK43
❷ ハンドブレーキレバー
❸ ステアリング
❹ 操縦手用ペリスコープ
❺ 照準器孔
❻ ベンチレーター
❼ 吊り上げフック
❽ 同軸機銃孔
❾ 直接照準器具
❿ 2tクレーン取り付け基部ピルツ
⓫ 車長席
⓬ 車長用キューポラ
⓭ ベンチレーター
⓮ 近接防御兵器
⓯ 後面ハッチ
⓰ 砲弾収納ラック
⓱ 吸気グリル
⓲ アンテナ基部
⓳ 冷却ファン
⓴ 燃料タンク
㉑ 砲尾
㉒ 空薬莢受け
㉓ MG34同軸機銃
㉔ 砲弾収納ラック
㉕ 無線手用ハッチ
㉖ 砲弾収納ラック
㉗ 無線手用ペリスコープ
㉘ MG34用弾薬箱
㉙ 無線機
㉚ MG34 7.92mm機関銃
㉛ 操向装置
㉜ 変速機
㉝ 最終減速機カバー
㉞ ブレーキユニット
㉟ 牽引シャックル

これが第二次大戦最強戦車といわれるティーガーⅡの構造だ!

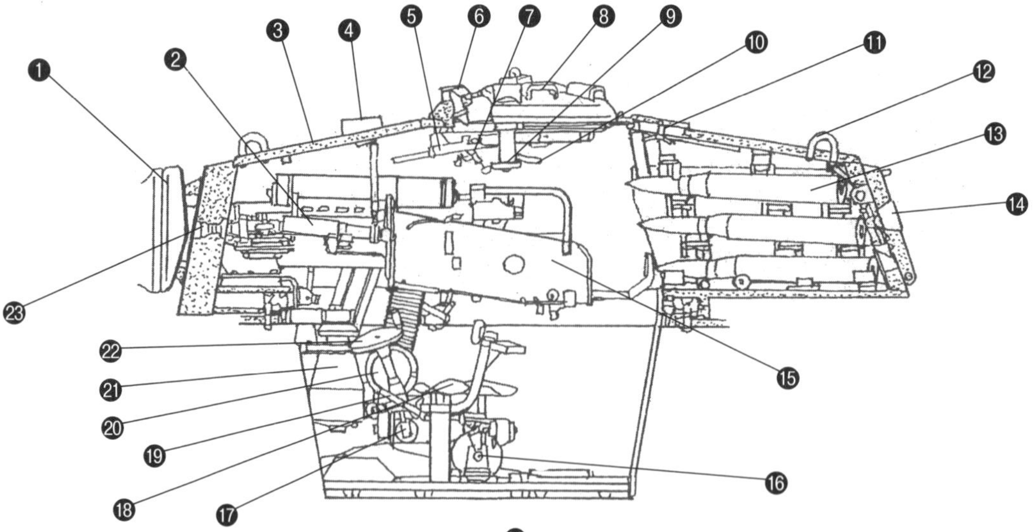
1
2
3
4
5
6
7
8
9
10
11
12
13
14
15
16
17
18
19
20
21
22
23

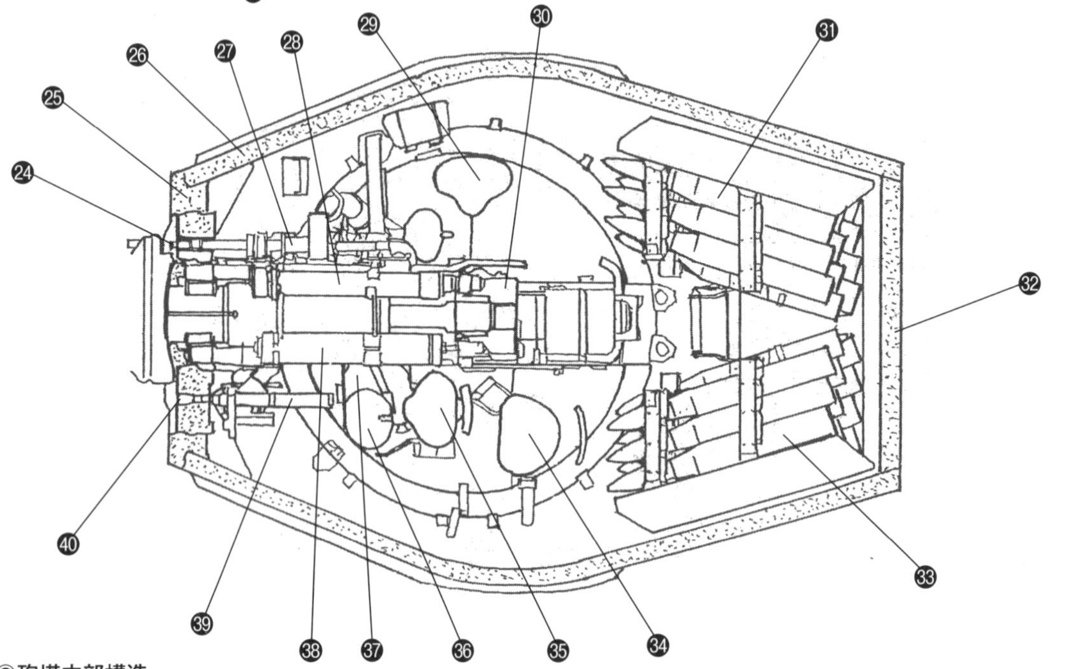
24
25
26
27
28
29
30
31
32
33
34
35
36
37
38
39
40

◉砲塔内部構造

❶ 防盾
❷ 照準器
❸ 上面装甲板(40mm厚)
❹ 装填手用ペリスコープ
❺ 装填手ハッチの開閉ダンパー
❻ キューポラ内蔵ペリスコープ
❼ 近接防御兵器の発射筒
❽ 車長用キューポラ
❾ キューポラハッチ・ロックハンドル
❿ キューポラハッチ開閉レバー
⓫ 空薬莢排出ハッチ
⓬ 吊り上げフック
⓭ 砲弾収納ラック
⓮ ピストルポート装甲栓
⓯ 後座ガード
⓰ コンプレッサー
⓱ 油圧モーター
⓲ 砲手席
⓳ 同軸機銃発射ペダル
⓴ 主砲俯仰ハンドル
㉑ 砲塔旋回駆動装置
㉒ 手動用砲塔旋回ハンドル
㉓ 照準器孔
㉔ 同軸機銃孔
㉕ 前面装甲(180mm厚)
㉖ 側面装甲(80mm厚)
㉗ MG34同軸機銃
㉘ 駐退機
㉙ 装填手席
㉚ 砲尾
㉛ 右側砲弾収納ラック
㉜ 後面装甲(80mm厚)
㉝ 左側砲弾収納ラック
㉞ 車長席
㉟ 砲手席
㊱ 手動用砲塔旋回ハンドル
㊲ 砲塔旋回駆動ペダル
㊳ 復座機
㊴ 照準器
㊵ 照準器孔

砲塔内での
大型8.8cm砲弾の
装填作業は大変なんだ。

8.8cm砲、MG34機関銃……
ティーガーIIの武器は
それだけじゃないんだ。

◉近接防御兵器

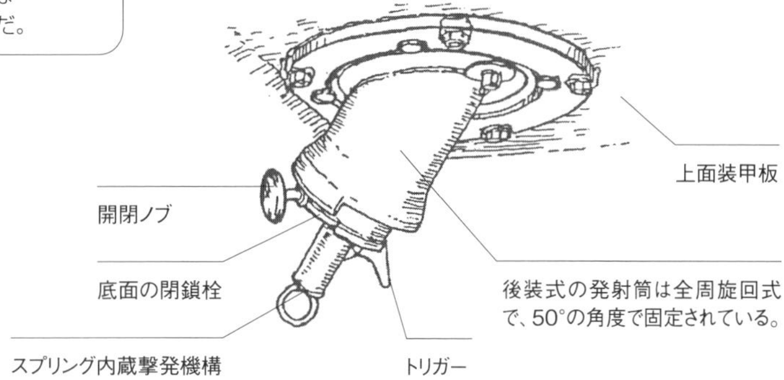
上面装甲板
開閉ノブ
底面の閉鎖栓
後装式の発射筒は全周旋回式
で、50°の角度で固定されている。
スプリング内蔵撃発機構
トリガー

【近接防御兵器の使用手順】

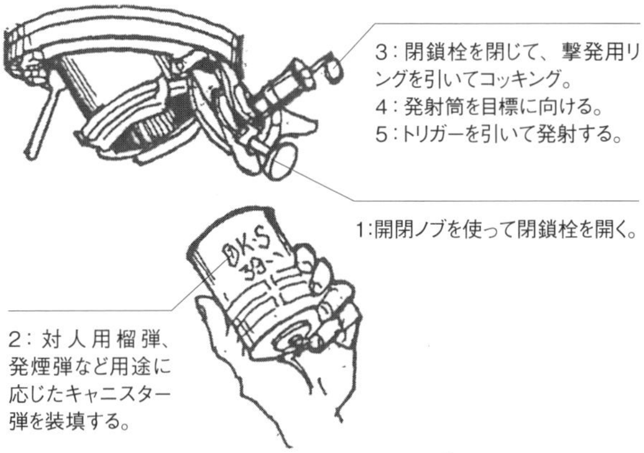
3：閉鎖栓を閉じて、撃発用リングを引いてコッキング。
4：発射筒を目標に向ける。
5：トリガーを引いて発射する。
1:開閉ノブを使って閉鎖栓を開く。
2：対人用榴弾、発煙弾など用途に応じたキャニスター弾を装填する。

【ポルシェ砲塔の上面】

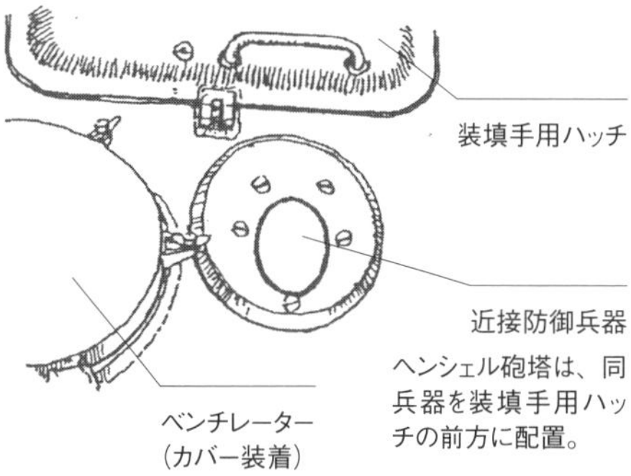
装填手用ハッチ
近接防御兵器
ヘンシェル砲塔は、同兵器を装填手用ハッチの前方に配置。
ベンチレーター
(カバー装着)

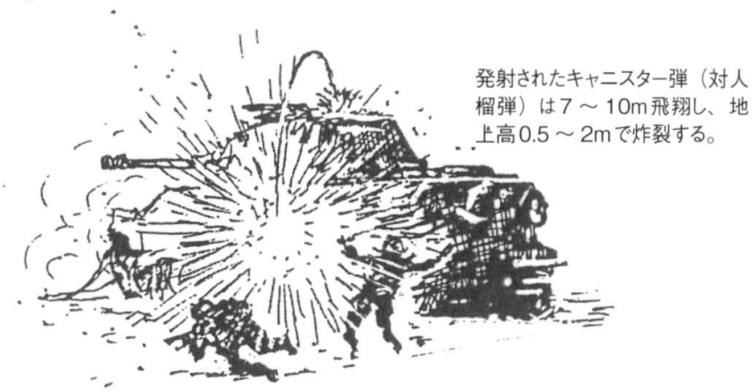
発射されたキャニスター弾（対人榴弾）は7～10m飛翔し、地上高0.5～2mで炸裂する。

【信号弾などの発射時】

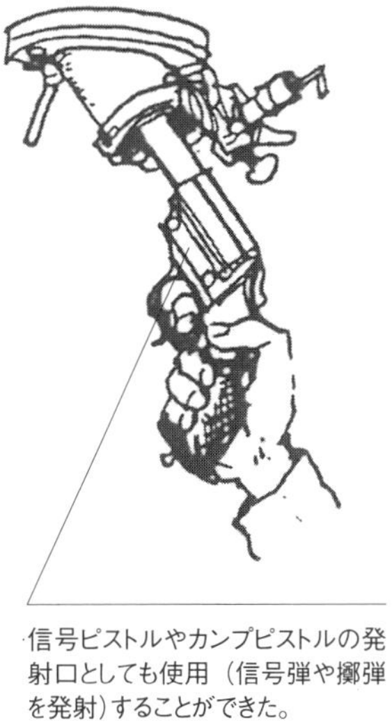
信号ピストルやカンプピストルの発射口としても使用（信号弾や擲弾を発射）することができた。

側方や後方の至近距離
から攻撃してくる
敵兵は戦車にとって厄介な存在。
こいつは実に効果的な兵器なんだ。

ヤークトティーガーとグリレ自走砲

■ヤークトティーガー

ヤークトティーガーの開発は、1943年初頭、前線部隊からもたらされた“3,000mの遠距離からソ連戦車を撃破できる12.8cm砲搭載の重突撃砲”の要望に端を発する。この要望に対し、車体の開発はヘンシェル社が、搭載砲の開発はクルップ社が行うこととなった。

1943年2月、ティーガーⅡの開発と並行し、ヘンシェル社は1943年春に12.8cm突撃砲/駆逐戦車の設計案2案をまとめ上げた。第1案はティーガーⅡの車体を延長し、車体中央に戦闘室を配置するというもの。第2案は第1案と同じ車体だが、エンジンを車体前部に収め、戦闘室を後部に設置するというものであった。

ヘンシェル社が提出した第2案は砲身を含めた全長を抑えることができるが、その一方でかなりの設計変更を要すること、さらに主砲が邪魔になりエンジン交換作業が困難になるなどのデメリットもあった。1943年5月、兵器局第6課は現実的な第1案を選択し、さらに開発車両に対して“ヤークトティーガー”の制式名を与えた。1944年2月にヤークトティーガー生産1号車が完成し、終戦までに約82両(正確な数は不明)が造られている。

ヤークトティーガーは、ティーガーⅡをベースとしていたが、車体を延長し、さらに主砲の俯角を確保するために車体前部(操縦室)上面を5cmほど低くしていた。車内レイアウトは、ティーガーⅡと変わらず、車体前部に変速機、その後方に操縦室を設け、左側に操縦手席、右側に無線手席を配置し、中央が戦闘室、車体後部は機関室となっている。

全長10.654m、全幅3.625m、全高2.945m、重量は75tに及ぶ。車体各部の装甲厚は、車体前面上部150mm/50°、車体前面下部100mm/50°、戦闘室前面250mm/15°、側面上部80mm/25°、側面下部80mm/0°、車体後面80mm/30°、戦闘室後面80mm/3°、上面及び底面40mm/90°だった。

主砲の55口径12.8cm砲PaK44(後にPaK80に改称)は、第二次大戦で使用された最強の車両搭載砲で、ティーガーⅡやエレファント、ヤークトパンターの71口径8.8cm戦車砲を凌駕し、被帽徹甲弾のPzgr43を使用した場合、射程距離2,000mで148mm厚(入射角30°)の装甲板を貫通する性能を誇っていた。

エンジンは、ティーガーⅡと同じ700hpのマイバッハ社製HL230P30エンジンを使用。ティーガーⅡ以上の大重量のため当然、機動性能は低かっ

ヤークトティーガーの主砲となった12.8cm対戦車砲PaK44

口径:12.8cm　全長:7.023m　重量:10,160kg　射角:俯仰角−7.51°〜+45.27°　初速:920m/s　最大射程:24,410m　装甲貫通力:被帽徹甲弾Pzgr43の場合、射程1,000mで167mm厚(入射角30°)、射程2,000mで148mm厚

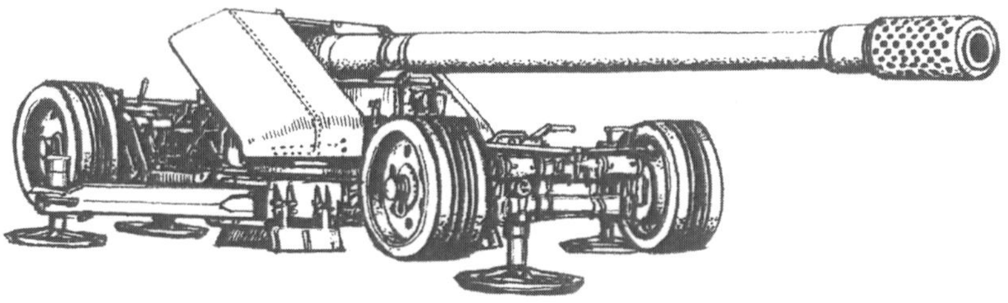

ヤークトティーガー ポルシェ式サスペンション型

12.8cm PaK44を搭載。

ポルシェ式サスペンション型は全車、ツィンメリットコーティングが施されていた。

ポルシェ式サスペンションを装備したのは、生産第1号車と第3〜第11号車の10両。

全長:10.5m　全幅:3.77m　全高:2.82m　重量:75.2t　乗員:6名　武装:55口径12.8cm PaK44(PaK80)×1門、MG34 7.92mm機関銃×2挺　最大装甲厚:250mm　エンジン:マイバッハ社製HL230P30(700hp)　最大速度:34.6km/h

た。ヤークトティーガーは、当初、ベースとなったティーガーIIのサスペンションをそのまま使用することになっていたが、開発途中でポルシェ社より提案があった同社設計のサスペンションがヘンシェル社のものよりも生産性に優れ、かつ低コストであったために完成車に異なる両社のサスペンションを装備し性能比較を行うことになった。

1944年2月に完成したヤークトティーガー生産第1号車はポルシェ式サスペンションを、第2号車はティーガーIIと同じヘンシェル式サスペンションを装備していた。テストの結果、第2号車には問題は見られなかったが、一方、第1号車は低速において履帯にピッチングを発生。ポルシェ社はその原因が履帯のGg/24/800/300に問題があるとし、同じくポルシェ式サスペンション装備した生産第3号車では履帯をエレファント用のKgs62/640/130に換え、走行テストを行った。その結果、問題解消に至らず、改めてヘンシェル式サスペンションが採用となった。

しかし、当時既にポルシェ式サスペンションの生産準備が整っていたため、同年9月までに生産された10両はポルシェ式サスペンションを装備して完成している。ヤークトティーガーを装備した最初の部隊となった第653重戦車駆逐大隊では、ヘンシェル式サスペンションを持つ車両に混じって6両のポルシェ式サスペンションの車両が配備されていた。

生産第12号車からは、ヘンシェル式サスペンションとなり、履帯はGg26/800/300を使用した。なお、ヤークトティーガーは、生産数が少なかったため、第653重戦車駆逐大隊の他は第512重戦車駆逐大隊のみの配備に留まった。

■ヤークトティーガー 8.8cm PaK43/3D搭載型

ヤークトティーガーは当初、第一次生産ロット150両、以後月産50両という量産計画が立てられたが、実

ヤークトティーガー ヘンシェル式サスペンション型

全長:10.5m　全幅:3.77m　全高:2.95m　重量:75.2t　乗員:6名　武装:55口径12.8cm対戦車砲PaK44（PaK80）×1門、MG34 7.92mm機関銃×2挺　最大装甲厚:250mm　エンジン:マイバッハ社製HL230P30(700hp)　最大速度:34.6km/h

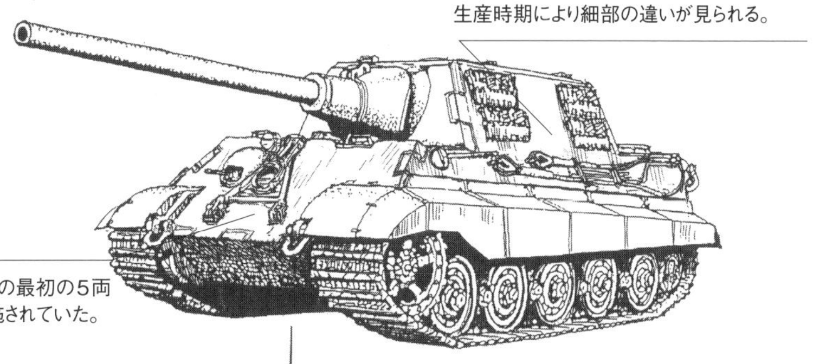

ヘンシェル式サスペンション装着車は、およそ8カ月の間に72両しか造られていないが、生産時期により細部の違いが見られる。

ヘンシェル式サスペンション装着車の最初の5両には、ツィンメリットコーティングが施されていた。

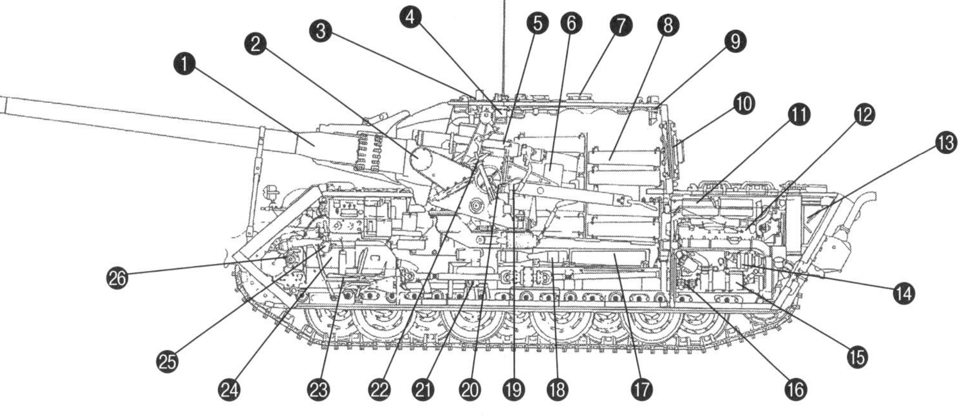

◉ヤークトティーガーの内部構造

❶ 12.8cm PaK44
❷ 揺架
❸ 車長用ペリスコープ
❹ 車長用右側ペリスコープ
❺ 駐退機
❻ 砲尾
❼ ベンチレーター
❽ 薬莢収納ラック
❾ 後方視認ペリスコープ
❿ 後面ハッチ
⓫ エアクリーナー
⓬ マイバッハ社製HL230P30エンジン
⓭ 冷却水タンク
⓮ 発電用補助機関
⓯ オイルクーラー
⓰ 燃料ポンプ
⓱ 薬莢収納庫
⓲ 砲弾収納庫
⓳ 砲手席
⓴ 砲俯仰ハンドル
㉑ プロペラシャフト
㉒ 砲旋回ハンドル
㉓ 操縦手席
㉔ 変速機
㉕ ステアリング
㉖ 操向装置

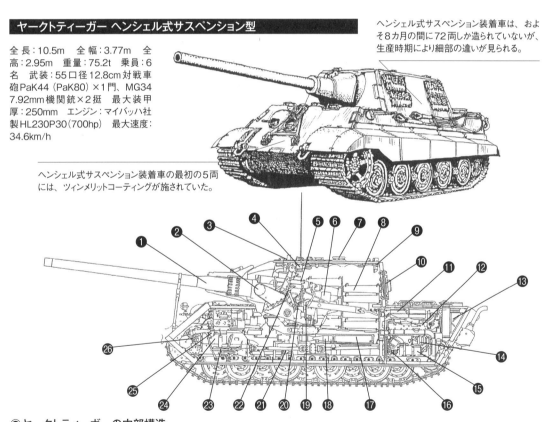

際の量産進行状況はそれにはほど遠い状態だった。ベース車であるティーガーIIの生産延滞、生産施設への連合軍爆撃などが主な生産停滞の理由であったが、肝心の12.8cm PaK44の生産の遅れも大きな影響を与えていた。

1945年3月頃、暫定的にヤークトパンターの71口径8.8cm PaK43/3を改設計したPaK43/3Dを搭載する案が持ち上がり、同砲を搭載したヤークトティーガーが造られることになった。1945年4月以降に極少数（おそらく1～4両）が造られている。

■ヤークトティーガー計画型

1944年11月には、クルップ社によって、66口径に長砲身化した火力向上設計案も提案されている。簡単な概要図しかなく、詳細は不明だが、66口径長砲身12.8cm砲への換装とともに発射時に後座した砲尾が戦闘室後面に当たらないようにするために戦闘室後方に大きな張り出しを増設する予定だったようだ。

しかし、主砲搭載スペース確保の難しさ、機動力の悪化などクリアすべき問題は多く、何よりも55口径12.8cm PaK44が十分過ぎるほどの威力を持っていたこともあり、ヤークトティーガー長砲身型はペーパープランのみで終わった。

■グリレ17/グリレ21

1942年6月に17cm砲以上の大型火砲を搭載する自走砲の開発が決定し、開発担当メーカーとなったクルップ社は、17cmカノン砲K72と21cm臼砲Msr18/1を搭載できる車体の設計に着手した。

当初は、計画時にもっとも大きな装軌式車両だった、ティーガーIの車体を転用する予定だったが、1943年1月には、より大型のティーガーIIの開発が進んでいたため同車体を使用することが決定した。

17cm K72自走カノン砲グリレ17（809号兵器）と21cm Msr18/1自走臼砲グリレ21（810号兵器）は、ティーガーIIのエンジン、変速機、起動輪、転輪、履帯を使用していたが、車体は全くの新設計であった。車体はティーガーIIよりも長く、転輪は片側11個で構成。車体前部の操縦室直後に機関室を配し、車体後部に戦闘室を設けていた。

戦闘室に搭載された17cm砲や21cm砲は、砲架ごと後方にスライドさせ、車体から降ろすことができた。支援車両なので、装甲はかなり薄く、車体前面は30mm厚、側面/後面は16mm厚だった。ティーガーIIよりサイズは大きいが、軽装甲だったため車重は60t未満に抑えることができ、ティーガーIIと同じエンジンを搭載しながらも最高速度は45km/hと機動性は良好だった。

1943年秋には試作車が完成する予定だったが、ティーガーIIそのものの生産が停滞気味で、さらに火砲の開発もかなり遅れ、結局、車体のみが完成したところで終戦を迎えた。

ヤークトティーガー 8.8cm PaK43/3D搭載型

ヤークトパンターの8.8cm PaK43/3をヤークトティーガー車載用に改修したPaK43/3Dを搭載。

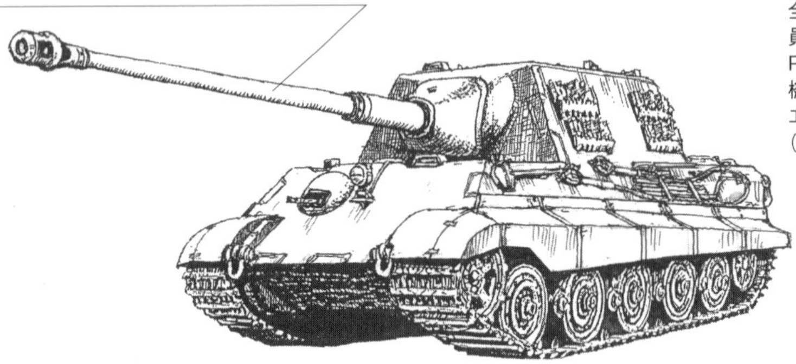

全幅：3.77m　全高：2.95m　乗員：6名　武装：71口径8.8cm PaK43/3D×1門、MG34 7.92mm機関銃×2挺　最大装甲厚：250mm　エンジン：マイバッハ社製HL230P30（700hp）　最大速度：35km/h

17cm K72自走カノン砲グリレ17

主砲の17cmカノン砲K72は地上に降ろして使用することも可能。

車体は完全な新設計。車体前面は30mm厚、側面/後面は16mm厚だった。

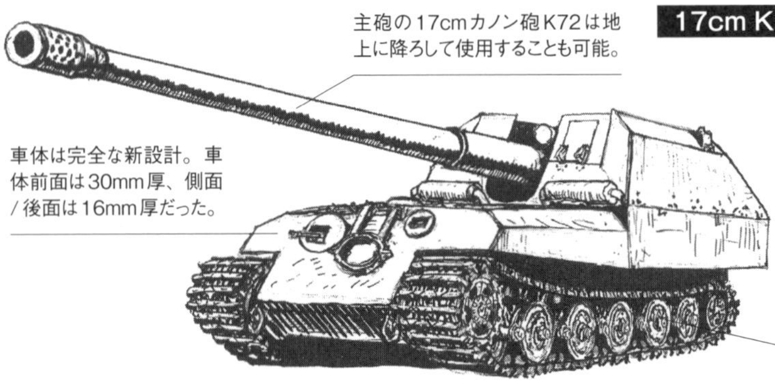

全長：13m　全幅：3.27m　全高：3.15m　重量：58t　乗員：7名　武装：55口径17cmカノン砲K72×1門、MG34 7.92mm機関銃×1挺　最大装甲厚：30mm　エンジン：マイバッハ社製HL230P30（700hp）　最大速度：45km/h

ティーガーIIのエンジン、変速機、起動輪、転輪、履帯を使用。車体はティーガーIIよりも長く、転輪は片側11個で構成。

マジノ線攻略の秘密兵器から無線誘導車両まで

その他の装軌式戦闘車両

第二次大戦のドイツでは、実に様々な戦闘車両が開発されている。少数生産に留まった車両もあれば、試作車両でありながら、実戦で使用されたという車両も少なくない。ここでは、ドイツ軍最大の装軌式戦闘車両のカール、同軍最小の装軌式車両ゴリアテなどを解説する。

自走砲／爆薬運搬車

■兵器機材カール

1930年代半ば、ドイツ軍は再軍備を進めるとともに来る次の戦争に備えた準備も進めていた。当時、最大の仮想敵国は隣の大国、フランスであり、そのためにはフランス・ドイツ国境沿いに強固に構築された要塞地帯マジノ線の攻略は必須といえた。

1936年、ドイツ軍はマジノ線攻略のために大口径砲の開発に着手した。陸軍最高司令部が兵器局第４課（火砲設計課）に要求した当初の仕様は、口径80cmの臼砲で、最大射程は2tの砲弾で最大射程2,000m、4tの砲弾で最大射程1,000mというものだった。同仕様に沿って、兵器局第４課はラインメタル社に対し、重臼砲の砲弾は貫通性能と炸裂性能を高めた２種類で重量は2t、最大射程3,000m、砲は分解輸送が可能であること、砲の布陣から砲撃までに要する時間は６時間以内とするなどの要求仕様を提示した。

ラインメタル社は1937年１月までに設計仕様をまとめ上げ、兵器局第４課に提案した。その内容は、口径60cm、2tの砲弾を用い、最大射程3,000m、自走式とし、重量55tというものだった。1937年６月に兵器局第４課の承認を得て、ラインメタル社は重自走臼砲を開発に着手した。

1940年５月に試作車体の走行テストが始まり、1941年２～８月までに60cm臼砲を搭載した１号車～６号車までの生産型６両が完成した。完成前の1940年11月に開発中の重自走臼砲に対し“兵器機材040”、1941年２月には開発に携わったカール・ベッカー将軍の名を冠し“カール兵器機材”と命名されている。また、６両のカールには、個別に“アダム”、“エファ（イブ）”（聖書に登場するアダムとイブ）、

兵器機材カール 1号/2号車

全長：11.37m　全幅：3.16m　全高：4.78m　重量：124t　操作要員：19名　武装：8.44口径60cm臼砲 兵器機材040×1門　エンジン：ダイムラーベンツ社製MB503A（580hp）　最大速度：10km/h

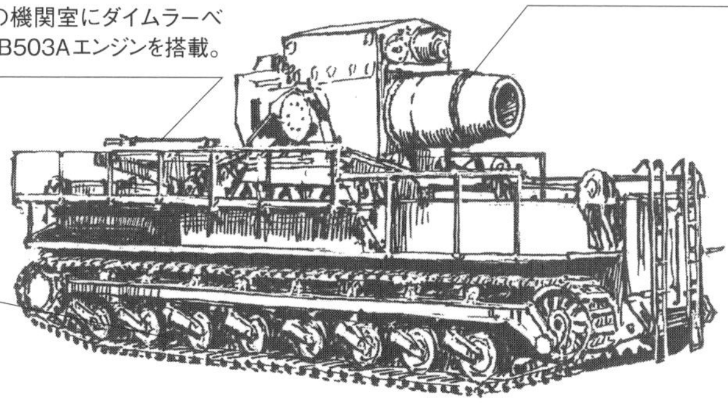

60cm臼砲 兵器機材040を搭載。砲口の方向が車体後部。
車体前部の機関室にダイムラーベンツ社製MB503Aエンジンを搭載。
1号車と2号車のサスペンション。

3号/4号/5号車はMB507Cエンジン、6号車はMB503Aエンジンを搭載。
こちらが車体前部で、操縦室を設置。
1号/2号車とは足回りが異なる。

兵器機材カール 3号～6号車

全長：11.37m　全幅：3.16m　全高：4.78m　重量：124t　操作要員：19名　武装：8.44口径60cm臼砲 兵器機材040×1門　エンジン：ダイムラーベンツ社製MB503AまたはMB507C（580hp）　最大速度：6km/h

“トール”（北欧神話の雷神）、“オーディン”（北欧神話の主神）、“ロキ”（北欧神話の邪神）、“ツィウ”（ギリシャ神話の主神ゼウス）という愛称が与えられていた。

カールは、全長11.37m、全幅3.16m、全高4.78m、重量124tという巨体だった。車体前部にダイムラーベンツ社製M503AまたはMB507Cエンジンと変速機を搭載し、前部左側には操縦室を設置。中央に8.44口径60cm臼砲（兵器機材040）を搭載し、車体後部には燃料タンクを積んでいた。また、1号車と2号車は片側8個の転輪配置だったが、3号車以降は転輪を片側11個とし、サスペンションも改良されている。

60cm臼砲は、俯仰角0～＋70°、水平角8°で、使用する弾種によって異なるが、最大射程6,640m、2.5m厚の強化コンクリートを貫通することができた。また、射程延長のために54cm臼砲（兵器機材041）も開発されており、最大射程は10,060mにも達している。カールは必要に応じて60cm臼砲と54cm臼砲を入れ替えて運用していた。そのため、記録写真では同じ車体であっても運用時期によっては異なった砲を搭載している写真がある。

カールは、あまりにも巨大なため19名もの砲撃要員を必要とした。また、前線まで自走で移動させるのは不可能なので、車体、砲身、砲架、装填装置に分解し、搬送する専用トレーラーや鉄道輸送用の専用貨車まで製造されている。

カールの完成時には、既にパリは陥落しており、マジノ線攻略という当初の目的には使用できなかったが、1941年6月22日から始まったソ連侵攻作戦に投入された。中でも1942年6月のセヴァストポリ要塞攻略は有名で、カール3両を投入し、当時、世界でもっとも強固な要塞だといわれていた同要塞を粉砕した。

■Ⅳc型8.8cm FlaK搭載特殊車台

ドイツ軍は、マジノ線攻略のために兵器機材カールの他にも様々な特殊車両の開発を進めていた。それらの一つに8.8cm高射砲を搭載した重対空自走砲もあった。

1940年初頭、クルップ社によってⅣc型自走車台という名称で、56口径8.8cm高射砲搭載対空自走砲の開発が進められていた。しかし、同対空自走砲の完成前にフランスが降伏したため、1941年に兵器局は対戦車自走砲へと計画を変え、クルップ社に開発を継続させた。8.8cm高射砲はフランス戦において対戦車攻撃にも絶大な威力を発揮し、その有効性を実証していたので、兵器局の判断は的を射たものといえる。

1942年11月頃にⅣc型装甲自走車台の試作1号車が完成する。“Ⅳ”という数字が付いているが、Ⅳ戦車の派生型ではなく、車体は完全な新

Ⅳc型8.8cm FlaK37搭載特殊車台 試作1号車

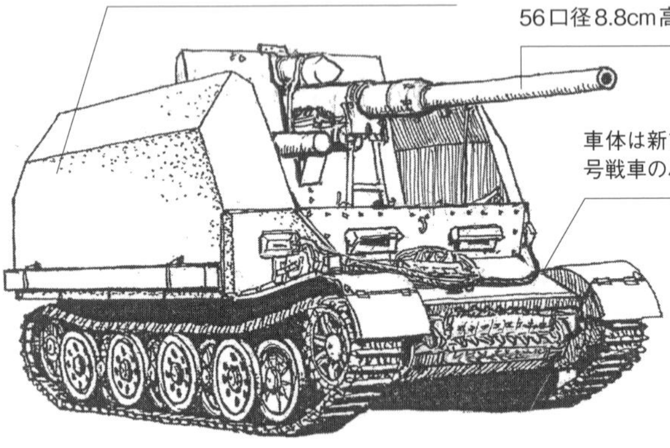
戦闘室は左右と後方に開く。前面は20mm厚、側面と後面は14.5mm厚。
56口径8.8cm高射砲FlaK37を搭載。
車体は新設計だが、一部にⅣ号戦車のパーツを使っている。

全長：7m　全幅：3m　全高：2.8m　重量：26t　乗員：8名　武装：56口径8.8cm高射砲FlaK37×1門　最大装甲厚：50mm　エンジン：マイバッハ社製HL90TR（360hp）　最大速度：35km/h

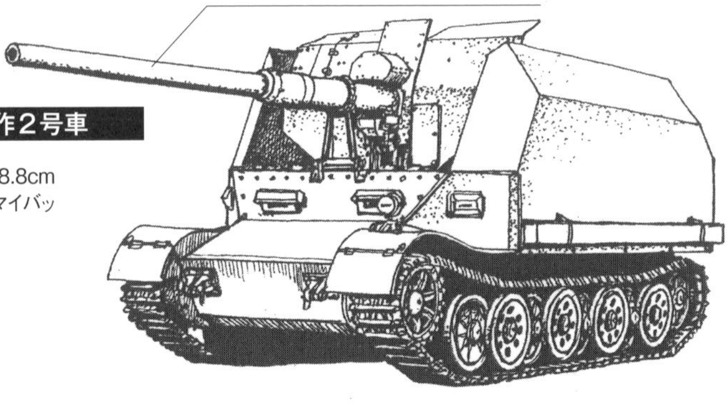
75口径8.8cm高射砲FlaK41を搭載。

Ⅳc型8.8cm FlaK41搭載特殊車台 試作2号車

全幅：3m　全高：2.8m　乗員：8名　武装：75口径8.8cm高射砲FlaK41×1門　最大装甲厚:50mm　エンジン:マイバッハ社製HL90TR（360hp）　最大速度：35km/h

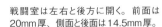

設計（一部にIV号戦車のパーツを使用）だった。車体前部に操向装置と変速機を備え、その後方に操縦室を配置。操縦室の後方には荷台が設けられており、そこに防盾を装着したままの8.8cm FlaK37を搭載した。

戦闘室となる荷台の左右両側面と後面は、起倒式の装甲板で覆われ、走行時は完全に閉じた状態、水平射撃時には半ば開いた状態（砲の操作と乗員防御を両立）、対空射撃時に水平に開いた状態となる。戦闘室の前面装甲板は20mm厚、側面と後面は14.5mm厚だった。

車体後部の機関室内にはマイバッハ社製のHL90エンジン（360hp）を搭載。足回りは、ハーフトラックと同様の軽量型転輪を挟み込み配置としたトーションバー式サスペンションを採用している。

1942年6月には、さらに性能向上を目指し、クルップ社はFlaK37よりも高性能な8.8cm高射砲FlaK41を搭載するプランを兵器局に提示する。兵器局の承認を得て、同社はFlaK41の開発に着手し、1943年11月にFlaK41を搭載した試作2号車を完成させた。FlaK41搭載の試作2号車も基本的なデザイン・構造は試作1号車と同じだったが、操向装置や変速機は新しいものに換装されていた。

最終的にIVc型8.8cm FlaK搭載特殊車台は、運用面やコスト面から計画中止となったが、主砲をFlaK37に換装した試作2号車は、イタリア戦線に送られて使用された。

■7.5cm PaK40/4搭載RSO

旧式化した軽戦車や半装軌/装輪装甲車のみならず、装軌式牽引車として開発されたRSOまでもが対戦車自走砲の車台として選ばれ、RSOをベースとしたPaK40搭載の対戦車自走砲の開発が1943年春頃から始まった。

PaK40の生産メーカー、ラインメタル社は、PaK40を全周旋回式の固定台座に設置した試作車を、RSOの生産メーカーのシュタイヤー社は車輪、脚付きのPaK40をそのまま積載した試作車を開発する。

同年9月の実用テストの結果、ラインメタル社の試作車が採用となり、10月から生産が始まった。RSO対戦車自走砲は、こと攻撃力のみに関していえば、ソ連JS重戦車シリーズ以外なら、すべての連合軍戦車を撃破できるほどの火力を持っていたが、低速ゆえ機動性は良好とはいえず、さらに防御面でも問題があったため、極少数が造られたのみで、生産開始決定直後に開発中止となってしまった。

■軽爆薬運搬車ゴリアテ

第二次大戦時にドイツ軍は、様々なタイプの遠隔操作式小型車両を開発し、戦場で使用している。もっともよく知られているのは、“ドイツ軍最小の戦車”ゴリアテであろう。ゴリアテは、地雷除去や敵の陣地、車両の爆破を

7.5cm PaK40/4搭載RSO

全長：4.57m　全幅：1.99m　全高：2.6m　重量：5.2t　乗員：4名　武装：46口径7.5cm対戦車砲PaK40/4×1門　最大装甲厚：5mm　エンジン：シュタイヤー V8（70hp）　最大速度：17.2km/h

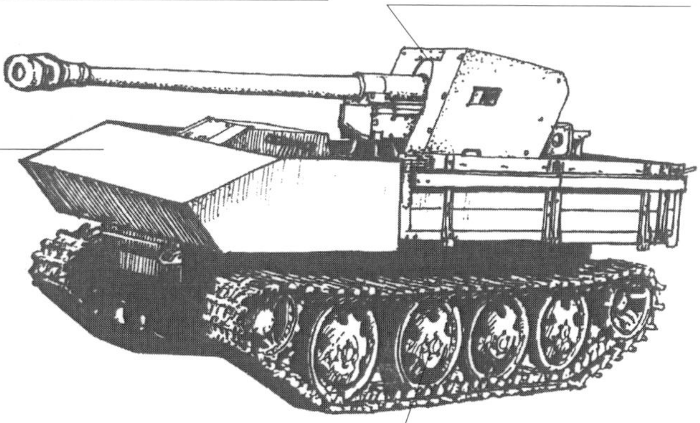
PaK40の車載型PaK40/4を搭載。
装甲板で増設された操縦室。
牽引車のRSOをベースとしている。

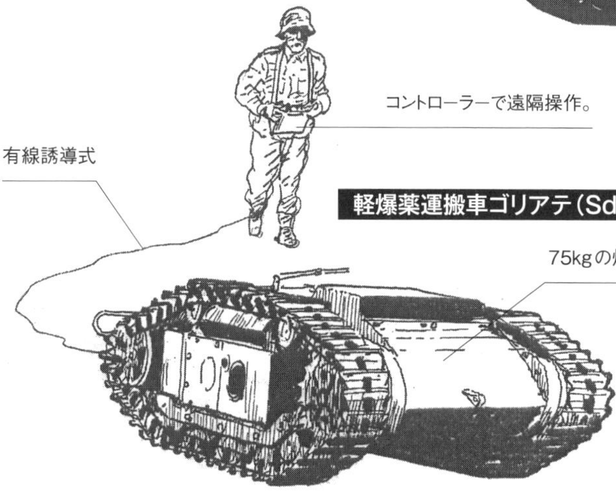
コントローラーで遠隔操作。
有線誘導式
75kgの爆薬を搭載。

軽爆薬運搬車ゴリアテ（Sd.303a）

全長：1.63m　全幅：0.91m　全高：0.62m　重量：0.43t　積載爆薬量：75kg　エンジン：ツュンダップ社製SZ7（12.5hp）　最大速度：12km/h

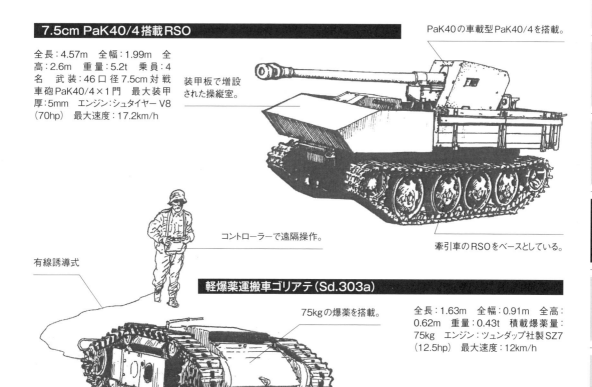

目的にボルクヴァルト社が開発した有線誘導式の軽爆薬運搬車である。

兵士は、ジョイスティック型コントローラーによってゴリアテを遠隔操作し、目的地まで進め、自爆させた。最初に造られた電気モーター駆動のSd.Kfz.302は60kgの爆薬を積載したが、次に開発されたツュンダップ社製ガソリンエンジン駆動のSd.Kfz.303aは75kg、改良型Sd.Kfz.303bは100kgの爆薬を積載していた。

■B.IV爆薬運搬車

ボルクヴァルト社は、1939年11月から地雷除去を行うための誘導車両の開発に着手し、B.Iと改良型B.II、B.IIIを開発する。これらはゴリアテと同様に目的地まで遠隔操作し、その場で自爆させるという方式だった。

1941年10月に兵器局から使い捨てではなく、乗員による操縦と無線誘導の両方が可能な爆薬運搬車の開発要請を受けたボルクヴァルト社は、1942年にB.IVを完成させた。B.IVは、車体前部右側に操縦室が設置されており、スロープ状に傾斜した車体前部上面に450kgの爆薬を積載していた。B.IVは操縦手により目標近くまで進み、その後は遠隔操作によって目標地点まで進み爆薬を落下、安全圏まで戻ってきた後、起爆させる方式が採用された。

B.IVは、1942年4月から生産を開始。遠隔操作式車両として使い勝手に優れていたためA型、改良型のB型、C型を合わせ1,181両（試作型12両を含む）もの大量生産が行われている。また、1945年4月には、54両のB.IVに6基のパンツァーシュレック対戦車ロケット弾発射器を取り付けた簡易対戦車車両が造られ、ベルリン戦で使用された。

■中型爆薬運搬車シュプリンガー

シュプリンガーは、B.IVの小型版ともいえる無線操縦式の爆薬運搬車で、運用方法はB.IVと同じである。目標近くまでは兵士が操縦し、その後は無線誘導で行われた。半装軌式車両ケッテンクラートのエンジン、駆動装置や転輪、履帯などの走行部品を多用して造られている。

III号突撃砲G型で編成された無線操縦戦車中隊に配備された。

B.IV爆薬運搬車B型

全長：3.65m　全幅：1.8m　全高：1.19m　重量：3.6t　乗員：1名　積載爆薬量：450kg　エンジン：ボルクヴァルト社製6M(49hp)　最大速度：38km/h

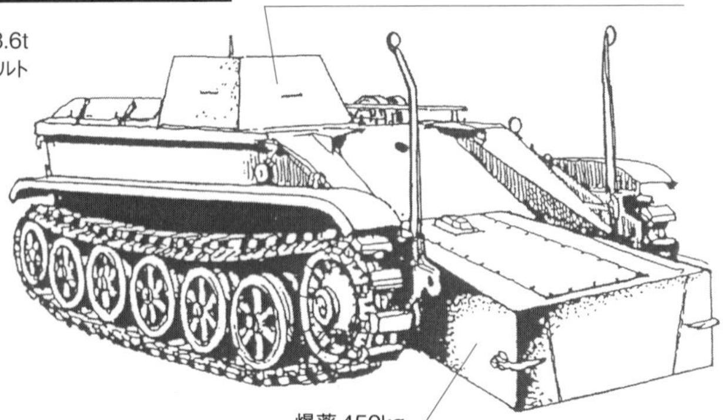
操縦室。爆薬を設置する際は無線誘導で行う。
爆薬450kg

パンツァーシュレックを６基設置。

B.IV爆薬運搬車B型 パンツァーシュレック搭載型

全長：3.65m　全幅：1.8m　乗員：1名　積載爆薬量：450kg　エンジン：ボルクヴァルト社製6M(49hp)　武装：パンツァーシュレック×6基　最大速度：38km/h

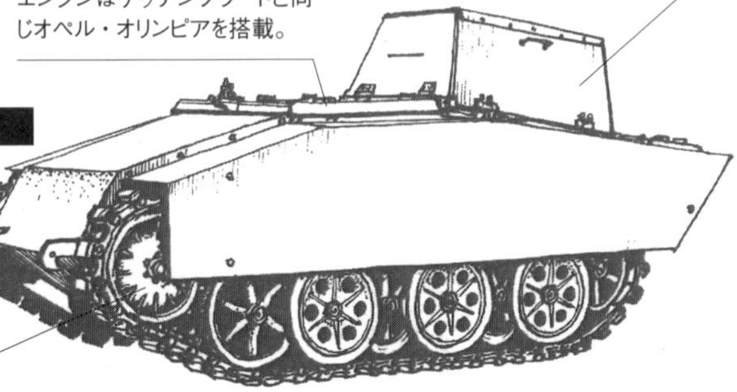
目標の近くまでは兵士が操縦、その後、無線操縦によって目標に到達する。
エンジンはケッテンクラートと同じオペル・オリンピアを搭載。
駆動装置、転輪、履帯もケッテンクラートの部品を転用している。

中型爆薬運搬車シュプリンガー

全長：3.17m　全幅：1.43m　全高：1.45m　重量：2.4t　乗員：1名　積載爆薬量：330kg　エンジン：オペル社製オペル・オリンピア(37hp)　最大速度：42km/h

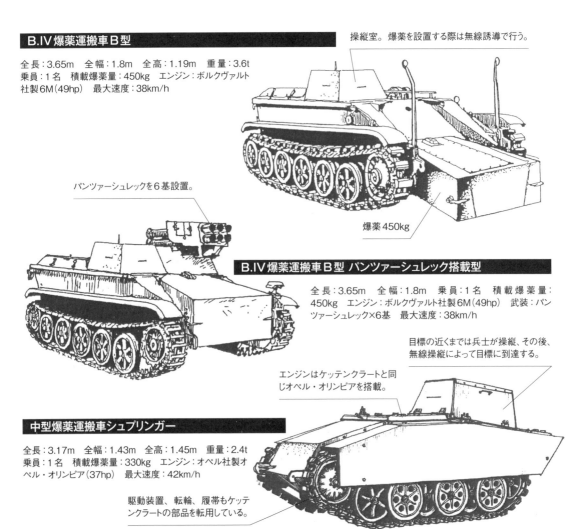

ドイツ戦車技術の集大成

計画戦車

第二次大戦時、ドイツ軍は多種多様な戦闘車両を開発し、次々と戦場に投入した。しかし、その一方で試作のみで終わった車両もあれば、設計段階で中止となったペーパープランも数多い。それらの中でマウスやEシリーズなどはよく知られている。ドイツ軍は将来的には主力戦車はパンターとティーガーの改良型、その他の車両は38Dシリーズの派生型に統一する構想だった。

マウス

■超重戦車マウス

1941年11月29日に行われた総統官邸での会議においてヒトラーは、ポルシェ博士に超重戦車の開発を要請する。翌1942年3月21～22日には、ポルシェ社による100t級超重戦車の開発が制式に決定した。

砲塔及び搭載火砲の開発はクルップ社が担当し、同年4月、同社によって砲塔に関する仕様が作製された。また、6月にはポルシェ社によってタイプ205と名付けられた設計案も提示されている。

タイプ205設計案は、後のマウスと比べ、全体的なデザインやエンジン、発電機、電気モーターによるハイブリッド式の機関部を採用している点は同じだったが、武装はマズルブレーキ付きの15cm戦車砲と10cm戦車砲を搭載し、VK4501（P）と同形式の転輪2個1組のトーションバー内蔵外装式縦型サスペンションを採用している。さらに乗員用ハッチの形状や視察クラッペの有無など細部の仕様にも若干の相違点が見られた。

1943年2月、兵器局とクルップ社との話し合いの結果、搭載火砲は55口径12.8cm戦車砲KwK44と36口径7.5cm戦車砲KwK44の組み合わせに決定されたが、後に15cm戦車砲への換装も可能な設計とすることとされた。ポルシェ社は設計のみ担当し、その後の車体及び砲塔の製作はクルップ社が行い、車載装備、エンジンの搭載など最終的な組み立てはアルケット社の手によって行われることになった。

1943年2月13日にポルシェ社設計の超重戦車に対して“マウス”の制式名称が与えられ、同月22日には、クルップ社に対して120両分の車体及び砲塔の製作が発注された。さらに11月にアルケット社にそれらを搬送することとし、5月には135両に増産することも決定する。

1943年12月にダミー砲塔を搭載した試作1号車が完成。翌1944年6月には砲塔を搭載した試作2号車も完成した。しかし、開発は遅延し、さらに当時、アルケット社はIII号突撃砲の増産に追われており、とてもマウスの組み立てまでは手が回らない状態だったため、1944年11月にマウスの開発中止が決定する。試作3～6号車は組み立て中の段階で作業停止となり、終戦までに完成した完全な姿のマウスは試作2号車1両のみだった。

マウスは、車体の前部に操縦室と機関室を設け、砲塔は車体後方に配置している。砲塔の主武装は12.8cm戦車砲KwK44、副武装は36.5口径の7.5cm戦車砲KwK44（24口径7.5cm砲を長砲身化したもの）を同軸に配置。12.8cm KwK44は、Pzgr43使用した場合、射程1,000mで200mm厚、2,000mで178mm厚の装甲板を貫通可能で、すべての連合軍戦車をアウトレンジで容易に葬り去ることができた。

また7.5cm KwK44は、成形炸薬弾を使用すれば、射程1,500mで

マウス 試作2号車

全長：10.09m　全幅：3.67m　全高：3.66m　重量：188t　乗員：5名　武装：55口径12.8cm戦車砲KwK44×1門、36.5口径7.5cm戦車砲KwK44×1門、MG34 7.92mm機関銃×1挺　最大装甲厚：240mm　エンジン：ダイムラーベンツ社製MB517（1,200hp）　最大速度：20km/h

砲塔前面の装甲は240mm厚。
同軸副武装として36.5口径の7.5cm戦車砲KwK44を搭載。
主武装は、12.8cm戦車砲KwK44を搭載。
量産型は形状を改めた砲塔が搭載される予定だった。
操縦室の後ろに機関室を配置。
車体前面装甲厚は200mm厚。

100mm厚の貫通能力を持っていた。弾薬は砲塔と車体内部の砲弾収納ラックに7.5cm砲弾100発、12.8cm砲弾68発を収納していた。

機関部は、ターボチャージャーを装備し、最大出力1,200hpのMB517ガソリンエンジン（1号車は1,080hpのMB509）と電気モーターを組み合わせたハイブリッド式を採用。また、各部に防水シーリング加工が施されており、機関室の操縦手用ハッチと吸気/排気グリルを覆うカニングタワーを装着すれば、水深8mまで渡河走行が可能だった。戦闘重量188tの巨体ゆえ、機動性は悪く、最高速度は20km/hである。

車体、砲塔ともに傾斜装甲により十分な避弾経始が考慮されており、車体の装甲厚は前面上部200mm/55°（垂直面に対する傾斜角）、前面下部200mm/35°、側面180mm/0°（下部スカート部分100mm）、後面上部150mm/37°後面下部150mm/30°、操縦室上面100mm/90°、機関部～後方上面50mm/90°、砲塔前面220～240mm/曲面、防盾部250mm、側面200mm/30°、後面200mm/15°、上面60mm/90°と極めて強固であった。

砲塔前面が湾曲し、ショットトラップを生じやすい形状となっていたのが問題視されたが、その点については、早い時期から対策が検討されており、1944年3月半ばにクルップ社は、形状を改めたマウスⅡ砲塔を設計し、同年5月には同社によって1/5スケールの検討用木製模型も造られている。

マウスⅡは、2号車砲塔と同じように12.8cm砲KwK44と7.5cm砲KwK44を搭載しているが、砲塔のデザインは大幅に変更されており、前面装甲板はショットトラップを生じない、傾斜角が付いたフラットな形状に改めていた。また測距用ステレオ式レンジファインダーを装備し、射撃精度の向上も図っていた。マウス自体は開発中止となったが、マウスⅡ砲塔は、E100量産型に導入することが考えられていたといわれている。

マウスは、1944年末までにテストを終え、そのままクンマースドルフに置かれていたが、終戦直前の1945年5月、2号車はソ連軍との戦闘ために戦場に送られる。しかしその道中、機械故障により行動不動となり、爆破処分されてしまった。

その後、侵攻してきたソ連軍は、放棄されていた2号車と試験場に置かれていた1号車を捕獲する。無傷の1号車の車体に2号車の砲塔を載せることによってほぼ完全な姿のマウスを手に入れることができたソ連軍は、マウスをソ連本国のクビンカ陸軍試験場に搬送した。

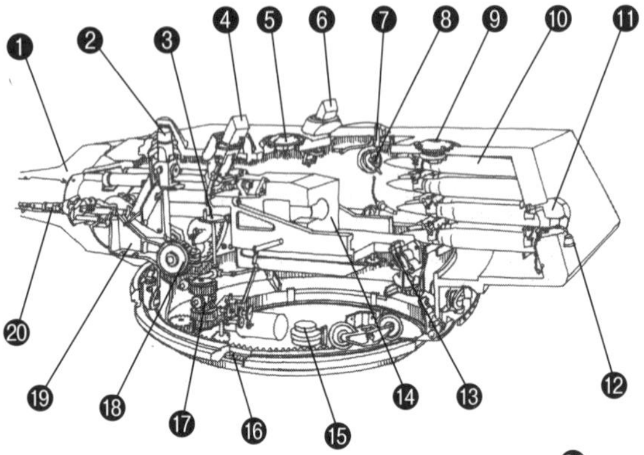

◉マウス 試作2号車の砲塔内部

❶ 防盾
❷ ペリスコープ式照準器
❸ 手動用砲塔旋回ハンドル
❹ 車長用ペリスコープ
❺ ベンチレーター
❻ 装填手用ペリスコープ
❼ 装填手用ハッチ
❽ 側面ピストルポート
❾ ベンチレーター
❿ 砲弾収納ラック
⓫ 砲弾補給口
⓬ ピストルポートの装甲栓
⓭ トラベリングロック
⓮ 砲尾
⓯ スリップリング
⓰ ベアリング
⓱ 砲塔旋回ギア
⓲ 砲俯仰装置
⓳ 砲架
⓴ MG34同軸機銃

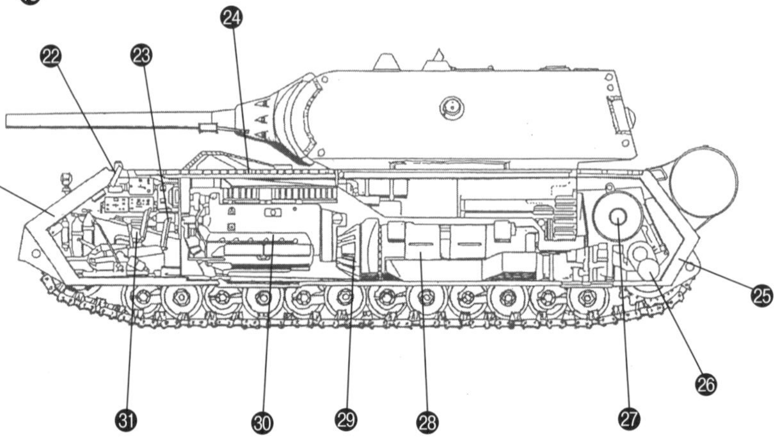

◉マウスの車体内部

㉑ 車体前面200mm厚
㉒ 操縦手用ペリスコープ
㉓ 無線手席
㉔ 吸気グリル
㉕ 車体後面150mm厚
㉖ 操向装置
㉗ 電気モーター
㉘ 発電機
㉙ 減速機
㉚ ダイムラーベンツ社製MB517エンジン
㉛ 操縦手席

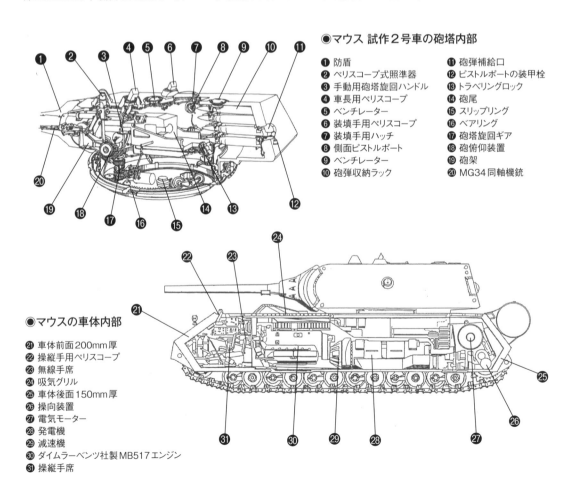

Eシリーズ

1942年5月、兵器局第6課のクニープカンプ博士は、各パーツ、コンポーネントなどを共通化することによってサイズが異なる戦闘車両の生産効率化と兵器体系のシンプル化を図った次世代の車両、"Eシリーズ"の開発計画を立案する。

翌1943年4月からは制式に開発が始まり、クラス別にE10、E25、E50、E75、E100といった各開発計画案が用意された。

■E10軽駆逐戦車

最軽量のE10は、ヘッツァーの後継車両となる48口径7.5cm PaK39を搭載した10t級の軽駆逐戦車で、主砲を含む全長は6.91m、車体長5.35m、車幅2.86m、車高1.76mだった。装甲厚は、車体前面上部60mm/60°、車体前面下部30mm/60°、車体側面20mm厚/10°、上面10mm、車体後面上部20mm/15°、車体後面下部20mm厚/35°とし、エンジンは400hpのマイバッハ社製HL100を搭載する予定であった。

車高を極めて低く抑えたデザインが特徴的なE10だが、何より特筆すべきは車高変更機能を装備していることであった。E10は、1944年夏にマギルス社とKHD社に3両の試作車が発注されたが、ヘッツァーの後継車両として駆逐戦車38Dの開発が決定したため、計画は中止となった。

■E25駆逐戦車

25t級駆逐戦車として計画されたのがE25である。開発担当のアルグス社の設計では、車体全周に避弾経始が採り入れられており、車体長5.66m、全幅3.41m、全高2.03mで、エンジンと駆動装置を一体としたパワーパック方式を採用し、全長を抑えた設計となっていた。

E25の装甲厚は、前面上部50mm/50°、前面下部50mm/55°、側面30mm/52°、戦闘室上面20mm、後面上部30mm/40°、後面下部30mm/50°だった。主砲はパンターと同じ70口径7.5cm戦車砲KwK42を搭載し、駆逐戦車として十分な攻撃力と防御力を有していた。

エンジンは当初、E10と同じマイバッハ社製12気筒HL100が予定されていたが、1945年3月末には、燃料噴射装置を装着したよりパワフルなHL101に変更されている。転輪はE10と同じ大直径の鋼製タイプを採用。履帯は700mmと中/重戦車並みの幅広タイプが予定されていた。

E25は、1943年からアルグス社によって設計・開発が進められ、1945年1月には制式に生産発注されたが、製作に着手する前に終戦となってしまった。

■E50、E75重戦車

パンターの後継車両となる50t級のE50とティーガーIIの後継車両となる75t級のE75の開発は、アドラー社が

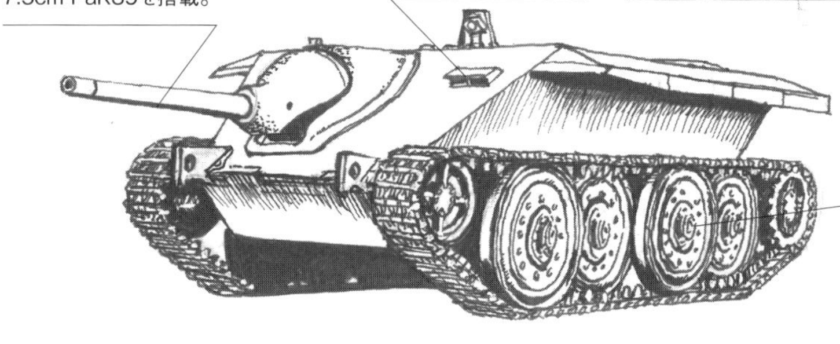
ヘッツァーと同じ48口径
7.5cm PaK39を搭載。
操縦手用視察バイザー
E10軽駆逐戦車
車高調整式サスペンションを採用。砲撃時には車体を下げる。

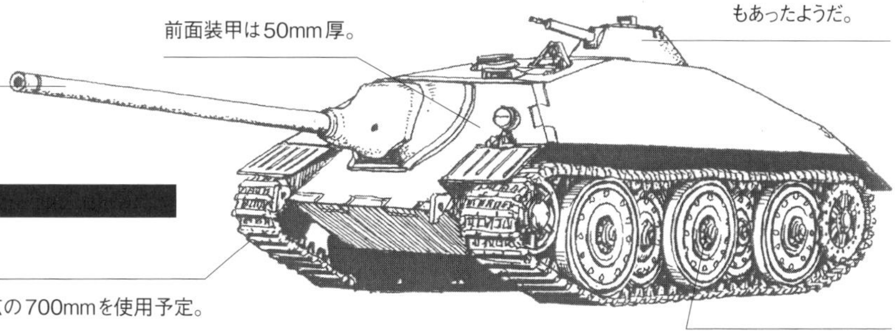
戦闘室上面に小砲塔を搭載するプランもあったようだ。
前面装甲は50mm厚。
主砲はパンターと同じ70口径
7.5cm戦車砲KwK42を搭載。
E25駆逐戦車
履帯は幅広の700mmを使用予定。
鋼製の大型転輪を装着。

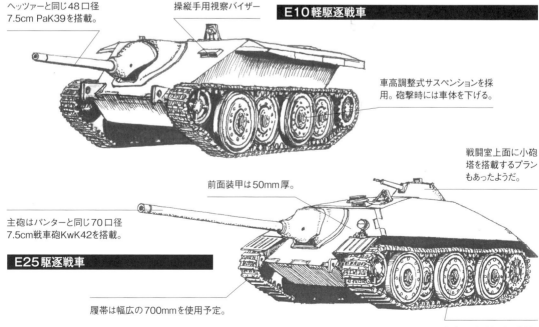

担当し、両車両は、車体クラスは異なるが、同じ車体デザインとすることで車体各部や機関部、足回りなどのコンポーネントを大幅に共通化し、生産性の向上と製造コストの低減を図りつつ、装甲厚や搭載火砲、転輪配置を変えることでそれぞれ要求に沿った仕様とすることになっていた。

E50、E75ともに車体のデザイン、及びレイアウトは、ティーガーIIを踏襲しており、両車両の車体長、車幅、車高は同じだが、E75の方が装甲が厚く（その分、内部容積はわずかに狭い）、防御力が強化されていた。エンジンは燃料噴射装置付き900hpのマイバッハHL234を搭載し、サスペンションはMAN社製の外装式ディスクスプリング方式を採用することになっていた。ただし、E50は片側3基のサスペンション、転輪6個なのに対し、E75では大重量に対処するためにサスペンションを片側4基とし、転輪8個構成となっている。最高速度（整地走行）はE50が60km/h、重量があるE75は40km/hを予定していた。

砲塔及び搭載武装に関しては、両車両ともに詳細は不明だが、ターレットリング径は同じとされている。E50はパンターF型のシュマルツルム砲塔に70口径7.5cm KwK42あるいは71口径8.8cm KwK43を装備し、E75はレンジファインダー装備のティーガーII砲塔にKwK43または一回り口径の大きな火砲を装備するというのが一般化しているが、Eシリーズの基本コンセプト“構成パーツの共通化”を考慮すると、どちらもシュマルツルム砲塔とし、E50はKwK42、E75はKwK43搭載ということも考えられる。

E50、E75ともに終戦までに車体の設計デザインのみ進行していたようで、結局はペーパープランの域で終わっている。

■超重戦車E100

Eシリーズ中、もっとも開発が進行していたのは100t級超重戦車のE100だった。E100の開発もアドラー社が担当し、1943年6月30日から開発が始まった。E100はティーガーIIを一回り大きくしたようなデザインで、車体はティーガーII以上に装甲傾斜角を強くしているのが特徴である。車体の装甲厚は前面上部200mm/60°、前面下部150mm/50°、側面120mm（＋サイドスカート60mm）、車体後面150mm/30°、上面40mm、底面前部80mm、底面中央〜後部40mmだった。

試作車体には、暫定的にティーガー

E50戦車

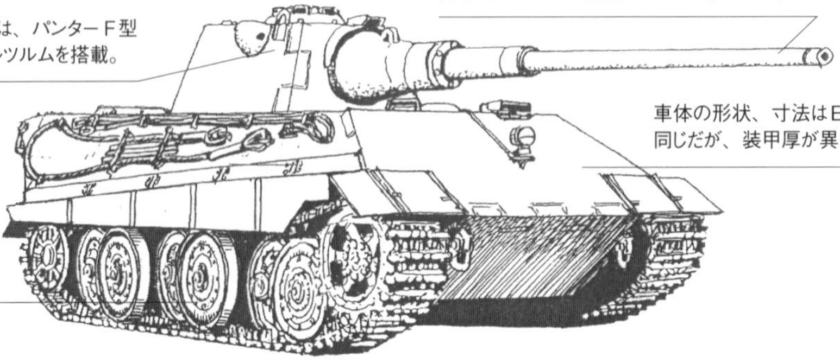

主砲はパンターと同じ70口径7.5cm戦車砲KwK42、あるいはティーガーIIの71口径8.8cm戦車砲KwK43を搭載したものと思われる。
おそらく砲塔は、パンターF型砲塔シュマルツルムを搭載。
車体の形状、寸法はE75と同じだが、装甲厚が異なる。
サスペンション、転輪はE75と同型だが、サスペンション1組分少ない転輪6個配置。

E75重戦車

砲塔形状は不明。完成予想図ではレンジファインダー装備のティーガーII砲塔としたものが多い。
足回りはサスペンション4組、転輪8個で構成。
装甲はE50よりも厚くされる予定だった。

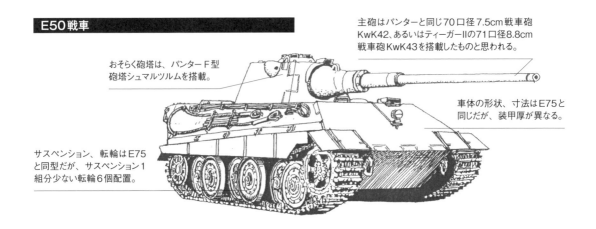

IIと同じマイバッハ社製HL230P30（700hp）を搭載することになっていたが、量産型では高出力の新型エンジンHL234(900hp)を予定していた。約120tもの戦闘重量（計画値）ゆえ、最高速度は23km/hと機動力は良くないが、それでもイギリスのチャーチル歩兵戦車並みで、大戦末期に対ティーガーII用として米英連合軍が開発中だった一連のモンスター戦車よりはましな数値である。

砲塔は、開発担当のクルップ社の初期設計デザイン図を見ると、当初はマウス砲塔を転用し、主砲を15cm戦車砲KwK44に換装する予定だったようだ。1944年にはクルップ社によって砲塔前面をフラットな形状に改め、ステレオ式レンジファインダーを装備した新型砲塔の設計案も作製されている。計画値によると新型砲塔の装甲厚は前面200mm/30°、側面80mm/29°、後面150mm/15°、上面40mmとなり、マウス砲塔より装甲厚を減らし、重量を軽減していた。

戦局悪化によりE100も1944年11月に製作作業の中止が決定するが、装甲車体の製作を行っていたハウステンベックのヘンシェル社工場では、その後も細々と作業が続けられ、終戦時には試作車体がほぼ完成していた。

■8.8cm連装式FlaK搭載対空戦車

大戦末期、クルップ社は連合軍の次世代戦闘機及び戦闘攻撃機を中高度において撃墜可能な対空戦車の開発に着手していた。設計案では当時開発中だったE100またはマウスの車体を転用し、それに連装式FlaK42 8.8cm対空砲を装備した大型砲塔を搭載する予定だった。

砲塔中央に連装式対空砲を、側面にはステレオ式レンジファインダーを装備。対空砲両脇に装填手を2名ずつ、後部左に車長、後部右に砲手を配した。この対空戦車はE100やマウスで編成された超重戦車大隊の本部中隊に3両ずつ配備される予定で、運用に際しては、索敵・追尾レーダーを搭載した車両を随伴させることも考えられていたようだ。

1945年5月末、クルップ社を接収したソ連軍は、同社設計室においてこの連装式8.8cm対空戦車用砲塔の設計図と資料一式を押収。その直後にクンマースドルフ陸軍実験場内で8.8cm連装式対空砲を搭載した超大型砲塔のモックアップも発見する。ソ連軍はこのモックアップを本国に持ち帰り研究材料にした。

E100超重戦車

全長：10.27m　全幅：4.48m　全高：3.29m　重量：140t　乗員：5名　武装：38口径15cm戦車砲KwK44×1門、36.5口径7.5cm戦車砲KwK44×1門、MG34 7.92mm機関銃×1挺　最大装甲厚：240mm　エンジン：マイバッハ社製HL234（900hp）最大速度：40km/h

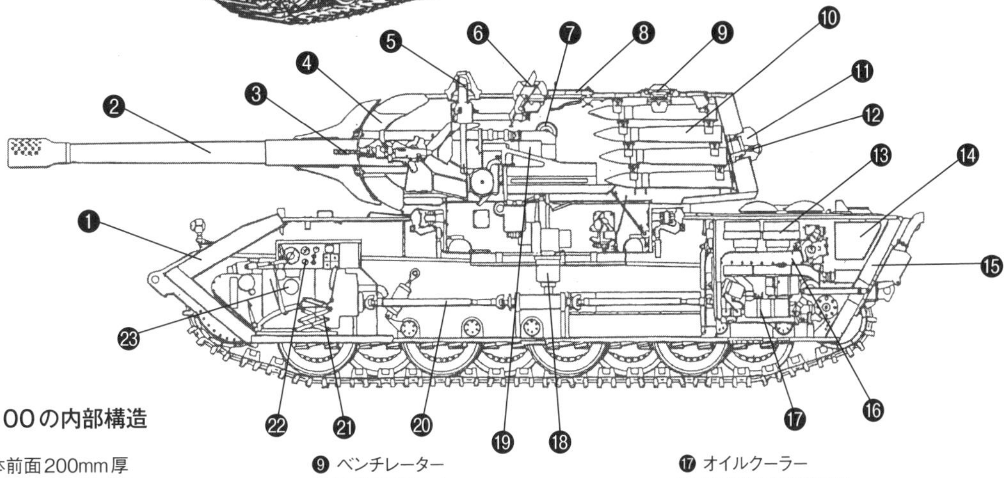

◉E100の内部構造

1 車体前面200mm厚
2 38口径15cm戦車砲KwK44
3 MG34同軸機銃
4 砲塔前面240mm厚
5 ペリスコープ式照準器
6 車長用ペリスコープ
7 側面ピストルポート
8 車長用ハッチ
9 ベンチレーター
10 砲弾収納ラック
11 砲弾補給口
12 ピストルポート
13 エアクリーナー
14 冷却水タンク
15 車体後面150mm厚
16 マイバッハ社製HL234エンジン
17 オイルクーラー
18 砲塔旋回駆動装置
19 砲尾
20 プロペラシャフト
21 操縦手席
22 計器パネル
23 変速機

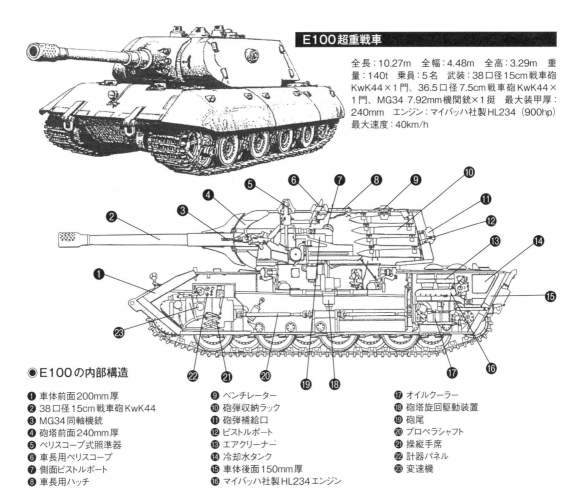

その他の計画案

■ポルシェ・タイプ245-010軽戦車

1943年5月、歩兵を支援するための新型軽戦車の開発を各社に要請。新型戦車に求められた仕様は、搭載砲は射程400mで110mm厚の装甲を貫通可能であること、さらに敵地上攻撃機からの攻撃にも対処できるように対空射撃も可能であること、さらに車体及び砲塔は前面装甲のみならず、上面も十分な装甲防御を有することなどであった。

その要求仕様に沿って、ポルシェ社は、ラインメタル社と協同で新型軽戦車の設計に着手した。ポルシェ社の設計案タイプ245-010は、車体全周にわたって傾斜装甲を採り入れたデザインで、装甲厚は車体前面60mm、側面40mm、後面は25mmを予定していた。

車体前部に操縦室を配し、車体前面の左側上端に操縦手用ペリスコープを設置。その後方の戦闘室上に砲塔を搭載し、車体後部にはポルシェ社製タイプ1010エンジン（345hp）と変速機、操向装置が一体となったパワーパックを搭載するようになっていた。

全周旋回式の砲塔は鋳造製で、ラインメタル社が開発予定の5.5cm機関砲MK112を搭載。MK112はベルト給弾式で初速600m/h。砲の俯仰角を－8～＋82°とし、対地射撃と対空射撃の両方が可能なように設計されていた。

足回りは、2個の鋼製転輪を重ねるように組み合わせたボギーを片側3組設置、サスペンションは垂直式コイルスプリング式を採用していた。ポルシェ社らしい斬新なデザインの車両だったが、設計終了後の1944年に計画中止となった。

■ポルシェ・タイプ255駆逐戦車

1943年後期、ポルシェ社とラインメタル社が協同で開発を進めていたタイプ245は、軽戦車型の他、偵察戦車型、駆逐戦車型などのバリエーションも計画されていた。

さらにポルシェ社は、タイプ245を発展させたタイプ255も計画している。タイプ255は105mm砲を搭載した駆逐戦車で、車体デザインはタイプ245と同様に前面、側面さらに後面に至るまで全周を傾斜装甲とし、防御性能を高めている。戦闘室前面には短砲身の105mm砲を搭載。また戦闘室上面には30mm機関砲を装備したリモコン操作式の小砲塔を備える予定だった。

最終的にタイプ255も設計案以上に進展することはなく、ペーパープランで終わっている。

ポルシェ・タイプ245-010軽戦車

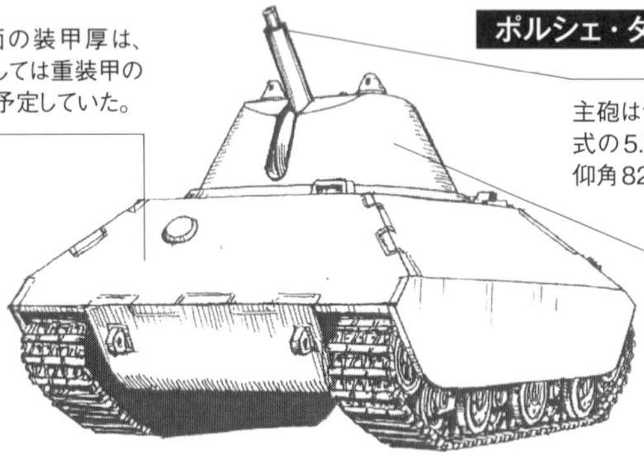
車体前面の装甲厚は、軽戦車としては重装甲の60mmを予定していた。
主砲はラインメタル社開発によるベルト給弾式の5.5cm機関砲MK112を搭載。最大仰角82°とし、対空射撃も可能としていた。
鋳造製の砲塔は円形。装甲は40mm厚。

ポルシェ・タイプ255駆逐戦車

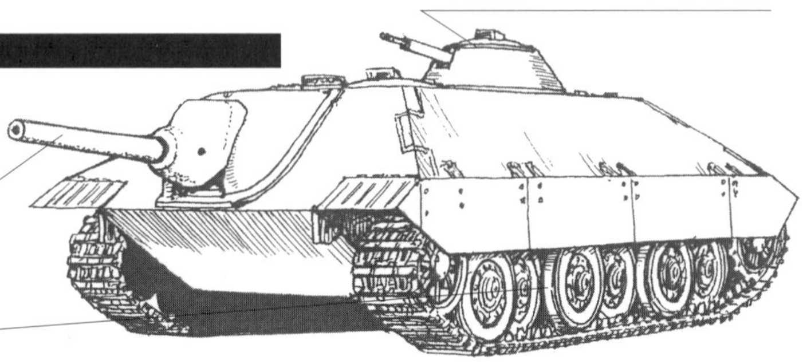
30mm機関砲を装備した小砲塔を搭載。
戦闘室前面に105mm砲を搭載。
転輪は全鋼製タイプを採用。

ドイツ装甲部隊を陰で支えた外国製戦車

鹵獲戦車

第二次大戦緒戦で快進撃を続けたドイツ軍は、東部戦線、北アフリカ戦線と次々と戦域を拡大していった。戦場が拡大するにつれ、ドイツ軍にとって当初から懸念されていた戦車不足がますます深刻な問題となってくる。それを解決する一手段となったのが、鹵獲戦車の活用だった。自軍戦車より性能が劣るものや旧式化したものも多かったが、それらは自走砲や支援車両などに改造され、ドイツ装甲部隊の戦力補充にかなり役立った。

フランス戦車

1940年5月10日から始まったフランス戦は、開戦わずか1カ月足らずの6月21日にフランスの降伏で終了した。その結果、ドイツ軍は大量の同国製戦闘車両を接収する。それらの大半は、機動性や乗員配置、外部視察性能などに問題があり、ドイツ軍の運用にそぐわないものが多かった。

多くの車両は、後方の二線級部隊に回され、歩兵支援や警備、ゲリラ討伐などに使用されたが、一部は砲塔を取り外し、自走砲車台に改造されたり、弾薬運搬車や牽引車として使用された。

フランス製車両の中で、ドイツ軍に重宝されたのは、ロレーヌ牽引車やルノー UEだった。特にロレーヌ牽引車は、中央に機関室、車体後部に積載スペースを配した車体レイアウトが自走砲車台への転用に適していた。

フランス軍鹵獲戦車は、整備や部品の補給などの関係で、大半はフランス戦線で活動する部隊に配備されたが、一部は東部戦線やイタリア戦線でも使われている。なお、ドイツでは、フランス製車両に対して次のようなドイツ軍名称（外国製機材番号）を与えていた。

ルノー FT-17＝17 730(f)戦車
※ドイツ語表記は、Pz.Kpfw.17 730(f)
ルノー R35＝35R 731(f)戦車
ルノー D1＝D1 732(f)戦車
ルノー D2＝D2 733(f)戦車
オチキスH35＝35H 734(f)戦車
オチキスH38/39＝38H 735(f)戦車
ルノー ZM＝ZM 736(f)戦車
FCM36＝FCM 737(f)戦車
AMC35＝AMC 738(f)戦車
ソミュアS35＝35S 739(f)戦車
ルノー B1 bis＝B2 740(f)戦車

B2 740(f)戦車

ほとんどB1 bis重戦車と変わらない。フェンダー上にドイツ軍仕様の車載工具を装備。

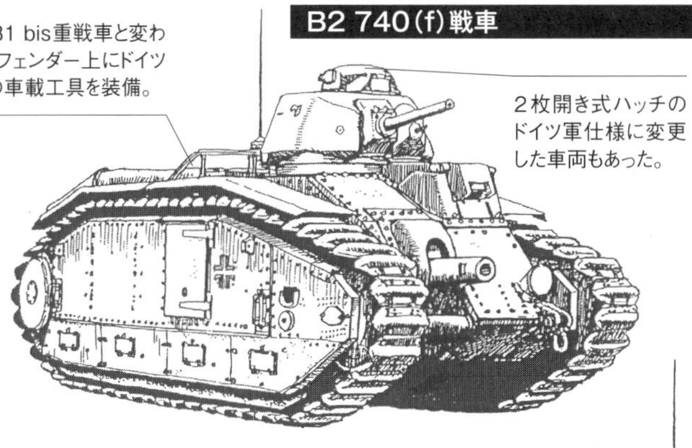

2枚開き式ハッチのドイツ軍仕様に変更した車両もあった。

全長：6.38m　全幅：2.49m　全高：2.81m　重量：32t　乗員：4名　武装：17口径7.5cm戦車砲KwK35（f）×1門、32口径4.7cmKwK35(f)×1門、MG31（f）7.5mm機関銃×2挺　最大装甲厚：60mm　エンジン：ルノー社製BDR（300hp）　最大速度：27.6km/h

B2(f)火焔放射戦車

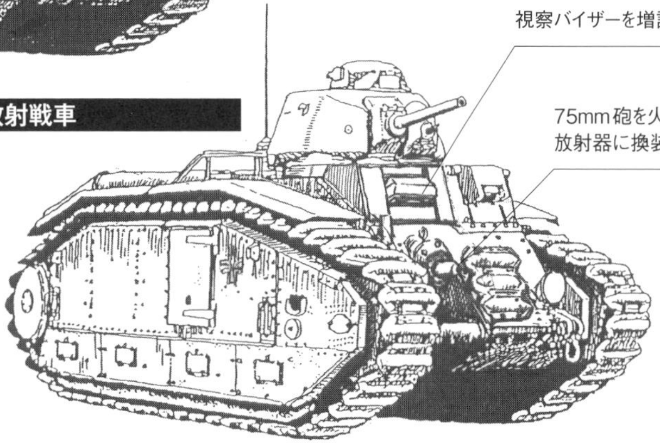

視察バイザーを増設。

75mm砲を火焔放射器に換装。

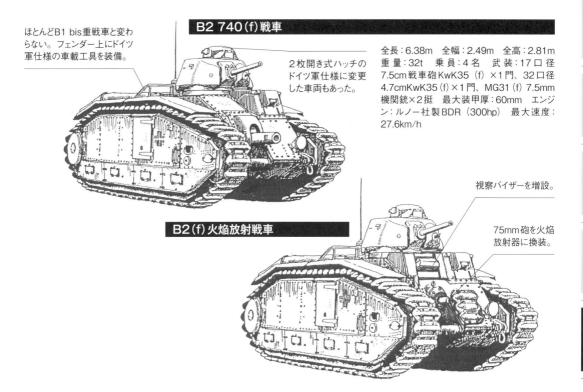

10.5cm leFH18/3搭載B2(f)自走榴弾砲

全 長:7.5m　全 幅:2.52m
全 高:3.05m　重 量:32.5t
乗 員:4名　武 装:28口径10.5cm軽榴弾砲leFH18/3×1門　最大装甲厚:60mm　エンジン:ルノー社製BDR(300hp)
最大速度:28km/h

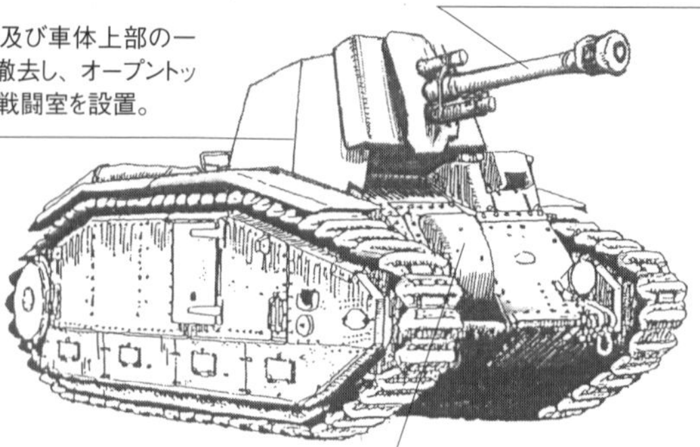
10.5cm leFH18/3を搭載。
砲塔及び車体上部の一部を撤去し、オープントップ式戦闘室を設置。
車体前面右側の75mm砲を撤去。

B2(f)操縦訓練用戦車

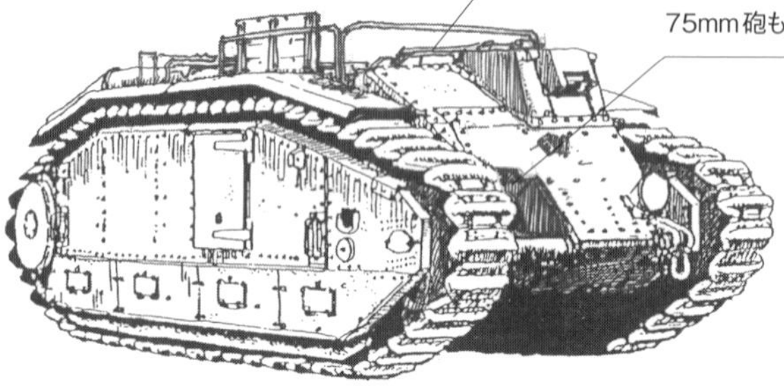
砲塔及び車体上部を撤去し、操縦訓練車に改造。
75mm砲も撤去されている。

35S 739(f)戦車

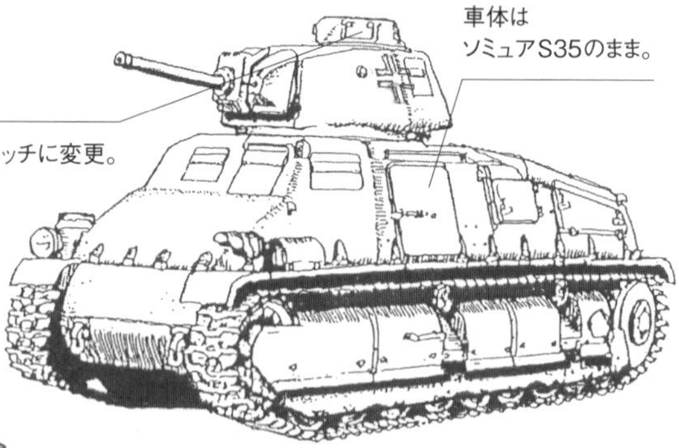
車体はソミュアS35のまま。
ドイツ軍仕様のハッチに変更。

全長:5.38m　全幅:2.12m　全高:2.62m　重量:19.5t　乗員:3名　武装:34口径4.7cm戦車砲KwK35 (f) ×1門、MG31 (f) 7.5mm機関銃×2挺　最大装甲厚:47mm　エンジン:ソミュア社製V-8(190hp)　最大速度:40.7km/h

35S 739(f)操縦訓練用戦車

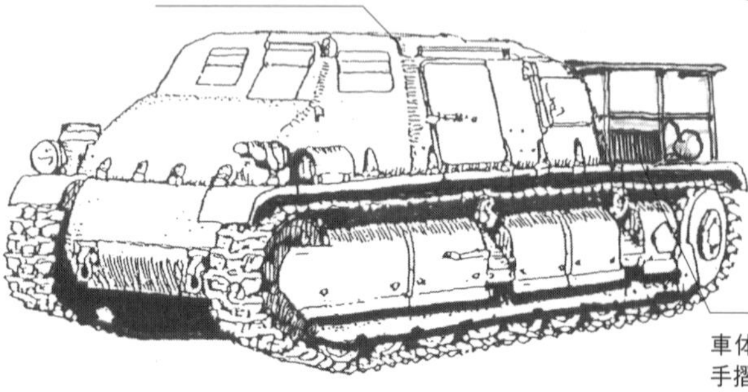
砲塔を取り外している。
車体後部を大幅に改装し、手摺りも設置。

7.5cm PaK40/1搭載ロレーヌ牽引車(f)対戦車自走砲　マーダーI

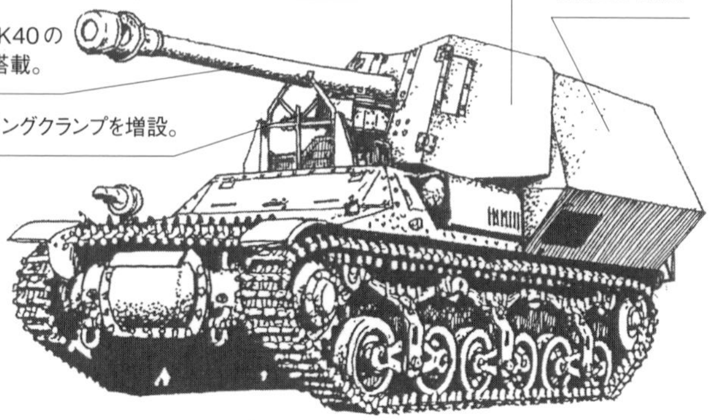
防盾は新設計。
車体後部に戦闘室を増設。
7.5cm対戦車砲PaK40の車載型PaK40/1を搭載。
操縦室上面にトラベリングクランプを増設。

15cm sFH13/1搭載ロレーヌ牽引車(f)自走榴弾砲

15cm重榴弾砲sFH13/1を搭載。

予備転輪を装備。

全長:5.31m　全幅:1.83m　全高:2.23m　重量:8.49t　乗員:4名　武装:17口径15cm重榴弾砲sFH13/1×1門　最大装甲厚:12mm　エンジン:ドライエ社製103TT(70hp)　最大速度:34km/h

トラベリングクランプを設置。

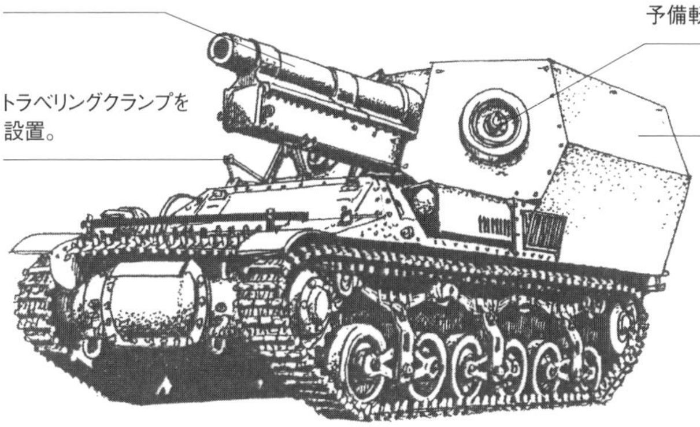

車体後部に戦闘室を増設。

10.5cm leFH18搭載ロレーヌ牽引車(f)自走榴弾砲

予備転輪固定具を設置。

leFH18の防盾は戦闘室に合わせて作製したものを装着。

戦闘室を増設。

10.5cm軽榴弾砲leFH18を搭載。

ロレーヌ牽引車(f)砲兵用観測車

車体前面に増加装甲板を追加。

戦闘室を増設。

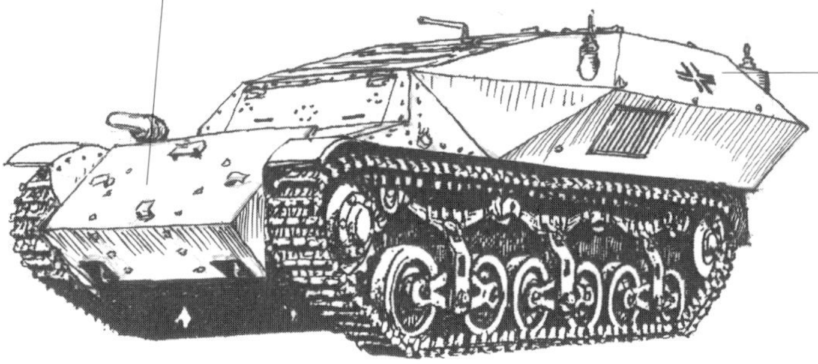

新造された防盾を装着。

車体上部を覆うように戦闘室を増設。

7.5cm対戦車砲PaK40を搭載。

7.5cm PaK40搭載39H(f)対戦車自走砲

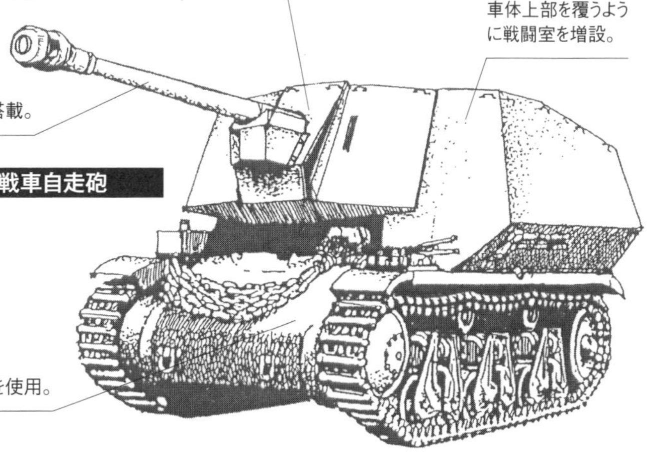

オチキスH39の車体を使用。

10.5cm leFH18搭載39H(f)自走榴弾砲

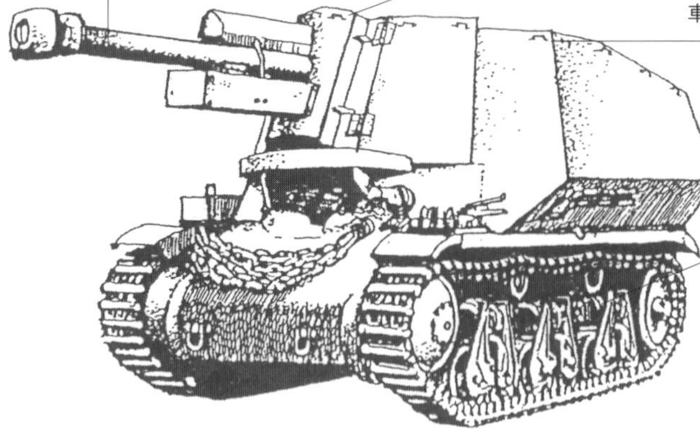
10.5cm軽榴弾砲leFH18を搭載。
防盾は車載用に設計されたものを装着。
車体上部を覆う形で戦闘室を増設。
オチキスH39の車体を使用。

28/32cmネーベルヴェルファー装備 38H 735(f)戦車

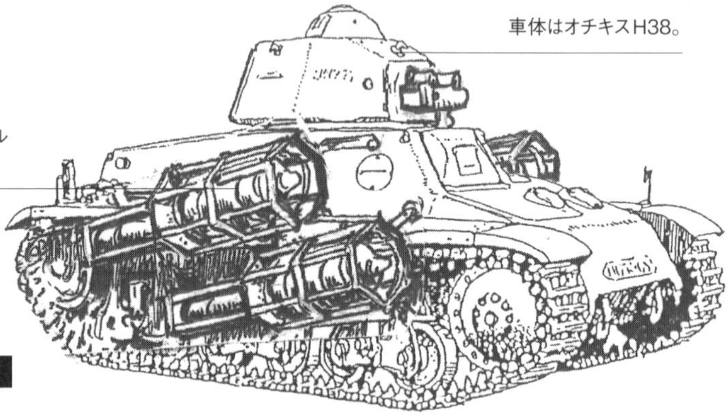
車体はオチキスH38。
車体左右両側に28/32cmネーベルヴェルファー(ロケット弾発射器)を2基ずつ装備。

38H 735(f)弾薬運搬車

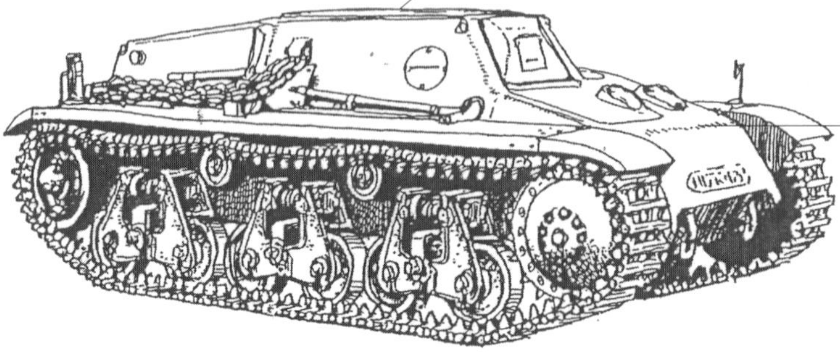
砲塔を取り外し、戦闘室内に砲弾収納ラックを増設。
車体はオチキスH38。

7.5cm PaK40搭載FCM(f)対戦車自走砲

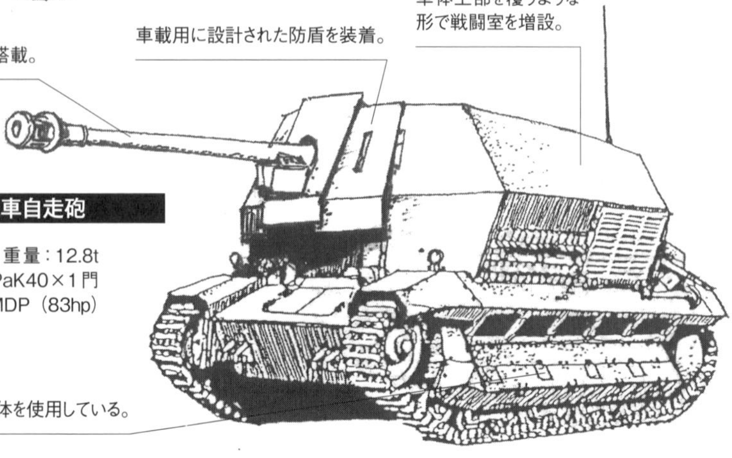
7.5cm対戦車砲PaK40を搭載。
車載用に設計された防盾を装着。
車体上部を覆うような形で戦闘室を増設。
FCM36の車体を使用している。

全長:4.77m　全幅:2.1m　全高:2.23m　重量:12.8t
乗員:4名　武装:46口径7.5cm対戦車砲PaK40×1門
最大装甲厚:40mm　エンジン:ベルリエ社製MDP (83hp)
最大速度:24km/h

10.5cm leFH16搭載FCM(f)自走榴弾砲

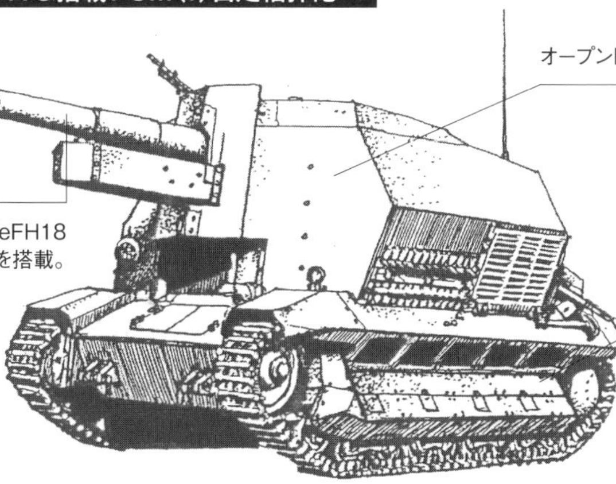

オープントップ式の戦闘室。

10.5cm軽榴弾砲leFH18
の前タイプ、leFH16を搭載。

FCM36の車体を使用。

4.7cm PaK(t)搭載35R(f)対戦車自走砲

全長：4.3m　全幅：1.87m　全高：2.11m
重量：10.5t　乗員：3名　武装：43.4口
径4.7cm戦車砲PaK(t)×1門　最大装甲
厚:32mm　エンジン:ルノー社製447(82hp)
最大速度：19km/h

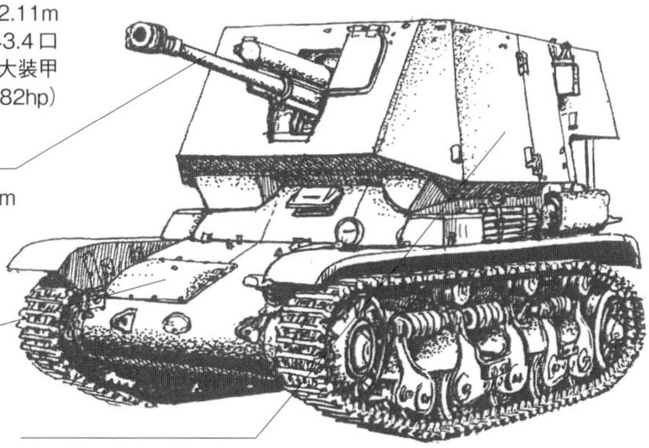

チェコスロバキア製の4.7cm
対戦車砲PaK(t)を搭載。

ルノーR35の車体をベースとしている。

車体上部に戦闘室を増設。

35R(f)弾薬運搬車

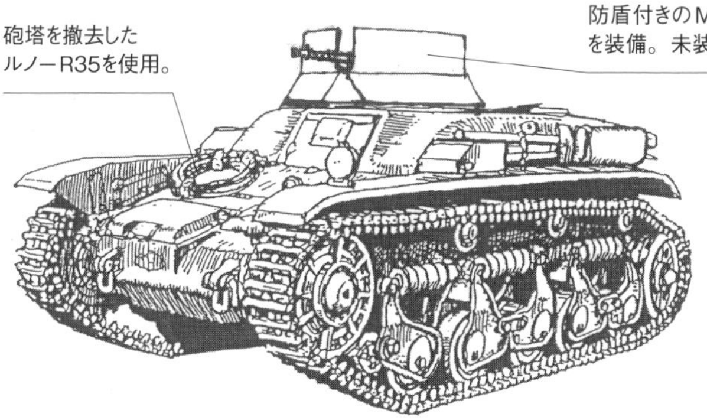

砲塔を撤去した
ルノーR35を使用。

防盾付きのMG34 7.92mm機関銃
を装備。未装備の車両もあった。

AMR35(f)偵察戦車

司令塔を増設。

戦闘室の周囲に視察孔を設置。

戦闘室後部に装
甲キャビンを増設。

AMR35の車台を
ベースにしている。

車体上部と機関室上面板を取
り外し、戦闘室を設けている。

8cm sGrW34搭載AMR35(f)偵察戦車

全長：4.3m　全幅：1.8m　全高：1.8m　重量：9t　乗員：4名　武装：8cm重迫撃砲sGrW×1門、MG34 7.92mm機関銃×1挺　最大装甲厚：13mm　エンジン：ルノー社製447(82hp)　最大速度：40.7km/h

戦闘室内に8cm重迫撃砲sGrW34を装備。
AMR35をベースとしている。

MG34装備UE 630(f)警備車両

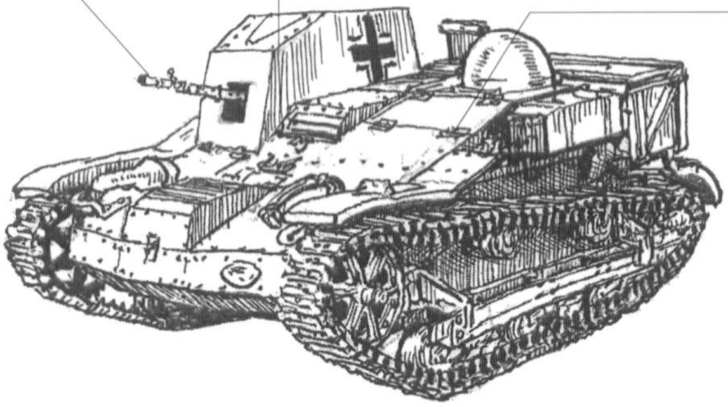
右側の乗員席に装甲カバーを追加。
MG34 7.92mm機関銃を装備。
ルノーUE装甲トラクターを改造。

全長：2.8m　全幅：1.74m　全高：1.27m　重量：2.64t　乗員：2名　武装：MG34 7.92mm機関銃×1挺　最大装甲厚：9mm　エンジン：ルノー社製85（38hp）　最大速度：30km/h

MG34 2挺装備UE 630(f)警備車両

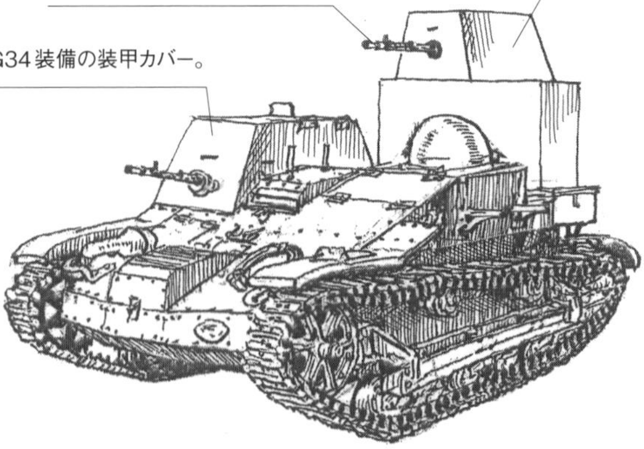
後部荷台に装甲キャビンを増設。
MG34 7.92mm機関銃を装備。
MG34装備の装甲カバー。

28/32cmネーベルヴェルファー搭載UE 630(f)歩兵用牽引車

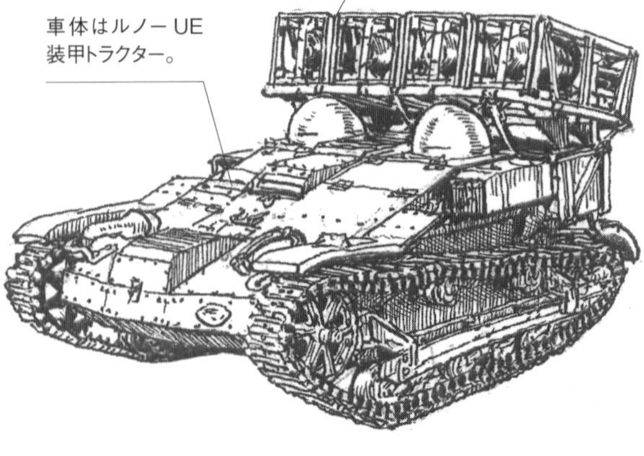
後部荷台上に28/32cmネーベルヴェルファーを搭載。
車体はルノーUE装甲トラクター。

3.7cm PaK36搭載UE630(f)対戦車型

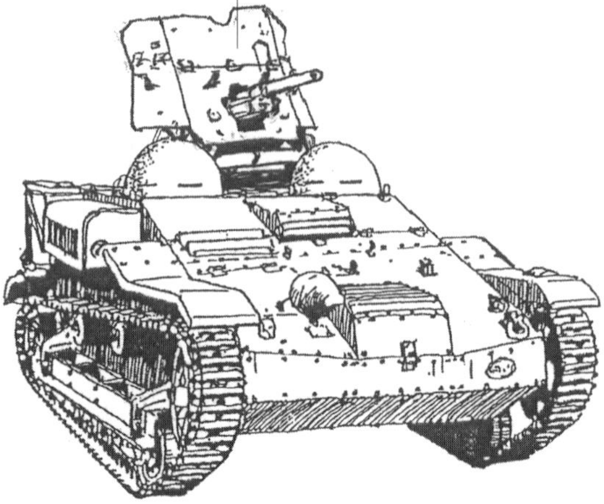
上面後部に3.7cm対戦車砲PaK36を搭載。

イタリア戦車

1943年9月8日、イタリアが連合軍に降伏したためドイツ軍は素早くイタリア本土を支配下に置いた。イタリア軍の残存車両を接収し、さらに生産施設にあった資材を活用し、イタリア軍が生産準備を進めていた新型車両、P40戦車やM43突撃砲の生産を続行させる。

フランス鹵獲戦車に見られた大幅な改修、変更を行うことなく、一部を除き、ほとんどのイタリア戦車はそのままの状態で使用された。

イタリア戦車にも以下のようなドイツ軍名称が与えられている。

CV35 731(i)戦車
L3/33 732(i)火焔放射戦車
L6/40 733(i)戦車
M13/40 735(i)戦車
M14/41 736(i)戦車
P40 737(i)戦車
M15/42 738(i)戦車
47/32 770(i)指揮戦車
M41 771(i)指揮戦車
M42 772(i)指揮戦車
M40、M41 75/18 850(i)突撃砲
M42、M43 75/34 851(i)突撃砲
M42 75/46 852(i)突撃砲
M43 105/25 853(i)突撃砲

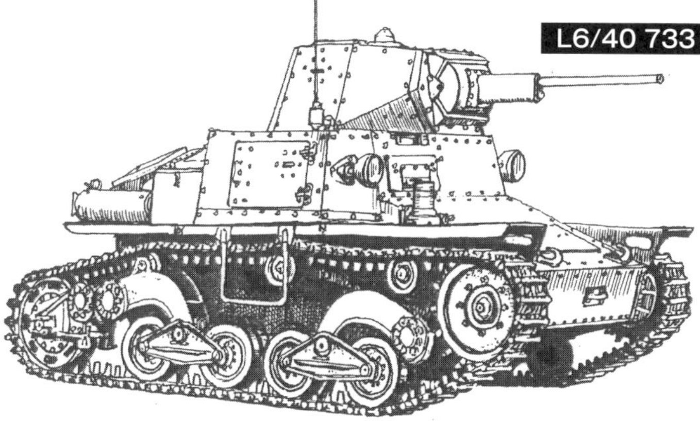

L6/40 733(i)戦車

全長：3.78m　全幅：1.92m　全高：2.03m　重量：6.8t　乗員：2名　武装：65口径20mm機関砲M35×1門、MG38(i) 8mm機関銃×1挺　最大装甲厚:30mm　エンジン:フィアット社製18D(68hp)　最大速度：42km/h

M13/40とM14/41の外見上の相違点は機関室上面のグリルの形状のみ。

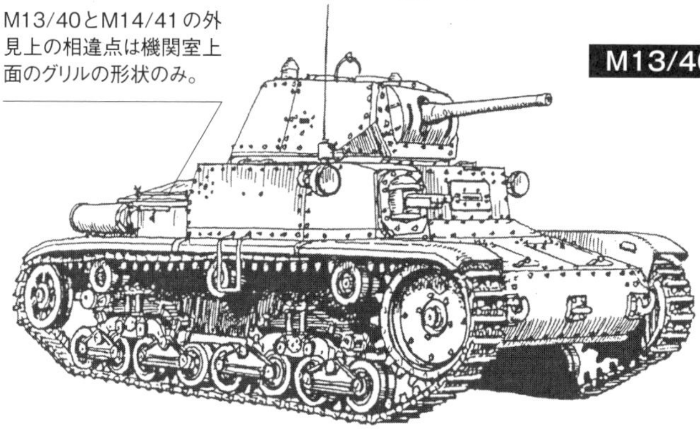

M13/40 735(i)戦車　M14/41 736(i)戦車

〔M13/40 735(i)戦車〕
全長：4.92m　全幅：2.17m　全高：2.25m　重量：13.7t　乗員：4名　武装：32口径4.7cm戦車砲KwK47/32 (i) ×1門、MG38 (i) 8mm機関銃×3挺　最大装甲厚：37mm　エンジン：フィアット社製8TMD40(125hp)　最大速度：30.5km/h

〔M14/41 736(i)戦車〕
全長：4.92m　全幅：2.17m　全高：2.25m　重量：14.5t　乗員：4名　武装：32口径4.7cm戦車砲KwK47/32 (i) ×1門、MG38 (i) 8mm機関銃×3挺　最大装甲厚：37mm　エンジン：フィアット社製15TM41(145hp)　最大速度：33km/h

車体は、M13/40、M14/41より若干大きい。車体右側にエスケープハッチを設置。

40口径に長砲身化されている。

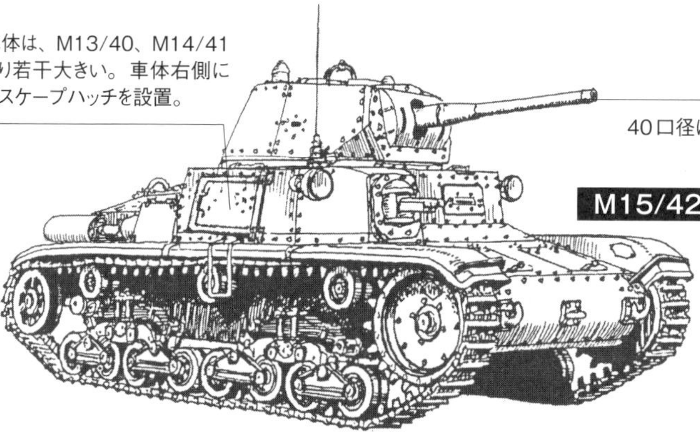

M15/42 738(i)戦車

全長：5.04m　全幅：2.23m　全高：2.39m　重量:15.5t　乗員:4名　武装:40口径4.7cm戦車砲KwK47/40 (i) ×1門、MG38 (i) 8mm機関銃×3挺　最大装甲厚：45mm　エンジン：フィアット社製15TBM42 (192hp)　最大速度：40km/h

M41 771(i)指揮戦車

全長：4.92m　全幅：2.17m　全高：1.82m　重量：13.3t　乗員：4名　武装：MG31 (i) 13.2mm機関銃×1挺、MG38 (i) 8mm機関銃×1挺　最大装甲厚:37mm　エンジン:フィアット社製SPA 15TM41 (145hp)　最大速度：40km/h

P40 737(i)戦車

全長：5.795m　全幅：2.80m　全高：2.522m　重量：26t　乗員：4名　武装：34口径7.5cm戦車砲KwK75/34(i)×1門、MG38(i) 8mm機関銃×2挺　最大装甲厚：60mm　エンジン：フィアット社製V-12(330hp)　最大速度：40km/h

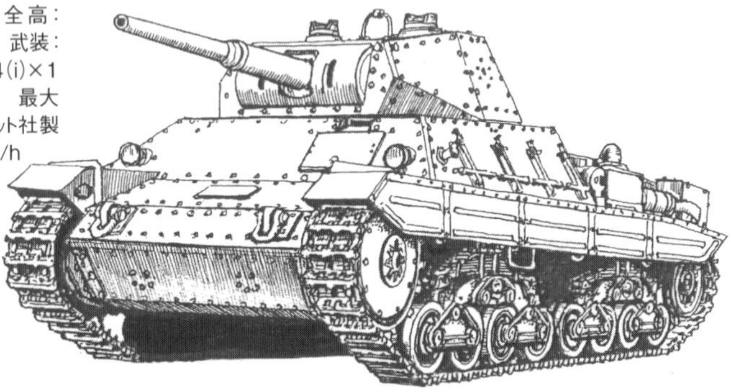

CV35 731(i)戦車

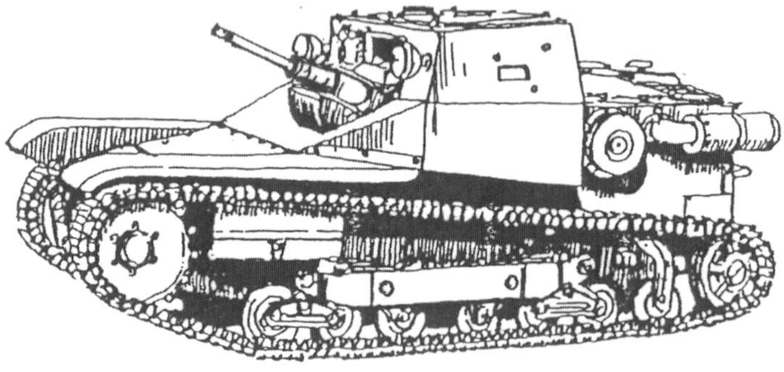

全長：3.20m　全幅：1.40m　全高：1.28m　重量：3.2t　乗員：2名　武装：MG38 (i) 8mm機関銃×2挺　最大装甲厚：14mm　エンジン：フィアット社製SPA CV3-005 (43hp)　最大速度：42km/h

47/32 770(i)指揮戦車

全長：3.80m　全幅：1.86m　全高：1.72m　重量:6.7t　乗員:3名　武装:32口径4.7cm戦車砲KwK47/32(i)×1門　最大装甲厚：30mm　エンジン:フィアット社製18D(68hp)　最大速度：36km/h

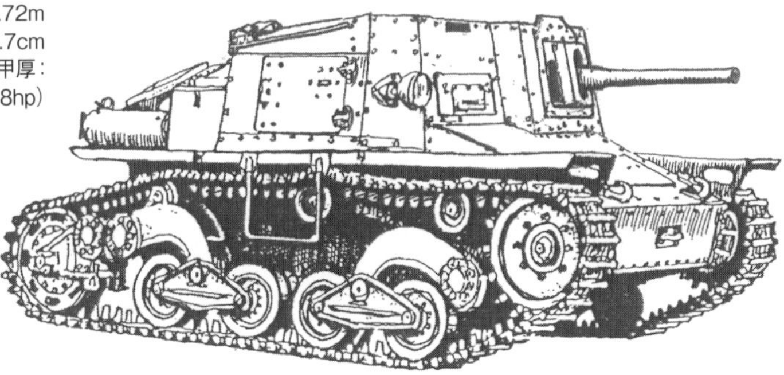

M40 75/18 850(i)突撃砲

全長：4.92m　全幅：2.20m　全高：1.80m　重量：14.4t　乗員：3名　武装：18口径7.5cm突撃砲StuK75/18 (i) ×1門、MG38 (i) 8mm機関銃×1挺　最大装甲厚：50mm　エンジン：フィアット社製8TMD40(125hp)　最大速度：30km/h

M42 75/34 851(i)突撃砲

全長：5.69m　全幅：2.25m　全高：1.80m　重量：15t　乗員：3名　武装：34口径7.5cm戦車砲StuK75/34(i)×1門、MG38 (i) 8mm機関銃×1挺　最大装甲厚:50mm　エンジン:フィアット社製15TBM42 (192hp)　最大速度：38km/h

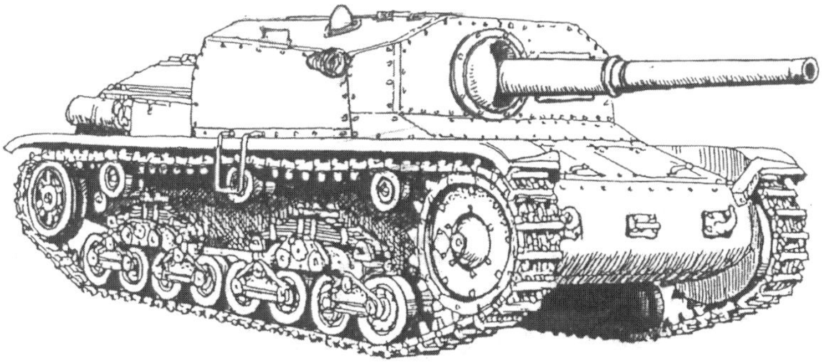

M43 105/25 853(i)突撃砲

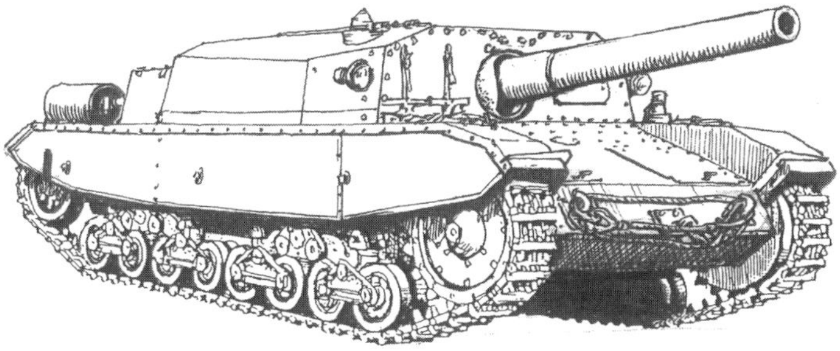

全長：5.10m　全幅：2.40m　全高：1.75m　重量：15.8t　乗員：3名　武装：25口径10.5cm突撃砲StuK105/25 (i) ×1門、MG38(i) 8mm機関銃×1挺　最大装甲厚:75mm　エンジン:フィアット社製15TBM42 (192hp)　最大速度：38km/h

M43 75/46 852(i)突撃砲

全長:5.97m　全幅:2.45m　全高: 1.74m　重量:16t　乗員:3名　武装:46口径7.5cm突撃砲StuK75/46 (i) ×1門、MG38 (i) 8mm機関銃×1挺　最大装甲厚：50mm　エンジン：フィアット社製15TBM(192hp)　最大速度：38km/h

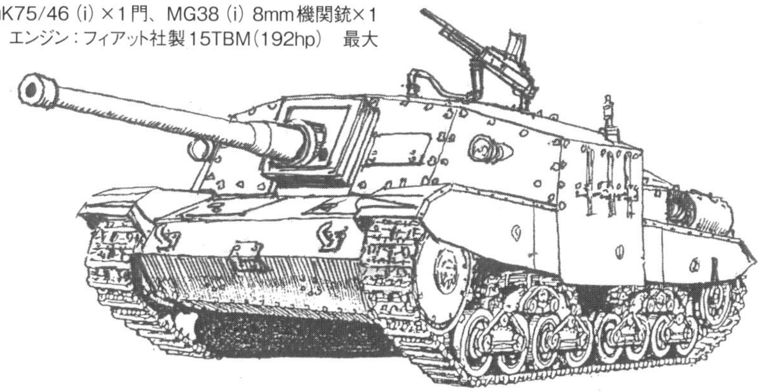

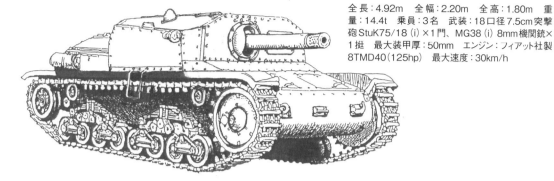

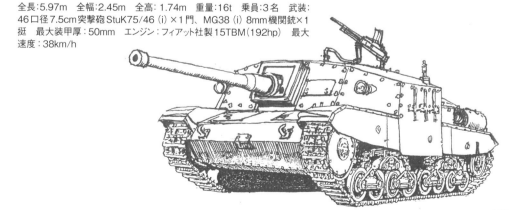

ソ連戦車

バルバロッサ作戦開始後、快進撃を続けていたドイツ軍だったが、戦力は次第に消耗していき、1943年半ば以降、防御戦に転じた頃には定数を満たす装甲師団は皆無に等しい状態になっていた。そこで、東部戦線では、各々の部隊が鹵獲したソ連軍車両を上手く活用し、独自に戦力の補充を行っていた。

鹵獲車両の中には、旧式車両も多かったが、T-34やKV重戦車のように優れた車両もあった。ドイツ軍ではT-34 1940年型をT-34A、1941年型をT-34B、1941年戦時簡易型をT-34C、1942年型をT-34D、1943年型をT-34E、プレス製造“フォルモチカ”砲塔の1942年型をT-34Fとし、各T-34を識別していた。また、KV重戦車は、1939/1940/1941年型をKW-1A、KV-1 1940年型エクラナミをKW-1B、1942型をKW-1Cと識別している。ソ連戦車には以下のようなドイツ軍名称が与えられていた。

T-37 731(r)水陸両用戦車
T-38 732(r)水陸両用戦車
T-40 733(r)水陸両用戦車
T-26A 737(r)軽戦車
T-26B 738(r)軽戦車
T-26 739(r)火焔放射戦車
T-26C 740(r)軽戦車
BT 742(r)軽戦車＝BT-5、BT-7
T-28 746(r)中戦車
T-34 747(r)中戦車
T-35A 751(r)重戦車
T-35B 752(r)重戦車
KW-1A 753(r)重戦車＝KV-1 1939/1940/1941年型
KW-2 754(r)(突撃)戦車＝KV-2
KW-1B 753 (r) 重戦車＝KV-1 1940年型エクラナミ
KW-1C 753(r)重戦車＝KV-1 1942年型

T-26C 740(r)軽戦車

全長：4.62m　全幅：2.445m　全高：2.33m　重量：10.3t　乗員：3名　武装：46口径45mm戦車砲20K×1門、DT 7.62mm機関銃×2挺　最大装甲厚：37mm　エンジン：GAZ T-26 (95hp)　最大速度：30km/h

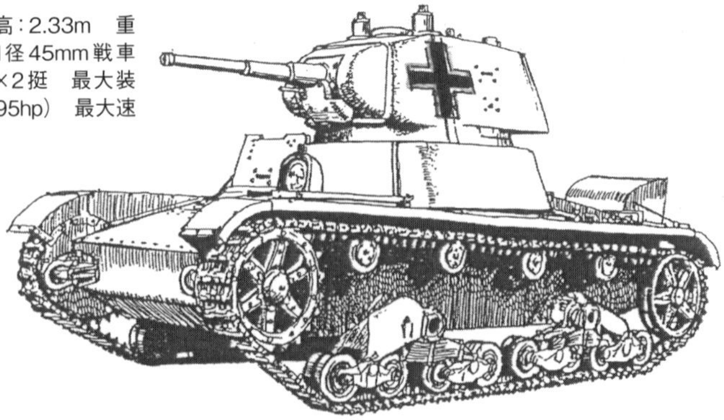

BT-7 742(r)軽戦車

全長：5.645m　全幅：2.23m　全高：2.40m　重量：13t　乗員：3名　武装：46口径45mm戦車砲20K×1門、DT 7.62mm機関銃×2挺　最大装甲厚：20mm　エンジン：M-17T(450hp)　最大速度：52km/h

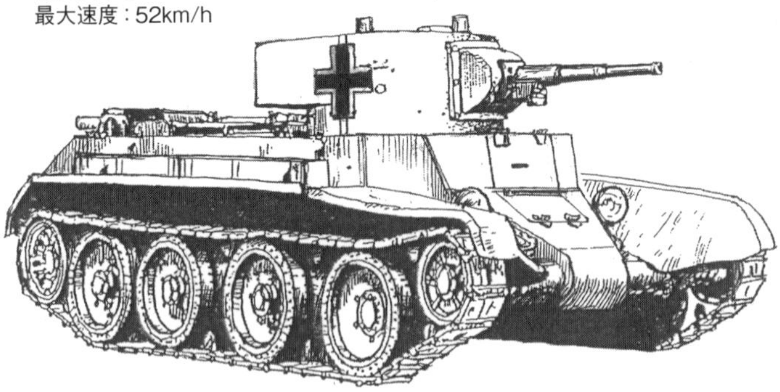

T-34B 747(r)中戦車

全長：6.75m　全幅：3.00m　全高：2.45m　重量：30t　乗員：4名　武装：41.5口径76.2mm戦車砲F-34×1門、DT 7.62mm機関銃×2挺　最大装甲厚：52mm　エンジン：V-2-34(500hp)　最大速度：55km/h

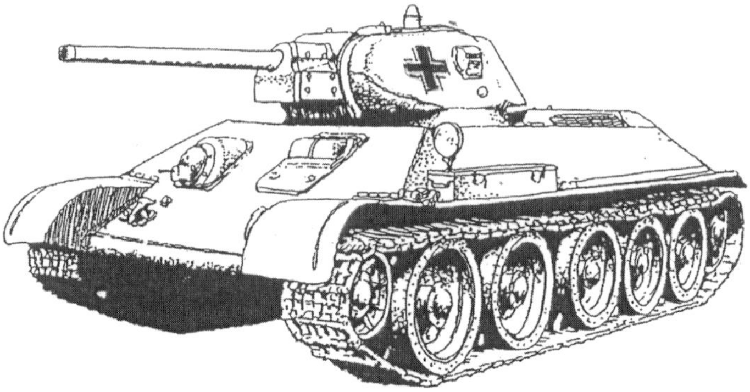

T-34D 747(r)中戦車

全長：6.75m　全幅：3.00m　全高：2.65m　重量：30.9t　乗員：4名　武装：41.5口径76.2mm戦車砲F-34×1門、DT 7.62mm機関銃×2挺　最大装甲厚：70mm　エンジン：V-2-34（500hp）　最大速度：55km/h

III/IV号戦車の車長用キューポラを増設している。

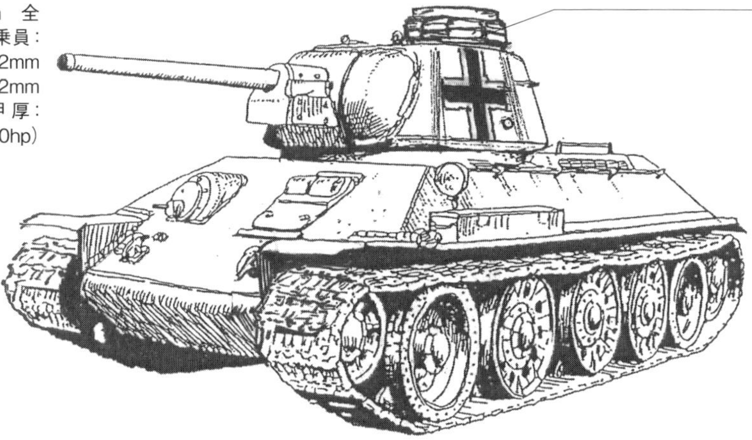

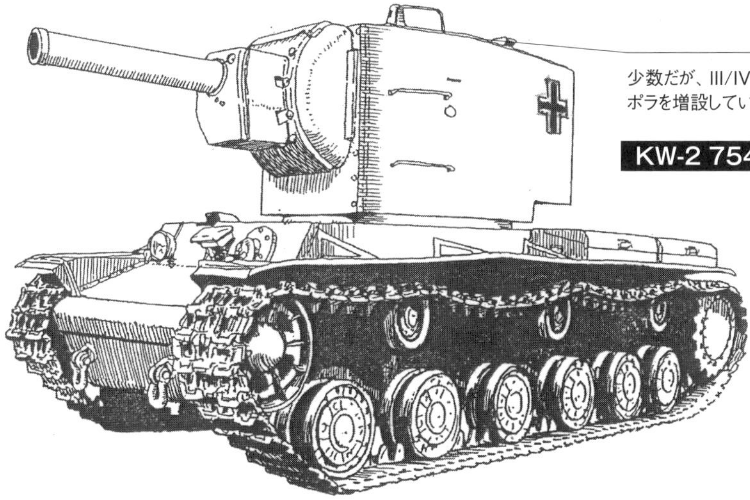

少数だが、III/IV号戦車の車長用キューポラを増設していた車両もあった。

KW-2 754(r)(突撃)戦車

全長：6.95m　全幅：3.32m　全高：3.24m　重量：57t　乗員：6名　武装：20口径152mm榴弾砲M-10T×1門、DT 7.62mm機関銃×3挺　最大装甲厚：110mm　エンジン：V-2-K（600hp）　最大速度：34km/h

3.7cm PaK36搭載630(r)装甲砲兵用牽引車

3.7cm対戦車砲PaK36を搭載。

防盾の左右に装甲板を追加。

車体はT-20コムソモーレツ牽引車。

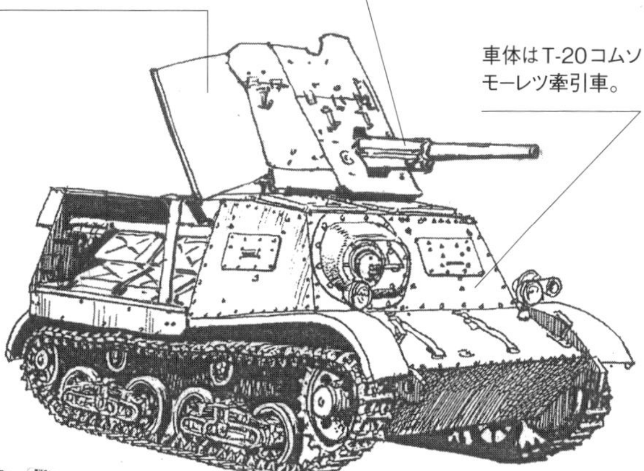

7.5cm PaK97/38搭載 T-26 739(r)軽対戦車自走砲

砲塔を撤去し、7.5cm対戦車砲PaK97/38を搭載。同砲は、フランス製75mm 1897野砲をPaK38の砲架に搭載したドイツ軍改修型。

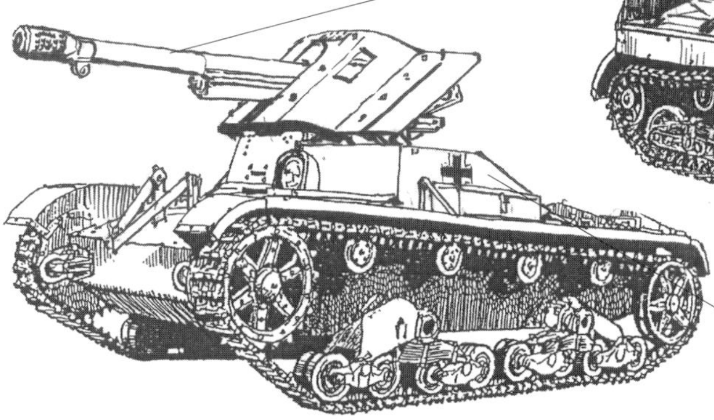

T-26軽戦車の車体を使用。

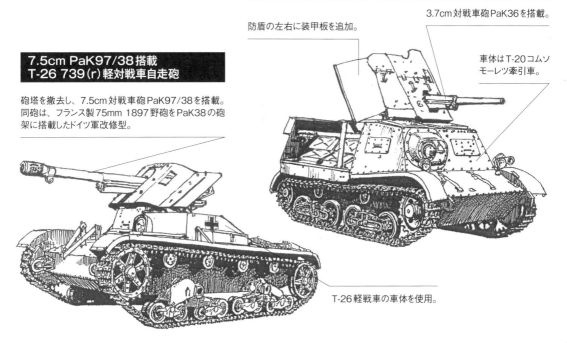

イギリス/アメリカ戦車

終始戦車不足だった北アフリカ戦線のドイツ・アフリカ軍団は、鹵獲したイギリス車両を有効に活用している。また、1940年の西方電撃戦で鹵獲された一部のイギリス軍車両は、自走砲や牽引車などに改造され、1944年7月以降のノルマンディー戦で使用された。中でもユニバーサルキャリアは使い勝手の良さから東部戦線の部隊でも重宝されている。

アメリカ軍車両も少数が鹵獲した現地部隊において使用されているが、国籍標識を描き変えたのみで、特に改修を行うことなく使っていた。

イギリス/アメリカ戦車のドイツ軍名称は以下のとおり。

Mk.VI B 735(e)軽戦車
Mk.VI C 736(e)軽戦車
Mk.I 741(e)巡航戦車
Mk.II 742(e)巡航戦車
Mk.III 743(e)巡航戦車
Mk.IV 744(e)巡航戦車
Mk.VI 746(e)巡航戦車=クルセーダー
Mk.I 747(e)歩兵戦車=マチルダI
Mk.II 748(e)歩兵戦車=マチルダII
Mk.III 749(e)歩兵戦車=バレンタイン
M3 747(a)中戦車=M3
M4 748(a)中戦車=M4

M4 748(a)中戦車

全長:5.84m　全幅:2.62m　全高:2.74m　重量:30.4t　乗員:5名　武装:37.5口径75mm戦車砲M3×1門、M2 12.7mm重機関銃×1挺、M1919A4 7.62mm機関銃×2挺　最大装甲厚:76mm　エンジン:コンチネンタル社製R-975-C1(400hp)　最大速度:38.6km/h

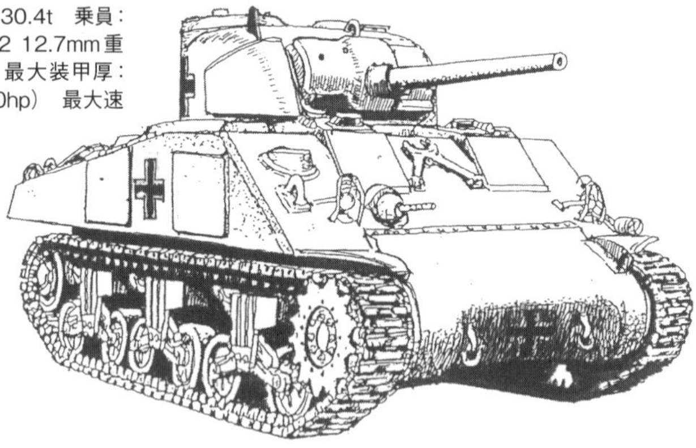

Mk.Ⅲ 749(e)歩兵戦車

全長:5.41m　全幅:2.63m　全高:2.27m　重量:16t　乗員:4名　武装:50口径2ポンド戦車砲×1門、7.62mmベサ機関銃×1挺　最大装甲厚:65mm　エンジン:AEC A190(131hp)　最大速度:24.1km/h

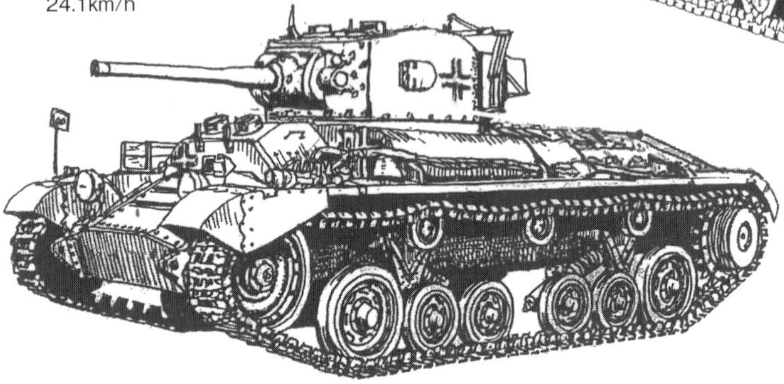

Mk.Ⅱ 748(e)歩兵戦車

全長:5.613m　全幅:2.59m　全高:2.515m　重量:26.9t　乗員:4名　武装:50口径2ポンド戦車砲×1門、7.62mmベサ機関銃×1挺　最大装甲厚:78mm　エンジン:レイランド社製E148(190hp)　最大速度:24.14km/h

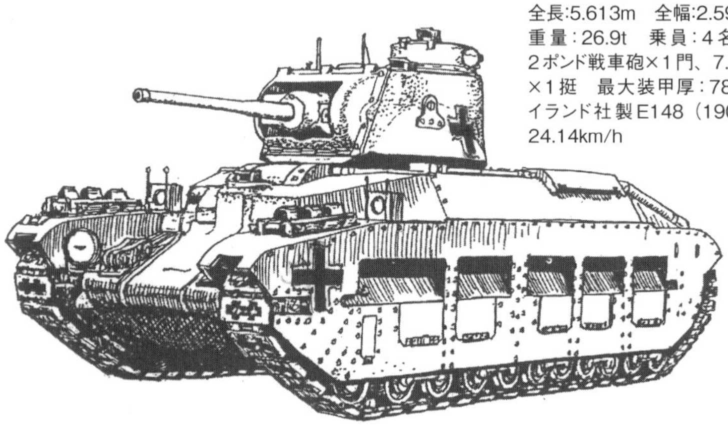

2cm FlaK38搭載装甲運搬車ブレン731(e)

2cm対空機関砲FlaK38を設置。

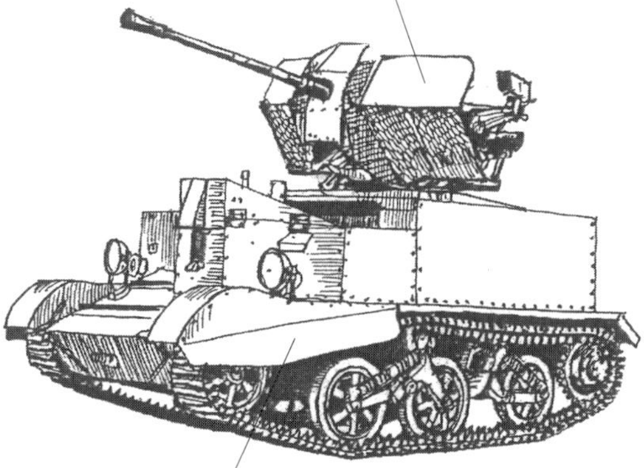

ユニバーサルキャリアを使用。

パンツァーブクセ54搭載戦車駆逐車ブレン731(e)

機関室上にパンツァーブクセ54(パンツァーシュレック)を3基搭載。

パンツァーファーストを積んでいる。

車体はユニバーサルキャリア。

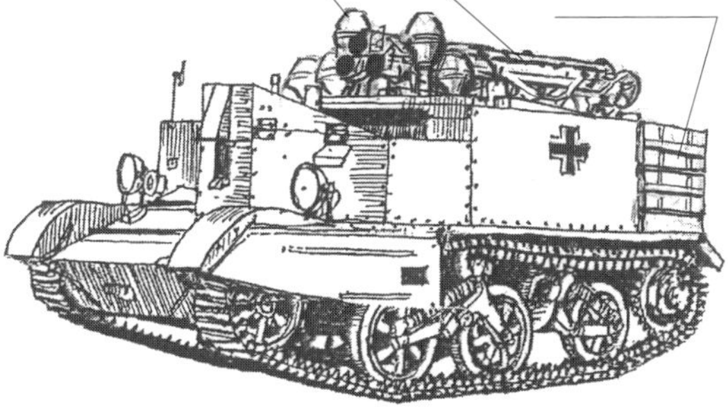

3.7cm PaK36搭載装甲運搬車ブレン731(e)

3.7cm対戦車砲PaK36を搭載。

車体はユニバーサルキャリア。

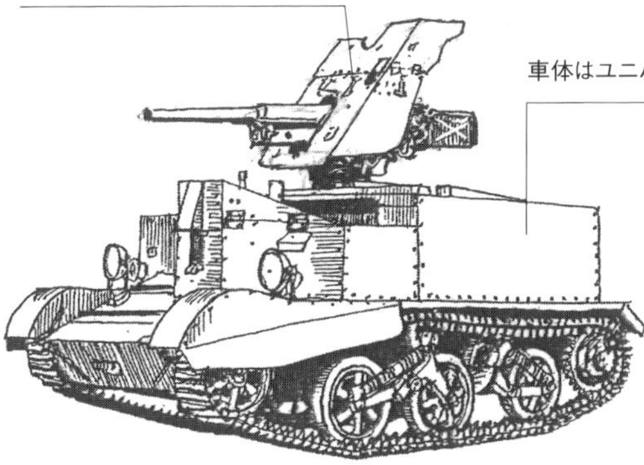

Mk.VIC 736(e)弾薬運搬車

砲塔及び上面装甲を撤去し、その周囲に装甲板を増設。戦闘室内部を弾薬収納スペースに充てている。

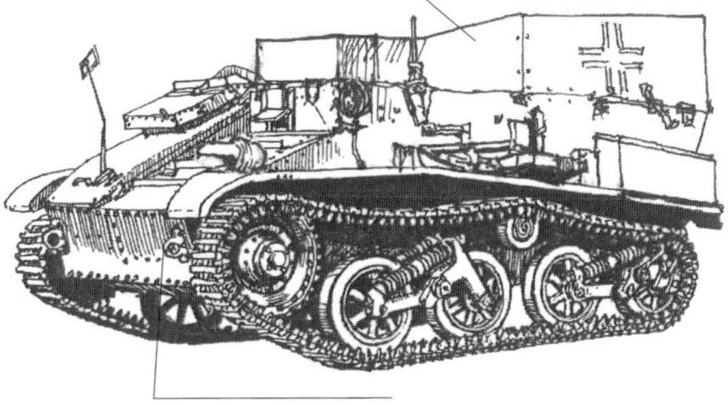

Mk.VIC軽戦車を使用。

42口径5cm KwK搭載Mk.II 748(e)自走砲

MG13 7.92mm機関銃を戦闘室両側に装備。

III号戦車の42口径5cm戦車砲KwKを搭載。

砲塔を撤去し、大型の防盾を設置。

マチルダIIの車体を使用。

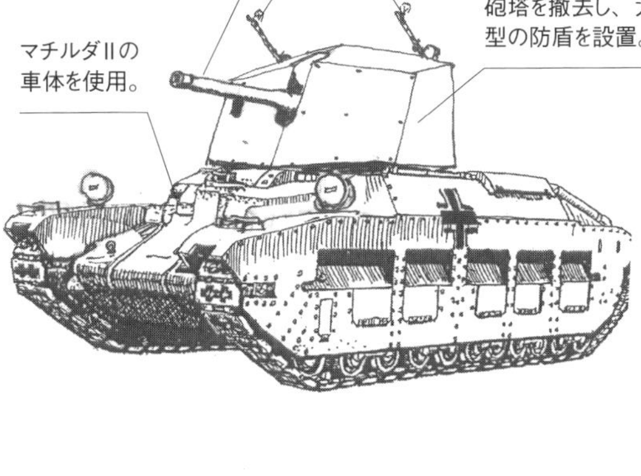

10.5cm sFH16搭載 Mk.VIC 736(e)軽自走榴弾砲

10.5cm軽榴弾砲sFH16を搭載。

車体はビッカースMk.VIC軽戦車を使用。

砲塔及び上面装甲を撤去し、戦闘室を増設。

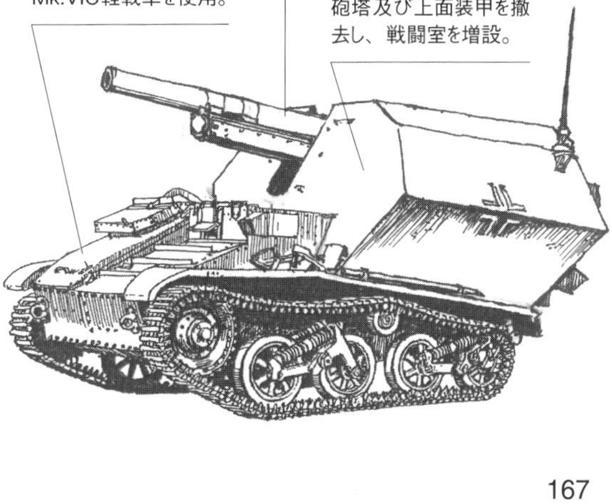

第二次大戦時の最高水準を誇る

ドイツ戦車の火力と防御力

ドイツ戦車の車体デザインと装甲厚の変化

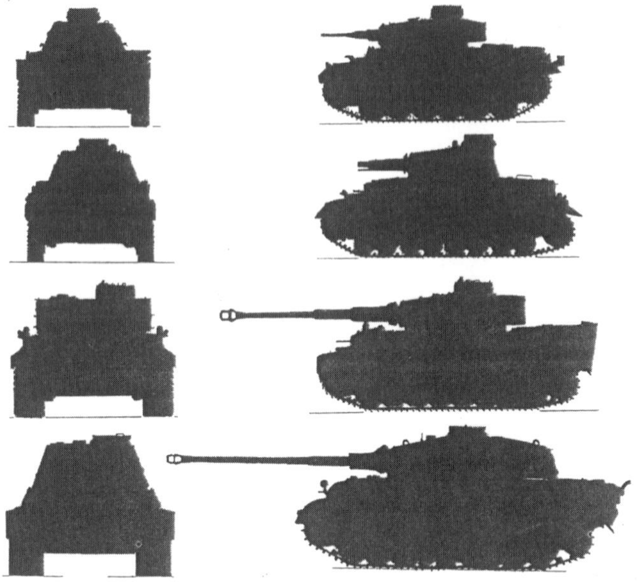

前面　　　　側面

Ⅲ号戦車J型（生産開始1941年3月）
■車体の装甲厚　前面：50mm/69°、上部前面：50mm/81°、側面：30mm/90°
■砲塔の装甲厚　前面：50mm/75°、防盾：50mm/曲面、側面30mm/65°
※装甲は、下図と同様、水平面に対する傾斜角を示す。

Ⅳ号戦車D型（生産開始1939年10月）
■車体の装甲厚　前面：30mm/76°、上部前面：30mm/81°、側面：20mm/90°
■砲塔の装甲厚　前面：30mm/80°、防盾：35mm/曲面、側面20mm/65°

ティーガーⅠ（生産開始1942年6月）
■車体の装甲厚　前面：100mm/65°、上部前面：100mm/81°、側面：80mm/90°
■砲塔の装甲厚　前面：100mm/80°、防盾：75～1450mm/90°、側面80mm/90°

ティーガーⅡ（生産開始1944年1月）
■車体の装甲厚　前面上部：150mm/40°、前面下部：100mm/40°、側面上部：80mm/65°、側面下部80mm/90°
■砲塔の装甲厚　前面：180mm/80°、側面80mm/70°

傾斜装甲の効果

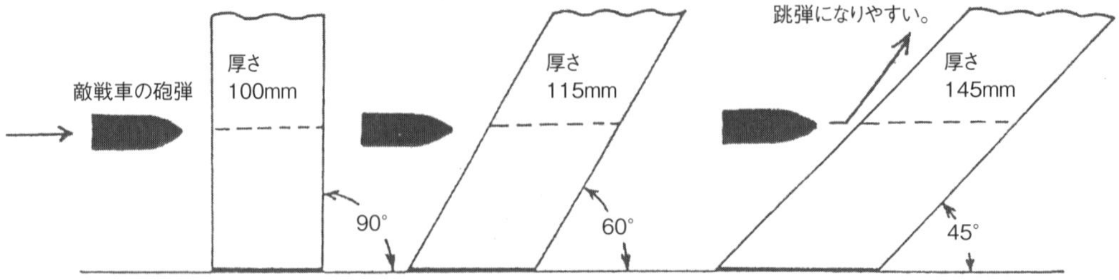
跳弾になりやすい。
敵戦車の砲弾
厚さ
100mm
厚さ
115mm
厚さ
145mm
90°
60°
45°

同じ装甲厚でも傾斜を加えると装甲防御力は向上し、砲弾も貫通せず、滑りやすくなる。

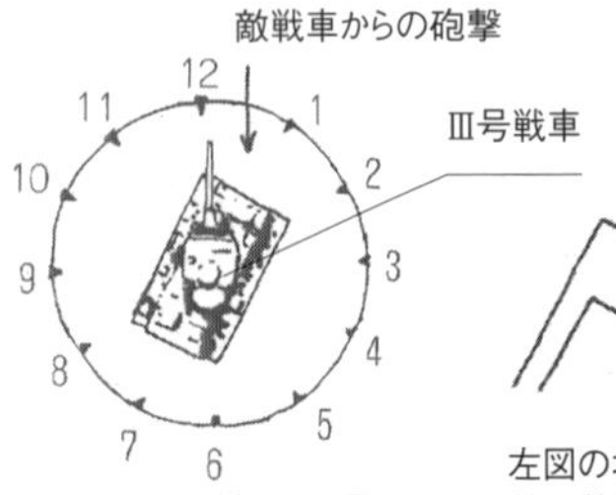
敵戦車からの砲撃
12
1
2
3
4
5
6
7
8
9
10
11
Ⅲ号戦車

敵戦車に対する配置

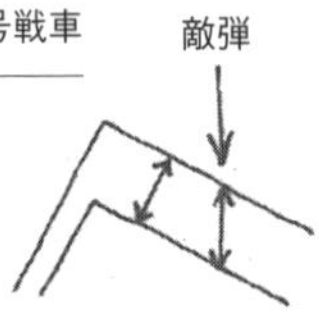
敵弾

左図の場合の前面装甲板厚の変化

III号戦車、IV号戦車がソ連のT-34を相手にする場合、装甲防御が劣るIII号戦車、IV号戦車はT-34に対し、車体を斜めに配置することで被弾経始を生じさせ、装甲防御力を高めることができた。
東部戦線初期、百戦錬磨のドイツ戦車兵たちは、この方法でT-34と渡り合っていた。

徹甲弾の種類と構造

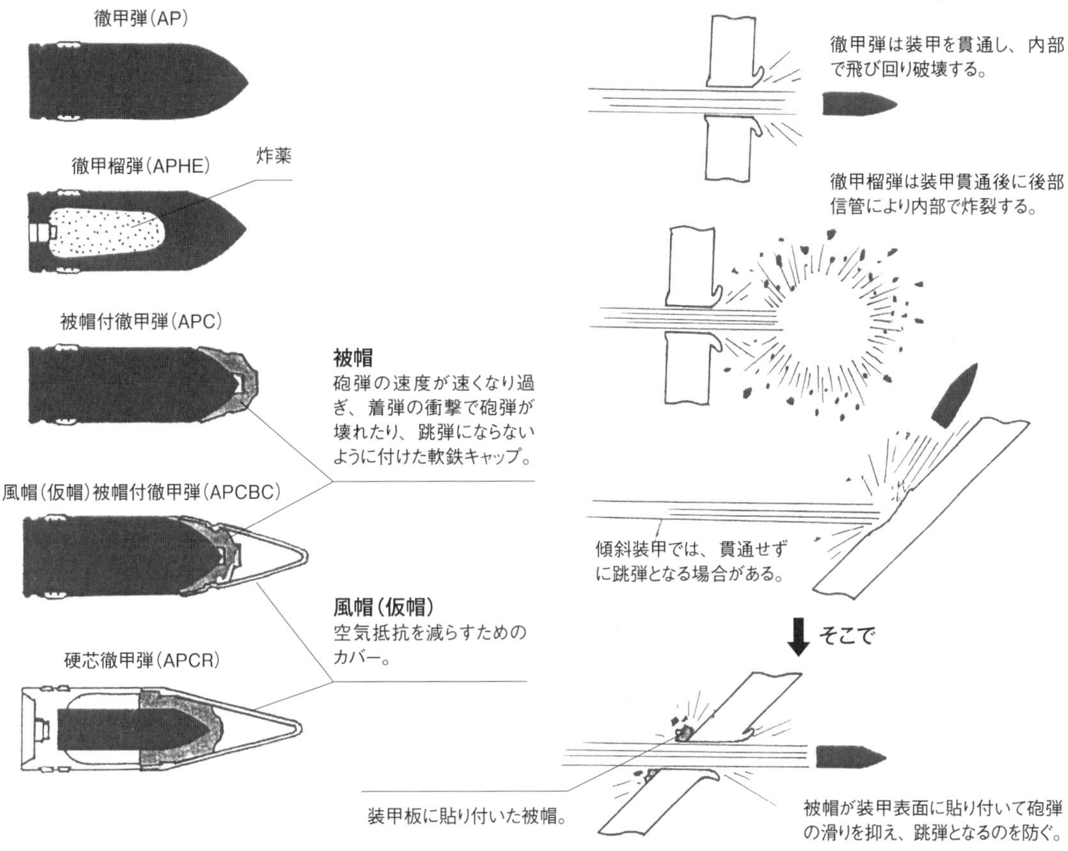

徹甲弾(AP)
徹甲榴弾(APHE)
炸薬
被帽付徹甲弾(APC)
被帽
砲弾の速度が速くなり過ぎ、着弾の衝撃で砲弾が壊れたり、跳弾にならないように付けた軟鉄キャップ。
風帽(仮帽)被帽付徹甲弾(APCBC)
風帽(仮帽)
空気抵抗を減らすためのカバー。
硬芯徹甲弾(APCR)
徹甲弾は装甲を貫通し、内部で飛び回り破壊する。
徹甲榴弾は装甲貫通後に後部信管により内部で炸裂する。
傾斜装甲では、貫通せずに跳弾となる場合がある。
そこで
装甲板に貼り付いた被帽。
被帽が装甲表面に貼り付いて砲弾の滑りを抑え、跳弾となるのを防ぐ。

ドイツ戦車の砲弾

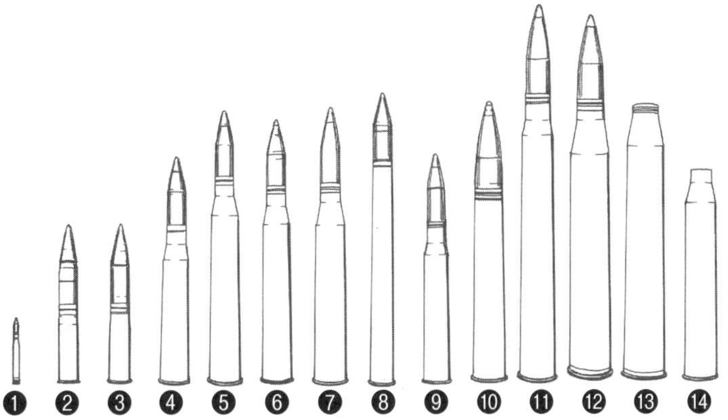

❶ ❷ ❸ ❹ ❺ ❻ ❼ ❽ ❾ ❿ ⓫ ⓬ ⓭ ⓮

戦場では、攻撃目標に応じて、瞬時に砲弾の種類を選択しなければならなかった。

❶ 2cm KwK30用徹甲弾
❷ 24口径7.5cm KwK用徹甲弾
❸ 24口径7.5cm KwK用榴弾
❹ 7.5cm KwK40用砲弾
❺ 7.5cm KwK42用砲弾
❻ 7.5cm KwK42用徹甲弾
❼ 7.5cm KwK42用榴弾
❽ 7.5cm PaK40用砲弾
❾ 48口径7.5cm KwK用徹甲弾/榴弾
❿ 8.8cm FlaK18/36/37及びKwK36用砲弾
⓫ 8.8cm FlaK41用砲弾
⓬ 8.8cm PaK43及びKwK43用砲弾
⓭ 8.8cm KwK43用薬莢
⓮ 7.5cm KwK42用薬莢

ドイツ戦車の主砲貫通力

48口径7.5cm戦車砲KwK40

射程距離　2,000m　1,000m　500m　100m

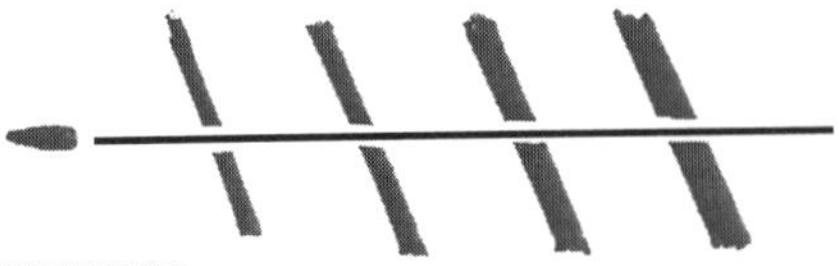

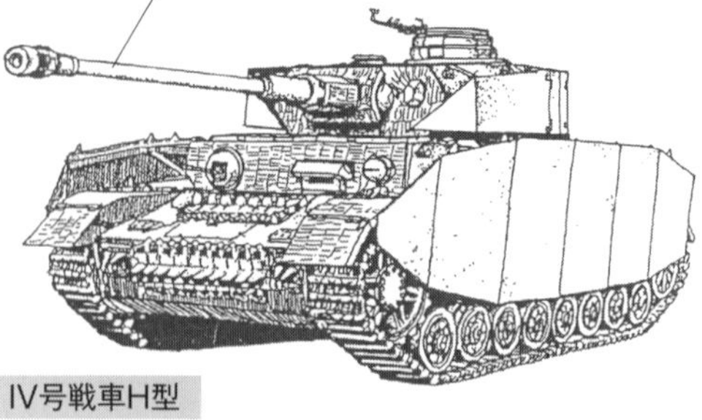

貫通可能な装甲厚
（垂直面に対し30°傾斜）

64mm　85mm　96mm　106mm

風帽被帽付徹甲弾（APCBC）使用

Ⅳ号戦車H型

戦車の口径表示は、砲身の長さを表わす。48口径は砲弾の直径7.5cmの48倍を示し、使用砲弾が同じであれば、この数値が大きいほど貫通力が高くなる。

2,000m　1,000m　500m　100m

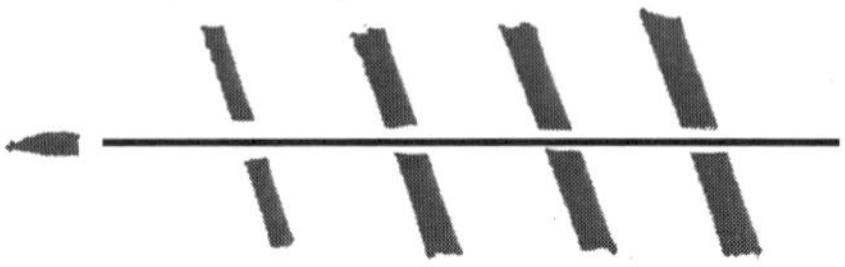

70口径7.5cm戦車砲KwK42

89mm　111mm　124mm　138mm
106mm　149mm　174mm　194mm

上段：風帽被帽付徹甲弾（APCBC）使用
下段：タングステン弾芯徹甲弾（APCP）使用

パンターG型

2,000m　1,000m　500m　100m

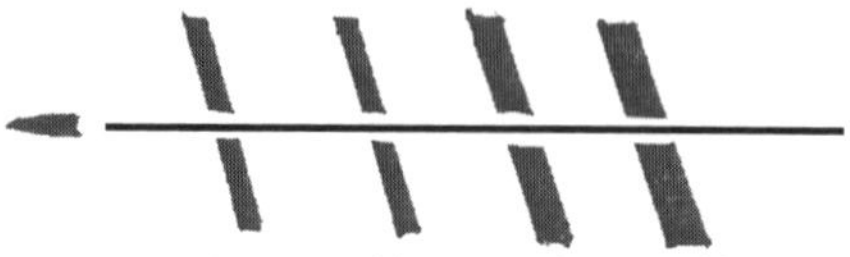

56口径8.8cm戦車砲KwK36

84mm　100mm　110mm　120mm
110mm　138mm　156mm　171mm

上段：風帽被帽付徹甲弾（APCBC）使用
下段：タングステン弾芯徹甲弾（APCP）使用

ティーガーⅠ

2,000m　1,000m　500m　100m

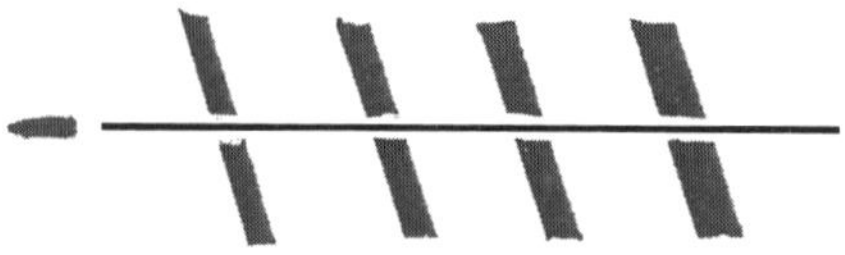

71口径8.8cm戦車砲KwK43

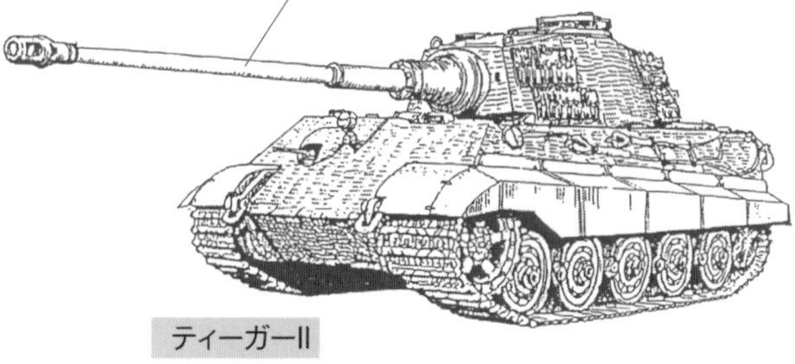

132mm　165mm　185mm　203mm
153mm　193mm　217mm　237mm

上段：風帽被帽付徹甲弾（APCBC）使用
下段：タングステン弾芯徹甲弾（APCP）使用

ティーガーⅡ

ソ連戦車の主砲貫通力

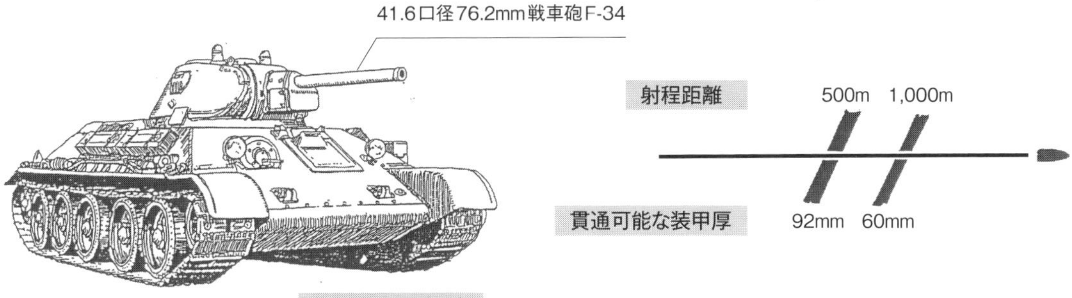
41.6口径76.2mm戦車砲F-34
射程距離
500m 1,000m
貫通可能な装甲厚
92mm 60mm

T-34 1941年型

54.6口径85mm戦車砲S-53
500m 1,000m
138mm 100mm

T-34-85

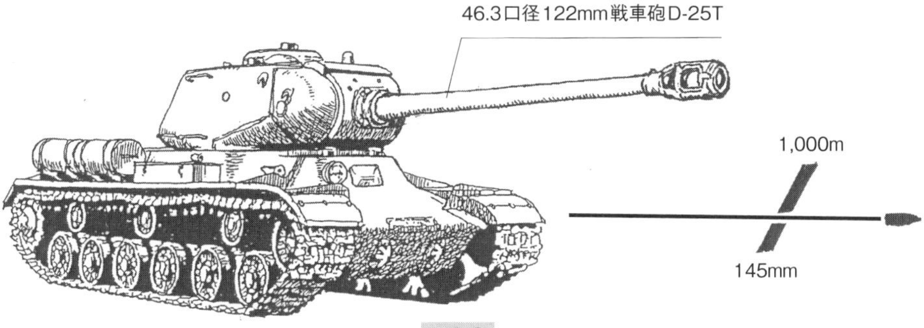
46.3口径122mm戦車砲D-25T
1,000m
145mm

JS-2

アメリカ/イギリス戦車の主砲貫通力

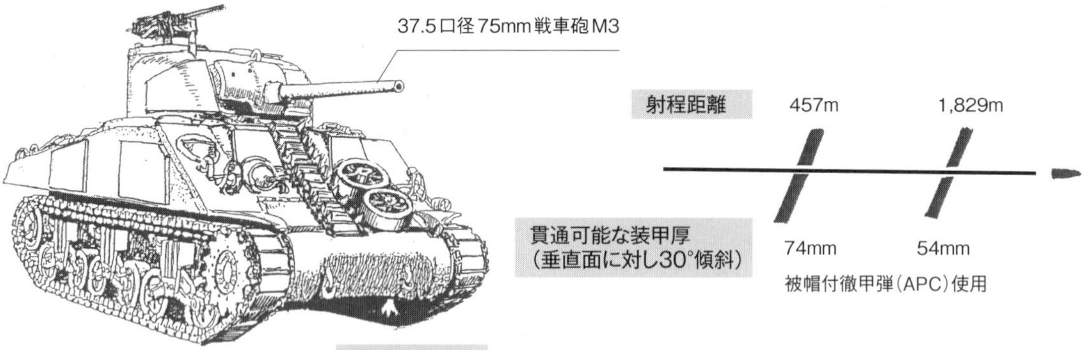
37.5口径75mm戦車砲M3
射程距離
457m
1,829m
貫通可能な装甲厚
(垂直面に対し30°傾斜)
74mm
54mm
被帽付徹甲弾(APC)使用

M4シャーマン

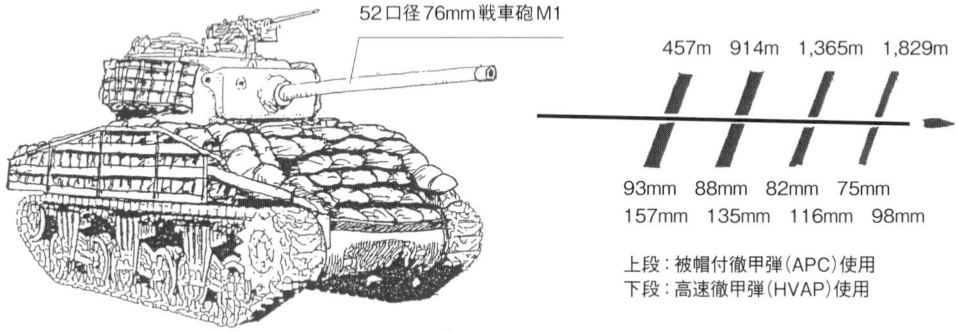
52口径76mm戦車砲M1
457m
914m
1,365m
1,829m
93mm 88mm 82mm 75mm
157mm 135mm 116mm 98mm
上段:被帽付徹甲弾(APC)使用
下段:高速徹甲弾(HVAP)使用

M4A3/76mm砲型シャーマン

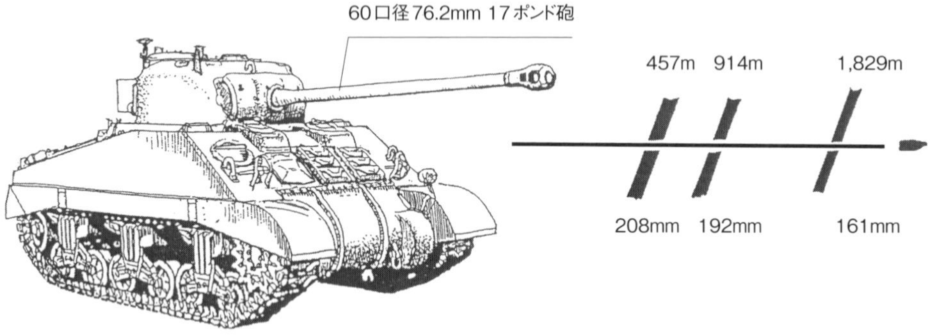
60口径76.2mm 17ポンド砲
457m
914m
1,829m
208mm
192mm
161mm

シャーマンVCファアフライ

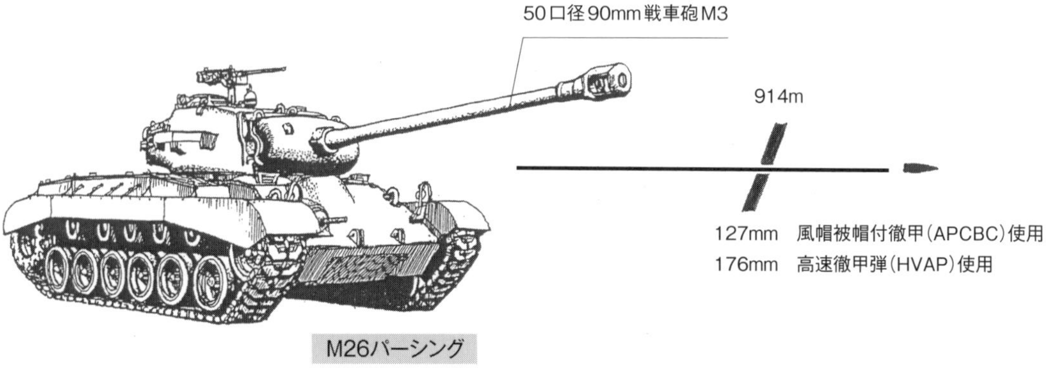
50口径90mm戦車砲M3
914m
127mm 風帽被帽付徹甲(APCBC)使用
176mm 高速徹甲弾(HVAP)使用

M26パーシング

鉄馬を駆る黒騎士

ドイツ戦車兵

ドイツ戦車兵のユニフォームといえば、黒色の短ジャケットが有名だが、戦域が拡大、戦闘が熾烈さを増していくにつれ、ドイツ戦車兵の服装も多様化していき、迷彩服やオーバーオール、防寒ジャケットなど多種多様な衣服が使用されるようになっていく。ここでは標準的なもののみを取り上げた。

パンツァー・ジャケット

※イラストは陸軍（国防軍）のジャケット

襟章
黒地にドクロの徽章を配置している。襟章の周囲には機甲部隊を示す兵科色であるピンクの縁取りが付く。

肩章
階級章にもなっている。

大戦初期は、襟回りにも兵科色のピンクの縁取りが付くが、1942年に廃止となる。

右胸には国家章（鷲章）が付く。

車内の機器に引っかからないように隠しボタンになっている。

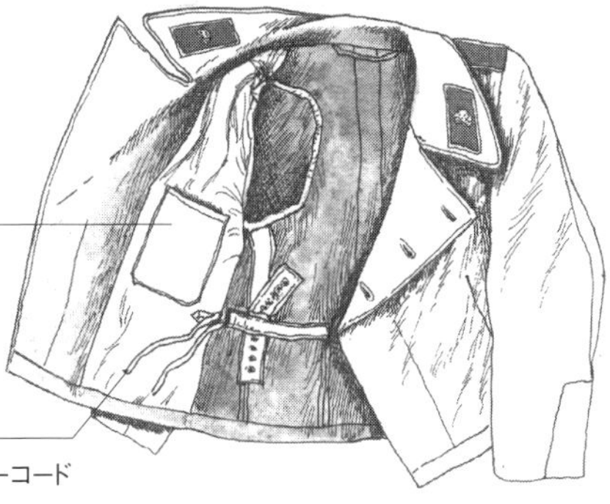

内ポケット

ドローコード

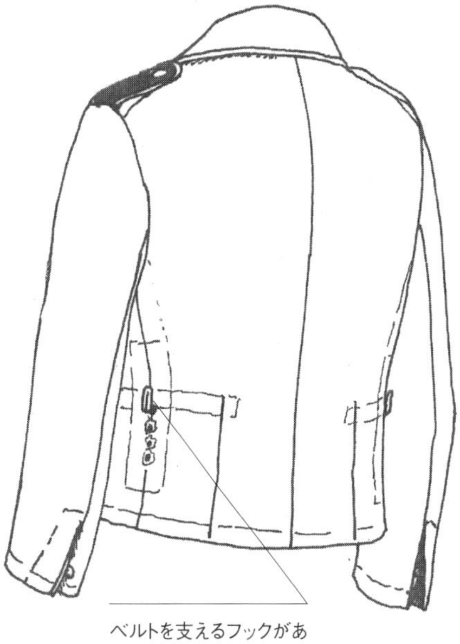

ベルトを支えるフックがあり。任意の位置に付けることができる。

戦車兵のスタイル

【 典型的な車長 】

将校用野戦帽を着用。
ヘッドフォン
スロートマイク
（咽喉マイク）
茶色革ベルト
（2つ穴タイプ）
フィールドグレーの革手袋

【 ポーランド戦時の戦車兵 】

黒色のベレー帽が
特徴。内部にクッ
ションパッドが付く。

【 標準的な戦車兵 】

革製ホルスター
イラストはルガーP08用。

【 北アフリカ戦線の戦車兵 】

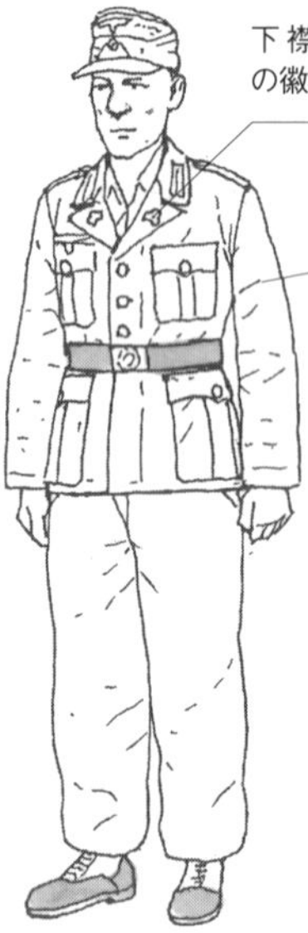

下襟にドクロ
の徽章が付く。
同戦線の一般兵
と同じ服を着用。

【 戦車兵作業服兼夏服 】

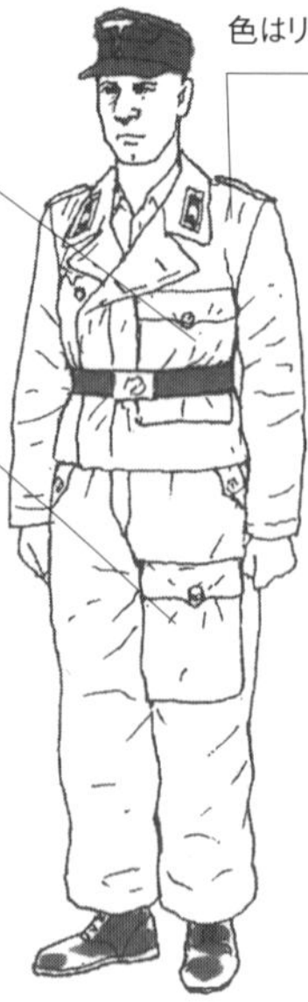

色はリードグリーン。
胸に大型
ポケットが付く。
左腿にも大型ポケッ
トが設けられている。

【 陸軍（国防軍）と武装SSの徽章 】

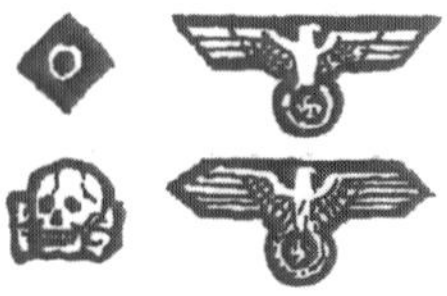

帽章
国家章（鷲章）
陸軍
武装SS

【 迷彩服を着用した武装 SS 戦車兵 】

陸軍のジャケットより襟
が小さい。黒服も同様。
1944年に導入された迷
彩服。迷彩パターンは
陸軍と異なる。

【 革製ジャケットを着用した武装 SS 戦車兵 】

黒色のUボート乗員
用革製ジャケット。
武装SSのベルト着用。
トラウザーズ（ズボ
ン）も黒色の革製。

作業スタイルの戦車兵

オーバーオールの作業服を着用。数種類ある。

1943年より使用されている武装SSの迷彩オーバーオール。

フィールドグレーの軍服を作業服として使用している兵士も多かった。肩章は戦車兵の黒色。

リードグリーン色の作業服（夏服としても使用）。

訓練服を着用。カーキ色で胸ポケットがない。

突撃砲搭乗員はフィールドグレー色のジャケットを着用していた。大戦中期以降、戦車搭乗兵も黒色のジャケットは戦場で目立つという理由で、フィールドグレーのジャケットやリードグリーンの作業服を着用する者が多かった。

ドイツ戦車兵のヘッドセット

フンクハオベA
スロートマイク（咽喉マイク）
スイッチターミナル（操作スイッチ）

◉ヘッドフォン“フンクハオベA”

終戦まで使用された標準
的な戦車兵ヘッドフォン。

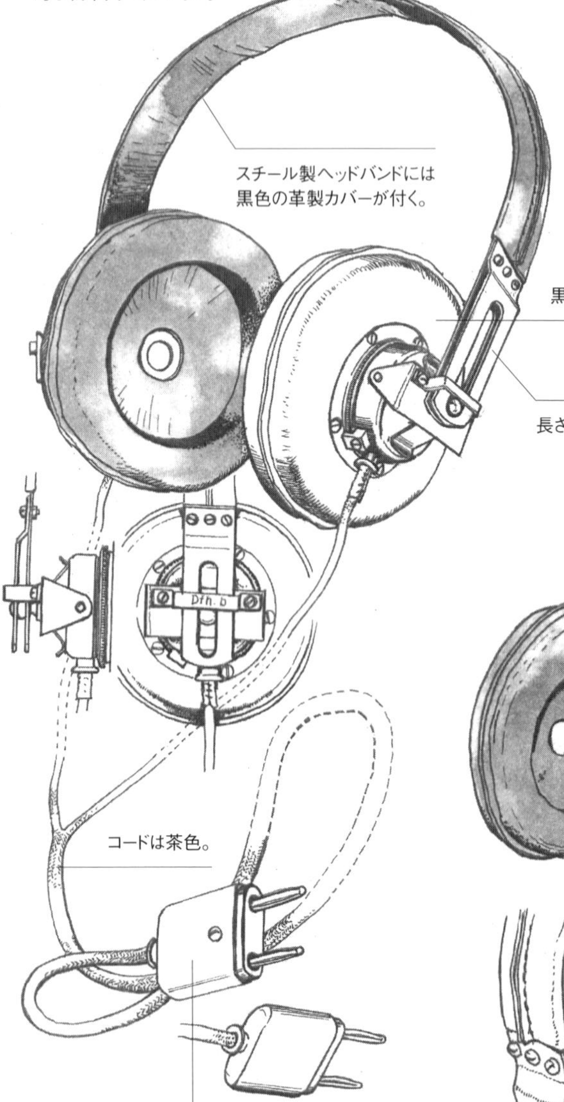
スチール製ヘッドバンドには
黒色の革製カバーが付く。
黒色のラバー製カバー。
長さを調整可能。
Dfh.b
コードは茶色。
無線機接続ジャック。

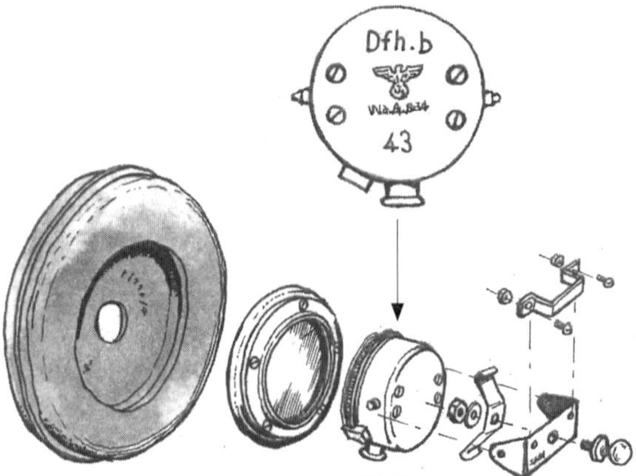
Dfh.b
43

レシーバーの構造

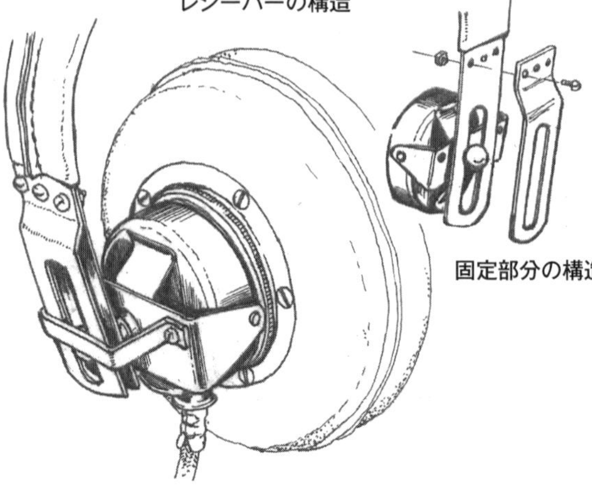

固定部分の構造

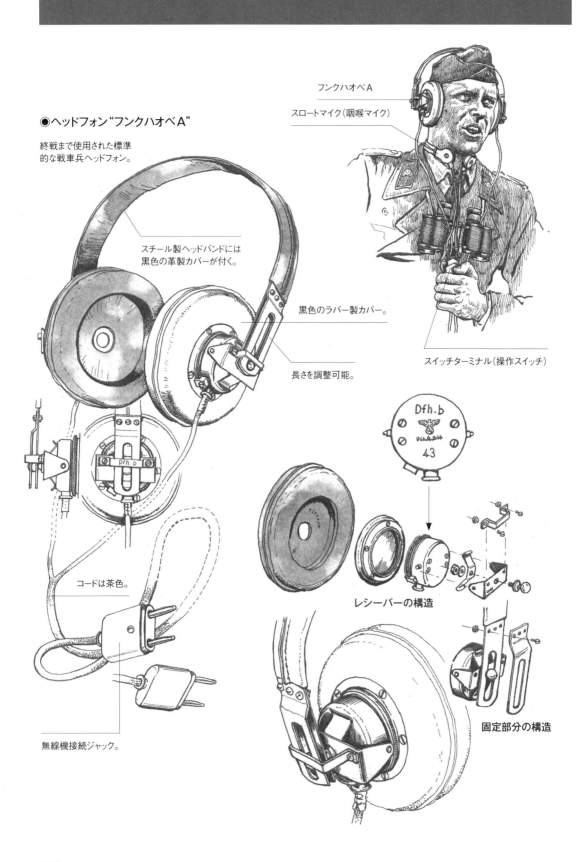

◉ヘッドフォン“コプフハオベA”とスロートマイク

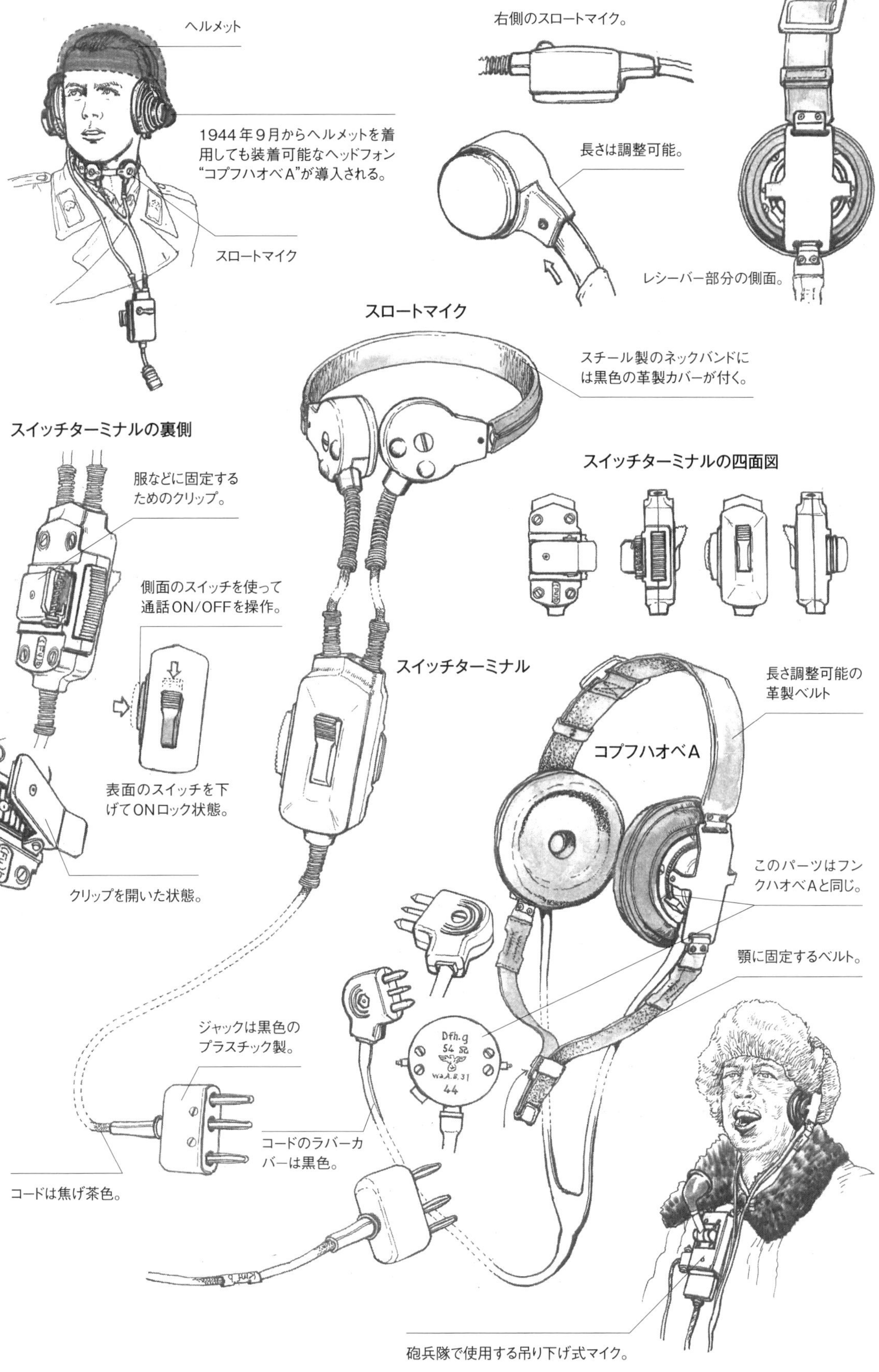
ヘルメット
1944年9月からヘルメットを着用しても装着可能なヘッドフォン“コプフハオベA”が導入される。
スロートマイク
右側のスロートマイク。
長さは調整可能。
レシーバー部分の側面。
スロートマイク
スチール製のネックバンドには黒色の革製カバーが付く。
スイッチターミナルの裏側
服などに固定するためのクリップ。
スイッチターミナルの四面図
側面のスイッチを使って通話ON/OFFを操作。
スイッチターミナル
表面のスイッチを下げてONロック状態。
長さ調整可能の革製ベルト
コプフハオベA
クリップを開いた状態。
このパーツはフンクハオベAと同じ。
顎に固定するベルト。
ジャックは黒色のプラスチック製。
コードのラバーカバーは黒色。
コードは焦げ茶色。
砲兵隊で使用する吊り下げ式マイク。

携行火器 ※これ以外のピストルも使用されている。

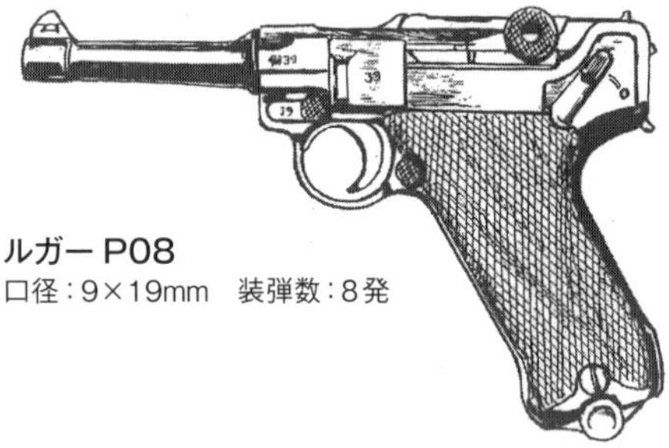

ルガー P08
口径：9×19mm　装弾数：8発

【 ホルスターの装着位置 】

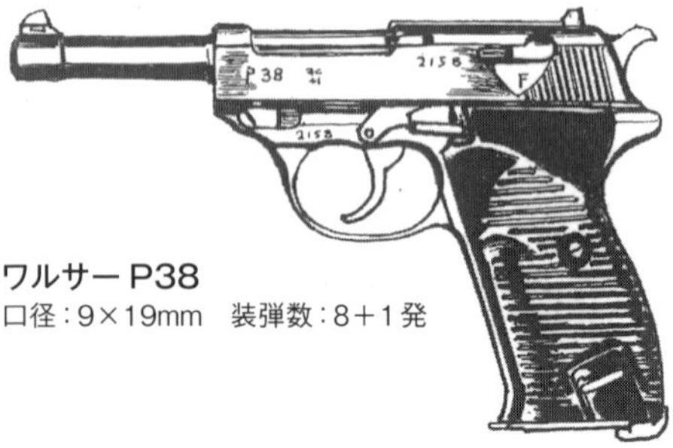

ワルサー P38
口径：9×19mm　装弾数：8＋1発

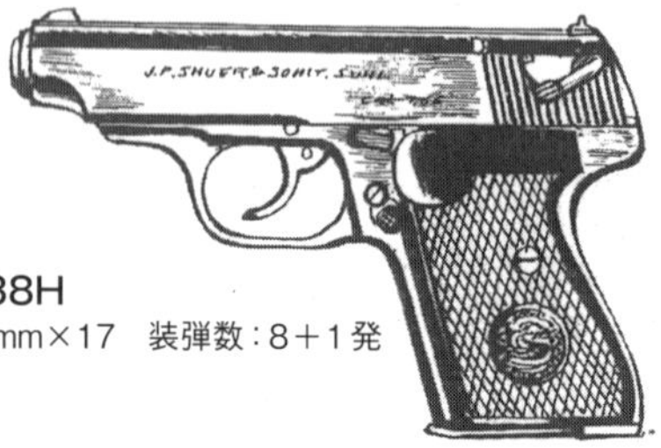

ザウアー 38H
口径：7.65mm×17　装弾数：8＋1発

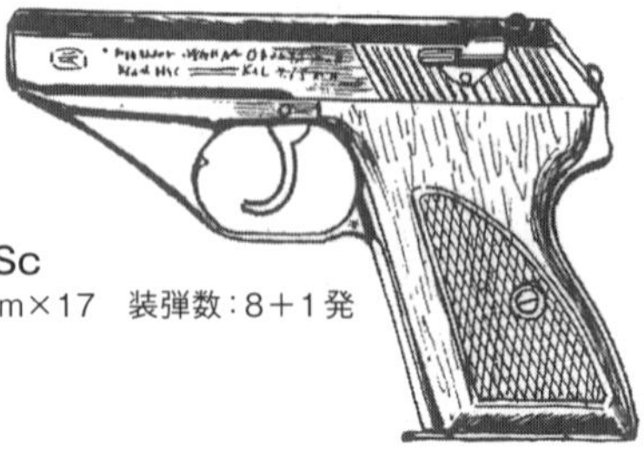

マウザー HSc
口径：7.65mm×17　装弾数：8＋1発

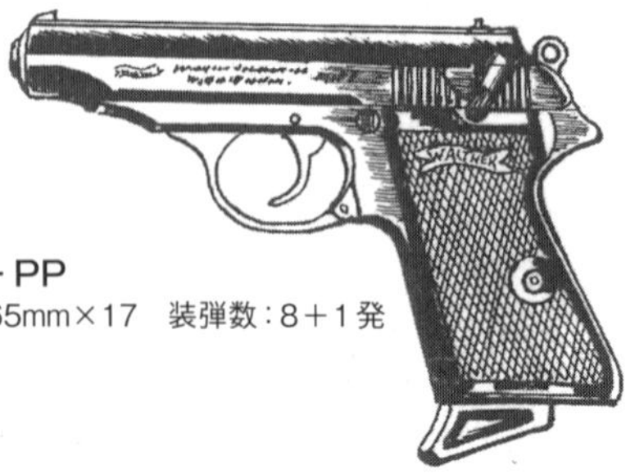

ワルサー PP
口径：7.65mm×17　装弾数：8＋1発

【 各種ホルスター 】

ルガー P08用

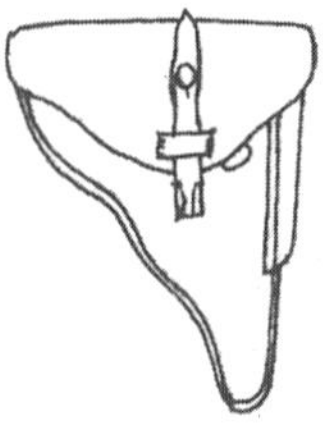

ルガー P08用後期型

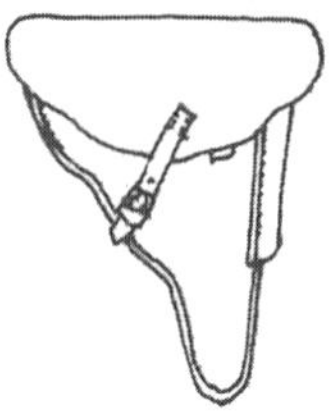

ワルサー P38用

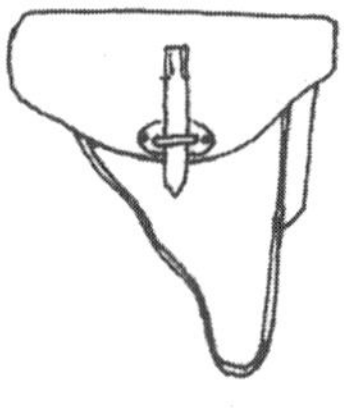

ワルサー P38用後期型

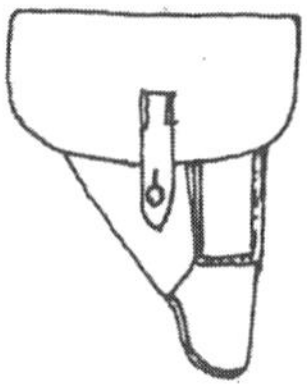

ザウアー 38H用

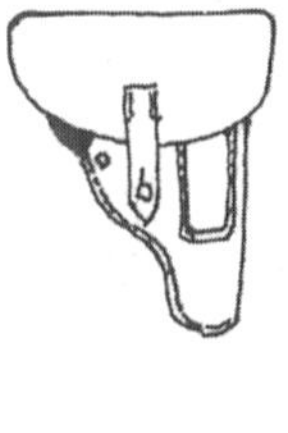

ワルサー PP用

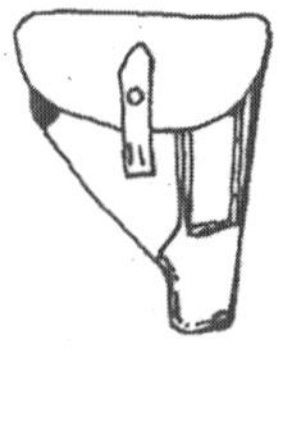

マウザー HSc用

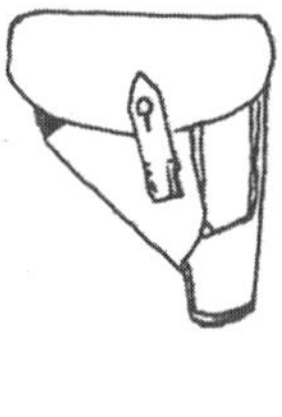

ブローニングM1922用

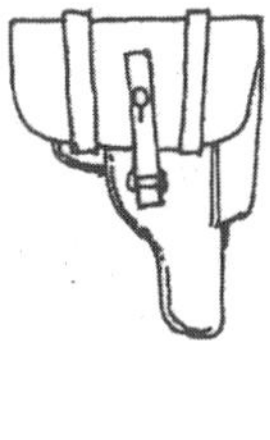

ラドムP35用

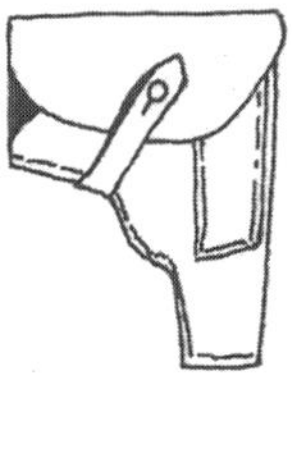

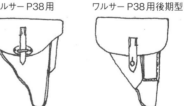

車内装備火器

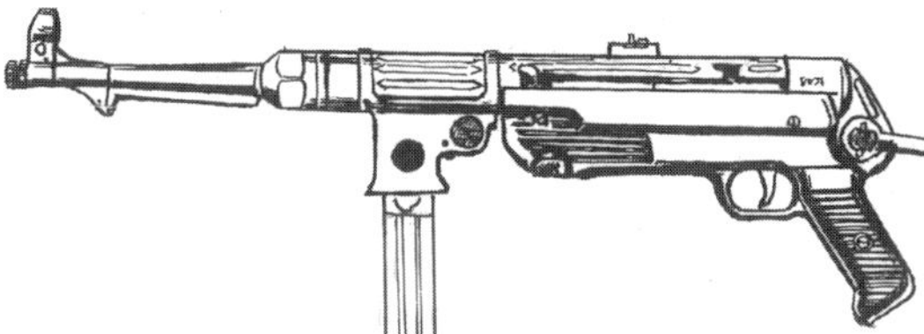

MP38短機関銃
口径：9×19mm　装弾数：32発

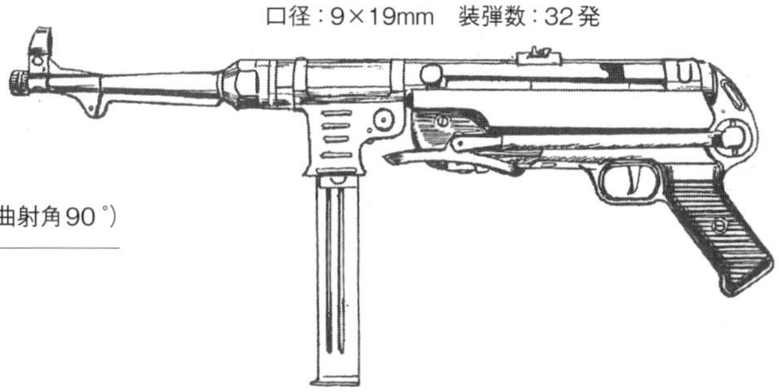

MP40短機関銃
口径：9×19mm　装弾数：32発

MP43突撃銃（後にMP44、StG44に改称）
口径：7.92×33mm　装弾数：30発

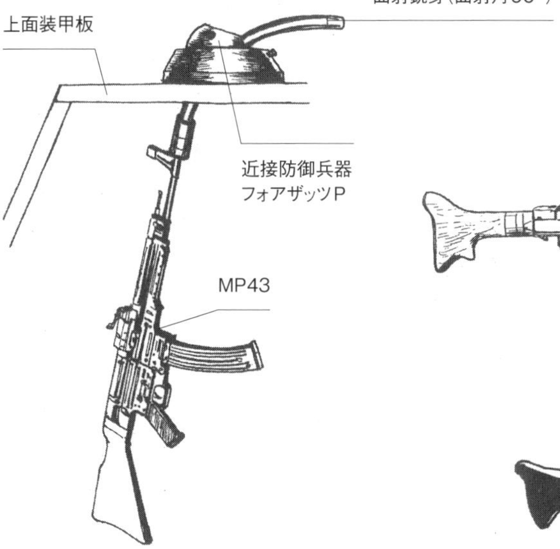
曲射銃身（曲射角90°）
上面装甲板
近接防御兵器
フォアザッツP
MP43

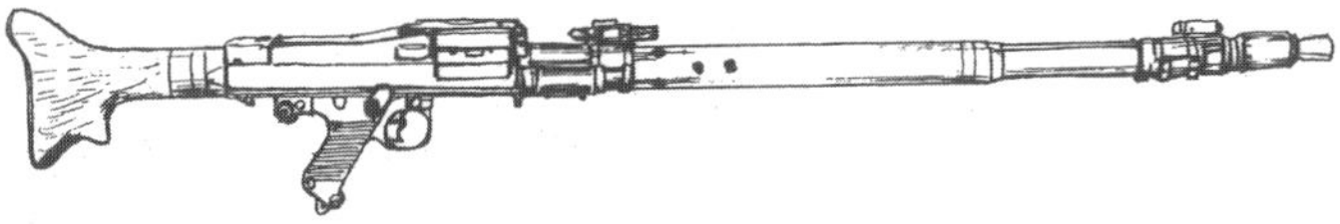

MG34機関銃 車載型
口径：7.92×57mm　給弾ベルトまたはドラム弾倉、サドル弾倉

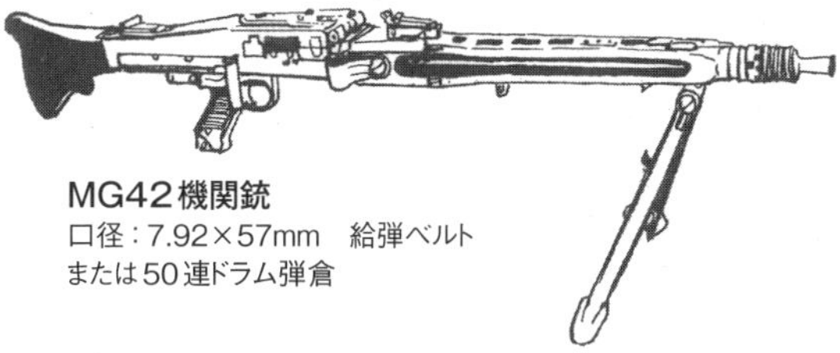

MG42機関銃
口径：7.92×57mm　給弾ベルト
または50連ドラム弾倉

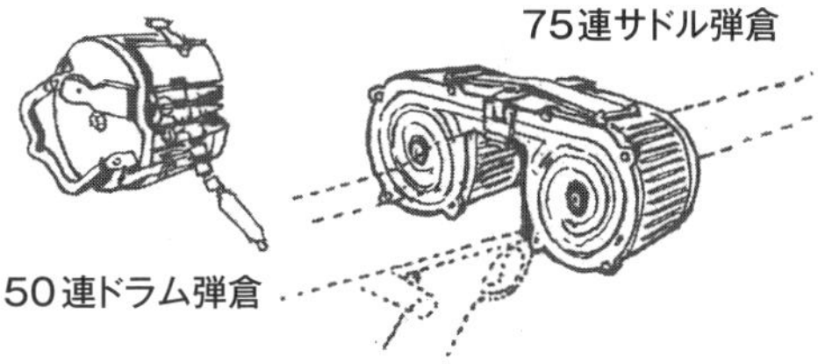

75連サドル弾倉

50連ドラム弾倉

ピストル以外にも短機関銃、
機関銃いろいろ積んでいるぞ！

車長用キューポラに設置したMG34

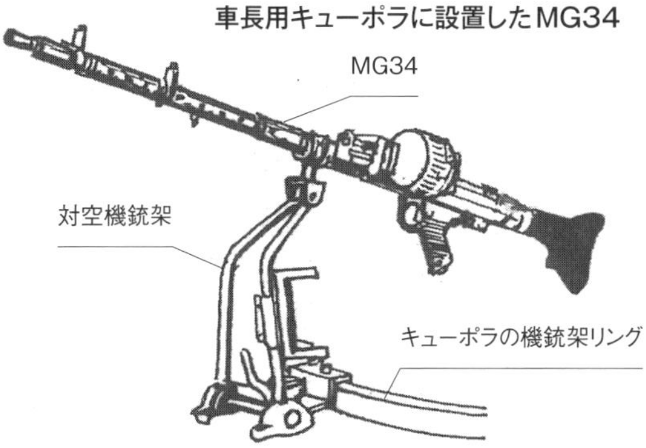
MG34
対空機銃架
キューポラの機銃架リング

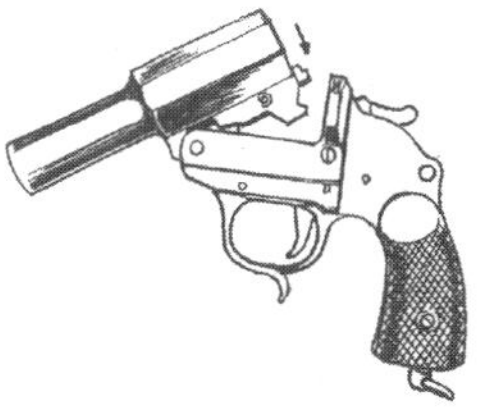

ワルサー信号ピストル
口径：26.65mm　単発式

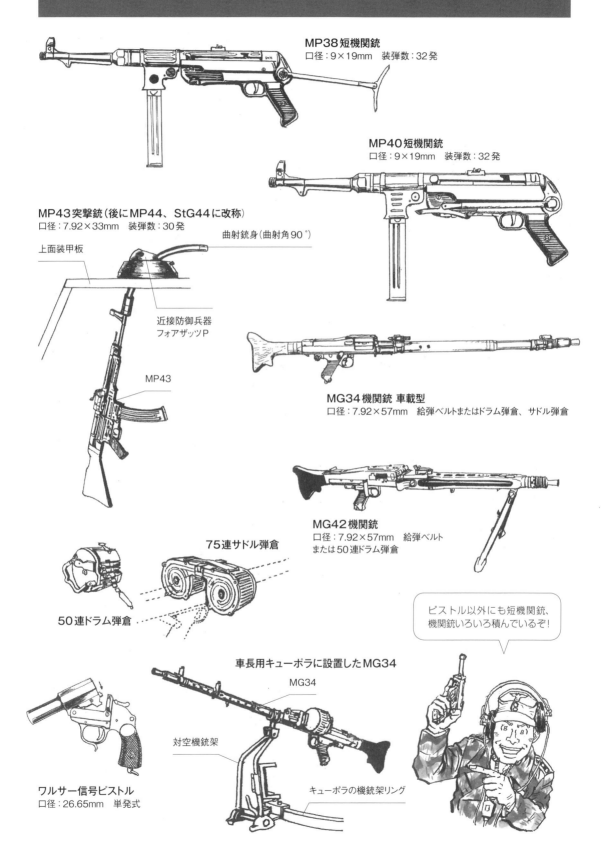

ドイツ戦車vs.連合軍戦車 主戦場概要図

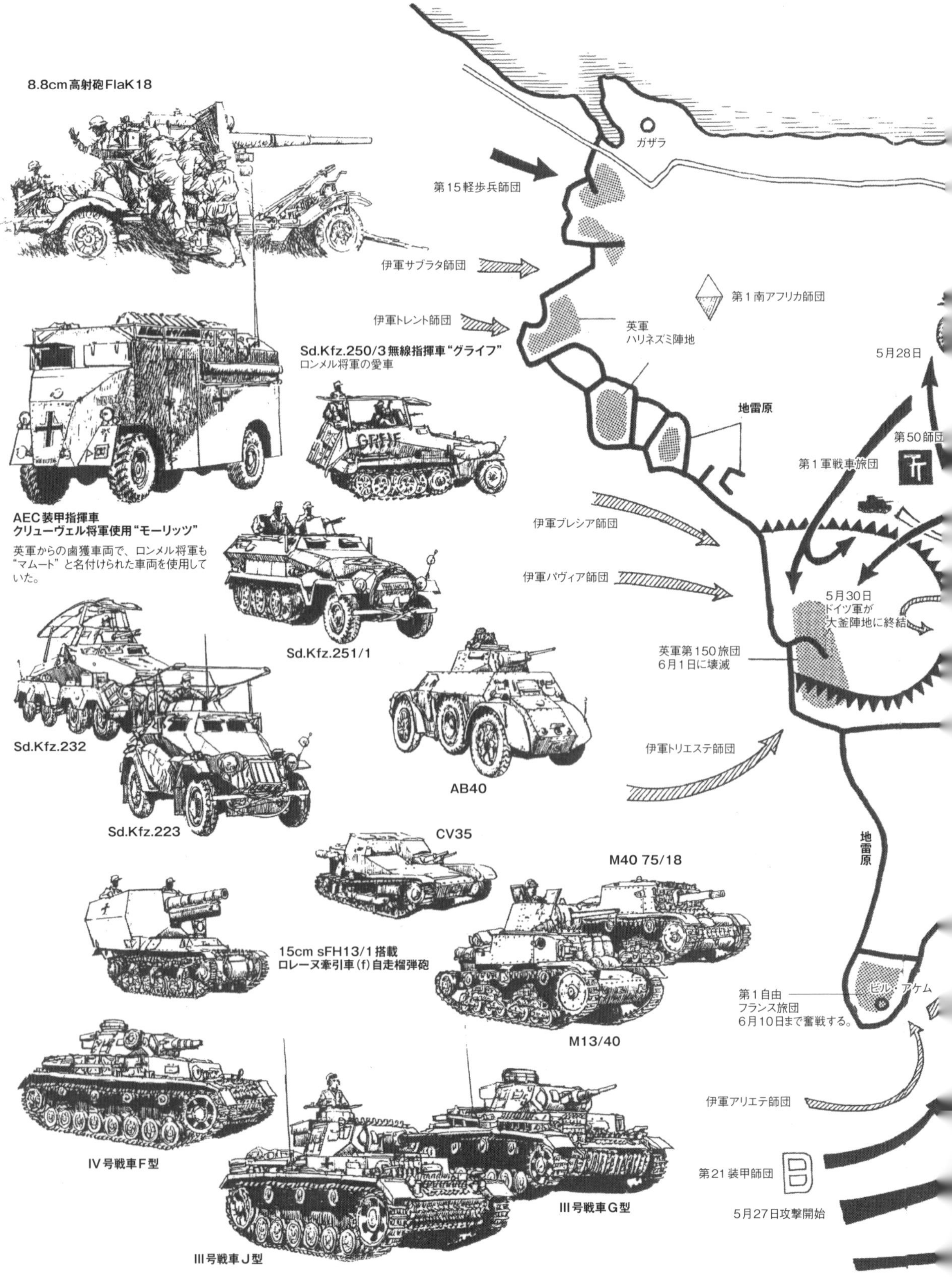

8.8cm高射砲FlaK18
AEC装甲指揮車
クリューヴェル将軍使用“モーリッツ”
英軍からの鹵獲車両で、ロンメル将軍も“マムート”と名付けられた車両を使用していた。
Sd.Kfz.250/3無線指揮車“グライフ”
ロンメル将軍の愛車
GREIF
Sd.Kfz.251/1
Sd.Kfz.232
Sd.Kfz.223
AB40
CV35
M40 75/18
15cm sFH13/1搭載
ロレーヌ牽引車(f)自走榴弾砲
M13/40
IV号戦車F型
III号戦車G型
III号戦車J型
ガザラ
第15軽歩兵師団
伊軍サブラタ師団
伊軍トレント師団
第1南アフリカ師団
英軍
ハリネズミ陣地
5月28日
地雷原
第50師
第1軍戦車旅団
伊軍ブレシア師団
伊軍パヴィア師団
5月30日
ドイツ軍が
大釜陣地に終結
英軍第150旅団
6月1日に壊滅
伊軍トリエステ師団
地雷原
第1自由
フランス旅団
6月10日まで奮戦する。
ビル・アケム
伊軍アリエテ師団
第21装甲師団
5月27日攻撃開始

北アフリカ戦線 ガザラ戦

1942年5月26日～6月21日

北アフリカで苦戦を強いられていたイタリア軍を支援するため1941年2月14日にロンメル将軍率いるドイツ・アフリカ軍団（DAK）がリビアのトリポリに上陸した。ドイツ軍は頼りないイタリア軍を率いて3月から反撃を開始。わずか2週間でキレナイカ一帯を奪還、その後も一進一退の攻防戦が繰り広げられた。北アフリカ戦線緒戦の天王山となったのが、ドブルクの攻略である。第一次攻略戦の失敗の後、1942年5月26日にドイツ・イタリア枢軸軍は、イギリス軍のガザラ防衛戦に攻撃を開始。6月21日についに要衝トブルクを陥落させた。

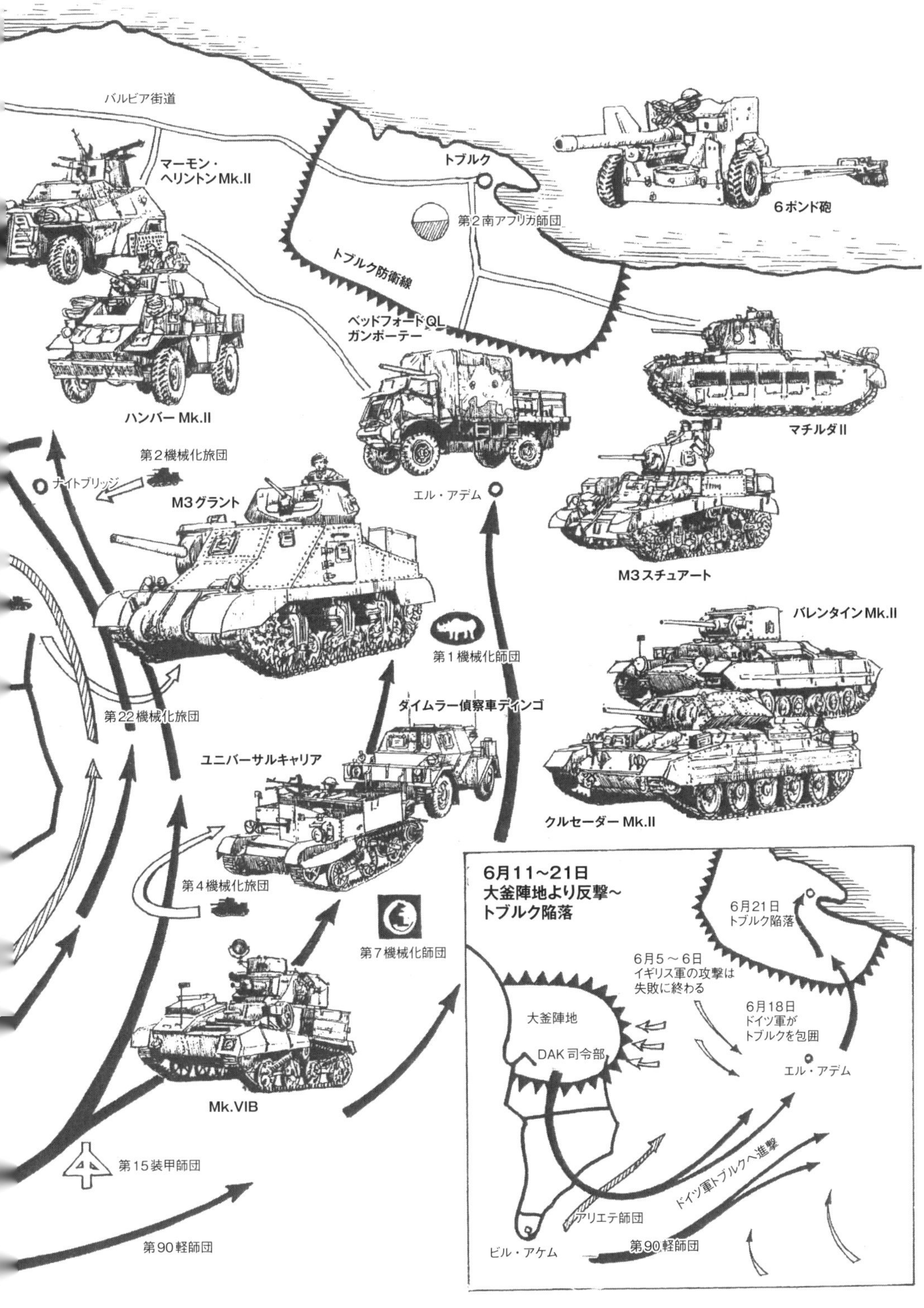

バルビア街道
マーモン・ヘリントンMk.II
トブルク
6ポンド砲
第2南アフリカ師団
トブルク防衛線
ベッドフォードQL
ガンポーテー
ハンバー Mk.II
マチルダII
第2機械化旅団
ナイトブリッジ
M3グラント
エル・アデム
M3スチュアート
バレンタインMk.II
第1機械化師団
ダイムラー偵察車ディンゴ
第22機械化旅団
ユニバーサルキャリア
クルセーダー Mk.II
第4機械化旅団
第7機械化師団
Mk.VIB
第15装甲師団
第90軽師団
6月11～21日
大釜陣地より反撃～
トブルク陥落
6月21日
トブルク陥落
6月5～6日
イギリス軍の攻撃は
失敗に終わる
6月18日
ドイツ軍が
トブルクを包囲
大釜陣地
DAK司令部
エル・アデム
ドイツ軍トブルクへ進撃
アリエテ師団
ビル・アケム
第90軽師団

北アフリカ戦線 エル・アラメイン戦

1942年10月23日～11月4日

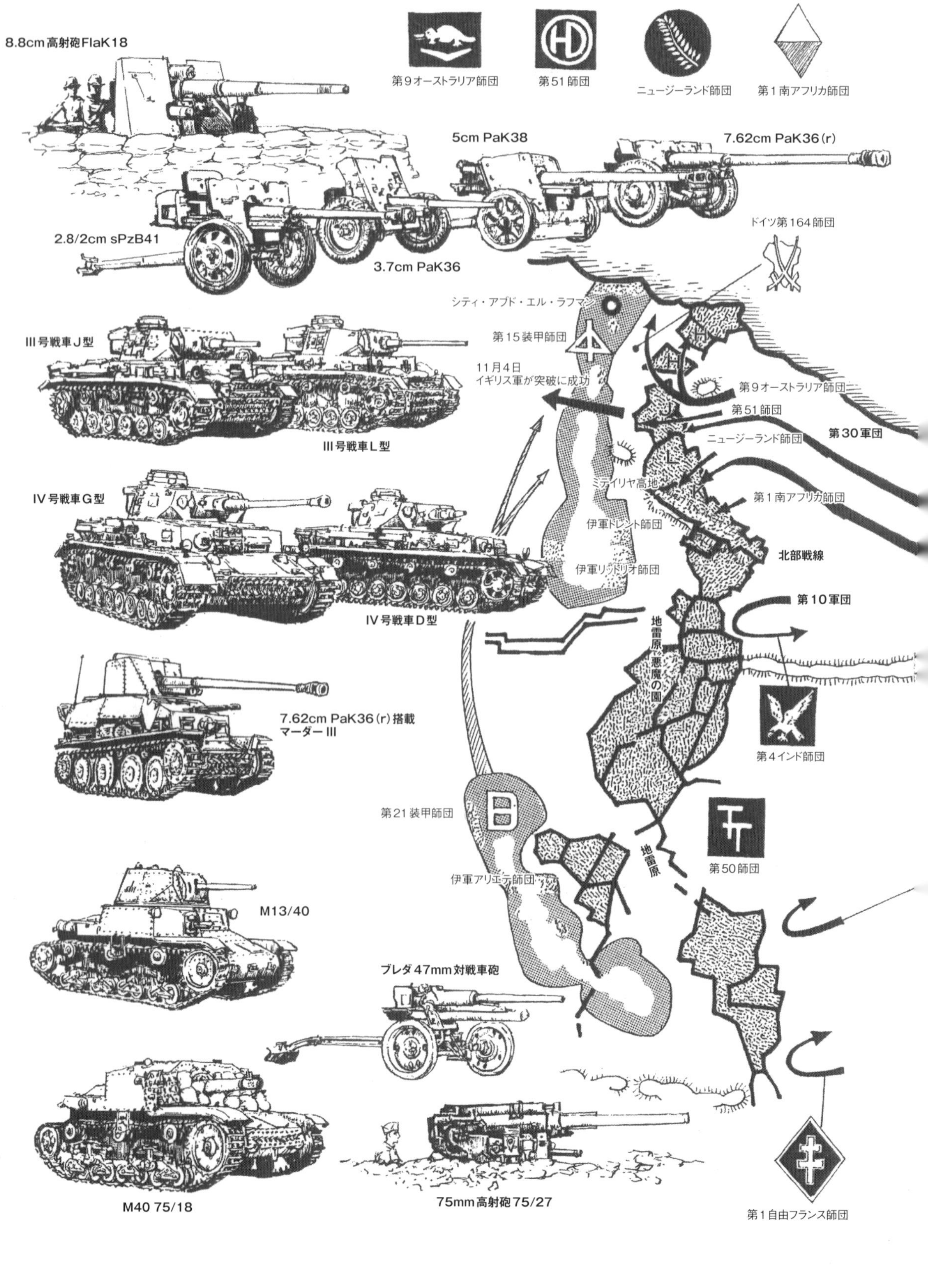

8.8cm高射砲FlaK18
第9オーストラリア師団
第51師団
ニュージーランド師団
第1南アフリカ師団
5cm PaK38
7.62cm PaK36(r)
2.8/2cm sPzB41
3.7cm PaK36
ドイツ第164師団
シティ・アブド・エル・ラフマン
第15装甲師団
III号戦車J型
11月4日
イギリス軍が突破に成功
第9オーストラリア師団
第51師団
ニュージーランド師団
第30軍団
III号戦車L型
IV号戦車G型
ミテイリヤ高地
第1南アフリカ師団
伊軍トレント師団
北部戦線
伊軍リットリオ師団
第10軍団
IV号戦車D型
地雷原 悪魔の園
7.62cm PaK36(r)搭載
マーダーIII
第4インド師団
第21装甲師団
地雷原
第50師団
伊軍アリエテ師団
M13/40
ブレダ47mm対戦車砲
M40 75/18
75mm高射砲75/27
第1自由フランス師団

ガザラ戦に敗北し、トブルクを失ったイギリス軍は、その後も後退を続け、エル・アラメインを最終防衛ラインとする。イギリス軍は、第一次エル・アラメイン戦を持ち堪えた後、アメリカから戦車を始めとする大量の物資の補給を受け反撃の準備を整えた。一方、ドイツ軍は補給もままならない状況で、既にかなりの戦力を消耗していた。1942年10月23日、イギリス軍は1,000門以上の砲による一斉砲撃を開始。第二次エル・アラメイン戦が始まった。圧倒的な物量の前に11月4日、ドイツ軍はついに撤退を余儀なくされる。エル・アラメイン戦の勝敗は、北アフリカ戦線の趨勢を大きく変え、ドイツ・イタリア枢軸軍は以後、守勢に立たされる。

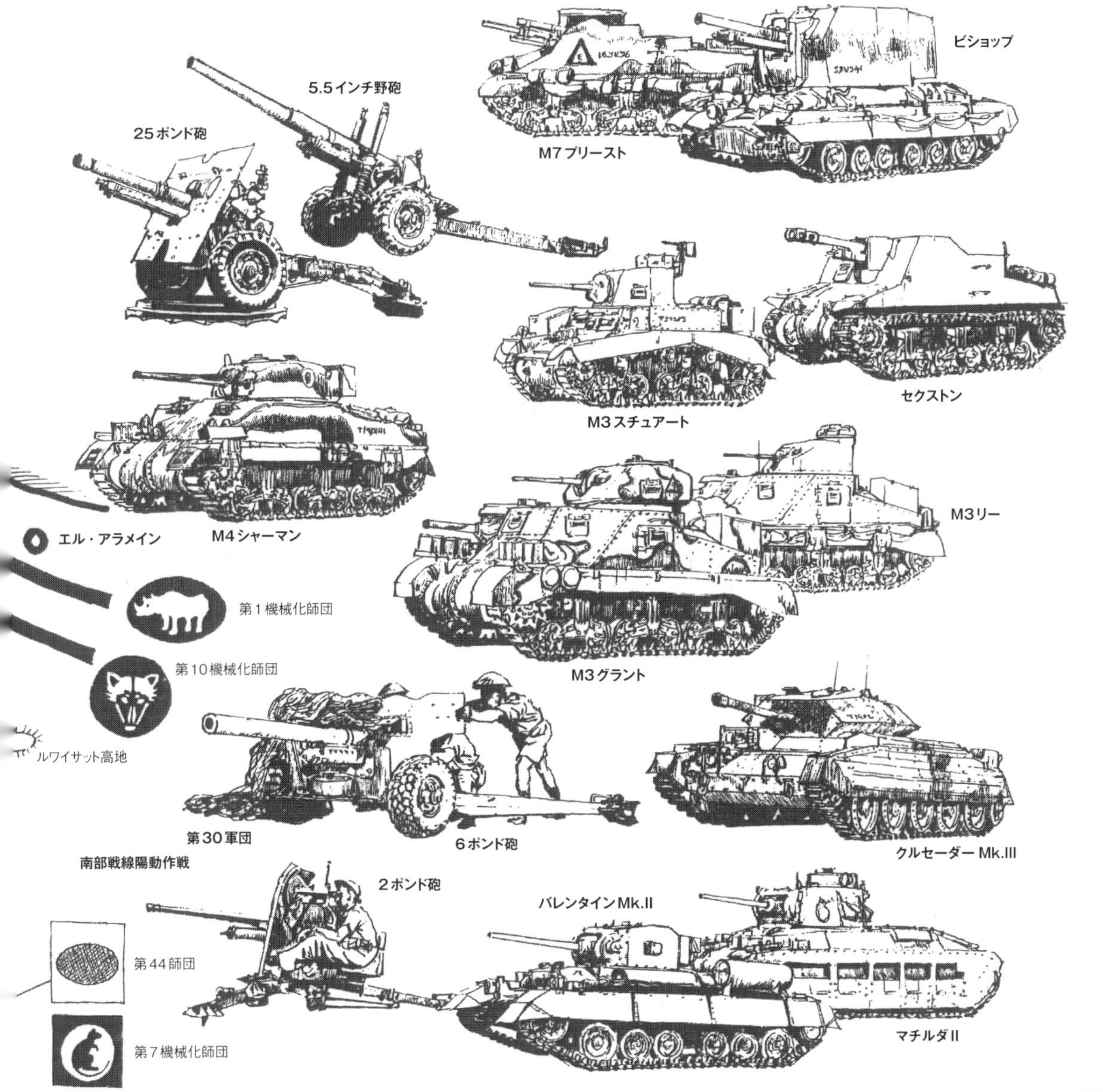

ビショップ
5.5インチ野砲
25ポンド砲
M7プリースト
セクストン
M3スチュアート
M4シャーマン
エル・アラメイン
第1機械化師団
第10機械化師団
M3リー
M3グラント
ルワイサット高地
第30軍団
6ポンド砲
クルセーダー Mk.III
南部戦線陽動作戦
2ポンド砲
バレンタインMk.II
第44師団
マチルダII
第7機械化師団

“悪魔の園”には50万個もの地雷、爆弾が埋められていた。

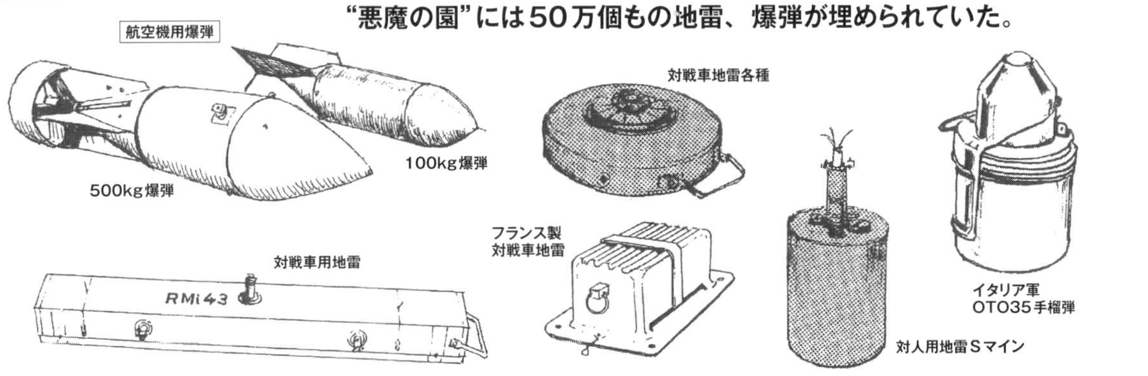

航空機用爆弾
500kg爆弾
100kg爆弾
対戦車地雷各種
フランス製
対戦車地雷
対戦車用地雷
RMi43
イタリア軍
OTO35手榴弾
対人用地雷Sマイン

東部戦線 クルスク戦“プロホロフカ大戦車戦”

1943年7月12日

7月12日
クルスク戦線
ソ連軍の攻勢
オリョル第９軍
クルスク
ソ連予備軍
草原戦線
オボヤン
プロホロフカ
プショル川
第４機甲軍
ハリコフ
第３装甲師団
ノヴォセロフカ
第48装甲軍団
グロスドイッチュラント師団
第11装甲師団
Fw189偵察機
ドイツ陸軍 戦車、自走砲約600両
ドイツ空軍 航空機 約1800機
Fw190A戦闘機
Ju88A爆撃機
10./KG1
KG3
KG51
JG51
JG54
He1111爆撃機
Bf109G戦闘機
JG3
JG52
KG4
KG53
KG54
Ju-87D急降下爆撃機
10(Pz.)./SG1
Ju87G地上攻撃機
Hs129B-2/R2地上攻撃機
Fw190F戦闘攻撃機
7./StG1
StG2
Bf110G戦闘機
11./SG1

1943年7月4日から始まったクルスク戦は、東部戦線で最大の激戦となった。ドイツ軍は持てる兵力のほとんどを投入。しかし、迎え撃つソ連軍の兵力はそれを遥かに上回るものだった。クルスク戦最中の7月12日にプロホロフカで繰り広げられた戦いは、特に“史上最大の戦車戦”として名高い。同戦いで、ソ連軍の損失はドイツ軍の数倍にも及んだが、ソ連軍はそれを補うだけの兵力を有していた。一方、ドイツ軍は米英軍のシチリア島上陸により地中海/イタリア戦線に兵力を送る必要に迫られ、クルスク戦継続が困難となり、結果的にはドイツ軍の敗北に終る。クルスク戦の勝敗がヨーロッパの戦いを決定付けることになったといっても過言でない。

オボヤン
オボヤン街道
プショル川
ソ連空軍 航空機約3000機
La-5FN戦闘機
P-39エアコブラ戦闘機
Yak-9戦闘機
Pe-2爆撃機
Il-2襲撃機
第32親衛狙撃兵軍団
第5親衛機械化軍団
第31機甲軍団
第3SS装甲師団
トーテンコップ
SS装甲軍団
第33親衛狙撃兵軍団
第1SS装甲師団
アドルフ・ヒトラー
第18機甲軍団
第2SS装甲師団
ダスライヒ
プロホロフカ
第29機甲軍団
ソ連陸軍 戦車、自走砲約850両
第5親衛機甲軍
第2機甲軍団
第2親衛機甲軍団
第5親衛機械化軍団
StG77
ドニエツ川
ケンプフ軍支隊
第6装甲師団
第11装甲師団
第7装甲師団

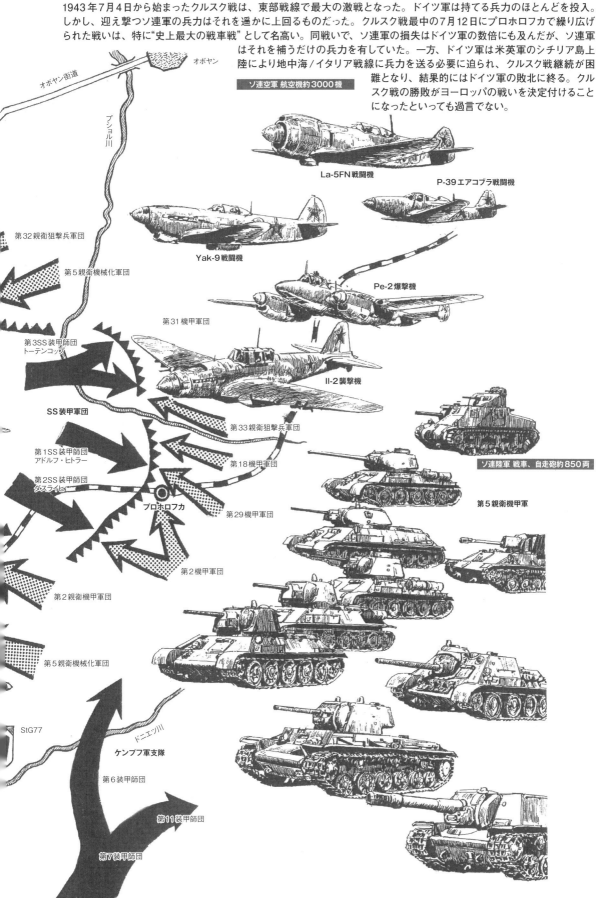

西部戦線 ノルマンディー戦

1944年6月11～12日

1944年6月6日、ノルマンディー上陸作戦が決行され、イギリス軍はゴールド・ビーチに上陸。イギリス軍の第1目標は、要衝カーンの確保だったが、同地前面には、ドイツ軍の精鋭、装甲教導師団が防衛戦を構築していた。イギリス第7機甲師団は正面からの攻撃を避け、迂回して包囲する作戦を採り、6月12日に第7機甲師団の先鋒部隊がヴィレル・ボカージュに到着した。しかし、翌13日、SS第101重戦車大隊の戦車エース、ヴィットマンの活躍により、イギリス軍は大損害を出すことになる。

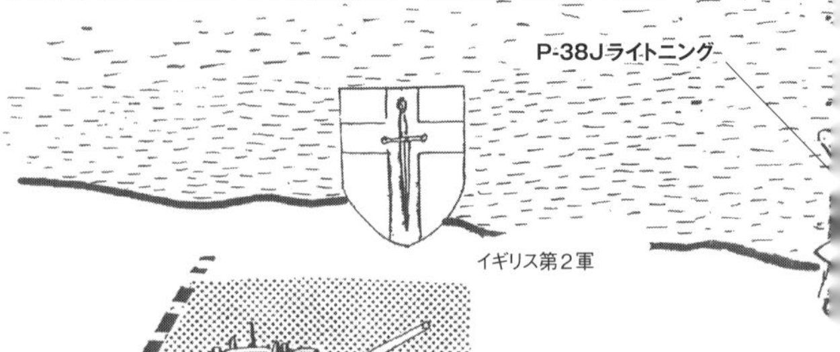

P-38Jライトニング
イギリス第2軍

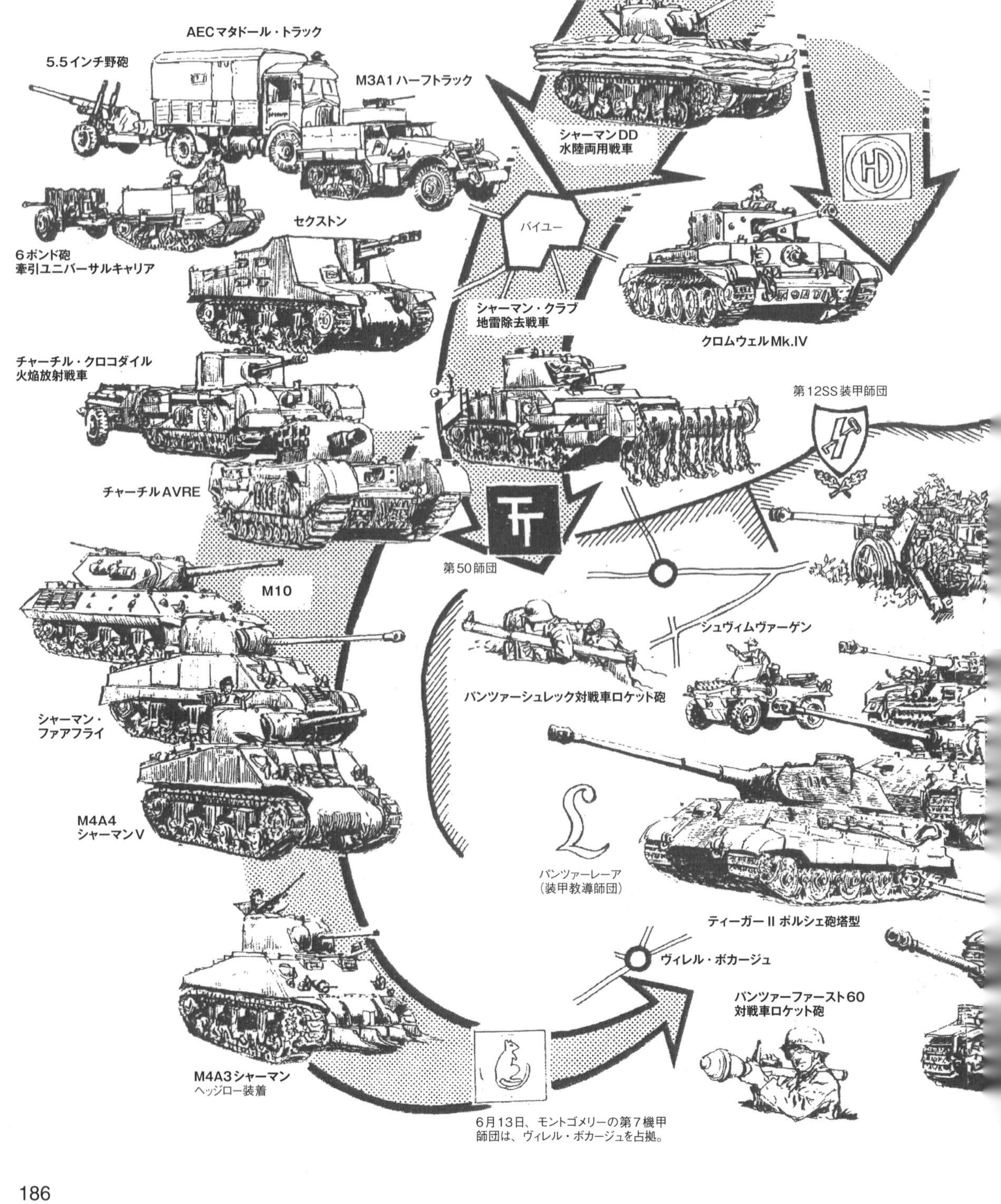

AECマタドール・トラック
5.5インチ野砲
M3A1ハーフトラック
シャーマンDD
水陸両用戦車
6ポンド砲
牽引ユニバーサルキャリア
セクストン
バイユー
シャーマン・クラブ
地雷除去戦車
クロムウェルMk.IV
チャーチル・クロコダイル
火焔放射戦車
第12SS装甲師団
チャーチルAVRE
第50師団
M10
シュヴィムヴァーゲン
パンツァーシュレック対戦車ロケット砲
シャーマン・
ファアフライ
M4A4
シャーマンV
パンツァーレーア
(装甲教導師団)
ティーガーII ポルシェ砲塔型
ヴィレル・ボカージュ
パンツァーファースト60
対戦車ロケット砲
M4A3シャーマン
ヘッジロー装着
6月13日、モントゴメリーの第7機甲師団は、ヴィレル・ボカージュを占拠。

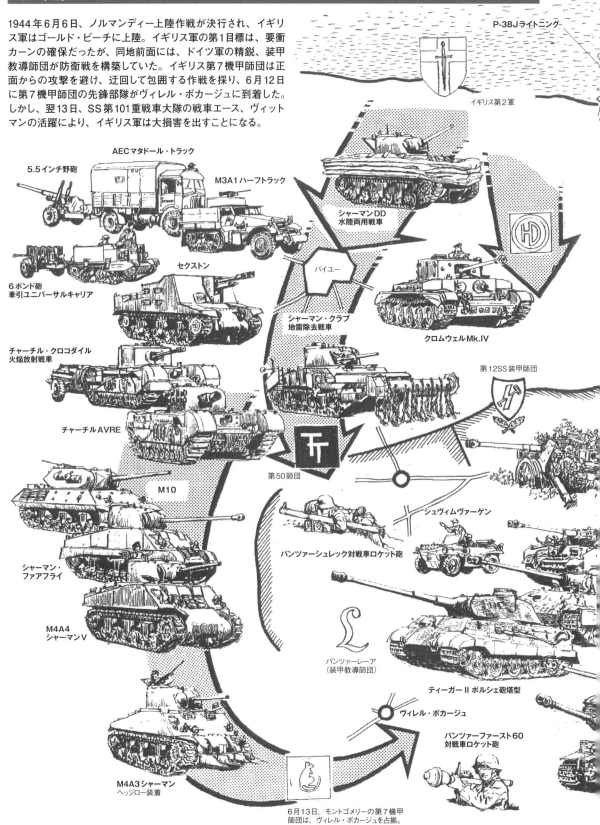

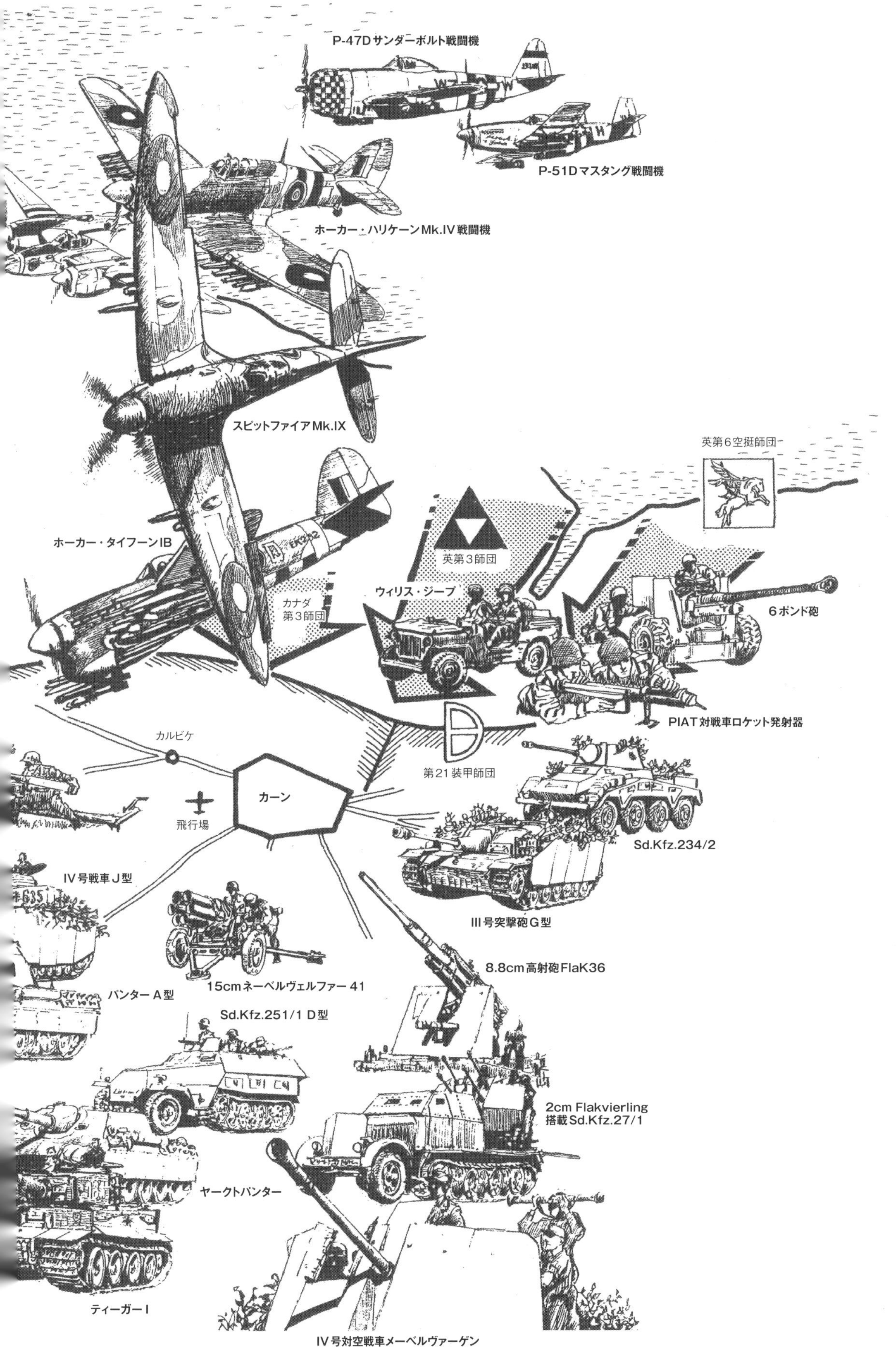
P-47Dサンダーボルト戦闘機
P-51Dマスタング戦闘機
ホーカー・ハリケーンMk.IV戦闘機
スピットファイアMk.IX
英第6空挺師団
英第3師団
ホーカー・タイフーンIB
ウィリス・ジープ
6ポンド砲
カナダ
第3師団
PIAT対戦車ロケット発射器
カルピケ
第21装甲師団
カーン
飛行場
Sd.Kfz.234/2
IV号戦車J型
III号突撃砲G型
8.8cm高射砲FlaK36
15cmネーベルヴェルファー41
パンターA型
Sd.Kfz.251/1 D型
2cm Flakvierling
搭載Sd.Kfz.27/1
ヤークトパンター
ティーガーI
IV号対空戦車メーベルヴァーゲン

西部戦線 アルデンヌ戦（バルジの戦い）

1944年12月16日〜1945年1月27日

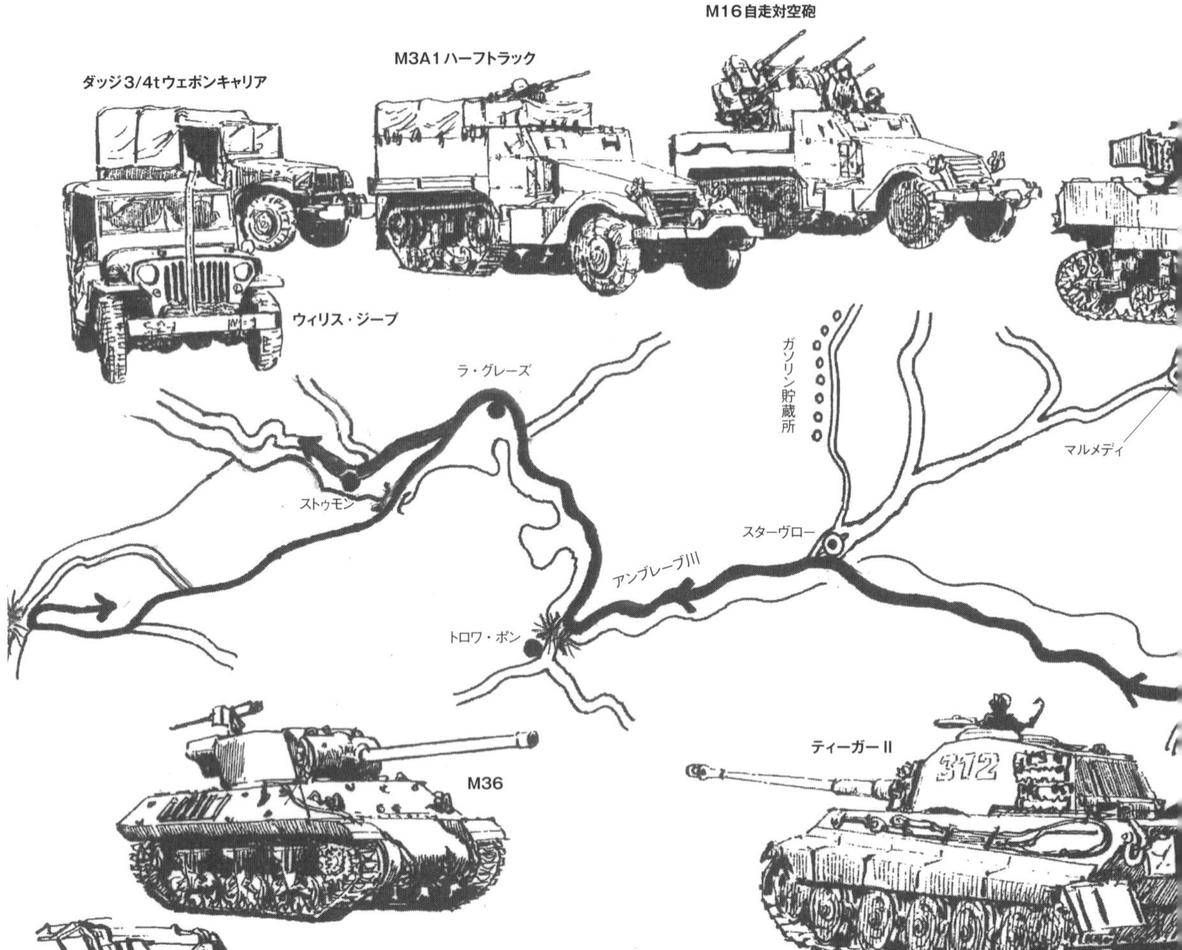
M16自走対空砲
M3A1ハーフトラック
ダッジ3/4tウェポンキャリア
ウィリス・ジープ
ラ・グレーズ
ガソリン貯蔵所
マルメディ
ストゥモン
スターヴロー
アンブレーブ川
トロワ・ポン
M36
ティーガーII

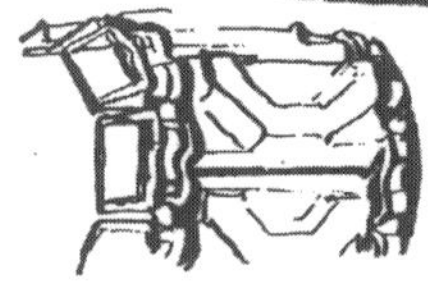

アメリカ戦車は履帯の外側にグロッサーを取り付け、接地面積を広げ、雪中走行に備えた。

M4A3E2 76mm砲型
M4A1 76mm砲型

M24チャーフィー

1944年12月16日、ドイツ軍最後の一大反攻作戦“ラインの守り”が発動された。作戦目標は連合軍の兵站基地が置かれているベルギーの港湾都市アントワープの攻略である。悪天候を利用し、ドイツ軍戦車部隊はアルデンヌの深い森の中を進撃する。ドイツ軍は次々とアメリカ軍を撃退し、進撃を続けた。しかし、ドイツ軍の快進撃も長くは続かなかった。増援を受け、体勢を立て直しつつあったアメリカ軍は、天候が回復した同月23日に航空支援の下、反撃を開始する。

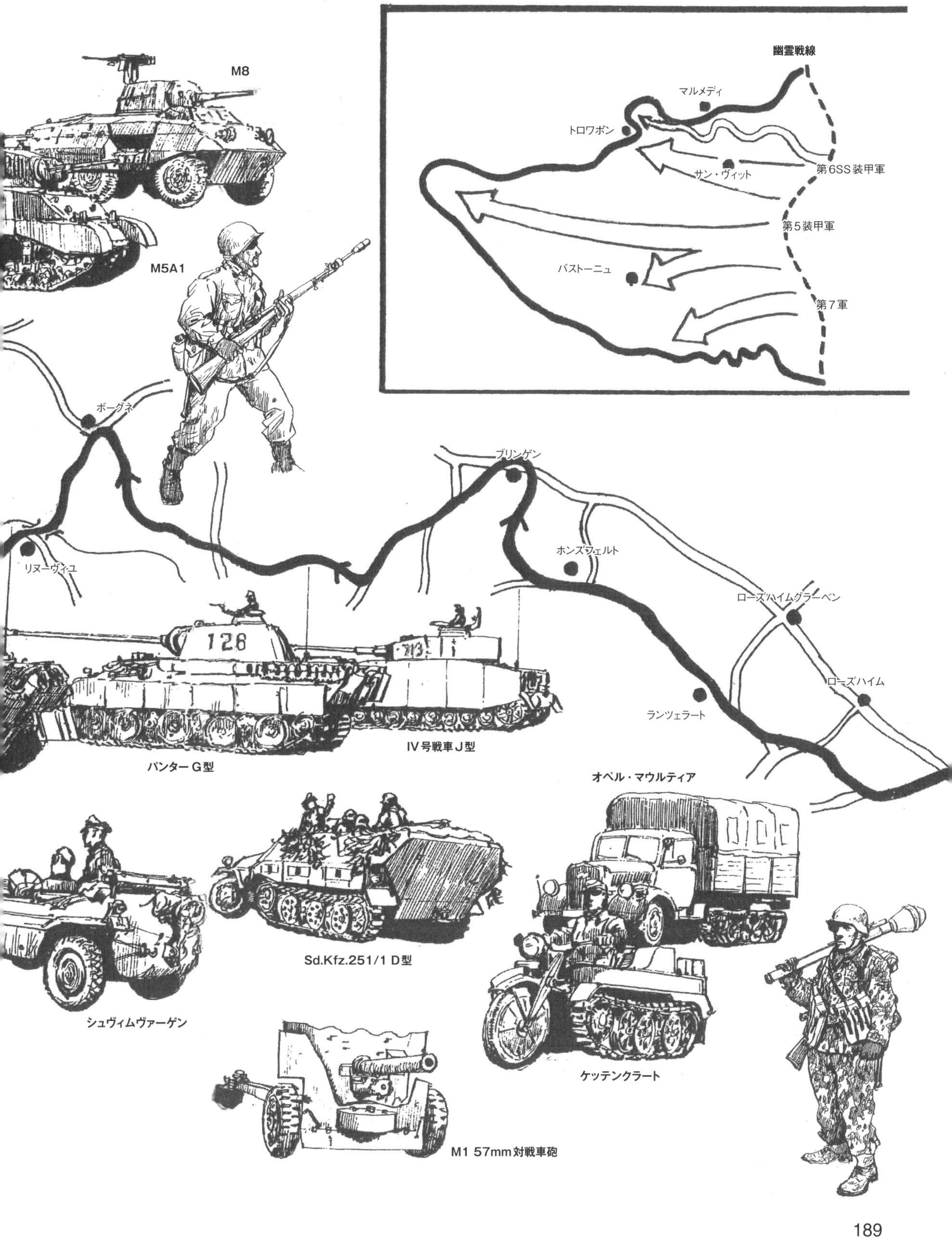

M8
M5A1
幽霊戦線
マルメディ
トロワポン
サン・ヴィット
第6SS装甲軍
第5装甲軍
バストーニュ
第7軍
ボーグネ
ブリンゲン
リヌーヴィユ
ホンズフェルト
ローズハイムグラーベン
ローズハイム
ランツェラート
パンターG型
IV号戦車J型
オペル・マウルティア
Sd.Kfz.251/1 D型
シュヴィムヴァーゲン
ケッテンクラート
M1 57mm対戦車砲

ドイツ本土防衛戦 ベルリン包囲戦

1945年4月末

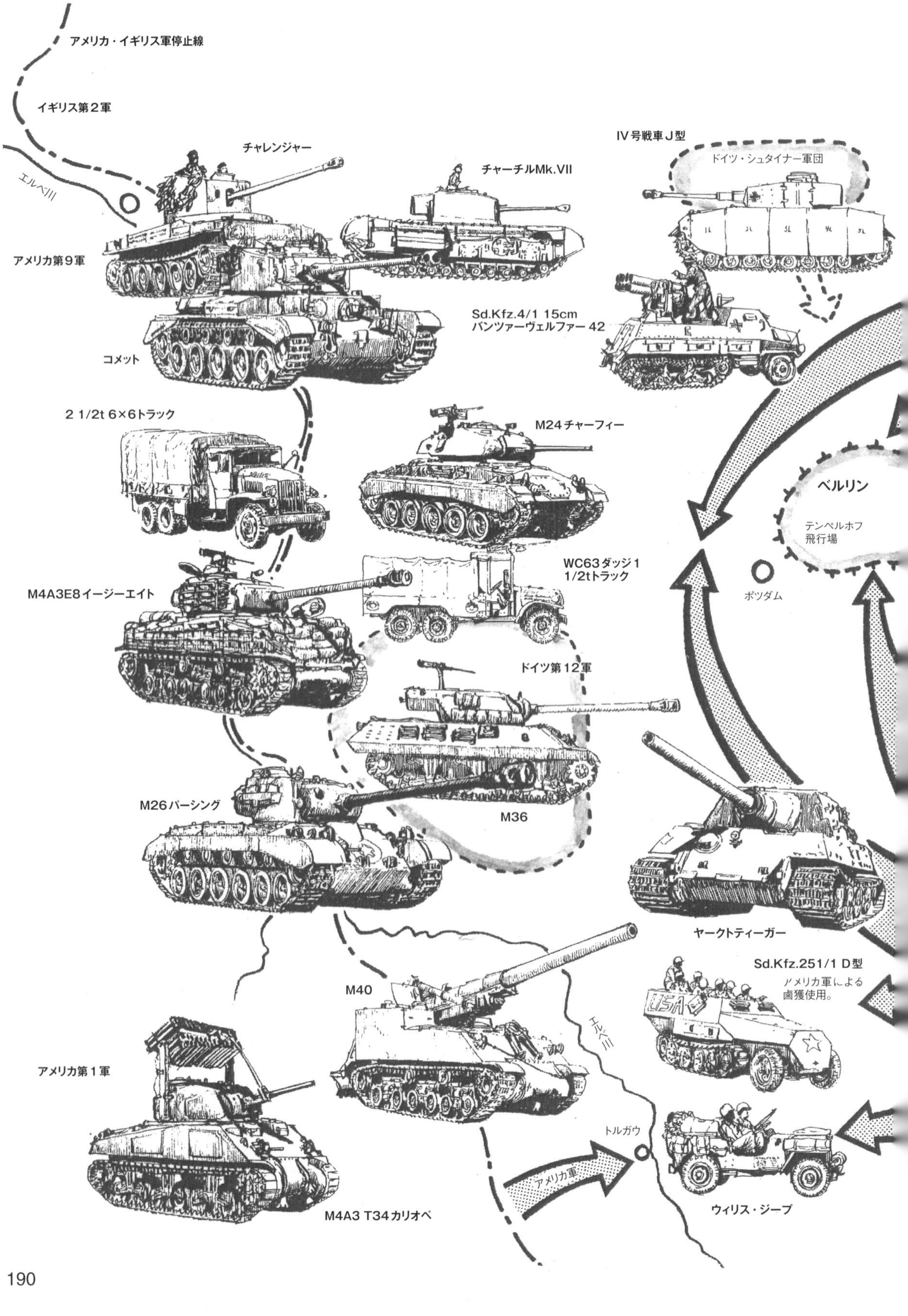

アメリカ・イギリス軍停止線
イギリス第２軍
エルベ川
チャレンジャー
チャーチルMk.VII
Ⅳ号戦車Ｊ型
ドイツ・シュタイナー軍団
アメリカ第９軍
Sd.Kfz.4/1 15cm
パンツァーヴェルファー 42
コメット
2 1/2t 6×6トラック
M24チャーフィー
ベルリン
テンペルホフ
飛行場
WC63ダッジ１
1/2tトラック
M4A3E8イージーエイト
ポツダム
ドイツ第１２軍
M26パーシング
M36
ヤークトティーガー
Sd.Kfz.251/1 D型
アメリカ軍による
鹵獲使用。
M40
エルベ川
アメリカ第１軍
トルガウ
アメリカ軍
M4A3 T34カリオペ
ウィリス・ジープ

1945年3月末に西側連合軍はライン川を渡河、イギリス軍はドイツ北部へ、アメリカ軍は中部と南部から首都ベルリンに迫る。一方、ソ連軍は1945年に東プロイセン、ハンガリーなどを攻略し、4月16日、ついにベルリン攻撃を開始。4月25日には東進するアメリカ軍と西進するソ連軍がベルリン南方に位置するエルベ川畔のトルガウで合流(エルベの誓い) した。ベルリンは完全に包囲され、ドイツ戦車部隊の終焉が近づきつつあった。

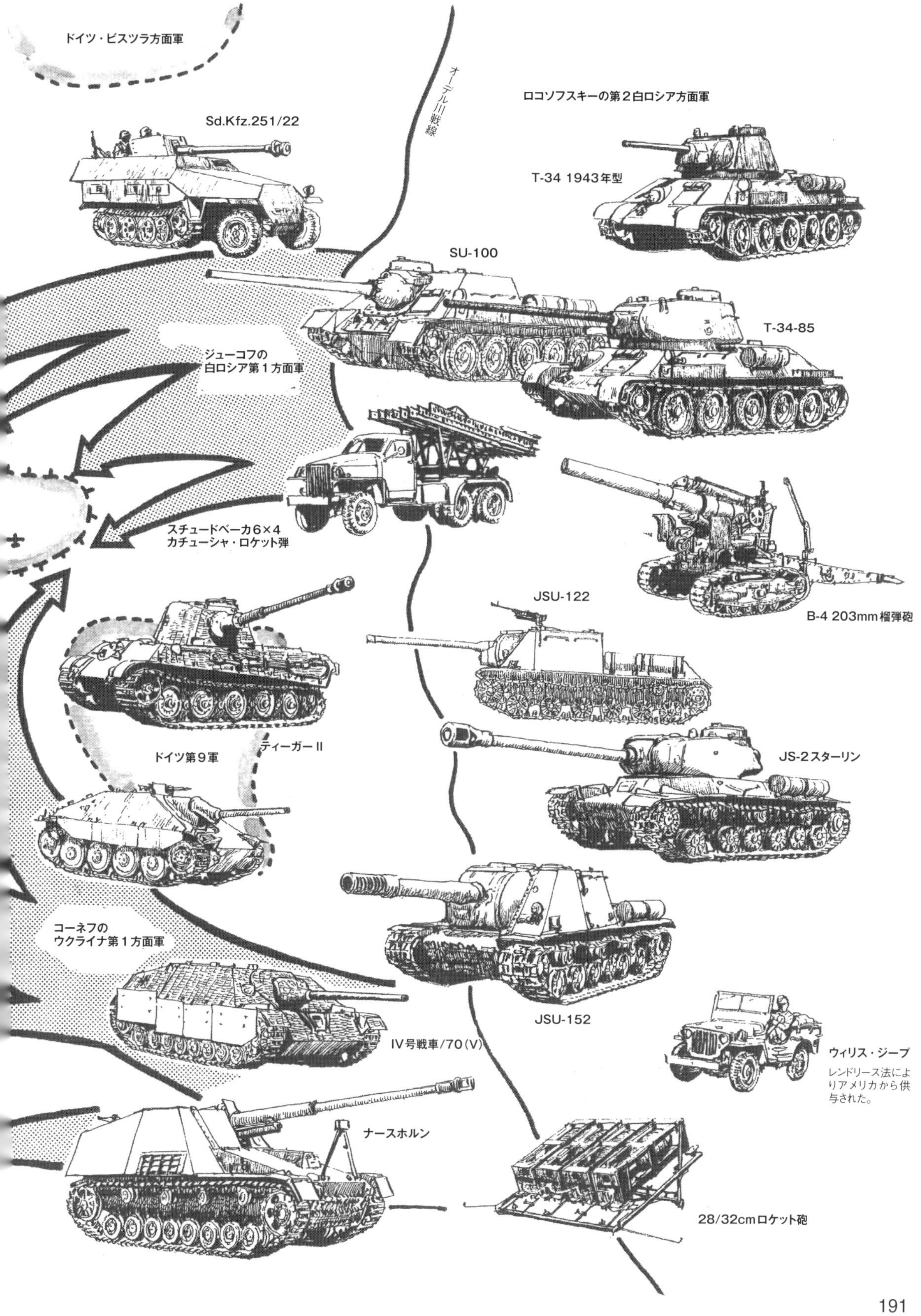

ドイツ・ビスツラ方面軍
オーデル川戦線
ロコソフスキーの第２白ロシア方面軍
Sd.Kfz.251/22
T-34 1943年型
SU-100
T-34-85
ジューコフの
白ロシア第１方面軍
スチュードベーカ6×4
カチューシャ・ロケット弾
B-4 203mm榴弾砲
JSU-122
ティーガーII
ドイツ第９軍
JS-2スターリン
コーネフの
ウクライナ第１方面軍
JSU-152
IV号戦車/70(V)
ウィリス・ジープ
レンドリース法により
アメリカから供与された。
ナースホルン
28/32cmロケット砲

【図解】第二次大戦 ドイツ戦車

作画 上田 信

編集　塩飽昌嗣
デザイン　今西スグル〔株式会社リパブリック〕
矢内大樹〔株式会社リパブリック〕

2017年10月5日　初版発行
2018年2月26日　2刷発行

発行者　宮田一登志
発行所　株式会社 新紀元社
〒101-0054 東京都千代田区神田錦町1-7
錦町一丁目ビル2F
Tel 03-3219-0921　FAX 03-3219-0922
smf@shinkigensha.co.jp
http://www.shinkigensha.co.jp/
郵便振替　00110-4-27618
印刷・製本　株式会社シナノパブリッシングプレス

ISBN978-4-7753-1550-7
定価はカバーに表記してあります。